江戸の水道

野中和夫編

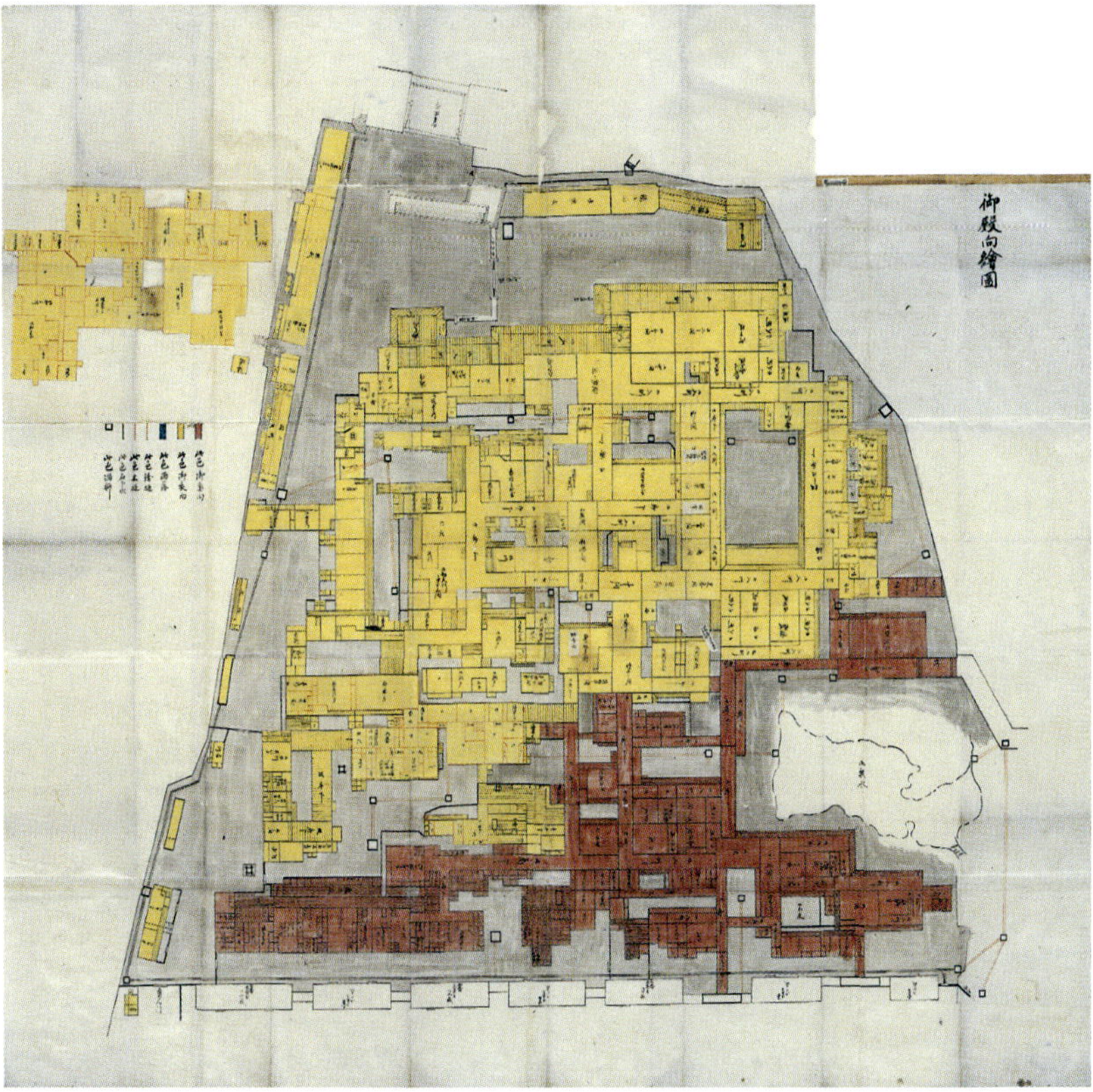

元治度、西丸仮御殿上水下水絵図（絵図中の赤二条線が上水道、黒二条線が下水道を示す。『御殿向絵図』都立中央図書館特別文庫室所蔵）

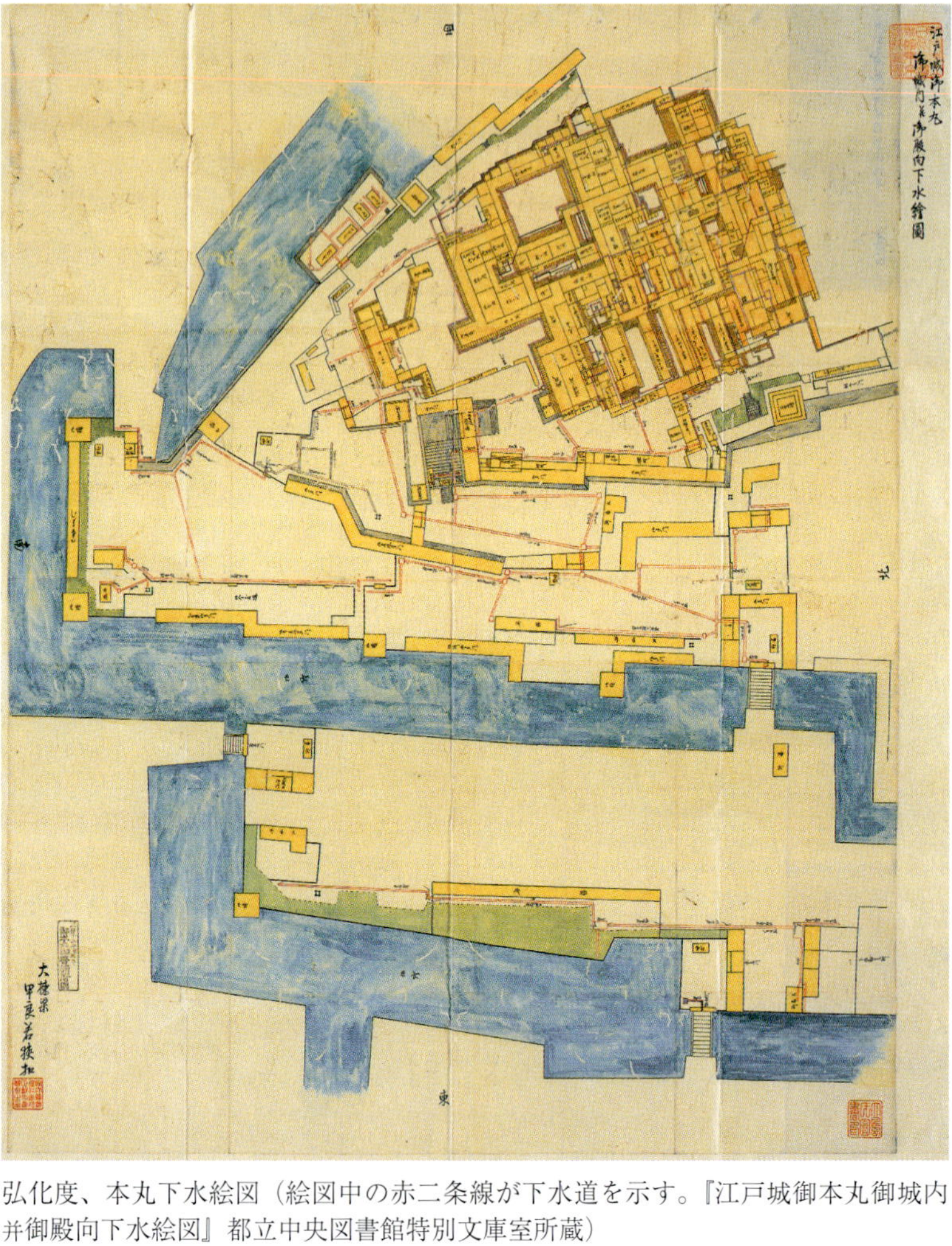

弘化度、本丸下水絵図（絵図中の赤二条線が下水道を示す。『江戸城御本丸御城内并御殿向下水絵図』都立中央図書館特別文庫室所蔵）

加賀藩上屋敷出土の井戸

高松藩上屋敷出土のローカルネットワークの上水道

仙台上屋敷出土の上水樋と上水井戸

目　次

［本書の執筆分担］　第一章　橋本真紀夫・矢作健二、第三章　小野英樹、第六章　堀内秀樹、第七章　安藤眞弓、第九章　橋本真紀夫、第二・四・五・八章　野中和夫

江戸の水道

第一章　地理的視点から見た江戸の水事情

一　関東平野と江戸の地形

1　江戸の地形的位置

徳川家康が、なぜ江戸の地を選んだのかということについては、様々な理由があげられているが、地形条件もその一つであることはよく知られている。おそらく、江戸さらには関東全体におよぶ地形をみて、それが家康の描く国の中心機能を持つ都市としての条件に合致したのであろう。本稿の話題である上水も、重要な都市機能の一つであるが、地形の理解なしには作ることのできない施設である。ここでは、家康が理解したであろう関東と江戸の地形について説明したい。

いわゆる関八州という地域でみた場合、地形は関東平野とその西方から北方を取り囲む山地とに大きく分けられる。現代の地形学による分類でもたとえば貝塚ほか編 二〇〇〇などでは、関東地方の地形の大区分として、関東平野、関東西部山地、関東北部山地の三区分を呈示している。関東西部山地には、埼玉県秩父地方を中心に広がる関東山地や神奈川県西部の丹沢山地があり、関東北部山地には、茨城県北部の八溝山地、栃木県東部の足尾山地、それに群馬県北部に分布する赤城火山や榛名火山などの火山も山地を構成している。

一方、関東平野という大区分の地形にも、地域によってまとまりのある様々な地形が含まれている。たとえば、まずは江戸城の位置する地形である武蔵野台地、江戸の下町が形成された東京低地、そして武蔵野台地とは多摩川を挟んで対峙する多摩丘陵なども関東平野を構成する地形とされている。一般に「平野」といった場合には、起伏のない平らな土地という漠然としたイメージがあるが、地形学でいうところの「平野」には、上で述べた「台地」、「低地」、「丘陵」という形態の異なる複数の地形が含まれている。地形学の解説書（たとえば米倉ほか編 二〇〇一など）に従えば、低地は河川や海面からそれほど高くない土地であり、河川や海岸沿いに分布する低平な地形とされている。台地も平らな表面をもつ地形ではあるが、河川や海面よりも高く、低地とは崖や急斜面で接する地形である。関東平野の台地は河川や海の作用で形成された低地が隆起や侵食によって階段状の高まりとなった段丘と呼ばれる地形になっている。丘陵は、台地の平坦な面がさらに侵食されて、時間の経過とともに平坦面が少なくなり、尾根と谷の斜面を主体とする地形に変化したものである。すなわち、平野を構成する低地、台地、丘陵の三者の関係は、低地→台地→丘陵という発達過程を示している。したがって、平野の地形の年齢をいえば、丘陵が最年長であり、台地は中間、低地は最も若いとなる。そして、平野の背後にある山地は、いわば平野の親であり、当然どの平野よりも年齢は高く（古く）、平野を作る土砂の供給地であり、平野を作る力である河川の水源

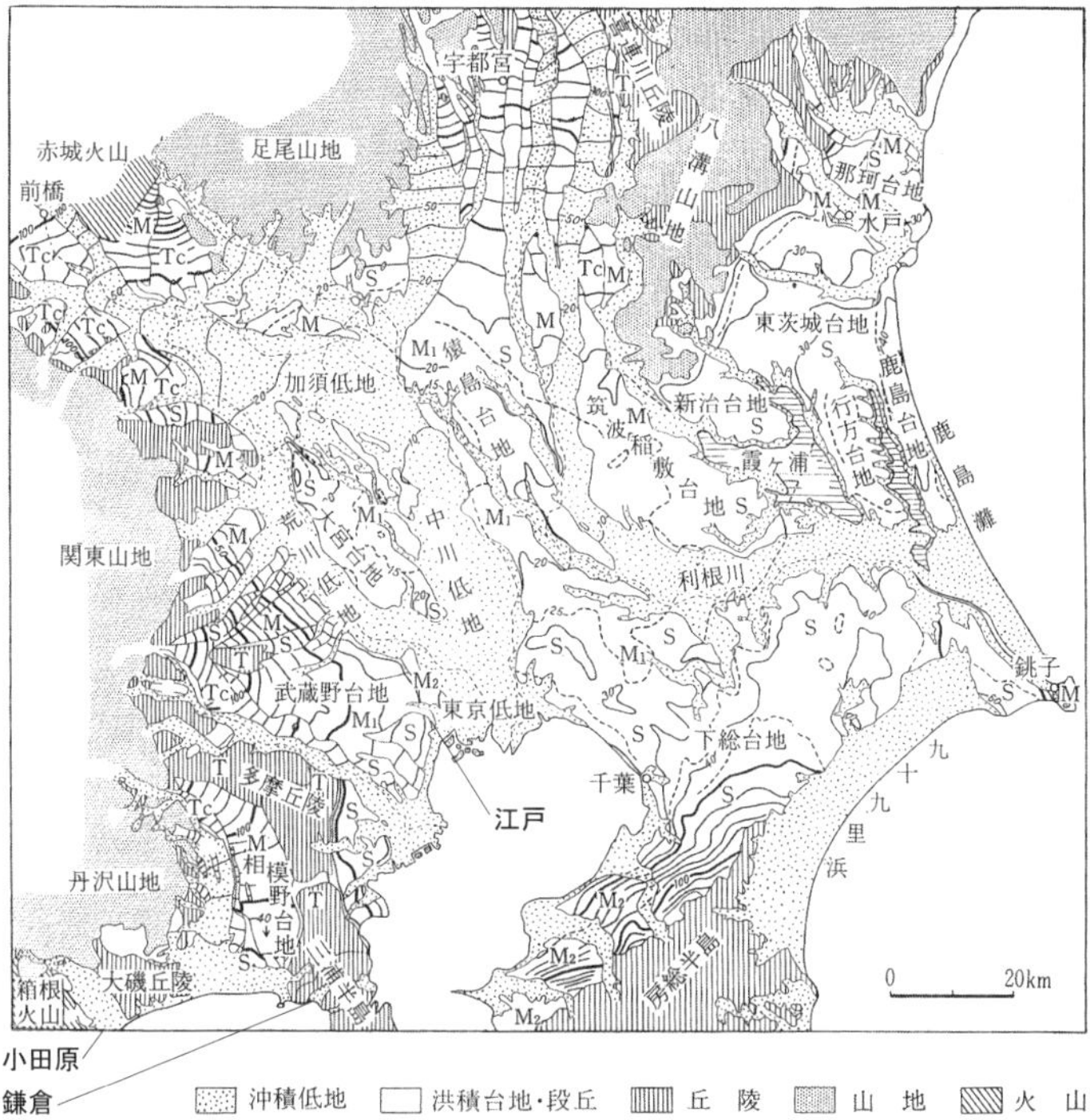

図1－1　関東平野の地形区分図（貝塚ほか編 2000に加筆）

でもある。結果として、多くの山地に囲まれた関東平野には、多くの丘陵、台地、低地が形成されており、関東平野の地形は意外と複雑な様相を呈している。その状況を図1―1に示す。

　ここで話を江戸に戻す。家康が江戸を選択した理由を考える際に、それではなぜ小田原や鎌倉を選択しなかったのかということから考える方法もあるが、地理的条件については、図1―1をみながら考えると理解しやすい。小田原も鎌倉も、関東地方という地域からみるとその位置は西南隅になり、基本的にその位置からして関東の中心とはなりにくい。さらに地形をみるならば、小田原も鎌倉も三方を山地や丘陵に取り囲まれた比較的狭小な沖積低地に位置しており、よくいわれているように戦時の防御的な地形条件は高い。一方、平時の都市の繁栄には活発な経済活動が重要な要因であるが、たとえばそれを支える物資の大量輸送手段の主力であった水運という条件を考えると、小田原も鎌倉も確かに海からの出入りは考慮されているが、関東平野内陸との河川を通じたルートはない。江戸の位置は、東京湾岸の海からの出入りに加えて、関東平野内陸部から東京湾に流れ込む利根川と荒川という二大河川がそれぞれ形成した中川低地と荒川低地が、その下流域で合体した低地である東京低地にも接するという地形的位置にある。すなわち、家康は平時の江戸も想定した上で、江戸と小田原・鎌倉との地形的立地の違いを見抜き、江戸選択の理由の一つにしたことが容易に想像できる。

2　武蔵野台地の水事情

関東平野という大区分の地形から江戸の位置をみると、水運という水事情がみえるというのが前項の話であったが、上水という水事情と関係する地形は、関東平野よりもスケールの小さい武蔵野台地と東京低地という小区分の地形になる。武蔵野台地は、奥多摩の山地から流れ下った河川が、関東平野に出たところで勾配が緩くなったために、山地から運んできた砂礫を、河川の出口を扇の要として、扇形に広がるように堆積させて形成した地形である扇状地を原形とする。扇状地の断面形は、河川の出口から離れる程、堆積する砂礫の量は少なくなるから、下流に向かって下がる斜面となるが、扇状地の表面自体は河川からそれほど高くない平らな面をもつ地形であるから、低地に分類される。この「原武蔵野台地」ともいうべき低地の扇状地は、やがて「氷河性海面変動」による「侵食基準面」の低下や上昇および停滞によって台地へと発達する。氷河性海面変動とは、簡単にいえば、海から蒸発した水が雨や雪となって陸上に降り、やがて河川となって海へ戻る循環過程において、寒冷な時期には陸上の水が氷河となって陸に留まる時間が長くなるために、海の水が減っていく、すなわち海面が下がり、温暖になれば氷河が溶けて水が海に戻り、海面が上昇するという変化のことである。また、侵食基準面とは、河川が陸地を掘り下げる目標のラインである。それは普通は海面の高さに等しい。したがって、海面の下がる氷期には、河川は侵食ラインの目標の高さが下がることによって、河川の侵食作用が一層強まり、河川沿いの低地は低くなるが、侵食の及ばない部分の扇状地の平坦面は、河川よりも相対的に高くなるために、この部分が台地へと変わるのである。寒冷期と温暖期のくり返しが複数回あったことで、高さの異なる平坦面からなる階段状の高まり、すなわち段丘となって武蔵野台地は、今日ある台地としての地形を呈している。

さて、武蔵野台地には、台地となった後に、もう一つ重要な自然現象があり、それは上水の条件とも深く関わっている。いわゆる関東ローム層の形成である。扇状地が台地となった後は、河川すなわち水の作用に代わって、今度は風の作用が強く影響することになる。具体的には、台地の崖下に広がる低地すなわち河原から砂ぼこりが風で舞い上がり、それが台地の表面に降り積もる、遠くの河原から風で運ばれてきた細かな砂が降り積もる。そして、関東平野を取り囲むように分布する火山体と火山体周辺の裸地から舞い上がった砂ぼこりが降り積もる（図1―2）、さらには、大陸からいわゆる黄砂として飛ばされてきた

2010年（平成22年）12月17日

謎の黒砂、富士山から？

火山性の粒　飛来可能性

神奈川県で15日に降った黒い砂が、富士山から飛んできた可能性が高いことがわかった。黒い砂に火山の岩石に特徴的な粒子があり、当時、上空では強い西風が吹いており、火山学者らは富士山から飛来との見方を強めている。

砂を調べた神奈川県立生命の星・地球博物館の学芸員、笠間友博さんによると、砂粒のなかには溶岩の破片らしい粒や、たくさんの穴が開いた火山の岩石にみられる特徴があった。粒はトゲトゲして削れた跡がないことなどから、火山の斜面から風で直接巻き上げられたものらしい。

「確証はないが、風向きなどから考えて、一番可能性が高いのは富士山」と笠間さんは指摘。まれな現象ではないが、今回は量が多くて目立ったとみている。

黒い砂が確認された場所は、富士山から80キロほど離れた横浜市内など県南部の海沿いを中心とする9市9町で、富士山の東方向にあたる。気象庁によると15日は、富士山に近い河口湖の上空3キロでは毎秒40メートルの強い西風が吹いていた。（長野剛）

図1－2　富士山から供給される風成塵を報じた記事（朝日新聞より）

砂ぼこりも降り積もる。以上述べた砂ぼこりは、「風成塵」と呼ばれ、定常的に台地の上に降り積もり、台地の表層に繁茂した植物の活動と合わさって、褐色の「土壌」いわゆる赤土が形成される。この台地表層に形成された赤土が、関東ローム層（以下文中ではローム層とする）と呼ばれている。なお、関東平野を取り囲む火山が噴火すれば、その時に噴出した火山灰も台地上に降り積もることになるし、噴火によって火山の周囲に溶岩や火砕流に覆われた地表が広がれば、火山体周囲で発生する風成塵の量も増えて、火山灰が直接降らない台地でも、噴火時には風成塵の量が増えるということも考えられる。したがって、活

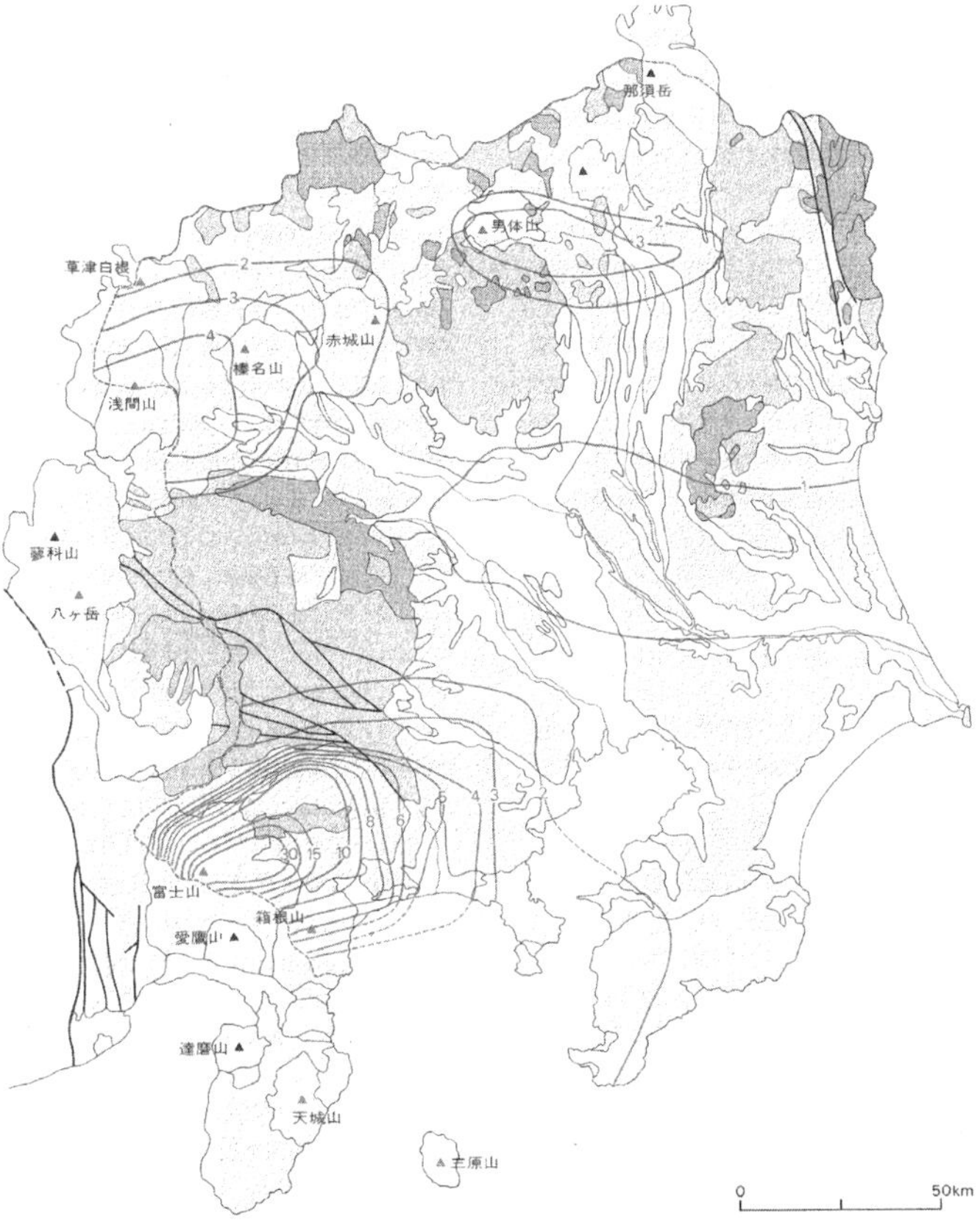

図1－3　姶良Tn火山灰降灰（約2.9万年前）以降のローム層の厚さ（上杉ほか 1983）

富士山、浅間山、男体山の各火山に向かってローム層が厚くなっていることを示す。等層厚線の単位はm。

動の活発な火山に近い台地ほど、ローム層の厚さが厚いという現象が生じている。図1―3には、その状況が示されている。武蔵野台地をみると、富士山という活動の活発な火山の近くにあることにより、関東平野の台地のなかでは、相模野台地に次いでローム層の厚い台地となっている。

ローム層の物理的な性質の一つとして、水を通しやすいという性質がある。ローム層の下に粘土層など水を通しにくい地層が堆積していれば、ローム層中に水が溜まることになるが、ローム層の下が砂礫層など水を通しやすい地層の場合には、ローム層に水が溜まることはない。ここで、武蔵野台地における水事情である。まず、井戸を掘って地下水を利用するという場合、武蔵野台地には地表に厚いローム層（江戸城周辺の台地では五〜一〇メートル）があり、さらにその下には扇状地を作っていた砂礫層が堆積しているために、地下水は地下深くに溜まっており、かなり深い井戸を掘らなければ地下水は利用できない。飲料水や農業用水に地下水を利用しようと考えた場合、武蔵野台地は、適当な土地とはいえない。では、河川の利用を考えた場合はどうであろうか。武蔵野台地の崖下に広がる東京低地には、荒川と利根川という大河川が流下しており、水量は申し分ない。しかし、その水を二〇メートルほども高い台地の上まで汲み上げる手段がない。したがって、地形と地質を充分に考慮して江戸に都市を築くと決めた時点で、水の確保は武蔵野台地のなかを流れる河川を利用する、すなわち上水道を作ることも織り込み済みであったと考えられる。

二　井の頭池・善福寺池・妙正寺池を水源とする神田上水とその流路

1　武蔵野台地の池が並んでいるわけ

江戸の水源として神田川が選ばれたことは、前述したように武蔵野台地の地形・地質条件と江戸城との地理的位置関係を考慮すれば必然のことであったといえる。神田川は、武蔵野台地の中心よりやや東よりの標高五〇メートル付近に位置する井の頭池を水源として、全体的には東へ流れ下り、途中、善福寺川と妙正寺川という大きな支流を合流させて、東京低地を経て東京湾に流入する全長二五キロほどの自然河川である（図1―4）。神田川の地形については、貝塚 一九七九・一九九〇や久保 一九八八a・一九八八bにより、その成り立ちが説明されているので、ここではその引用から神田川の地形について述べる。神田川の地形には、前項で説明した武蔵野台地の形成とローム層の形成が深く関わっているのである。

神田川の水源の井の頭池は、現在は井の頭恩賜公園となっており、訪れた人はわかるであろうが、池の周りは赤土すなわちローム層からなる急崖に取り囲まれている。池に流れ込む河川はなく、湧水池であることがわかる。湧水の元となっている地下水は、武蔵野台地の地表に降った水が、ローム層を通り越してその下に堆積する扇状地を作った砂礫層（いわゆる武蔵野礫層）に至り、その下位には大抵、粘土層などの水を通しにくい地層（不透水層）が堆積しているために、武蔵野礫層に溜まっている水である。地下水が溜まっている地層を帯水層とよぶ。帯水層となっている武蔵野礫層は、扇の要となっている青梅付近で

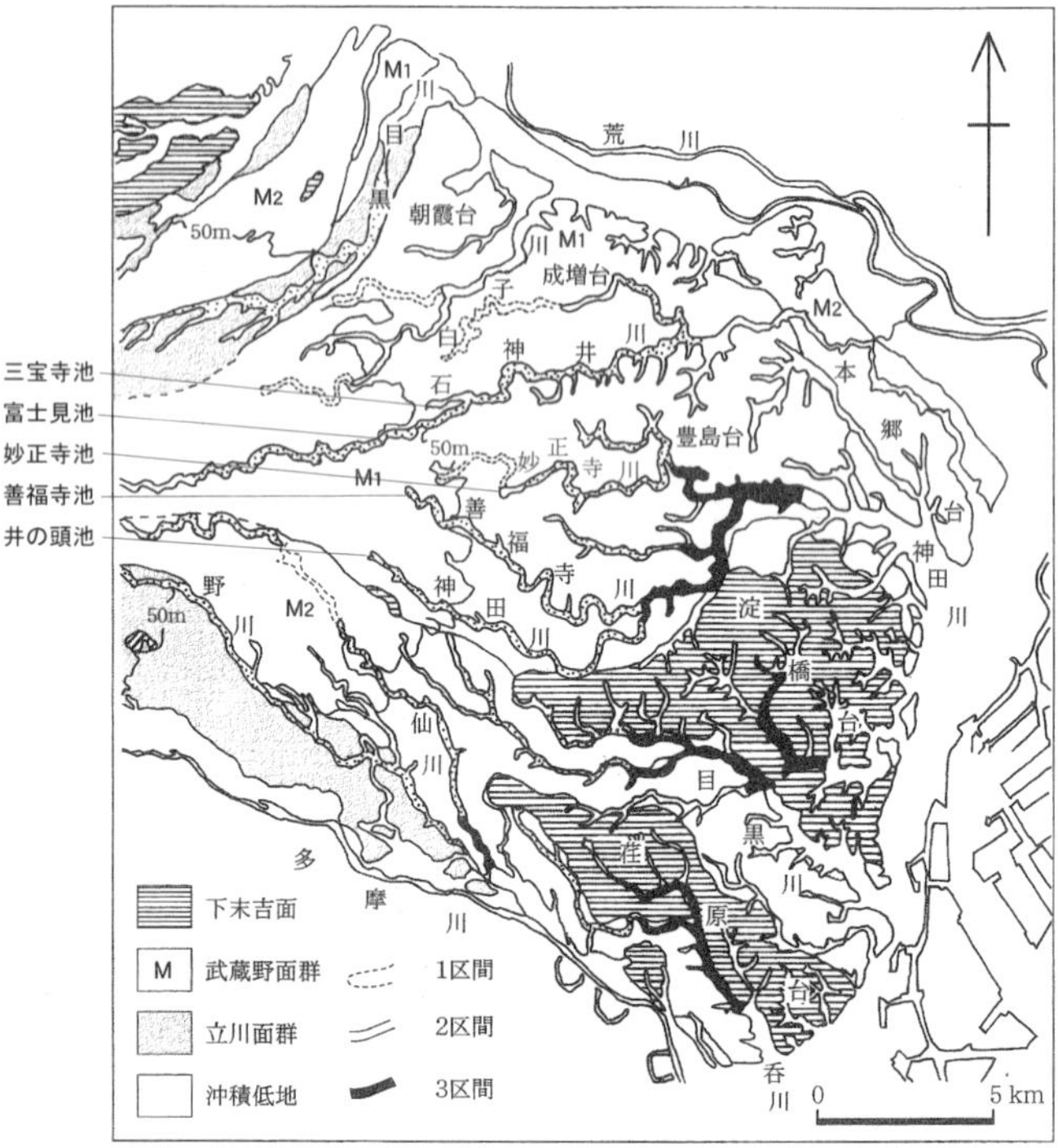

図１－４　武蔵野台地東部の地形（貝塚ほか編 2000に加筆）
1区間は浅い凹地、2区間は典型的な名残川の地形を呈する区間、3区間は名残川から沖積低地に至る急勾配の区間。

最も高く、そこからおおむね東に向かって下がっていく。したがって、武蔵野台地の等高線は、東に向かって張り出した扇形を描いている（図1―5）。この等高線をみると標高五〇メートル前後で等高線の間隔が広くなっているが、これはこの付近で武蔵野礫層の傾きが緩やかになっていることを示している。武蔵野礫層は帯水層となっているから、武蔵野台地の地下水面の勾配もこの標高五〇メートル付近で緩くなり、したがって地下水はこの付近で地表に湧出しやすくなっているのである。図1―4にあるように、井の頭池、善福寺池、妙正寺池をはじめとして、石神井川を涵養する三宝寺池や富士見池なども標高五〇メートルライン付近に分布しているのは、このような武蔵野台地の地質と地形が原因となっているのである。

2　神田川の流路の正体

井の頭池の周辺からは、多数の遺跡が発掘調査されており、出土する遺物から、縄文時代さらには旧石器時代の遺跡も確認されている。これらの遺跡の報告書に記載された出土層位などにより、旧石器時代の遺物は一万五〇〇〇年から二万年前頃まで遡るような年代のものもみられる。このことから、貝塚 一九九〇は、井の頭池が一万年以上も前の旧石器時代から、ほとんどその位置が変わっていないことを指摘している。この「位置の変わらない水源池」が意味するところは、いわゆる「谷頭侵食」が起きていないということである。谷頭侵食とは、一般に谷の発達過程の一つとして説明され、谷の最上流部の斜面が流水などによって崩落、浸食されて、谷がさらに上流側に伸びていくことを指す。台地を刻む谷は、多くの場合、谷頭侵食によって台地の奥深くまで伸びていくと考えられているのであるが、武蔵野台地を刻む神田川の谷は、谷頭侵食によって形成されたものではないということになる。

次に、神田川の谷の深さが注目されている。善福寺川との合流点より上流の神田川の谷では、谷の深さが、六〜七メートルでほぼ一様であり、その深さは、その付近のローム層の厚さとほぼ一致しているという。すなわち、神田川の谷底は武蔵野礫層の上面にほぼ一致しているのである。ここで、位置の変わらない水源池ということを考え合わせると、神田川の成立過程は次のようになる。過去数万年におよび位置の変わらない水源地から変わらずに供給されてきた流水により、神田川の川筋内ではロームの元となる風成塵は流されてしまい、ローム層は形成されない。一方、川筋以外の台地表面には厚くロームが堆積したために、いわば谷壁が時間とともに高くなったことにより、谷地形になったと考えられている。

それではロームの堆積しない神田川の川筋とはどのようにできたのか。再び図1—4で神田川の川筋をみてみる。井の頭池を発した神田川は、まず南東方向へ流れ下っている。善福寺川も善福寺池を発してほぼ南東方向へ流れている。しかし、妙正寺川はほぼ東西方向へ流れ、石神井川に至っては東北東方向となり、さらに白子川、黒目川は北東方向へと流れている。一方、神田川より南側の目黒川は南東方向、仙川に至っては南南東方向に近い。これらの川筋の並び方をみると、ちょうど武蔵野台地という扇の骨に相当する並び方をしている。扇の骨に相当する方向とは、扇状地の傾斜方向を示している。さらに、これらの川筋の共通する特徴として、いずれも大きく蛇行していることが指摘される。河川の水量が多いほど、流路の蛇行の規模は大きくなるとされているが、流路の改変がされる以前の近代の地図にみられる神田川や善福寺川の流路の蛇行は、谷の蛇行に比べてはるかに細かなものである。すなわち、神田川や善福寺川の流れによって谷の蛇行が形成されたのではないと考えられ、谷の蛇行を形成したのは、もっと水量のある大きな河川であると考えられた。上述した扇の骨の方向に並んでいることも考慮すれば、それは、かつて扇状地を形成した多摩川水系の大河川（古多摩川ともよぶべき）であったと考えられている。扇状地上に残されたかつての主流河川の川筋は周囲よりも低くなっているから、そこに湧水によって継続的に水が供給されれば、水はかつての川筋のなかを選択的に流れ、あるいは降雨時の地表水も川筋に集まり、結果として川筋内には、継続的な河川が残ることになる。このような河川は「名残川」とよばれている。神田川も善福寺川も妙正寺川も、古多摩川の名残川であったのである。

三　玉川上水の取水口羽村堰から四谷大木戸に至る地形と流路

1　多摩川を上水とする際の地形条件

神田上水だけでは江戸の水需要を支えきれずに玉川上水の開削に至ったという過程は、地形学的にみれば、古多摩川の名残川だけでは足りずに、多摩川本流の利用に至ったということになる。名残川である神田川の流路は、武蔵野台地という扇のなかにある地形であり、扇の先端にある江戸の至近まで自然流路が伸びていた。しかし、多摩川本流は、武蔵野台地の南西縁の崖下すなわち扇の外を流れているから、扇のなかにある江戸で利用するということになれば、扇を横切る人工的な水路を作って引き込むしかない。その場合、水路の鉄則は江戸に向かって低くなる傾斜を保つことであるから、基本的には武蔵野台地の扇状地に由来する傾斜を利用することである。したがって、上水の出発点は、武蔵野台地の扇の要付近にして、扇の末端にある江戸までの落差を利用して水を引くということになるであろう。

次に考えなければならない地形条件は、武蔵野台地は段丘であるということである。前述したように武蔵野台地は異なる高さの平坦面からなる階段状の地形を呈している。前項で掲げた図1—5を再びみてい

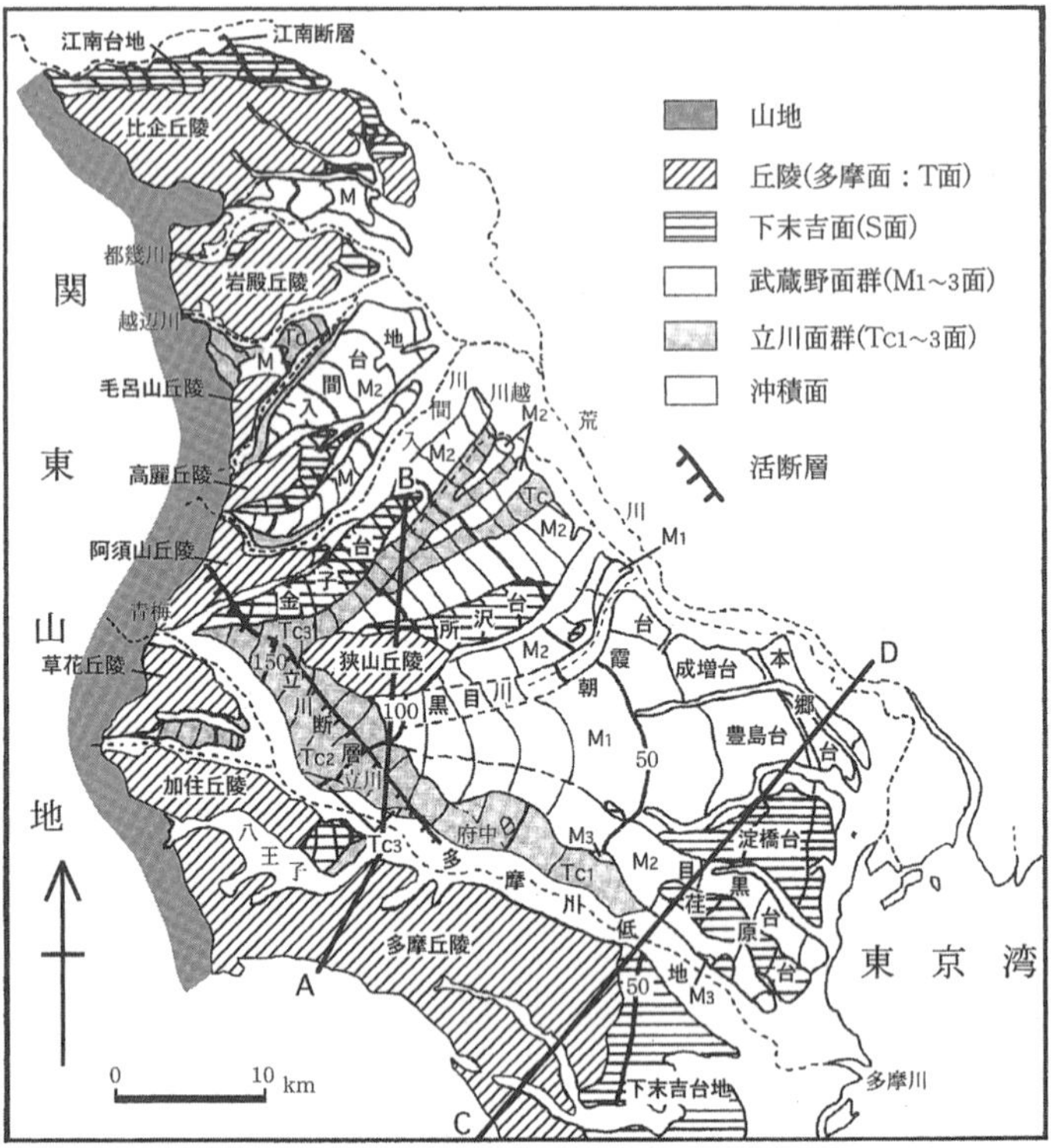

図１－５　武蔵野台地および周辺の地形（貝塚ほか編 2000）

ただきたい。武蔵野台地は、高い順に下末吉面、武蔵野面、立川面とよばれる平坦面（地形面とよばれる）に区分されており、武蔵野面と立川面はさらに高さの異なる複数の地形面に細分されている。扇の要付近の沖積面から取水された上水が江戸に到達するまでには、少なくとも三段の段差（段丘崖とよばれる）を乗り越えなければならない。もちろん崖を上る水路は作れないが、段丘は全て扇の末端に向かって下がっているから、その傾斜を利用して崖を斜めに横切ることによって、一段高い段丘の上に出るという方法を取ることになる。図1—6に示すように、武蔵野台地の段丘の分布は、低い地形面ほど多摩川の上流側すなわち標高の高い位置にあり、その標高差を利用することによって段丘崖も乗り越えることができるのである。

2　玉川上水の流路と地形

図1—7は武蔵野台地の地形区分図に、玉川上水の流路を描いたものである。取水口が羽村に設定された歴史的経緯については触れないが、地形条件からみれば、この付近の多摩川左岸沿いには、立川面と河床との間に約一万年前前後以降に形成された低位の段丘が広く分布していることがあげられる。河床からの高さが低い低位段丘を介することによって、河床から立川面への水路の段丘崖越えが容易になったのではないだろうか。上水は、羽村堰から低位段丘を下流に向かって斜めに横断し、福生市熊川付近で立川段丘へと入る。立川段丘に入った後は、武蔵野面の台地か

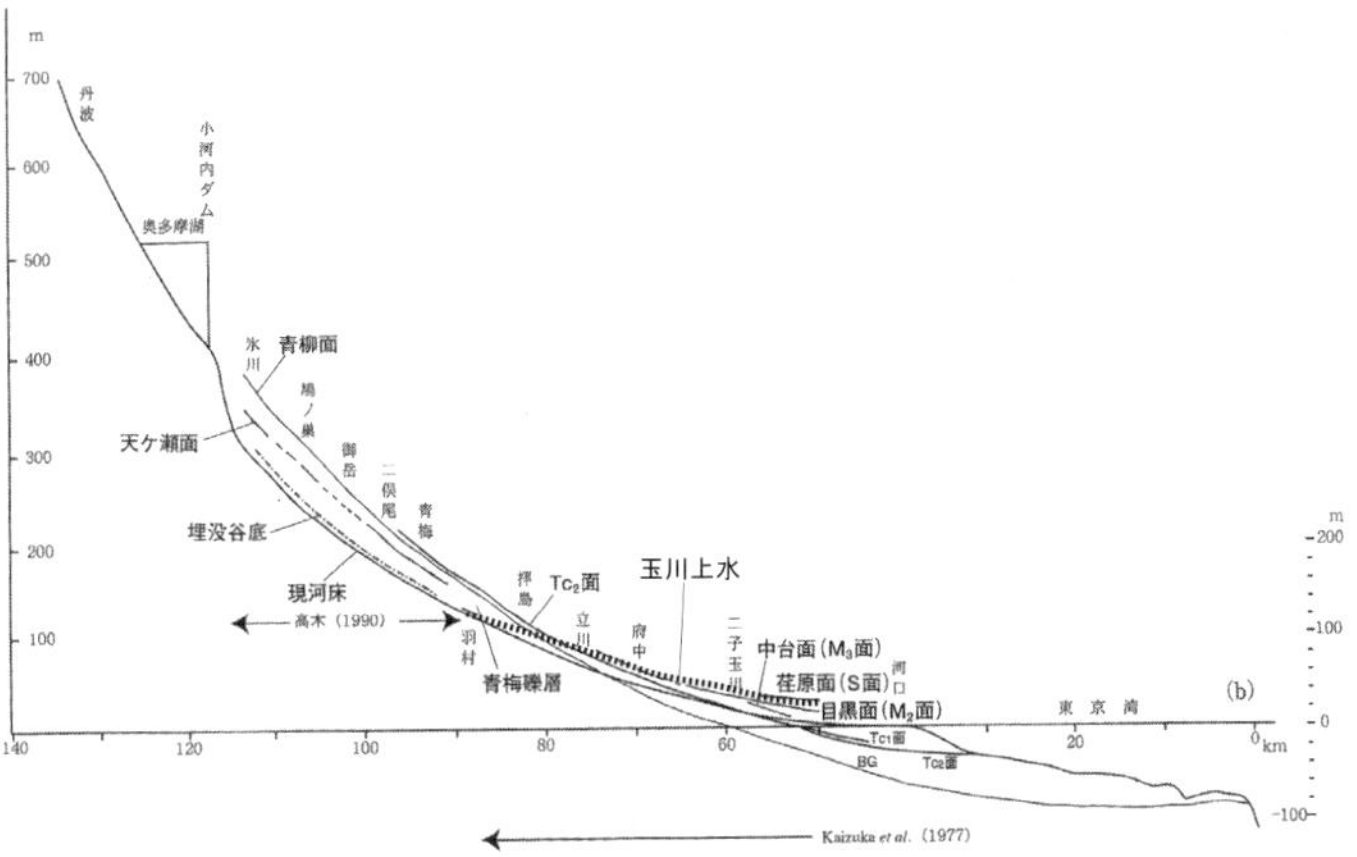

図1－6　多摩川の縦断面図と玉川上水の縦断面（貝塚ほか編 2000に加筆修正）

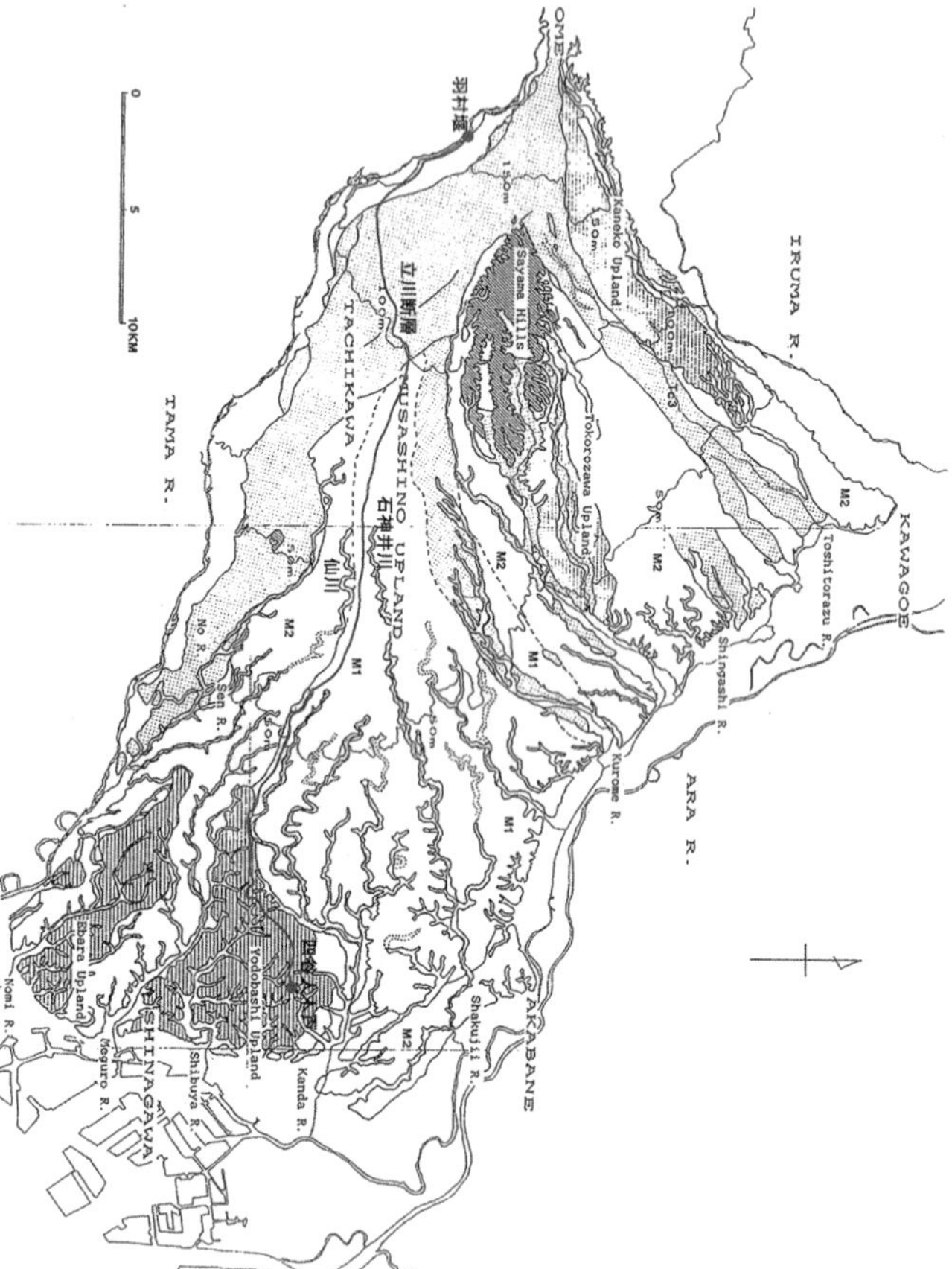

図1－7　武蔵野台地の地形区分と玉川上水の流路（久保 1988 a に加筆）

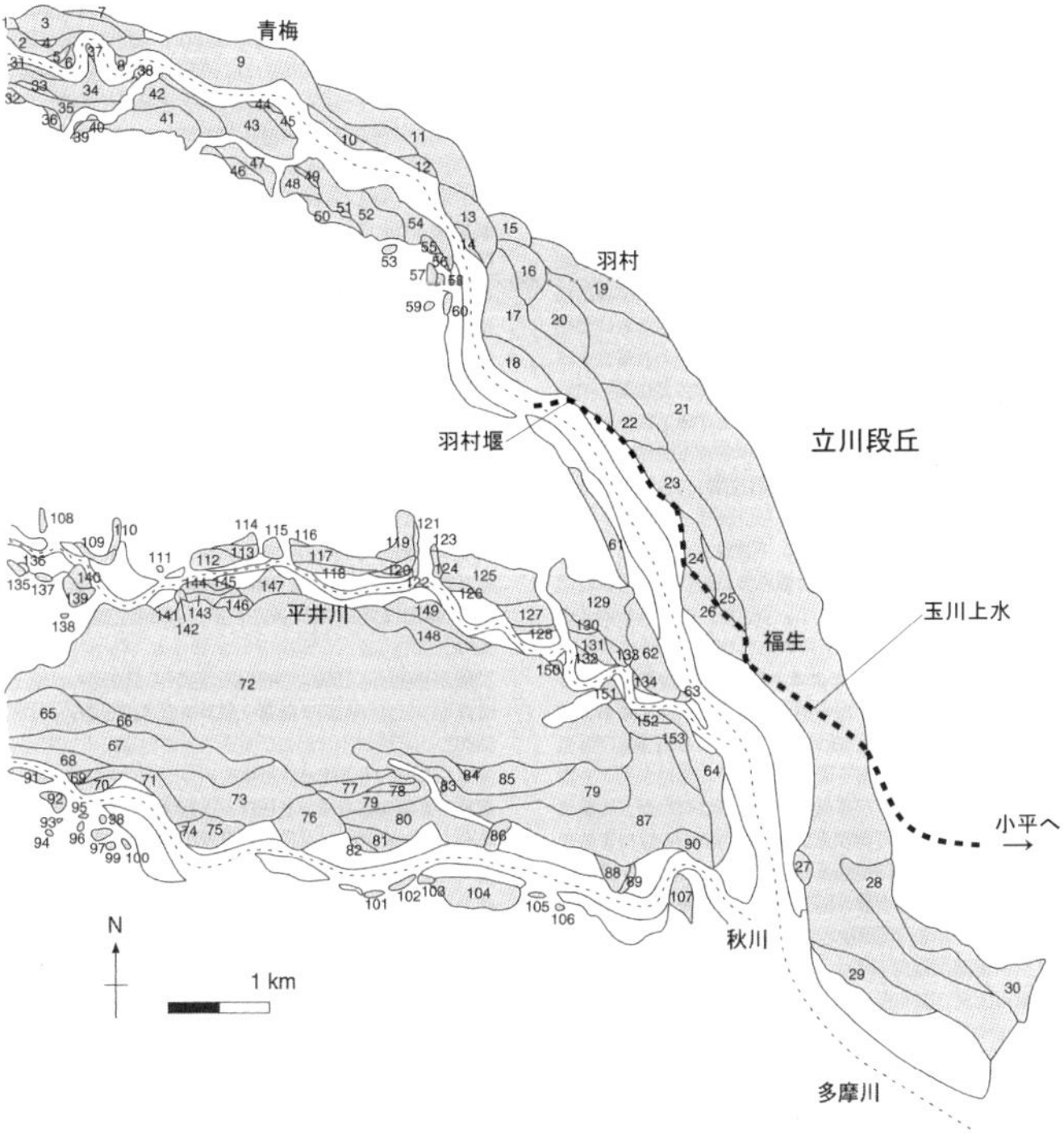

図１－８　羽村付近の低位段丘と玉川上水の流路（植木・酒井 2007に加筆）

番号の記入された曲線に囲まれた区画１つ１つが高さの異なる低位段丘を示す。羽村堰から福生までは低位段丘の縁に流路を取り、福生付近で21とされた幅広い低位段丘を横切り、立川段丘に斜めに入り込んでいる。

らなる小扇の要に相当する西武拝島線の玉川上水駅を目指して、かつ立川面の傾斜を利用できる方向に転換して、ほぼ水路はまっすぐに伸びている。ただし、立川市砂川町付近で、若干の屈曲を呈しているが、これはおそらく立川断層による断層崖を斜めに横切る形で乗り越えたことを示しているものと思われる。武蔵野面からなる小扇の要付近は、一万分の一スケールの地形図でみても立川面との間に段丘崖とよべるような比高差は認められない。このような地形を狙って、武蔵野面への階段を上ったことが推定される。

武蔵野面に入った後は、武蔵野面の傾斜に従って水路を東へと伸ばせばよい。ここで、玉川上水の流路についてよくいわれていることの一つに、後の分水も考慮して地形の尾根を選択したということがあるが、それは、石神井川と仙川の両河川の水源の間を通っていることにもよく現れている。すなわち、台地の北東へ流れる石神井川と台地の南東へ流れる仙川の分水嶺を通っているのである。次の目標は、下末吉面への階段を上ることであるが、下末吉面からなる淀橋台も扇の形をしている。したがって、その要付近で段丘崖を上れば、あとは淀橋台の傾斜に従って、江戸まで到達できるのである。淀橋台の扇の要に向かっては、武蔵野面の中でも一段高いM1面の縁を通って行くことになる。この流路は、南側の一段低いM2面への分水も容易な地形位置にあるといえる。

そして、杉並区永福町付近の比高差の余り無い淀橋台への段丘崖を斜めに横切り、淀橋台内へと入る。淀橋内では、台地を複雑に刻む谷の谷頭の間を縫うようにして流路が取られ、四谷大木戸に至っている。この谷頭の間というのは、やはり分水嶺に相当する地形であり、玉川上水はまさに地形の尾根筋を開削して作られた上水であることがわかる。

第二章　『上水記』を解く

一　石野廣通編纂の全十巻からなる内容

1　東京都水道歴史館所蔵の『上水記』

当館には、「大切物」と貼紙がされた木箱に入った十巻からなる『上水記』が所蔵されている。この史料の由来を知らしめることとして箱書がある（図2―1）。そこには、

上水記十巻御普請方上水方の記録にして他に
見すへきにあらす他も又見て用なし役所に納置ものなり
上覧　献入　一部
松平越中守定信朝臣に進達一部　これハひかへといひて何事も御勝手懸りの老中にハ進達する例也
御普請方上水方役所一部
以上三部廣通ミつから校合す外に稿本一部あり

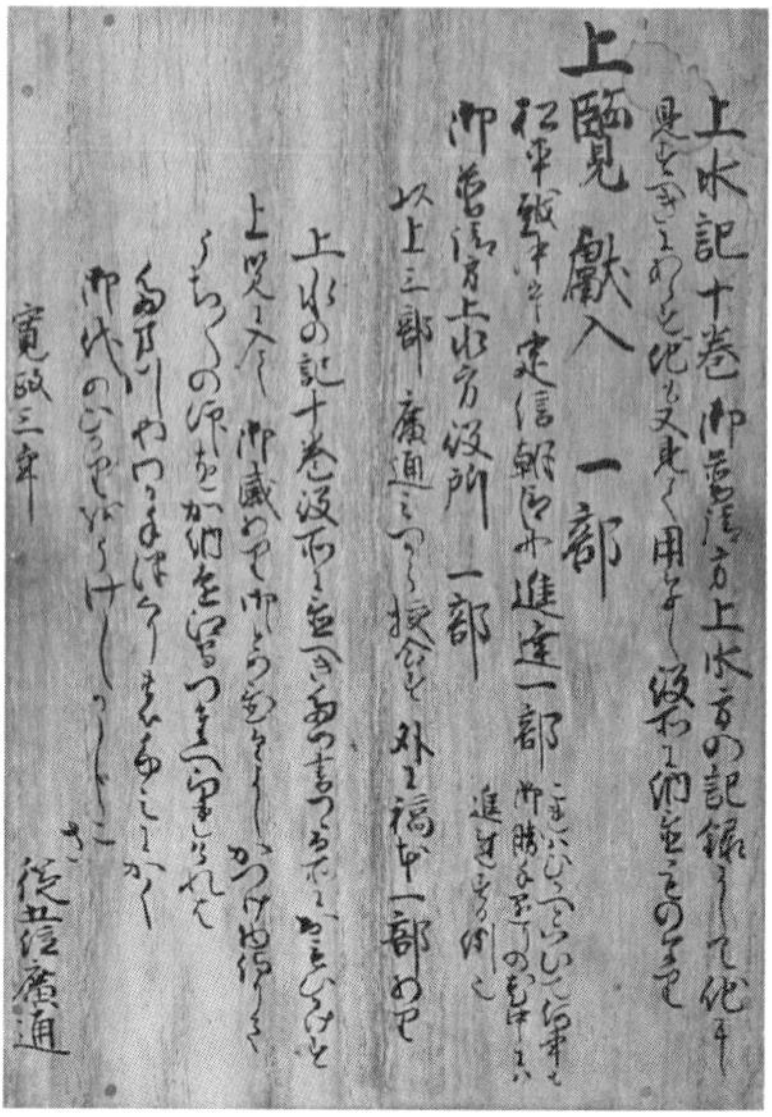

図２－１　石野廣通の『上水記』箱書
（東京都水道歴史館所蔵）

上水の記十巻役所に置へきため書つゝる
所におもひかけす
上覧に入て御感あり御とめ置くよしかつけ
物侍りて
うち〳〵の仰を加納遠江守つたへられけれ
は
たま川やわか手つくりのふみにかく
御代のひかりをうけしかしこさ
寛政三年　従五位廣通

と記されている。つまり、幕府普請奉行上水方道方（今日ならば都の建設局長兼水道局長）の石野遠江守廣通が、寛政三年（一七九一）に『上水記』の稿を三部作成し、一部を将軍に献上、一部を老中筆頭松平定信に進呈、一部を幕府普請方上水方役所に納置したというのである。

水道歴史館所蔵の『上水記』は、経緯は定かではないが、幕府普請方上水方に納置されていたものが、東京府土木課から水道局に引継がれ、今日に至ったものと推定されている。ちなみに、将軍に献上されたものは、紅葉山文庫で保管され、現在は、国立公文書館内閣文庫に所蔵されている。しかし、内閣文庫の『上水記』は、箱がなく第三巻と第十巻を欠くことから全巻が揃うものではない。

ところで、水道歴史館所蔵の『上水記』は、第十巻が「乾」と「坤」の二冊ある。この二冊は、その後の研究によって内容が全く同じであることから、「坤」の方が刊行後、さほど時間を経過しない時点の写本であるという結論が下されている。「坤」には、表紙左下に「御金方控」と書かれているという。御金方とは、勘定奉行下の役にある。第十巻の内容は、後述するように上水掛り代々記とともに普請箇所の出銀石高取集方と水銀取集に関することなどが記されている。この水銀が御金蔵に納上されることから御金方ではこの写本を関連上、必要に迫られて作成されたものと考えられている。

石野廣通が『上水記』の編纂の経緯については、第一巻の本編前の上水記総目録と凡例付記に記されている。すなわち、戊申年（天明八年・一七八八）に開始し、草稿が完成する前年の庚戌夏（寛政二年・一七九〇）には三日間を費やして神田・玉川の両上水の水源に赴き、水門諸枠等々を実見するとともに上水路の道程を計測することを行っている。とはいえ、現地調査が短期間であるが故に、従来より御普請方にある書留をもとにした抜書や増補されたものであること、御普請方改役鈴木喜太郎寛陳の助言・協力、同所棟梁定次郎貴道の作図であることが明記されている。いずれにしても、草稿が完成するまでには、三カ年の歳月を要しているのである。

『上水記』の全容を知るものとしては、昭和四〇年（一九六五）と平成一八年（二〇〇六）の二回にわたり『上水記』の題名で東京都水道局から刊行されている。ともに原文を楷書に書き下したものであるが、後者には、マイクロ撮影カラー影印版と翻刻が加えられ、版が大きく絵図もカラーで綴られている。『上水記』を研究する上で、基本的文献といえるものである。

2　『上水記』の内容

第一巻の本編前、冒頭の部分に総目録が記されている。まずは、その箇所を抜粋すると、

上水記総目録
第一巻
玉川神田両上水綱領
第二巻
玉川上水水元絵図并諸枠図
第三巻
玉川上水水元諸枠大サ水門大サ投渡木蛇籠大サ
水番人預り道具筏通之村名堀通り村々持場
第四巻
間数橋数分水口寸尺引取始之年月分水口絵図
玉川上水羽村より四谷大木戸水番屋まで絵図
第五図
玉川上水四谷大木戸水番屋より江戸内水懸り絵図
第六巻
神田上水水元井之頭より目白下附洲まで絵図

第七巻
　神田上水目白下附洲より江戸内水掛り絵図
第八巻
　玉川庄右衛門清右衛門書付神田元水役茂十郎書付
　青山上水三田上水千川上水亀有上水伝説大概
第九巻
　玉川神田上水高札之写并末流水車改書付
第十巻
　上水掛り代々記并両上水御普請箇所同出銀石高
　取集方并水銀取集之儀白堀浚賃銭取集附
　白堀通渡下水橋之儀且水番人給金等水番人
　廻り方同心白堀り見廻り之儀水料米之事水掛り之
　分量見廻り掛引之事
　　外
　　　茅年貢御代官取立納に相成候事
　　　筏通場運上御代官取立納ニ相成候事
都合十巻

とある。個々に詳述する部分があるが、概要ならびに注目されることを少し述べることにする。

総目録でわかるように、第一巻、第八・九・十巻が玉川・神田両上水の綱領、玉川上水の開設に貢献した玉川庄右衛門・清右衛門兄弟と神田上水元水役茂十郎、青山・三田・千川・亀有上水の概要、玉川・神田両上水を管理・運営するための高札と水車、享保二年以降の上水掛り役人の変遷、神田・玉川両上水の普請箇所と石高出銀高、出銀の徴収、水番人等々のことが記されている。

また、第二〜七巻は、玉川・神田両上水の取水口から江戸市中の配水状況に至るまでを詳細に記している。このうち、第三巻には、玉川上水の取水口となる羽村取水口の諸枠・水門・投渡木・蛇籠・水小屋等々の大きさを詳述し（第二巻に大型の絵図で指示）、羽村壱之水門から四谷大木戸水門までの距離、玉川上水上に架る橋八二カ所、同・分水口三三カ所と分水口絵図が添えられている。さらに、第四・五巻には、玉川上水の流路と江戸府内の配水図。このうち第四巻には、羽村橋から四谷大木戸水番屋までの水路。第五巻には江戸府内での配水状況が示され、四谷大木戸水番屋から四谷門前の麹町十三丁目で二路に分かれ、一路は本丸掛りと吹上懸りの分岐と半蔵門を経由する本丸掛りの樋筋。一路は、虎之門を経由して外桜田門に至る大通り樋筋（水番屋より外桜田門までは万年石樋・石樋と記載）。大通り樋筋より分水する諸門・役屋敷・組合・浜御殿・増上寺方丈等々の樋筋絵図。第六・七巻には、神田上水の流路と配水図。第六巻には、水源となる井之頭から目白下附洲に至る流路。第七巻には、目白下附洲の関口大洗堰から水戸屋敷、水道橋の掛ケ樋を経て神田橋門に至る樋筋（掛ケ樋を除き万年石樋の記載）。神田橋門より常盤橋門（常盤橋門手前までは万年石樋、南方と北方に分岐する樋筋は木樋と記載）。大通り樋筋よりの分水と一ツ橋・

筋違橋・浅草橋諸門大番所周辺の樋筋絵図。第四巻と第六巻の絵図には、分水口と橋梁、玉川・神田両上水の村々持場間数、高札の位置（第九巻のものと一致）、第三巻と第七巻の絵図には、水見桝、桶桝、吐樋、水元組合場の位置等々が明記されている。第二巻から第七巻を中心として江戸時代の測量・水理技術の高さを改めて知るものである。

第一巻には、玉川・神田両上水の概要とともに、施設の名称に関する記述がある。第六章とも関連するので少し触れることにする。取水口から江戸市中に入るまでの水路のことを白《シラ》堀または素堀《スホリ》という。この白堀は、玉川上水では、取水羽村壱之水門から新堀口（この間の、長六五四間、約一・二キロ）までは幅が約六間（約七・八メートル）、二之水門土台下板敷下端から水面まで常水四尺（約一・二メートル）、新堀口より四谷大木戸までは広狭はあるものの平均二間（約三・六メートル）と記されている。西武線玉川上水駅周辺では、今日でも当時の景観をよくとどめている。市中においては、樋《とい》を通して桝《ます》を置くことを基本とする。桝には、埋桝・水見桝・高桝・わかれ桝がある。水見桝には蓋があり、なかをみることで水勢・分量を常に考えている。ちなみに、水量については、第十巻に「江戸水掛り分量見廻り掛ケ引之事」としてまずは四谷大木戸水番屋で調整する。ここでは、木樋の上に板を置き（歩板と呼称）、この板いっぱいあるいは何寸あきということを観察し、水番屋から普請奉行所に注進することで水量を調整したという。水見桝としては、つぎの八カ所が記されている。

一　四ッ谷大木戸歩板　歩板一盃又何寸明キ
又歩板を越時吐何枚
但此歩板下端より敷迄五尺六寸

一　御本丸掛り樋　四ッ谷御門にあり 半蔵御門外張番所出桝
一　同土手上矢来桝 二ノ桝　半蔵御門之内植溜馬場脇土手上ニ有
一　吹上掛り樋　四ッ谷御門にあり 半蔵御門外張番所前出桝
一　和田倉樋　和田倉御門外鵜之首角北之方出桝
一　西丸下樋　外桜田御門内大番所東之方 道内出桝
一　虎御門外樋　虎御門外地形一面桝
一　浜掛り樋　同所藤堂肥後守屋敷脇 地形一面桝

四谷大木戸歩板を中心として、隔日で他の七カ所を見廻り、あき具合を記録することで調整したのである。第五章の図5―3は、この八カ所の内の半蔵門前に設置した本丸掛りと吹上掛りの二カ所の水見桝といえるものである。史料では、この他に玉川上水筋として柳堤、神田上水筋で水道橋掛樋で差附ることが記されている。樋は、石樋・木樋・竹樋がある。唐代の『三才図会』を引用し、唐では木樋のことを架槽《カケヒ》、竹樋のことを連筒《カケヒ》と称し、利用方法を紹介している。木樋が主流を占めるなかで、石にて流れを通すのを万年樋といい、柳堤・溜池端の石樋の水漏れなどを指摘している。また、樋には、河や堀の水底を潜るものを潜樋《クグリヒ》、橋の下にそって向岸に渡ることを渡樋、あるいは懸樋と呼称している。

第十巻には、玉川上水の管轄が明和五年（一七六八）を境として町奉行持の町年寄掛から御普請方へ変更することも看過することができない。玉川上水開削に貢献した玉川兄弟のうち、三代目玉川庄右衛門が不正な水配分の廉で上水方加役御免前後から御普請方へ移行する過程の主要部分の史料を抜粋すると、

（前略）

御小姓組
戸田備後守組
佐々　源左衛門

右は元文二巳年四月四日岩瀬市兵衛代り被　仰付同年十一月六日
御目付被　仰付候
元文二巳年十月頃より同五申年之頃小普請方ニて
所々上水樋桝等仕立并小普請方役人道奉行
手附ニて上水樋桝御普請御用相勤趣ニ有之候
其節小普請奉行姓名
石河土佐守
本多近江守
細井飛騨守

右勤役中取扱有之候趣書留相見え候
御小姓組
松平采女正組
小倉孫太郎

右は元文二巳年十一月十二日佐々源左衛門代り被　仰付同四
未年八月上水方加役　御免
御小姓組
水野出羽守組
一尾伊織
右は元文三年九月廿四日松平新八郎代り被　仰付
同四未年八月上水方加役　御免
何レも是迄道奉行より上水方加役
但是迄玉川庄右衛門玉川清右衛門勤之
右玉川庄右衛門玉川清右衛門儀年来相勤候処元文四未年八月
役儀被召放両人共百日押込右ニ付是より町奉行掛りニ相成尤
三年寄取扱之右掛り之門左衛門町名主伊左衛門大鋸町
名主茂兵衛請持相勤之
町奉行より上水方兼帯
石河土佐守
右は元文四未年八月より上水方掛り被　仰付延享元子年
六月十一日大目付被　仰付候

右史料は「上水掛り代々記」より元文四年（一七三九）前後の上水掛りに関するものである。享保二年（一七一七年）からの記述にはじまるが、上水掛りについては、大御番より出役、道奉行并上水方加役とある。当初、道奉行が管轄されていたものが、元文四年の時点で町奉行に移管したことを示唆しているのである。元文四年に上水掛りを任じられた石河土佐守は、町奉行からの兼務であることがよくわかる。

この後、町奉行から御普請奉行に変更する過程の史料は、

依田備前守

右は宝暦三酉年四月七日町奉行被　仰付明和五子年

九月五日迄ニて上水方掛り　御免

但是より御普請奉行掛り被　仰付候立合御目付大岡主水正

御勘定吟味役川井次郎兵衛勤之

是よりして御目付壱人御勘定吟味役壱人定立合

不闕に有之

御普請奉行掛り

禁裏付より

長田越中守

右は明和五子年九月五日上水掛り被　仰付同六丑年正月

廿八日小普請組支配被　仰付候

但明和四亥年正月十五日小林阿波守跡御普請奉行
被　仰付候

（後略）

となる。町奉行が上水管理をしていたのは元文四年から明和五年（一七六八）までの一九年間であり、以後は普請奉行の管轄となるのである。

3　玉川上水の開削

江戸の上水事情が慢性的に不足しているなかで、承応元年（一六五二）、町奉行神尾備前守のもとに玉川庄右衛門清右衛門の兄弟が多摩川の水を羽村から引き入れる絵図書付を申し出た。これに対して幕府では、老中の阿部豊後守・松平伊豆守、寺社奉行の安藤右京亮・松平出雲守・神尾備前守、町奉行の石谷将監・牧野織部・八木勘十郎、勘定奉行の曽根源左衛門・伊丹蔵人・伊奈半左衛門等々で協議した結果、まずは玉川兄弟の案内で牧野織部・八木勘三郎・伊奈半十郎の三名を見分として派遣することとした。この現地調査には六日間を費したという。

この見分をもとに、承応元年一一月二五日、評定所にて上水道堀普請を早々に取掛る段が下され、羽村堰から四谷大木戸まで白堀が施されることとなる。その道法は、およそ一三里と記されている。総奉行松平伊豆守信綱、水道奉行伊奈半十郎忠治のもと玉川兄弟が工事請負人となった。工事費用は六〇〇〇両。承応二年四月四日に着工し、同年一一月一五日に竣工する。途中、二度の失敗はあったものの、八カ月の期間（同年は閏年で六月が二回ある）で達成したのである。工事費用は、高井戸辺迄で尽きるが、不足費用は、請負人である玉川兄弟が一時的に立て替えることとなる。さらに、四谷大木戸から虎之門までの掘削と石樋・木樋の配管の敷設が継続して下されたことから、玉川兄弟が当座負担した金子は、持金二〇〇〇両と三カ所の屋敷売却代金一〇〇〇両におよんだという。これによって、承応三年（一六五四）六月には虎之門まで上水が引かれ、江戸市中の南西部一帯の給水が可能となったのである。

幕府は、玉川兄弟の功績に対して、玉川上水の永代の上水掛りを命じるとともに、二〇〇石分の金子、「玉川」の名字、刀、明暦元年（一六五五）から万治元年（一六五八）までの四カ年間御切米等々を与えている。また、上水掛りの重要な任務の一つとして、羽村大川堰の修復と江戸市中での上水修復料水銀取立とその修復がある。神尾備前守と村越長門守が万治二年（一六五九）に定めるが、その後、町奉行が渡辺大隈守の時に玉川兄弟は従来の修復料を半減することを申し出る。協議の結果、従来の三分ノ二の割合となる。この史料は、玉川庄右衛門清右衛門の享保年中に差し出された書付の写から作成されたものであるが、時間の経過のなかで、玉川上水の修復費が当初より減少していることを看取することができる。ちなみに、正徳五年の上水修復料については、

武家様方より水上修復料壱ケ年ニ
　銀弐拾三貫七百九拾四匁
　　此金三百五両銀四匁　但両ニ七拾八匁かへ
町方修復料壱ケ年

表2－1　玉川上水の水銀（1カ年分）

知行		万治二年（一六五九）の修復料	寛文年間の修復料
武家地	一〇〇石より一〇万石迄	一〇〇万に付銀三分三厘	一〇〇石に付銀二分二厘
	一〇万石より三〇万石迄	〃　銀二分三厘	〃　銀一分五厘三毛三シ
	三〇万石より五〇万石迄	〃　銀一分八厘	〃　銀一分二厘
	五〇万石以上	〃　銀一分	〃　銀八厘六毛六糸六六
町方小間		一間に付　十六文迄	一間に付　十一文

※武家地の場合、上屋敷以外は半高

銭百三拾四貫四百六拾壱文
此金三拾壱両銭弐百文　但四貫弐百七拾文かへ
二口合
金三百三拾六両余　但年々少々宛過不足御座候

と記されている。すなわち、修復料は、正徳五年には三三六両余、それ以前には五〇〇両ほどあったことがわかる。

玉川兄弟に認められていた上水掛りとしての世襲は、前述したように元文四年をもって終わりを告げるのである。

二　羽村堰と四谷大木戸水門

1　『玉川上水水元絵図并諸枠図』

図2―2は、『上水記』第二巻の羽村取水口周辺を詳細に描いた彩色が施された大絵図である。法量は、縦一三七・〇センチ、二一二・〇センチを測る。本図の中心は、穏やかに蛇行する多摩川に対して画面中央に人工的な大樋通を設け、その下端、水神脇に壱之水門を築き取水していることにある。これを第三巻冒頭部分と照会すると以下のとおりとなる。

壱之水門に接して大投渡木《なぎ》、弁慶枠を挟んで小投渡木《なぎ》、弁慶枠と続く。大・小投渡木は、増水時に取り払うことができ、これによって壱之水門での水量の調整が可能となる。投渡木・弁慶枠については、

一　大投渡木　但木品槻　長六間半　元口五尺廻り　末股下四尺廻り股長サ三尺

一　小投渡木　但木品槻　長五間半　元口四尺廻り　末股下三尺廻り股長サ三尺

一　弁慶枠　但木品槻　長弐間　幅壱丈　高サ八尺　三組建　壱ケ所

一　同　但木品槻　長　幅　高サ　同断　弐組建　壱ケ所

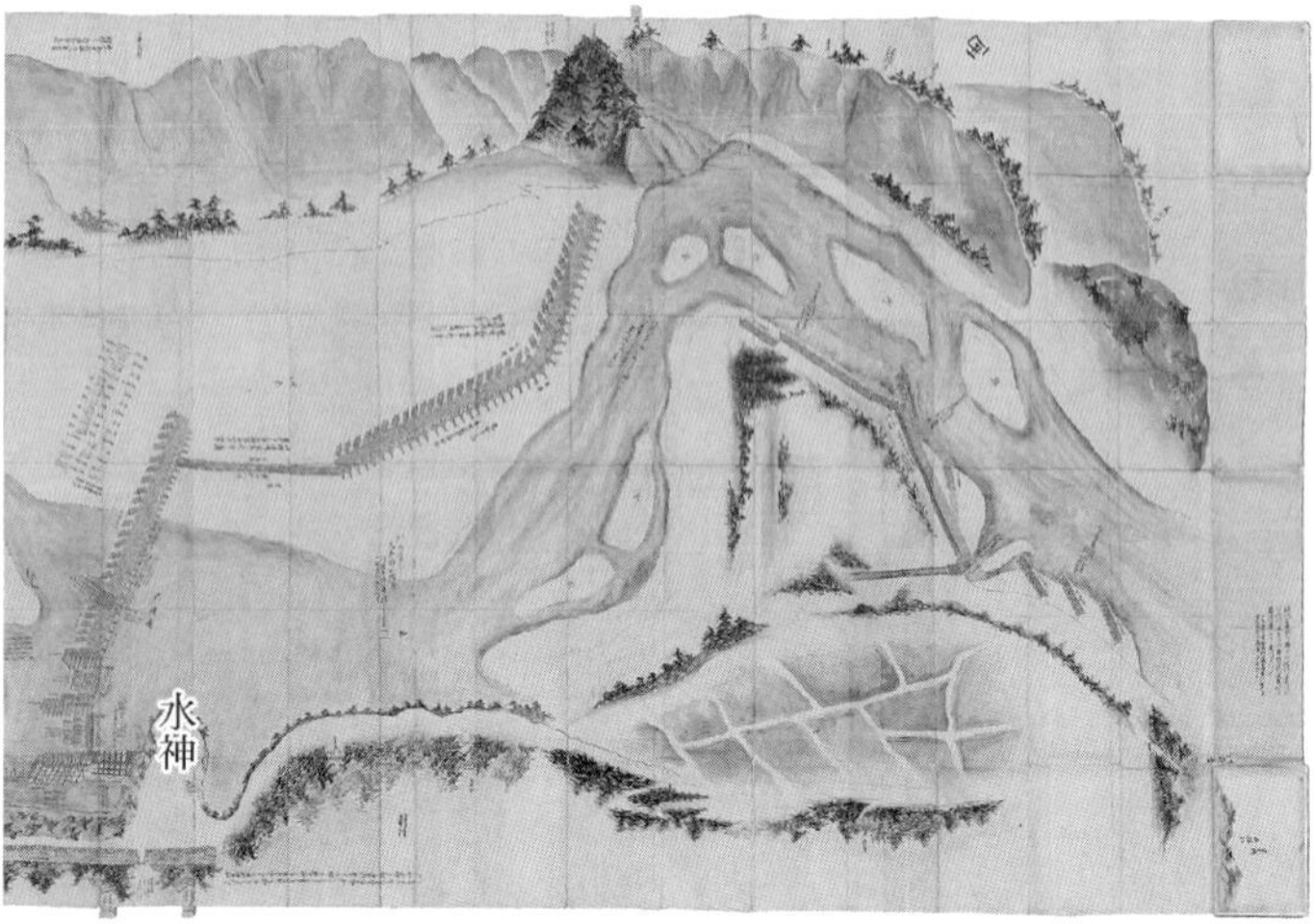

・部分（東京都水道歴史館所蔵）

一　大投渡下 箱枠　但木品槻　長弐間弐尺　幅九尺　高サ四尺　弐組

一　同所 詰枠　但木品槻　長弐間弐尺　幅五尺　下幅四尺　高サ四尺　弐組

一　同所 平枠　但木品槻　長弐間弐尺　幅壱間　下幅壱丈　高サ四尺五寸　三組

一　小投渡下 腹附枠　但木品槻　長弐間　幅五尺　高サ八尺　弐組

一　同所 箱枠　但木品槻　長壱丈壱尺　幅九尺　高サ四尺　弐組

一　同所 平枠　但木品槻　長弐間弐尺　幅壱間　下幅壱丈　高サ四尺五寸　三組

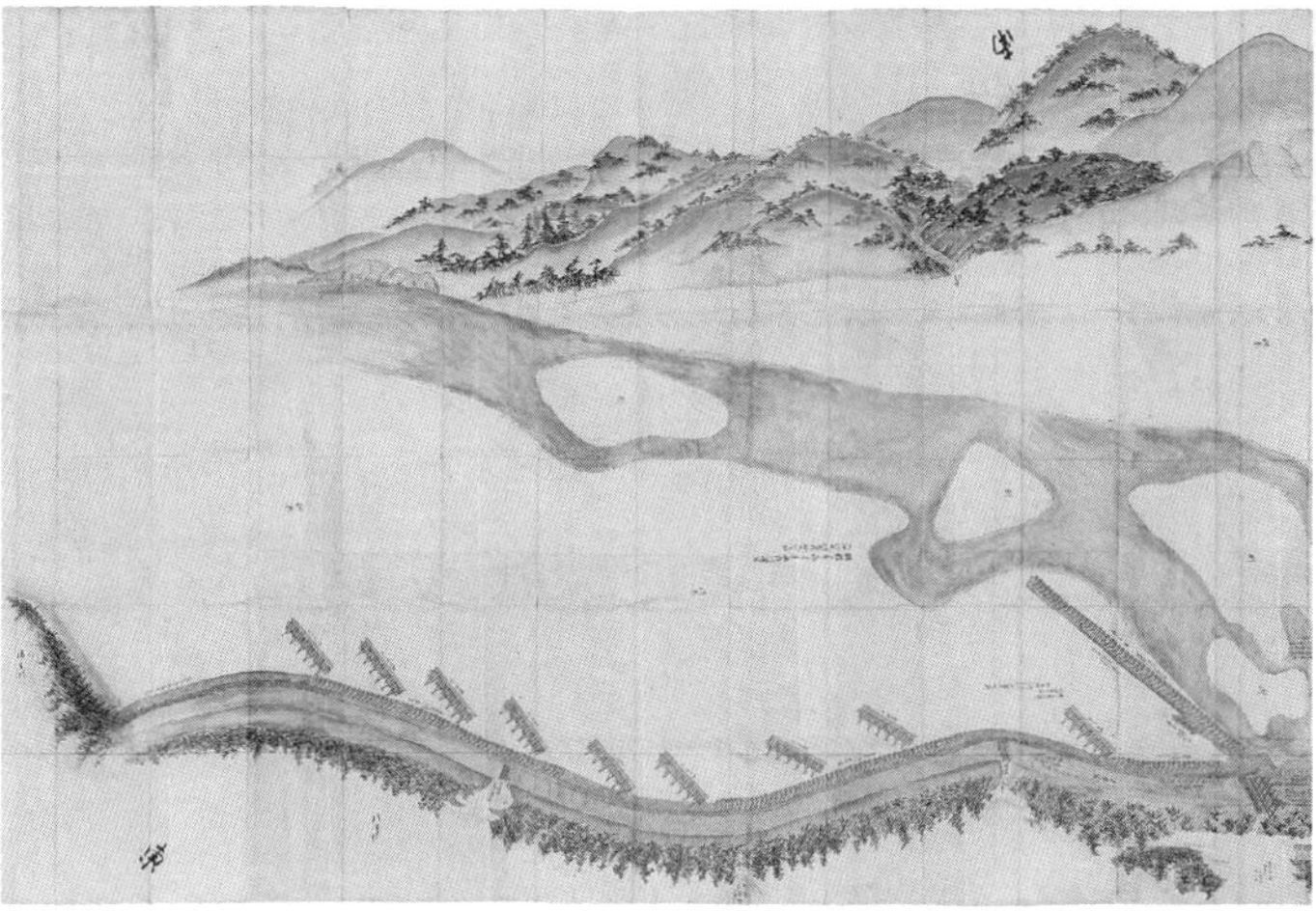

図２－２　『上水記』の羽村堰

と記されている。水門に近い大投渡下・弁慶枠とも規模が大きく、水流を調節していることがうかがえる。弁慶枠に続くのが、図中「大堰通り」の文字の左手に描かれている牛枠・三角枠・筏通場である。筏通場は、多摩川の流れの中央、牛枠・三角枠の間に築かれている。史料には

一　同所続 筏通場　長弐間 幅四間　修羅木八本 但木品槻

修羅木といふハ筏通場え相用候品也蛇籠之上筏通候ては籠損シ候故木を並へ筏を通ス是を修羅木と唱ル

一　同続 沉 枠　但木品槻　長三間半 幅弐間半 高サ五尺　壱組

とある。牛枠・三角枠は、水流を適宜、水門に向ける施設であり、上流に牛枠、下流に三角枠を敷設する。史料

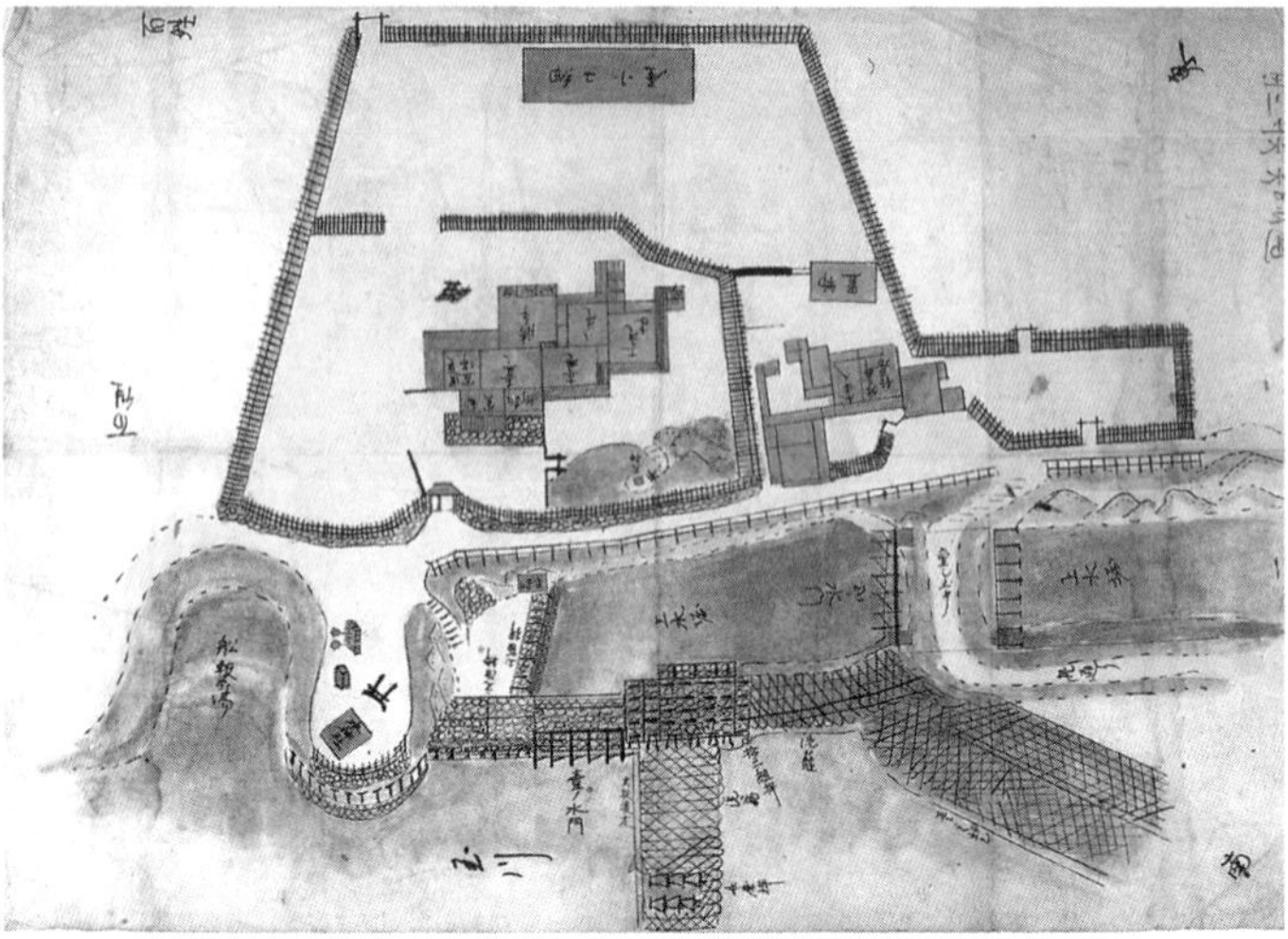

図２－３　『玉川上水水口之図』半蔵門（江戸東京博物館所蔵）

には、

一　大堰通 三角枠　但木品松　長弐間 幅壱丈　弐拾壱組

一　同所前通 牛枠　但木品前足弐本は松 跡足壱本は槻　幅壱丈　三拾弐組 内三組筏通場

是は丸太三本ニて上ミ之方を結下モニて三方え開クを牛枠と唱弐方を前足といふ壱方を跡足といふ也

とある。投渡木や大堰通の構造が絵図とともに実に詳細に記されているのである。ちなみに、諸枠の構造を示した図が大絵図の左隅に添えられている。

　取水口と水量を調整する水門は、二つ描かれている。時間軸がやや下り、幕末から明治初期に描かれた玉川上水取水口および水陣屋を描いた『玉川上水水口之図』

が江戸東京博物館に所蔵されているので、この絵図と対比しながら述べることにする。図2―3は、彩色が施された絵図で、法量は、縦二七・一センチ、横三九・〇センチを測る。資料名は、外題からつけられている。大絵図と比較すると、壱之水門の西側（大絵図では右手）、多摩川左岸に瘤状に突出する水神社が祀られた周辺と水陣屋の建物の配置・間取り等々が詳細に描かれている。すなわち、水神社と壱之門および白堀の西端には、元附枠・土留枠があり、水神社の裏手には「船繋場」が明記されている。史料に水番人預り道具として大船・小船各一艘が含まれているが、投渡木や大堰通など多摩川に入るには、船をここから出したことがわかる。また、水陣屋は三～四区画に分けられ、陣屋・水番人の建物・物置・細工小屋が描かれている。大絵図にはかろうじて陣屋と水番人の建物が描かれているが、全容は判然としない。史料には、陣屋の敷地面積に関する記述がある。

一　水番屋地所
　表間口　三拾壱間
　裏間口　弐拾間程
　　奥行　東 拾七間程
　　　　　西 拾弐間程
一　同所続東之方
　御用地　長拾六間程
　　　　　幅六間程

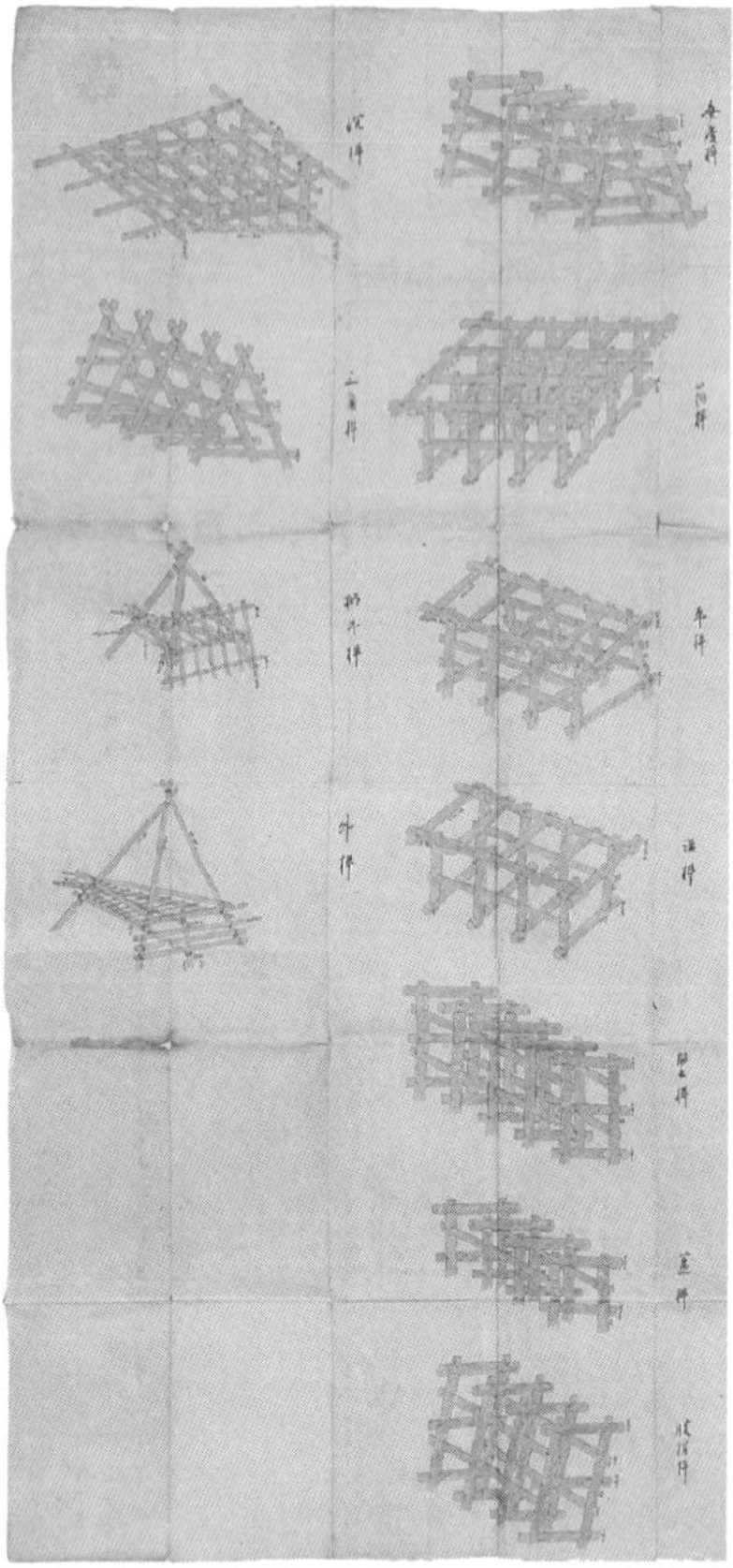

図2－4　羽村堰の諸枠『上水記』部分
（東京都水道歴史館所蔵）

右は上水附地所

一　水番屋入口 冠木門　高サ七尺 幅九尺　両扉付　壱ケ所

図2―3と史料とを照会することで水陣屋の景観を理解することができる。余談であるが、二つの絵図には、水神社の手前に二枚の高札が描かれている。第九巻の史料を引用すると、高札の文言には、

定

此上水にて魚を取水を

あひちりあくたすつる輩
あらハ曲事たるへき者也
　元文四己未年十二月　　　　奉行

定
此上水大堰之上水門
前より弐拾間置幅
四間之所筏可通者也
　元文四己未年十二月　　　　奉行

と記されていたという。二枚の高札は、玉川兄弟が罷免され、幕府の道奉行から町奉行に移管されて間もない頃に出されたもので、前者は上水の水質管理、後者は多摩川の筏運行を許可する内容のものである。

　ふり返って、水門周辺をみることにする。壱之水門東端に多摩川を遮る形状で大投渡木が接し（図2—3では大投渡木の背面には洗籠と記載）、壱之水門に続いて拾三組枠、小吐口となる蛇籠（洗籠）が築かれ弐之水門へと続いていく。弐之水門は、壱之水門と構造的に大きく異なることとして、図2—3が示しているように水門の上位を盛土し、重し土手を築いていることを指摘することができる。両水門とも幅を除くとほぼ同じ規模であるのに対して、柱間《ま》と水量を調整する差蓋の枚数に差異が生じている。両水門の

規模と拾三組枠、小吐口を史料から引用すると、

一　壱之水門 大サ　長六間 幅弐間三尺五寸 高サ壱丈四尺　壱ケ所

内法　長五間 幅弐間三尺 高サ八尺

但木品槻

柱ま五ま差蓋三拾五枚

一　同所水門と水神山之間 腹附枠　長弐間 幅五尺 高サ八尺　壱組

但木品松

一　同所続 拾三組枠

但木品松

竪枠　長弐間半 幅五尺 高サ八尺　弐組

内　腹附枠　長弐間 幅五尺 高サ弐間　五組

蓋枠　長弐間 幅五尺 高サ五尺　六組

一　同所続
小吐口　長五間　敷蛇籠　長弐間半

一　同所続二之水門際
長三間半之所　平均三間之巻蛇籠之場所

一　弐之水門
大サ　長六間
幅五間壱尺五寸
高サ壱丈三尺　重シ土手
高サ六尺
馬踏九尺

但木品槻

内法　長五間三尺九寸
幅五間壱尺
高サ六尺

柱ま七ま差蓋四拾弐枚

（後略）

と記されている。

玉川上水の取水口となる羽村堰の主要部について述べてきたが、第二巻の大絵図と第三巻の史料には、多摩川の水流を調節するために、広範囲に三角枠を設置したことが記されている。すなわち、玉川上水取水口の景観は、これが一大土木事業であるとともに高度な技術のもとで行われていることを示唆しているのである。

2　四谷大木戸水番屋

玉川上水白堀の終点、江戸市中に供給する水門がある四谷大木戸。羽村堰と比較すると、同所水番屋に関する資史料は少ない。『上水記』第五巻の絵図をみると、四谷大木戸の手前、甲州街道沿に平行して上水路が掘られ、水番屋構は、田安下屋敷懸りから水門までの範囲を指している。田安下屋敷懸りとの境界付近には、「水神」の記入もみられる。また、「内藤大和守持（場）」の右手には、上水のゴミを止める芥留、余分な水を流す「吐水門」もみられる。吐水門は、内藤大和守下屋敷側に設けられており、絵図にはその寸法として、「大サ内法高サ七尺五寸、巾七尺」の記入がある。天保四年（一八三三）に刊行された『羽邑臨視日記』を参照すると、水番屋構のうち上水路に平行する両端には、人除矢来（立入りを防ぐ柵）が描かれている。同図には、上水路の両側壁には石積が施され、その外側には植込みを兼ねた低い土塁状の施設もみられる。水門は、四谷大木戸に隣接する水番屋脇にある。水門の規模は、「大サ内法高サ壱丈六尺、巾六尺」とあり、「歩ミ板」も描かれている。現存しないが、かつて水門扣柱の石には、

　玉川上水道自四谷水門至赤坂石桝
石垣石蓋之御普請大工
　　　柏木三右衛門
　　　神田茂左衛門
延宝六年戊午八月二十三日

と彫られていたと『上水記』第一巻は伝えている。これは、承応三年（一六五四）に虎之門まで玉川上水が敷設されて以降二〇有余年が経過した延宝六年（一六七八）、四谷大木戸から赤坂までの石樋の石蓋を修理するとともに、金石文の存在によって水門扣柱がのる石にも手が加えられたことを示唆しているので

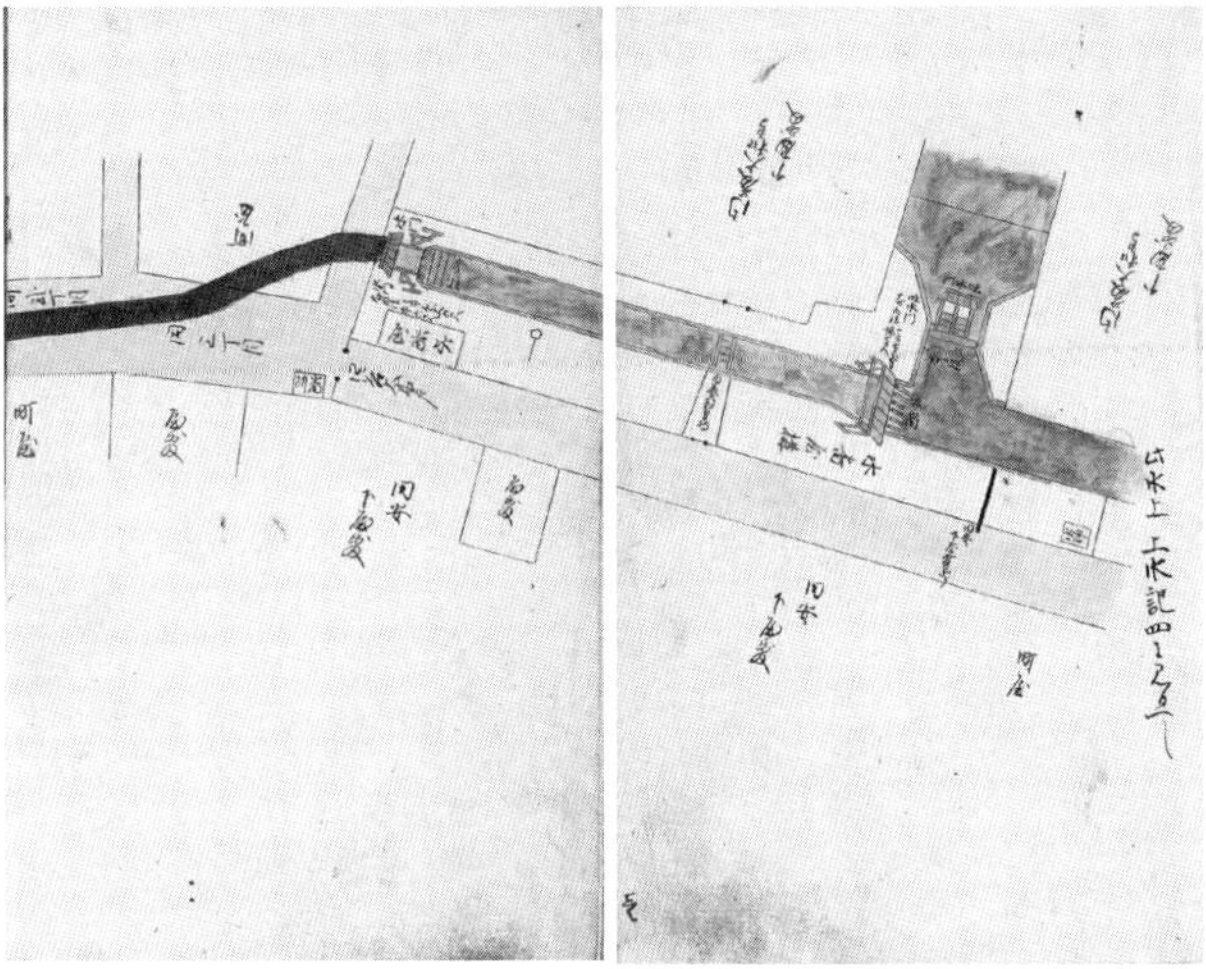

図２―５　四谷大木戸水門『上水記』部分（東京都水道歴史館所蔵）

ある。

また、絵図には、水番屋の右手構内に高札一枚が描かれている。第九巻を参照すると、高札の文言には、

定

一此上水道におゐて魚を
取水をあひちりあくた
捨へからず何にても物
あらひ中間敷并両側
三間通に在来候並木
下草其外草伐取
申間敷候事
右之通於相背輩有之者
可為曲事者也
元文四己未年十二月　　奉行

と記されている。元文四年（一七三九）に出された高札は、前述した羽村堰水神前の二枚をはじめとして、玉川

上水沿の各所に建てられた共通の年号となっているのである。

なお、絵図には彩色が施されており、道路は黄、上水のうち開渠の部分は淡青、暗渠の部分は藍（群青）と区別している。

三　玉川上水路の道程計測と分水口

1　「玉川上水野方堀通村之持場間数書付」と『上水記』第四巻絵図

石野廣通が『上水記』を編纂するにあたり、羽村堰の水門諸枠はもとより四ツ谷大木戸から羽村堰までの道程を計測し、書付と絵図で記録したことは、大きな業績の一つといえるものである。羽村堰に関しては前述したので、ここでは、羽村壱之門から四ツ谷大木戸水門までの記録からみることにする。

書付は、以下のとおりに始まる。

玉川上水野方堀通村々持場間数書付

一羽村壱之水門堀通
　川崎村境迄両側
　五百八拾弐間余　但定請負人持場

一福生村
　川崎村境より両側

千八拾六間
内　御料所百九拾間　清岩院境内　御朱印地　　定請負人持場五拾間入込有之

一熊川村
福生村境より拝島村境迄
南側
千弐間
牛浜橋より殿ケ谷新田分水口下迄
北側
千百五拾八間　御料所　田沢文左衛門　長坂市郎左衛門　　知行所
（以下略）

図2―6は、この書付をもとに道程を模式化したものである。三二カ所の計測点が登場するが、代々木村と千駄ヶ谷村間を好例としてやや複雑であるところも含まれている。本図は、第四巻の絵図を参照として、第三巻に含まれている「玉川上水路羽村水元より四ツ谷大木戸迄橋数書付」に載る八二カ所の橋梁、第九巻の二五カ所の高札の位置を加えたものである。上水路が蛇行していること、計測位置が必ずしも上水路の縁ではないことから上水を挟んだ両岸では道程にして四〇〇間余（約七〇〇メートル）の差が生じ

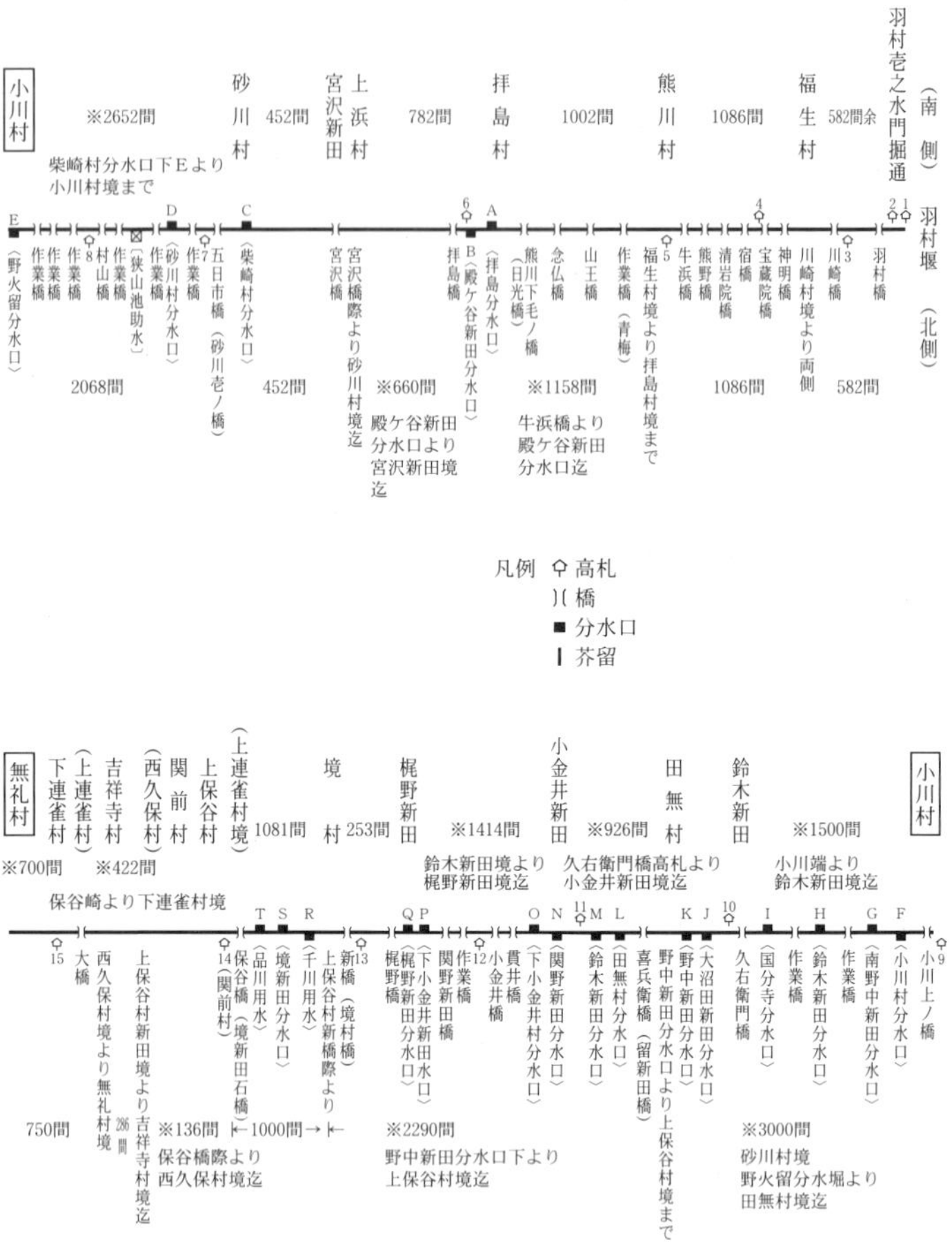

道程と橋梁・高水・分水口の位置

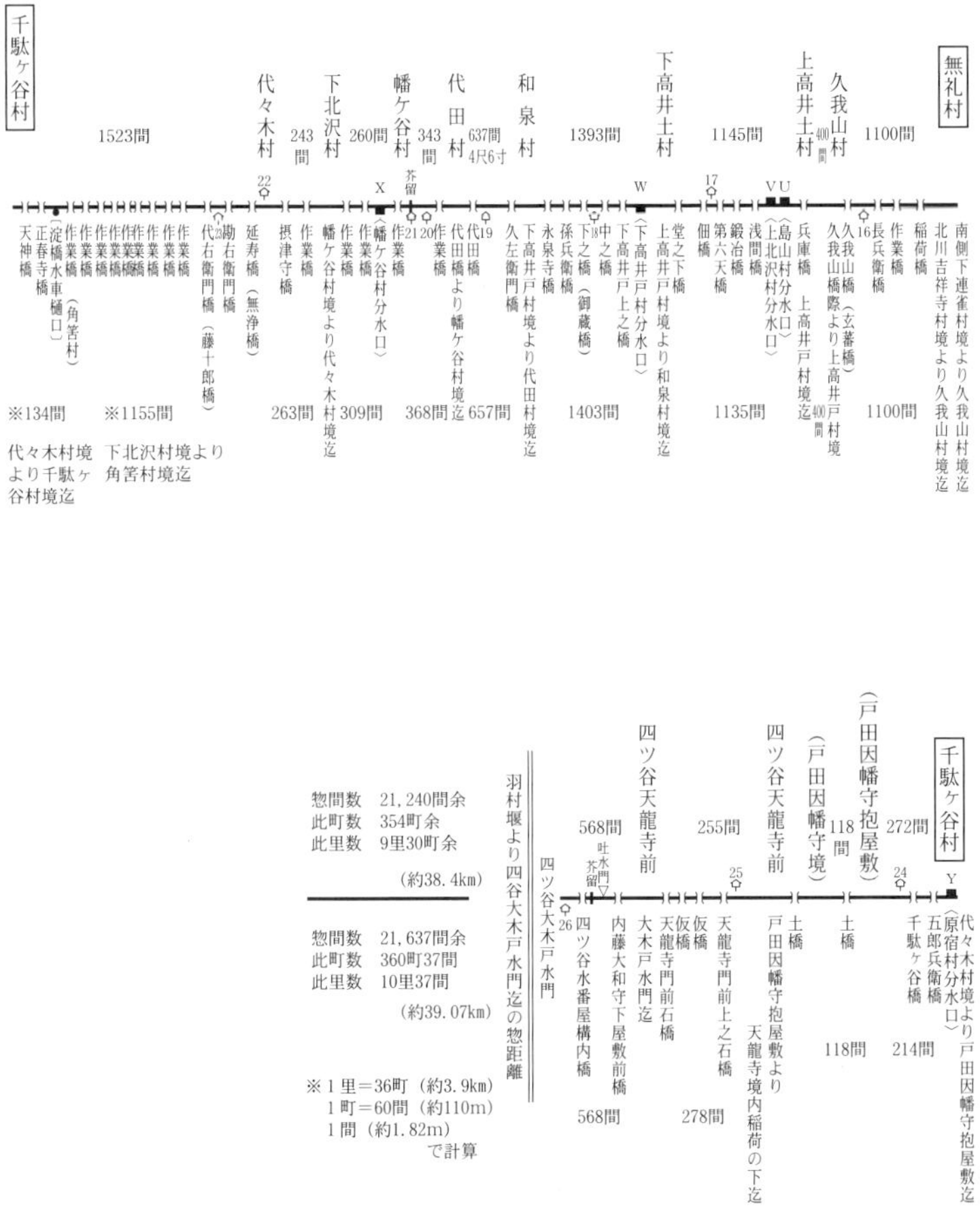

図２－６　羽村堰より四谷大木戸水門までの

ている。しかし、正確に計測した意義は大きい。同書付の末尾には、四ツ谷天龍寺手前石橋より大木戸水門迄の距離に続いて、二種類のものが記されている。一つは、下段に朱による但書を添えた従前の惣道程、一つは石野廣通によって計測された上水の両岸、南北の惣道程数を載せたもので、そこには相違が明確に示されている。その部分を抜粋すると、

　羽村壱之水門より四ツ谷大木戸水門迄
　　惣間数
　　　弐万七千八百六拾四間半
　　此町数
　　　四百六拾四町弐拾四間半
　　此里数
　　　拾弐里三拾弐町弐拾四間半

　　但
　　惣間数町数里数
　　古来よりいひ伝へたる
　　まゝ記置之本文村々
　　持場間数と絵図と引
　　合て此次にしるす惣里
　　数と符号す且聊の
　　相違絵図のうちにしるし
　　置のミ右いひ伝へたる
　　里数とハ相違す

右は前々より申伝候里数也
羽村壱之水門より四谷大木戸水門迄
　南側
　惣間数
　　弐万千弐百四拾間余
此町数

三百五拾四町余
此里数
九里三拾町余
羽村壱之水門より四谷大木戸水門迄
北側
惣間数
弐万千六百三拾七間
三百六拾町三拾七間
此町数
此里数
拾里三拾七間
右は此度相調候里数書面之通ニ付此所え記置候

とある。石野廣通による計測では、羽村壱之門から四谷大木戸水門迄は、北側で一〇里三七間（約三九・〇七キロ）、南側で九里三〇町余（約三八・四キロ）となる。従来は、一二里三二町二四間半（約四九・三六キロ）といわれてきたので、その差は距離の長い北側と比較しても二里三一町程（約一〇・三キロ）である。歴然としているのである。

他方、高札は、前述した羽村堰水神前と四谷大木戸水番屋構内を除き、大半が人通りのある橋際に設置

されている。川崎橋際から四谷天龍寺前に設置した二三枚の高札は、文言・大きさとも同じであり、文言は、

定

此上水道におゐて魚を
取水をあひちりあくた
捨へからす何にても物
あらひ申間敷并両側
三間通に在来候並木
下草其外草伐取
申間敷候事
右之通於相背輩有之者
可為曲事者也

元文四己未年十二月　　奉行

と記されていたという。これは、四谷大木戸水番屋構内に立てられた高札の文言と全く同じ内容であり、上水の浄化を保つために魚取・水浴び・塵・芥の廃棄等々の禁止とともに上水の両端約五・四メートルの範囲の草木の伐採を命じたものである。書付には載せてないが、絵図には、各村々の持場が明記されてい

る。そして、これらを直接的に見廻り・管理していたのが後述する水番人だったのである。

2　玉川上水分水の経過と分水量

承応二年（一六五三）一一月一五日、四谷大木戸までの上水路の開削が完了し、玉川上水道によって羽村堰から江戸市中に上水が供給されるようになる。この上水は、江戸市中に入る前に分水され、とりわけ新田開発の給水として利用されたことは周知のことである。古くは、承応年間、松平伊豆守信綱が領地の野火留に引水を申請したことに始まる（許可されたのは明暦元年）。

『上水記』には、玉川上水分水に関する経過の概要と分水量に関する史料として、第三巻に「玉川上水元羽村より上水堀通四ツ谷大木戸水番屋構迄分水口ケ所書付」と「玉川上水分水口大サ并引取村々書付」、第十巻に「玉川上水分水ケ所寸法并凡水乗」と題する書状が収録されている。この三点の史料をまとめたものが表2―3である。

「玉川上水水元羽村より上水堀通四ツ谷大木戸水番屋構迄分水口ケ所書付」には、三三カ所の分水口と分水を願出た年号と担当役人、唯一の助水口である狭山池に関することなどが記されている。具体的には、

　拝嶋村
　　往古玉川清右衛門掛り之節願済
　殿ケ谷新田
　　享保五子年御代官上坂安左衛門勤役之節願済

表２－２　高札が立てられた箇所一覧

図中番号	高札の位置	図中番号	高札の位置	図中番号	高札の位置
1・2	羽村水神前	10	久右衛門橋北ノ方	18	下高井戸村中之橋北ノ方
3	川崎村端橋北ノ方	11	鈴木新田南ノ方	19	代田橋北ノ方
4	福生村宝蔵院前橋南ノ方	12	小金井橋北ノ方	20	代田村芥留作場橋際北ノ方
5	熊川村牛浜橋北ノ方	13	境村橋際	21	代田村芥留際
6	拝島橋南ノ方	14	境新田石橋際北ノ方	22	幡ヶ谷村無浄橋際北ノ方
7	砂川村一ノ橋際北ノ方	15	吉祥寺村御林中程北ノ方	23	代々木村藤十郎橋際北ノ方
8	砂川村五ノ橋際北ノ方	16	無礼村玄蕃橋際北ノ方	24	千駄ヶ谷橋際南ノ方
9	小川橋北ノ方	17	上高井戸村佃橋際南ノ方	25	四ツ谷天龍寺前上ノ石橋際北ノ方
				26	四ツ谷大木戸水番屋内

柴崎村

元文二巳年御代官上坂安左衛門勤役之節願済

（以下略）

とある。三三カ所のうち、分水の年号が判然としない八カ所（下小金新田から幡ヶ谷村間と四谷大木戸水門近く）を除く二四カ所には、分水願出の年号が記されている。このなかで、拝島村の往古とあるのは、初期の頃と考えられる。分水の申請の最古は、野火留用水に関する松平伊豆守が願い出た承応年間のものであり、反対に最新は、下高井戸村で安永四年（一七七五）のものである。分水の申請は、三段階を経ている。第一段階は、上水開通直後の明暦―寛文年間。第二段階は、享保年間（元禄・元文年間を含む）。第三段階は、延享―安永年間。第一段階は、野火留村をはじめ砂川村、小川村、国分寺村に拝島村を加えた上・中流の五村と品川用水を加えた六カ所。第二段階は、殿ヶ谷新田から千駄ヶ谷の戸田因幡守抱屋敷内分水口を含む一六カ所。第三段階は、大沼田新田、無礼村、下高井戸村の三村。玉川上水の分水は、新田開発と深い繋がりがあり、第二段階の享保年間に集中しているのは、幕府の政策との関係で理解することができる。このなかで注目されるのは、千川口（千川用水）と三田用水の二箇所である。両用水は当初は上水目的を含めて申請され、千川上水が元禄九年（一六九六）、三田上水が寛文四年（一六六四）に各々分水されることになる。これに、史料にはないが四谷大木戸水門近くの万治四年（一六六一）敷設された青山上水とともに江戸の市民に上水を供給していた。しかし、三上水とも享保七年（一七二二）一〇月、突然廃止されることとなる。その背景には、室鳩巣の献言や財政難による上水の維持に困難が生じたこと、掘井戸の普及等々が考えられている。このうち、三田上水は、同年一二月、一四カ村から田方仕付用水として名称を宇三田用水と改め願い出て復活している。一方、千川用水は、上水として江戸市中での利用は差し止めとなったが、野方用水としてはこれまでどおりであった。そのため、巣鴨村で白堀留とした。復活するのは天明元年（一七八一）のことである。

つぎに、分水量についてみることにする。

『上水記』には、これに関する史料が二点ある。一点は、明和七寅年（一七七〇）七月に奉行の久松筑前守・青山七右衛門・柘植三蔵・山下平兵衛四名が玉川上水分水口三〇カ所の分水口の寸法を調べた書上（第十巻）。一点は、石野廣通が寛政三年の『上水記』編纂時に先年の書上をもとに作成したもので、「玉川上水分水口大サ并引取村之書付」（第三巻）として三三カ所の詳細な分水口の大きさ・利用する村名・

分水口と分水量一覧

天保十五（一八四四）辰二月、村田阿波守視察書付（訂正有）				明和七（一七七〇）寅七月の分水		水元羽村より四ツ谷大木戸水番屋迄分水口書付	
分水場所	分水口の大きさ	水末までの距離	分水村数	分水口の大きさ	水量（寸坪）	分水申請年	申請時勤役・他
羽村一之水門				幅五間、水高三尺	9,000坪内村々分水四、八九二坪二合五勺 江戸掛り四、一〇七坪七合五勺		
拝島村	八寸四方	一里一二町程	一ケ村	七寸四方	四九坪	往古	玉川清右衛門掛り時
殿ケ谷新田	八寸四方	一里一二町程	四新田	八寸四方	六四坪	享保五年（一七二〇）	代官上坂安左衛門
柴崎村	~~一尺ニ一尺五寸~~ 巾一尺五寸高一尺	一里半程	二ケ村	巾一尺五寸高一尺	一五〇坪	元文二年（一七三七）	右同
砂川村	七寸四方	一里余	一ケ村	巾一尺高六寸	六〇坪	明暦三年（一六五七）	新田の節
野火留村	~~六尺ニ一尺~~ 六尺七尺	六里程	八ケ村	巾六尺高二尺	一二〇〇坪	承応年中	
平兵衛新田	巾一尺高六寸	一里半程		巾一尺高六寸	六〇坪	享保十七年（一七三二）	代官岩手藤右衛門
中藤新田	~~六寸ニ一尺~~ 巾一尺高六寸					享保十四年（一七二九）	代官野村時右衛門
小川村	一尺四方	二里	一ケ村（残水は新田へ）	一尺四方	一〇〇坪	明暦三（一六五七）～寛文九（一六六九）	
野中新田	~~六寸ニ一尺~~ 巾一尺高六寸	一里程	三ケ村	巾一尺高六寸（小川新田地内より鈴木新田）	六〇坪		
鈴木新田	~~一尺五寸ニ高一尺~~ 五寸二分ニ四寸五分	二里程	四新田	内一尺五寸高一尺（長大久保鈴木新田）	一五〇坪	享保十九年（一七三四）	代官上坂安左衛門 大岡越前守
国分寺村	一尺四方	一里半程	三ケ村	一尺四方	一〇〇坪	明暦三年（一六五七）	
大沼田新田	巾~~一尺~~九寸高八寸	二里程	一新田	巾一尺高八寸（大岱）	八〇坪	宝暦年中	代官川崎平右衛門
野中新田	~~一尺ニ六寸~~ 巾九寸高六寸	二里半程	三ケ村	巾一尺高六寸	六〇坪	享保十三年（一七二八）	大岡越前守
田無村	四寸四方	二里半程	一ケ村	四寸四方	一六坪	元禄九年（一六九六）	大御番より四人出役筋
鈴木村	~~九寸ニ一尺~~ 巾一尺高九寸	一里半程	一ケ村	巾一尺高六寸	六〇坪	享保十九年（一七三四）	代官上坂安左衛門 大岡越前守
関野新田	~~八寸四方~~ 七寸二分ニ八寸	一里半程	八ケ村	八寸四方	六四坪	享保年中	代官上坂安左衛門

表２－３　玉川上水

下小金井新田	一尺四方	五丁(町)程	一ケ村	一尺四方	一〇〇坪	不相知	
下小金井村	~~八寸四方~~ 七寸二分ニ八寸	一里程	一ケ村	八寸四方	六四坪	不相知	
梶野新田	~~八寸四方~~ 七寸二分ニ八寸	二里余	八ケ村	八寸四方	六四坪	享保十九年(一七三四)	代官上坂安左衛門
千川口(用水)	~~一尺ニ一尺五寸~~ ~~巾二尺高一尺五寸~~ 二尺三寸 一尺七寸	二里余	二〇ケ村	巾二尺高一尺五寸	三〇〇坪	元禄九年(一六九六)	千川口初めて分水
境村	一尺四方	二四町程	一ケ村	一尺四方	一〇〇坪	不相知	
品川用水	二尺五寸四方	七里半程	九ケ村	二尺五寸四方	六二五坪	寛文九年(一六六九)	往古は天水場
無礼村	~~八寸四方~~ 五寸四方	二十町程	一ケ村	八寸四方	六四坪	延享二年(一七四五)	町方掛りの筋
鳥山村	~~五寸四方~~ 八寸四方	一里半程	一〇ケ村	五寸四方	二五坪	不相知	
上北沢村	~~一尺四方~~ 一尺二寸ニ一尺	一里半余	五ケ村	一尺四方	一〇〇坪	不相知	
下高井土村	三寸四方	五町程	一ケ村			安永四年(一七七五)	久松筑前守
幡ケ谷村	~~竹樋一尺廻り内法二寸四方~~ 四寸五分四方	一六町程	一ケ村	一尺廻り二寸四方	四坪	不相知	
三田用水	三尺四方 ニ二尺九寸	二里半二七間	一四ケ村	三尺四方	九〇〇坪	享保七年(一七二二)	古来上水の叺樋、田方仕付用水
淀橋水車	~~一尺三寸四方~~ 三尺五寸ニ二尺五寸	七六〇間余		一尺三寸四方	一六九坪	享保年中	古来、玉川上水より神田上水へ助水で水車起立
原宿村	三寸五分四方 末口五寸四方	一五町程	三ケ村	三寸四方	九坪	享保九年(一七二四)	酒井頼母
榎戸新田						享保十四年(一七二九)	代官野村時右衛門
戸田因幡守抱屋敷分水口						元禄十二年から享保十四年迄	
内藤大和守下屋敷分水口				内法四寸四方		不相知	
田安御下屋敷				内法七寸四方		不相知	

用水の長さ等々を収録したものがある。後者には、

天保十五辰年二月中
村田阿波守殿水元羽村御見置之節
分水口樋内法寸法相違有之候ニ付直置

と朱書の貼紙がある。天保一五年（一八四四）、村田阿波守が視察の折、分水口の大きさを再度調査したもので、一七カ所の分水口の訂正がなされている。

両史料の冒頭部分は、以下のように記されている。前者の史料は、

玉川上水分水ケ所寸法并凡水乗
一　一之水門　幅五間　水高サ三尺
寸坪九千坪
四千八百九拾弐坪弐合五勺　村々分水掛
内
四千百七坪七合五勺　江戸掛
所々村々分水
一　拝嶋村　七寸四方　寸坪四拾九坪
一　柴崎村　巾壱尺五寸高壱尺　寸坪百五拾坪
一　平兵衛新田　同壱尺高六寸　寸坪六拾坪
一　砂川新田　同壱尺高六寸　寸坪六拾坪

一　殿ヶ谷新田中里　　八寸四方　　　寸坪六拾四坪
一　大長久保鈴木新田　巾壱尺五寸高壱尺　　寸坪百五拾坪
（以下略）

とあり、水量の寸坪に関して一寸四方をもって一坪と唱えるという補足が付けられている。
後者の史料は、前述した貼紙を除くと、

玉川上水分水口大サ并引取村々書付

一　多摩郡拝嶋村
樋口熊川村地先より引取申候
水口七寸四方
樋口より水末迄三拾町程
伊奈右近将監支配所
拝嶋村壱ケ村ニ限リ

一　同郡殿ヶ谷村
樋口熊川村地先より引取申候
水口八寸四方
伊奈右近将監支配所
殿ヶ谷新田
同断
宮沢新田
野田文蔵御代官所
中里新田
同断
砂川新田
樋口より水末迄壱里拾弐町程

一　同郡柴崎村
樋口上河原村地先より引取申候
水口巾壱尺五寸高壱尺
都合弐ヶ村　柴崎村
芋窪新田
樋口より水末迄壱里半程
伊奈右近将監支配所
（以下　略）

とある。両史料を比較し、特徴を指摘すると以下のようになる。一つは、写しではあるが史料間に二一年という時間差が生じている。この時間差が田用水としての需要の高まりとなり、結果として三カ所の分水口の増加となっている。それは、高井土村分水口（安永四年）を好例とする。一つは、前者の史料の場合、分水口の大きさから水量を寸坪の単位で表し、玉川上水の水量を九〇〇〇坪とするとそのうち五四・三六％にあたる約四八九二坪程が村々分水（田用水）、四五・六四％にあたる約四一〇七坪程が江戸掛りとして割り当てられていることである。しかし、これはそのまま単純に使用量に繋るものではない。一つは、田用水として利用する村々の数や規模に応じて分水口の大きさが決めれていることである。野火留村の分水口を最大とし、千川・品川・三田用水の分水口が大きい。一つは、同一分水口でも時間の経過とともに樋口を大きくしているものがあることである。後者の史料で、天保一五年に分水口の大きさを訂正した一八例をみると、樋口が大きくなっているのは、野火留村・千川口・烏山村・上北沢村・幡ヶ谷村・淀橋水車の六例がある。反対に樋口が小さくなっているのは、鈴木新田・大沼田新田・野中新田・関野新田・下小金井村・梶野新田・無礼村・三田用水の八例がある。このうち二例を除く五例は幅もしくは高さが一寸以下の縮小であることから、外側と内法というような計測箇所の違いによるものであるかもしれない。残りの四例は、幅と高さを換えた訂正となっている。

玉川上水分水口に関する絵図は、道距を詳述した第四巻に描かれているが、それ以外に第三巻の巻末にも分水口の内法寸法を記した模式図が添えられている。図2―7は、その模式図に芥留二箇所と吐水口を加筆したものである。玉川上水の給水は、多摩川と狭山池の二者があるが、そのうち後者については、給水口の大きさをはじめとして史料には詳細な情報が記されてはいない。一方、分水の目的は田用水であることから、分水される時点においては水質の浄化ということはさほど問題ではない。しかし、江戸市中では飲料水が主要目的であることから、塵・芥の混入は問題といわざるを得ない。その点、二カ所に芥留を設置することは、フィルターを二度かけることになり、水質を維持するための工夫がされているのである。なお、水量を調整するための四谷大木戸水番屋構内の吐水口の存在も看過することができない。

ところで、玉川上水路を見廻り監視する水番人の存在は軽視することができない。この水番人は、羽村堰から四谷大木戸水門までを三区画に分け管理していた。前述した「玉川上水分水口大サ并引取村々書付」のなかに載せてあるので、一部分を抜粋すると、

一　同郡国分寺村
　　樋口小川村新田地先より引取申候
　　　　水口壱尺四方
　　　　　　　　野田文蔵御代官所
　　　　　　　　　国分寺村

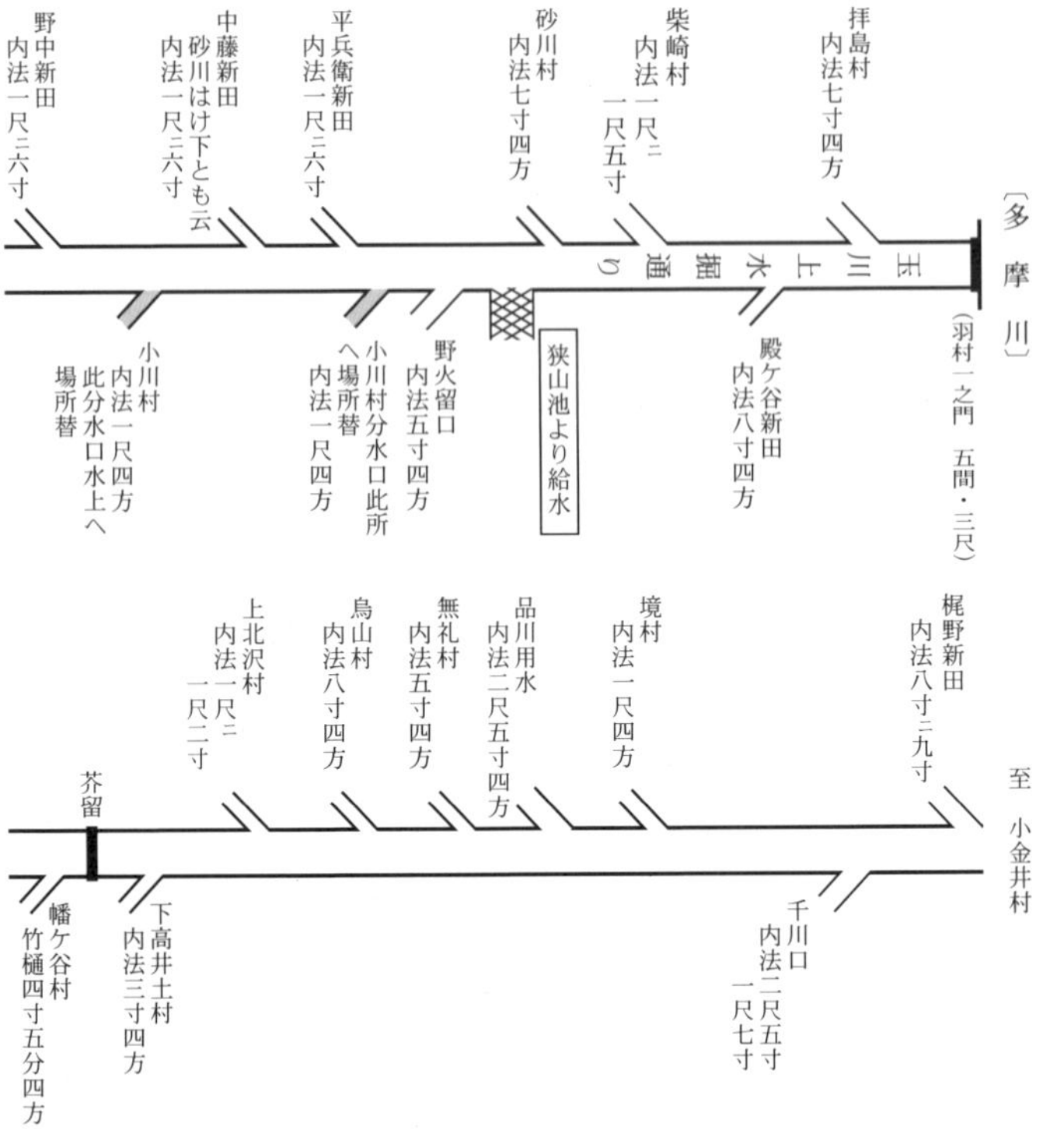

分水口模式図

同断　貫井村
同断　恋窪村
都合枝組合共三ケ村樋口より水末迄壱里半程
拝嶋村分水口より国分寺村分水口迄　野方見廻り役 助左衛門持場

とある。国分寺分水口の末尾にある助左衛門が水番人であり、担当箇所が拝島村から国分寺村分水口であるというのである。同様に、図2―7でみるとそれに続く大沼田新田から下高井土村分水口までが文左衛門持場、幡ヶ谷村より四谷大木戸までが彦七持場とある。後者の二つの持場の記述には、「野方見廻り

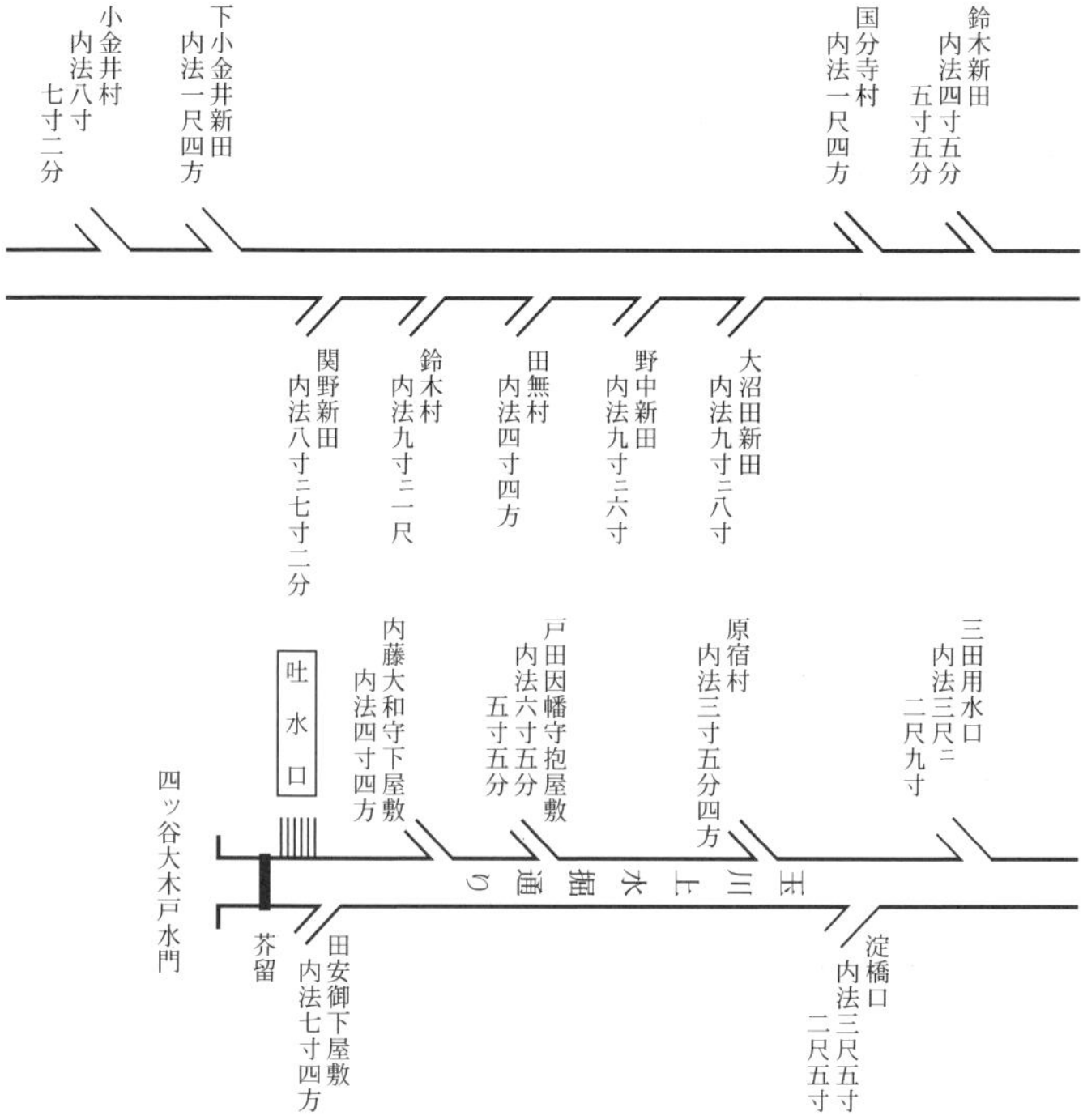

図２－７　玉川上水記の

役」ではなく、「水番人」と明記されている。
　この水番人に関する役割・給金に関することが第十巻につぎのように記されている。

玉川上水堀通水番人給金之記
壱ケ年被下高
一　銀五枚
　金拾九両
　　外ニ米四斗入弐俵
　　　此訳

一銀五枚　玉川上水堀見廻リ役　野田文蔵御代官所　砂川村百姓　助左衛門

一金五両宛　玉川上水水元羽村水番人　伊奈右近将監支配所百姓　源兵衛　儀　助

一金四両　同代田村水番并上水見廻リ兼　同人支配所百姓　文左衛門
外ニ堰料米之内より四斗俵壱俵宛年々被下之

一金五両　同四谷大木戸水番并上水見廻リ兼　町奉行支配　彦　七
外ニ右同断

右之通玉川上水御組合入用を以年々被下之

右水番人共見廻リ方之事
上水江戸懸リ相減候節野方分水口差留候節は右之もの共村々分水樋口差蓋場ケ卸シ方立合相改
上水路持場分ケ有之常々無油断見廻リ相改ル

其外上水路芥或は不浄之品等流来候節右之者共
取計此外水増減之次第ニ寄大木戸水番人
御普請方役所え之注進等此末ニ記ス
但羽村大堰通り出水之節は平水之上三尺ならんとするとき
大小投渡木取払一二之水門差蓋卸シ江戸へ注進ス水落るニ随ひ
元のことく投渡木懸ケ渡シ水仕懸いたす

水番人給金に関する史料に載る助左衛門・文左衛門・彦七は、前述した書付に登場する人物である。羽村水元水番人の源兵衛・儀助は、羽村堰で増水時の投渡木の取払と水量に応じて羽村壱之門・弐之門の差蓋調整を実質的に行った人物である。図2―3の『玉川上水水口之図』に描かれた水番人建物には「水番人／弥三郎／住居」とあることから、この職が世襲ではないことが理解できる。また、水番人の給金を玉川上水組合が担ったとあるが、これについては後述する。

なお、本史料には、このあと神田上水の水番人に関する記述が続くが、その間にわずかではあるが「赤坂溜池水番人　藤助」の記述がある。溜池は、玉川上水が引かれるまでは江戸南西部の水源となっていた。承応三年、玉川上水が虎之門まで配水管が敷設されることによって、溜池からの給水は禁止となるが非常時のことを考慮し、溜池に水番人を配置し続けたことは政策として軽視することができない。

3　練馬区郷土資料室所蔵『千川家文書「江戸上水配水図」』

神田・玉川・千川上水の配水路を描いた絵図が存在する。練馬区郷土資料調査室所蔵の『千川家文書

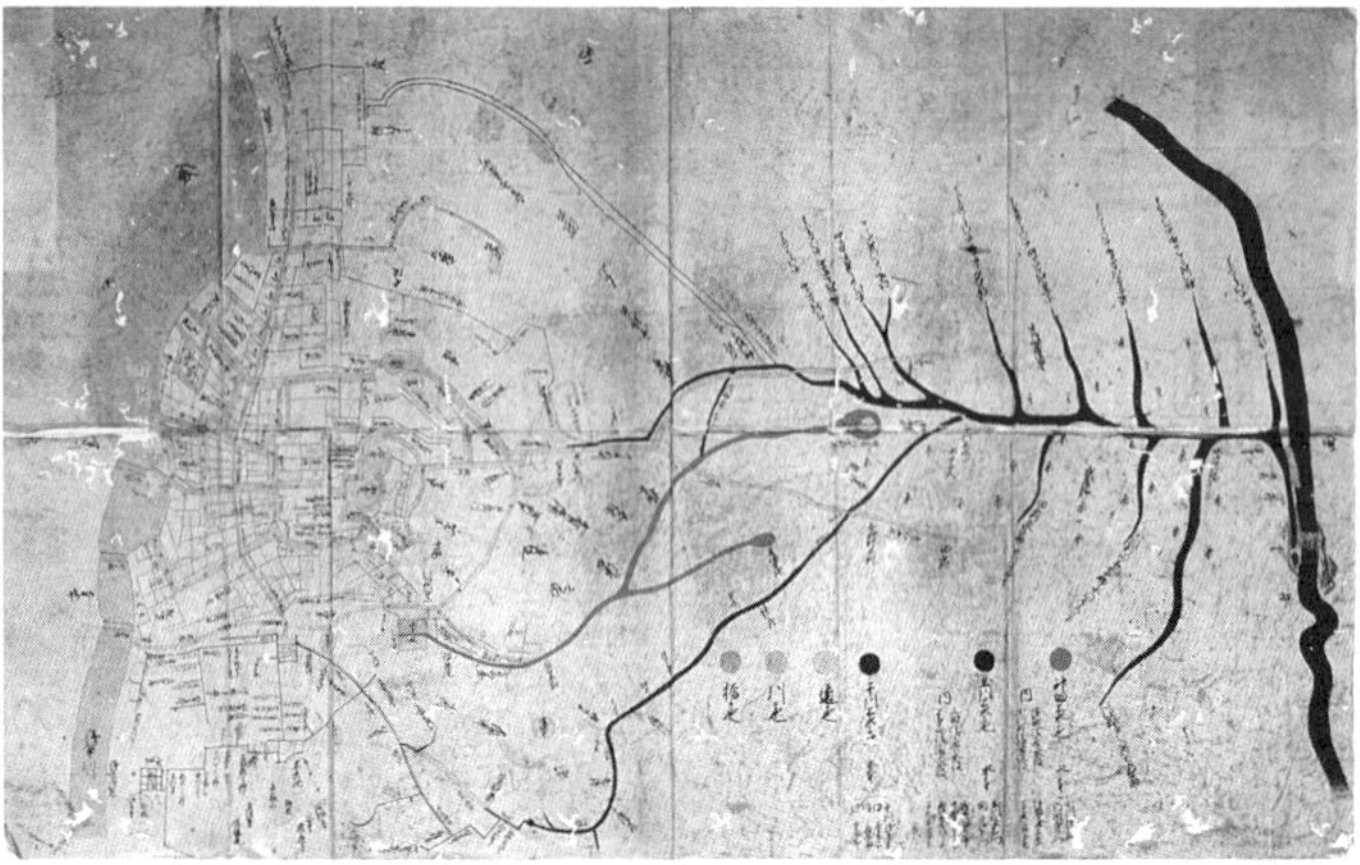

図２－８　千川家文書『江戸上水配水図』（練馬区郷土資料館所蔵）

『江戸上水配水図』である。彩色が施されており、法量は、縦五四・七センチ、横九一・〇センチを測る。本図の製作年代は明確ではないが、千川・三田・青山の三上水とそれらの水役八名（千川筋の水本四名と三田・青山上水の請負水役各二名）が記入されていることから、千川上水が開削された元禄九年（一六九六）以降、千川・三田・青山の三上水が廃止される享保七年（一七二二）までの間に描かれたものと考えられる。玉川上水路でみると一四カ所の分水口が記されている。このうち千川口でみると、巣鴨方面に延びる千川上水と田用水として南側に延びる千川用水とでは、上水路からの分水口が別々に描かれている。すなわち、ここだけで二つの分水口が記されているのである。ちなみに、千川上水の分水口（水口三尺とある）の方が図中右手、西側の方にある。

本図には、特徴的なことが千川口以外にもあるのであげてみよう。一つは、玉川上水系は黒、神田上水系は茶で色分けし、江戸市中を中心とする幹線樋筋を細線で明記していること。一つは、神田上水系の水源をみると、妙法寺池を除く井頭池と善福寺池としており、図中央で水量を補うために玉川上水路から助水をしていること。玉川上水からの助水については、『上水記』第六巻の絵図にも明記されている。一つは、玉川上水路の分水口をみると、千川用水を除きその大きさが記されていること。それは、「国分寺村上水筋水門壱尺四方」という記入で示されている。ちなみに、表2―3の明和七年の書付と対比すると、分水口の大きさが一致するのは、砂川村・小川村・国分寺村・田無村の四カ所であり、他は図2―8の方がいずれも大きく記されている。一つは、玉川上水からの分水に関する名称は、野火留（図中ではこの用語は明記されていない）と千川の二つの用水を除くと「上水筋」の名称が用いられていること。図中に登場する「上水筋」とは、拝島村・砂川村・国分寺村・小金井村・境新田・烏山村・北沢村・小川新田・田無村の九カ所があり、他の千川・三田・青山は「筋」の文字が入らない上水と記入されている。一つは、多摩川から取水する羽村堰水門から拝島村分水口までは、一見すると分水と間違えてしまうこと。これは、画面中央から左手が中心の絵図であるために、右手端にあたる部分の表現は手狭まになったことによるものと思われる。一つは、玉川上水の色分の下に「水本」として「玉川庄右衛門／同　清右衛門」の名が記されていること。神田上水にも二名の水本、同筋の濱町・小川町水請負人二名の名が記されている。

以上のように、『上水記』史料を解釈する上でも、一八世紀初めの江戸における上水配水図を描いた本図の資料的価値は、きわめて高いものといえるのである。

四　貞享度と寛政度、二種類の神田・玉川上水主要樋筋図

1　前神田・前玉川上水

天正一八年（一五九〇）、小田原攻の後、徳川家康は江戸入府に際して家臣の大久保藤五郎忠行に上水建設を命じたと『天正日記』や『御府内備考』などは伝えている。その水源は、小石川や神田明神山岸の水とも山王山本の流ともいわれているが、絵図や古記録でそれを裏付ける史料は、今日までのところ知られてはいない。

一方、井頭池・善福寺池・妙正寺池に水源をもつ神田上水は、寛永六年（一六二九）頃には開削されていたと考えられているが、これも検証の余地が残されている。

近年、精力的な発掘調査によって、断片的ではあるものの、江戸の上水に関する新知見がもたらされている。発掘成果については、後章にゆだねることにするが、層位学的にみて、前神田・前玉川上水（ここでは貞享年間に作成された神田・玉川上水の樋筋関連遺構よりも古い資料、下から発掘されたものを指す）の石樋木桝・木樋などが発掘されているのである。一例として、前玉川上水の遺構を発掘した東京駅八重洲北口遺跡と四谷御門外橋詰・御堀端通・町屋跡について紹介することにする。前者は、近世初頭から近代にかけて形成された生活面四面のなかの最も古い地層（寛永期以前）中から、切石を積み上げた水路状施設（蓋石は残存していないが石樋の一部）とそこから引いたと考えられる木樋が発掘されている。ちな

みに、この地層の上位、一メートル程盛土・造成されたところからは、玉川上水樋筋の木桝と木樋が発掘されている。後者は、後述する二種類の絵図とも深い関連があるものである。貞享年間に作成された『玉川上水大絵図』の四谷門周辺の樋筋は、外堀の西側で本丸掛りと吹上掛りの二路に分岐し、半蔵門方面に向かって東進する。『上水記』第五巻の四谷大木戸水番屋より江戸内水掛り絵図ならびに天保四年（一八三三）から明治三年（一八七〇）までの玉川上水普請記録『玉川上水留』の四谷門周辺の樋筋図をみると、前述の本丸掛り・吹上掛りの二路に加えて麹町大通組合樋筋（武家掛り）が描かれている。すなわち、幹線の樋筋が一路、増加しているのである。これら絵図を踏まえて発掘成果を参照すると、以下のことがわかる。一つは、四谷御門外橋詰地点において、『上水記』が編纂された寛政三年（一七九一）の絵図と一致する本丸掛りと武家（組合）掛りの樋筋が発掘されたこと。ちなみに、四谷門周辺では、外堀を渡るために懸樋となるが、二系統の樋筋遺構は、木樋と桝が発掘されている。双方の木樋は断面形がほぼ同じ大きさであるが、武家（組合）掛りの方が高位に敷設されている。一つは、上位の木樋底から約一・五メートル下位に内法九〇センチ四方の大型木樋が検出されたことである（木樋底の比較では約二・四メートル）。この大型木樋の他にも、大型木桝や木樋が発掘されている。これらは、層位学的にまた深度からみて承応三年（一六五四）、虎之門まで配水管の敷設が完了した玉川上水以前のものとみて大過なかろう。記録の上では、『御府内備考』に「……山王山本の流を西南の町へながし……」という文言がある。山王権現や近世初期には江戸南西域の水源として利用された赤坂溜池とは近い位置関係にある。しかし、調査範囲が狭小なことから、古い上水遺構の敷設時期と水源を明確にするまでは至っていない。

2　貞享年間に作成された神田・玉川上水樋筋図

国立国会図書館所蔵資料のなかに、貞享年間（一六八〇年代後半）に製作された二つの絵図が存在する。『神田上水大絵図』と『玉川上水大絵図』である。玉川上水に限ってみると、承応三年六月に虎之門まで敷設された後、明暦元年（一六五五）七月二日には江戸城二の丸庭苑、明暦三年には伊皿子（現在の港区）細川家下屋敷まで延びている。つまり、この図は主要樋筋の敷設が完了して、およそ二〇年後に製作されたことになる。二つの上水大絵図は、『東京市史稿』上水篇附図として一つにまとめられ、「貞享上水図」として所収されている。玉川上水の供給先は、江戸城の中枢部である本丸・二の丸・西丸（残念ながら内部の樋筋は記録に残されていない）をはじめとして、南は増上寺東側の金杉橋辺、東は築地・八丁堀と大名小路一帯と江戸市中上水網のおよそ四分ノ三を占有している。特徴的な樋筋として、半蔵門からの本丸掛りをあげることができる。『上水記』や『玉川上水留』の上水絵図をみると、半蔵門からは半蔵濠に沿って弐之桝矢来桝から北桔橋へと進む一樋筋であるのに対して、貞享図ではこれに加えて吹上馬場、御花畠を経由して北桔橋に通ずる樋筋が描かれているのである。後者は、『上水記』の寛政図、文化年間の『江戸城御吹上総絵図』では吹上掛樋筋となり、上覧所手前で右折し、吹上内の排水溝に吐水している。神田上水は、関口大洗堰から目白台、小日向台、水戸家上屋敷地内までは白堀（開渠）、そこから先が暗渠による樋筋となる。水道橋の懸樋も描かれている。神田上水の供給先は、北は不忍池辺から隅田川右岸の浅草橋辺、東は神田・一石橋から日本橋川へ沿う範囲である。前述した玉川上水の供給と比較すると狭小で、江戸市中のおよそ四分ノ一となっている。

3　『上水記』の神田・玉川上水江戸内水掛り絵図

『上水記』に記されている神田・玉川の両上水絵図は、各二巻からなる。それは、取水口や水源から江戸までの流路と水門となる四谷大木戸と関口堰までの水路図に江戸市中での樋筋を示した絵図からなる。前述した「貞享上水図」が神田・玉川上水の樋筋を各一枚づつの大絵図に示しているのに対して、本絵図は、水路・樋筋を繋ぎ合わせたものであることから、一見して樋筋を理解したり、樋筋相互の関係を知るには不便といわざるを得ない。しかし、幹線となる樋筋は、貞享年間に作成された大絵図と大過ないことから、それにゆだねればよい。神田・玉川上水江戸掛り絵図の最大の特徴は、引用者組合が設置されたことである。記録の上では、玉川上水に関しては、享保一九年（一七三四）九月二八日、虎之門外から京橋木挽町五丁目間に上水組合年番を設置、他方、神田上水に関しては、寛保元年（一七四一）四月一七日、引用者組合が設立され、上水修理費用が組合負担となるとある。すなわち、両上水とも組合が設立され、普請・修復のための水銀を徴収し、運営されていたのである。ちなみに、『正宝事録』二三三二号の享保一九年九月廿八日に発令された武家町組合の年番覚には、一万石以上の大名を十組に割り当てている。それは、卯組　松平陸奥守・小笠原近江守、辰組　松平大炊頭・森川源之丞、亥組　井伊掃部頭・京極備後守、申組　松平越中守・松平近江守、巳組　丹波左京太夫・九鬼大隈守、酉組　奥平大膳太夫・三浦志摩守、寅組　中川内膳正・伊達若狭守、戌組　本田主膳正・細川備後守、未組　松平周防守・牧野河内守、

午組　板倉相模守・松平遠江守とある。したがって『上水記』の絵図には、組合樋筋が加筆されているのである。前述した四谷門周辺では、「御本丸掛り」と「吹上掛り」の樋筋に加えて貞享図ではみられない「麹町大通組合樋筋」が敷設されていることがわかる。これは、発掘調査の成果からも裏付けされているのである。神田上水の場合も同様である。

貞享図と寛政図を比較すると、寛政図の方が組合設立によってきめ細かな配水管の敷設が施されていることを看取できるのである。

五　上水管理と水銀徴収

1　上水の水番人

上水を見廻り、管理する水番人の役割は重要である。玉川上水の水番人については、本章三で少し紹介したので、神田上水を含めて述べることにする。神田・玉川上水の水番人は、白堀（開渠）となる上水路を主体として塵芥の取除、土手の決壊や水洩れ等々を監視することを役割とし、代官所や町奉行所の支配となる。玉川上水では、羽村堰から四谷大木戸水門までの分担であるのに対して、神田上水では、関口大洗堰から小石川水戸家屋敷際までの白堀と外堀に掛る懸樋までを責務とする。水番人には、水番屋として各々地所が拝領されるが、玉川上水水番人には給金が与えられ、その高は銀五枚、金一九両（一人当り四～五両）、その他米四斗入二つであることは前述した。また、その負担は、後述する玉川上水路の水元組合が負担することとなる。明和七年（一七七〇）三月一〇日付の「水料相納候村方米金左之通」という史料に表れている。一五村と二氏が記されているが、水銀・水料は一様ではない。千川善蔵金七は、元禄九年（一六九六）、千川上水の開削に貢献した徳兵衛太兵衛の末裔で、千川の名字を与えられるとともに世襲的に水役を務めた人物である。この徴収した水銀水米を金に換え、水番人の給金として支払ったのである。ところで、玉川上水路から分水して田用水として新田開発にあたった村々が全て水料を納めたかというとそうではない。明和八年（一七七一）一二月、「神田玉川両上水附村々水料米金之儀ニ付申上候書」という書付がある。掛りとして四名の奉行と御勘定方の名が記されているが、表2―4に示した村々は、武蔵野の新田開発に従事し、上高井戸以下六カ村は元来井頭池を用水としていたことから水料を納める必要がないとしている。表2―4にはないが、神田上水路沿いの小日向町・関口町・高田村・戸塚村も同様である。表2―4のなかで※印の三村が双方に記されており、検討を要するところである。

水銀・水料の納付の有無は別として、『上水記』第四巻・第六巻の玉川・神田上水路には、連続して村持場が記されている。玉川上水路の高札について前述したが、実質的に村々には夫役が課せられており、それによって上水が整然と維持・管理されたのである。

2　普請・修復と出銀

上水を利用するにあたり、普請・修復は必要不可欠なものとなる。その費用は、修復料を水銀とよばれる税で賄われる。この税については、本章一節の玉川庄右衛門清右衛門の書付で紹介したが、玉川上水が

表２－４　玉川上水路村々の水銀・水料一覧

水料課税の村・人物 金・米	村名	米	村名	金・米	村名・人物
金一両	拝島村	米三石四升	無礼村	米四石	上北沢村
金一両	田無村	米一石五斗	国分寺村	米二石	代田村
金一両	砂川村	米三石七斗	幡ケ谷村	米六斗九升二合一勺二才	原宿村
金一両	小川村	米五斗四升	上小金井村	米八石	淀橋水車持 久兵衛
金一両	境村	米七石二斗	鳥山村	金四両一分	千川 善蔵 同 金七
金一両、米一石八升	下小金井村	米六斗八升二合	下高井土村		
総高　金10両１分、米32石4斗3升4合1勺2才					

水料不相納村々
鈴木新田
梶野新田
大沼田新田
南野中新田
平兵衛新田
関野新田
下小金井新田
中藤新田
草久保新田
下北沢村
※境村
殿ケ谷新田
中野新田
砂川新田
※砂川村
※小川村
小川新田
廻り田新田
上高井土宿
下高井土宿
永福寺村
中野村
久我山村
雑色村

虎之門まで引かれて間もない万治二年（一六五九）に定められ、その後、正徳五年（一七一五）に見直される。知行に応じた税率は、『上水記』に記されている寛政二年（一七九〇）の時点においても変化してはいない。

『上水記』第十巻には、寛政二年時における玉川・神田上水の水銀（出銀）に関する概要と徴収方法がまず記され、その後、玉川・神田上水の詳細な出銀高が載せられている。その史料は、普請・修復を加えたもので「玉川神田両上水石高出銀之記」に記されている。主要部分を抜粋すると、

玉川上水神田上水共御組合場之分普請修復共古来より

公儀御取替金を以年々仕越普請ニ相成捨ケ年或は八ケ年程
溜金ニ相成候分惣御組合より取立之御金蔵え返上納仕来候処
右両上水共普請修復壱ケ年之金高相定引請定請負
仕度旨神田佐久間町武兵衛同多町弐町目茂八南新堀壱丁目
五左衛門と申者願出伺之上天明二寅年より永久定請負被仰付候
玉川神田両上水惣石高武家町共
　凡弐千万石余程　　但 玉川之方千五百万石程 神田之方五百万石程
　内
公儀御出銀之御石高四拾万石内 玉川之方三拾万石 神田之方拾万石
　此御出銀をはしめ両上水之儀四歩三玉川四歩一神田と
　割合候
玉川神田両上水惣出銀高武家町共
　凡金弐千三四百両
　但武家屋敷相対替等ニて石高年々不同出銀も同断
　且定請負金高之外定御手当金之外不時御手当金等

其外出銀取集ニ付遣候筆墨紙等上水御普請ニ付
　遣候品等は御役所金之外此出銀之内割入遣払候間
　　是以年々不同有之

とある。上水関連の知行が二〇〇〇万石程あり、武家方と町方をあわせると出銀がおよそ二三〇〇〜二四〇〇両になるというのである。ちなみに、後述する史料から、町方はおよそ四〇〇両程となる。公儀の担当分が四〇万石というのは、いささか少ない感がする。

水銀の徴収は、組合となるが、玉川上水では三口に分かれている。一口は前述した上水路水元組合、他の二口は江戸内組合の江戸内と水元の二口となる。江戸内組合の水元とは、四谷麹町通り半蔵門までと同所五丁目横町より赤坂御門内長田町辺までを指し、江戸内とは、四谷伝馬町壱丁目角枡より紀伊国坂通・柳堤虎御門内・御曲輪内、虎御門外より愛宕下芝辺・築地鉄炮洲辺までを指している。他方、神田上水でも、三口に分かれている。一口は水元、他の二口は江戸内で水道橋内と神田橋内となる。もう少し詳細に述べると、水元とは水源となる井之頭、目白下（関口）大洗堰・水道橋外を指す。水道橋内とは、水道橋の内側から小川町通・神田橋外通・日本橋南北浜町辺、神田橋内とは、同所外出枡より龍之口・御畳小屋・常盤橋御門辺までを指す。これをもとに、寛政二年（一七九〇）の玉川・神田上水の水銀（出銀）を示すと表2—5のようになる。

玉川上水の上水惣石高は、一六〇二万九一一二石七斗一升四合六勺六才であり、その出銀は、およそ一四七八両程となる。表2—5の右側は、知行に応じた比率であるが、正徳五年の定率とはやや異なっている。このうち、普請修復のための定請負金は、一二六三両二分銀一三匁六分四厘五毛と記録されている。

一方、神田上水の惣石高は、四五三万一三五石三升九合六勺二才であり、その出銀は、五七五両程となる。定請負金は、五〇〇両三分銀一三匁九分と記録されている。前述した史料にあるように石高・水銀の両上水の比率は、玉川三に対して神田一の割合となっている。なお、表2―5では、上水の系統によって税率が異なることを看取することができる。総じて、神田上水の方が高いといえる。

普請修復は、時には定請負金では賄えないことも生じる。正徳五年（一七一五）の四谷大木戸から虎之門までの上水普請の例をあげることにする。『上水記』第八巻の玉川庄右衛門清右衛門書付の写のなかに、知行と水銀との関係の後、つぎの文言が記されている。

（前略）

右之通ニて御武家様方より水上修復料壱ケ年ニ

　銀弐拾三貫七百九拾四匁

　此金三百五両銀四匁　　但両ニ七拾八匁かへ

町方修復料壱ケ年

　銭百三拾四貫四百六拾壱文

　此金三拾壱両銭弐百文　但四貫弐百七拾文かへ

二口合

金三百三拾六両余　　但年々少々宛過不足御座候

神田上水の水銀（出銀）一覧

左　水銀（出銀）取立内訳	
100石に付銀１分７厘７毛	100石に付銀４分１厘
381両２分銀13匁２分７厘２毛余	206両２分銀８匁４分２厘６毛 888両２分銀10匁９分３厘６毛
※①79両銀９匁３分６毛余 ※②49両銀５匁７分７厘２毛余	※③（47両１分銀11匁６分８厘２毛 287両銀14匁７分５厘６毛余 112両１分銀１匁９分６厘

八月　　玉川庄右衛門
　　　　玉川清右衛門

（後略）

とある。この書付の写しには、水銀として徴収した三三六両余の水銀の使用書は添えられていない。

一方、『正宝事録』一四七〇号にその使用目的と金額に関する記述がある。

未十二月

一　四谷大木戸より虎御門迄え上水普請有之町々割合覚

金高四百三拾八両拾五匁八分七厘

九ツ割三百九拾五両五匁弐分八厘　武士方掛り

壱ツ割四拾壱両三歩拾匁八分五厘　町方掛り

但　小間ニ付弐分五厘九毛宛

一　何程　何町

一　何程　何町

右来廿八日迄ニ玉川庄右衛門方迄持参被成候様奉書願候

とある。後者の史料の日付が一二月であるから、明らかに新しく、かつその目的も明確である。普請であれば、距離からして経費がさらに嵩んでも

表２－５　寛政２年　玉川・

上水名＼項目	区　分	上　水　知　行	水　銀（出銀）
玉川上水	水　元 江戸内武家町	3,024,000石3合3勺2才 12,705,112石7斗1升1合3勺4才	1478両3分 銀13匁4分1厘1毛余
神田上水	水　元 水道橋内 神田橋内	480,858石6斗8升3合3勺3才 2,911,276石3斗5升6合2勺9才 1,138,000石	575両2分 銀13匁9分6厘5毛

①100石に付銀1分1厘8毛　②100石に付銀2分5厘9毛　③100石に付銀5分9厘2毛

よさそうである。仮に修復として水銀で賄うとすると一〇〇両程不足する。それ故に普請としたわけではないが、武家方と町方との負担比率、九対一の割合とともに具体的な数字を示しているのである。

第三章　江戸の井戸

井戸の起源は、シリア北東部のテル・セクル・アルアヘイマル遺跡にみることができる。約九〇〇〇年前のこの遺跡は、浄水目的で人の手がはいった最古の例と考えられている。

井戸とは飲み水をためる施設のことを指している。一般的には地下水を得るために地中に掘った穴のことだが、この他にも川や泉のほとりに水をため、それを「井」とよぶことが報告されている。また、その語源には「水の集まるところ」からきているという説もある。

一　井戸の種類

井戸には様々な種類がある。ここではどのような形式分類が行われているかを紹介したい。また発掘調査では井戸の外部施設はすでに削平されていることから、井戸の部位に関しては割愛したい。

浅井戸と深井戸　井戸の深さが浅い井戸を浅井戸。深い井戸を深井戸とよんでいる。深さに定義はなく、一般的な通称である。

堀井戸　浅い層の地下水を汲み上げる井戸で、直径約一・五メートル・深さ一〇メートル以内の規模が一般的といわれている。つるべいどなどはこの井戸の種類に入る。

掘抜井戸　深い層の地下水を利用する井戸で、難透水層を掘り抜き、深い帯水層の地下水を汲み上げる自噴井戸に多くみられる。上総掘りはこの井戸の種類に入る。

横井戸　崖地で水平方向に掘削し、地下水を採取するための井戸。

まいまいずい（地域により呼称が異なる）　通常の井戸の掘削で地下水面に達しない場合には、地表からすり鉢状に窪地を形成し、そ

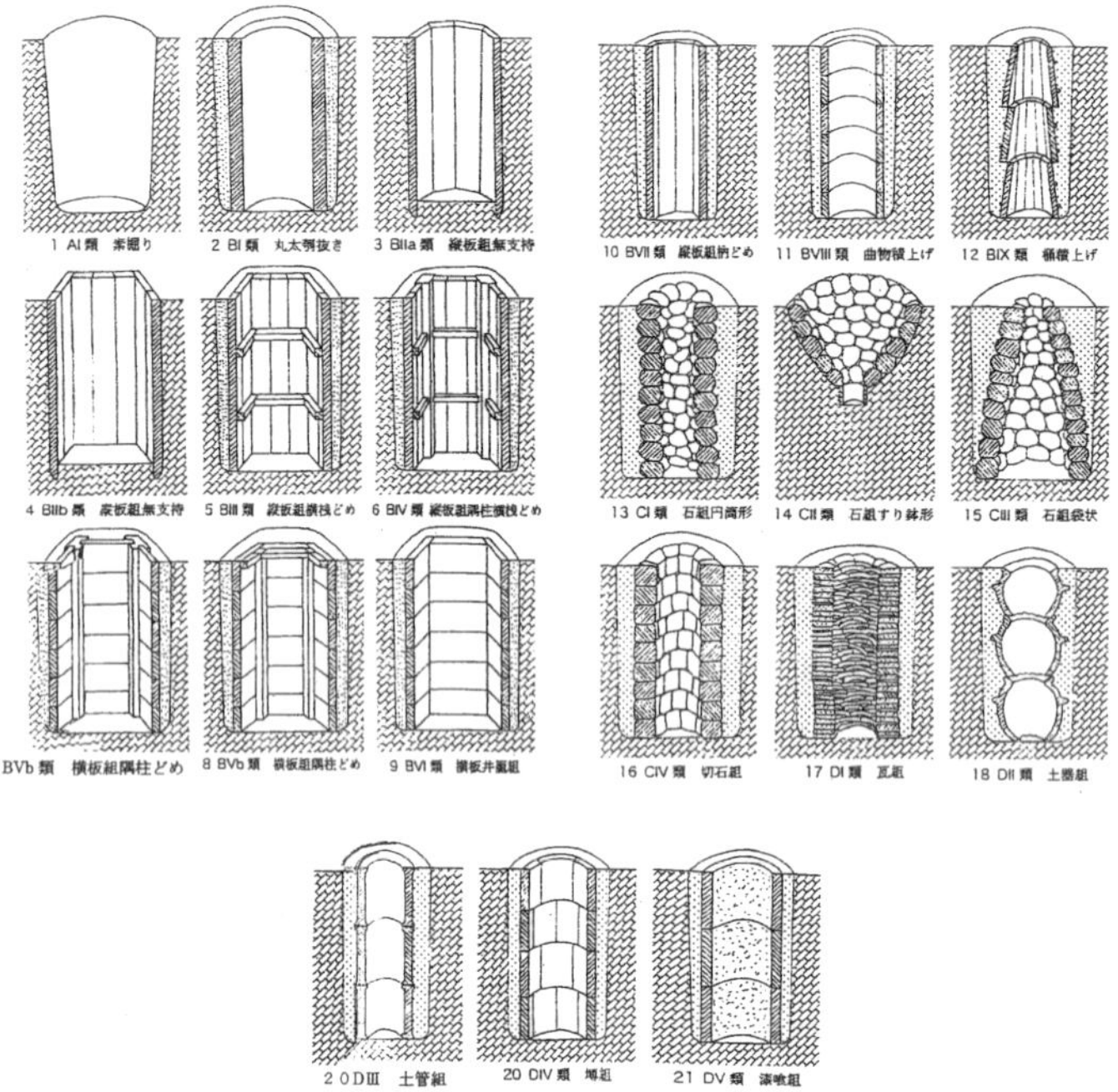

図３－１　井戸の分類（鐘方正樹『ものが語る歴史シリーズ⑧　井戸の考古学』より転記）

の底に井戸を掘削する方法がとられた。すり鉢状の斜面には井戸端に降りて行くための螺旋型の歩道が設けられた。史跡では神奈川県小田原市にある石橋山一夜城の井戸郭で現在もみることができる。

井戸の分類　地域によって地質も帯水層の深さも違うため様々な井戸が形成されていた。その分類も様々である。宇野隆夫氏は『史林』第六五巻第五号において材質によって四つに大きく分け、さらに二〇に分類している。また鐘方正樹氏は『ものが語る歴史シリーズ⑧　井戸の考古学』で造法により六つに大きく分け、さらに二九に分類している。これらは井戸を掘った後の井戸枠について分類・考察がなされている（図3―1）。

江戸の台地部分では侵食作用に強い関東ローム層が存在しているため、堅固な井戸枠は必要とされなかったようである。鈴木孝之氏の「古代～中近世の井戸跡について（1）埼玉県における形態分類を中心として」『研究紀要』にも「東日本で確認される井戸跡は……実数・頻度ともに、圧倒的に素掘り井戸を主体としている」と記されている。

二　江戸の井戸

江戸は埋立地が多かったため、井戸を掘っても塩分の強い水が出てくることが多く、飲料水の確保が問題とされた。このため多くの生活用水は、埋設された上水道を使い江戸市中に供給されていた。これを井戸に接続して給水が行われていた。

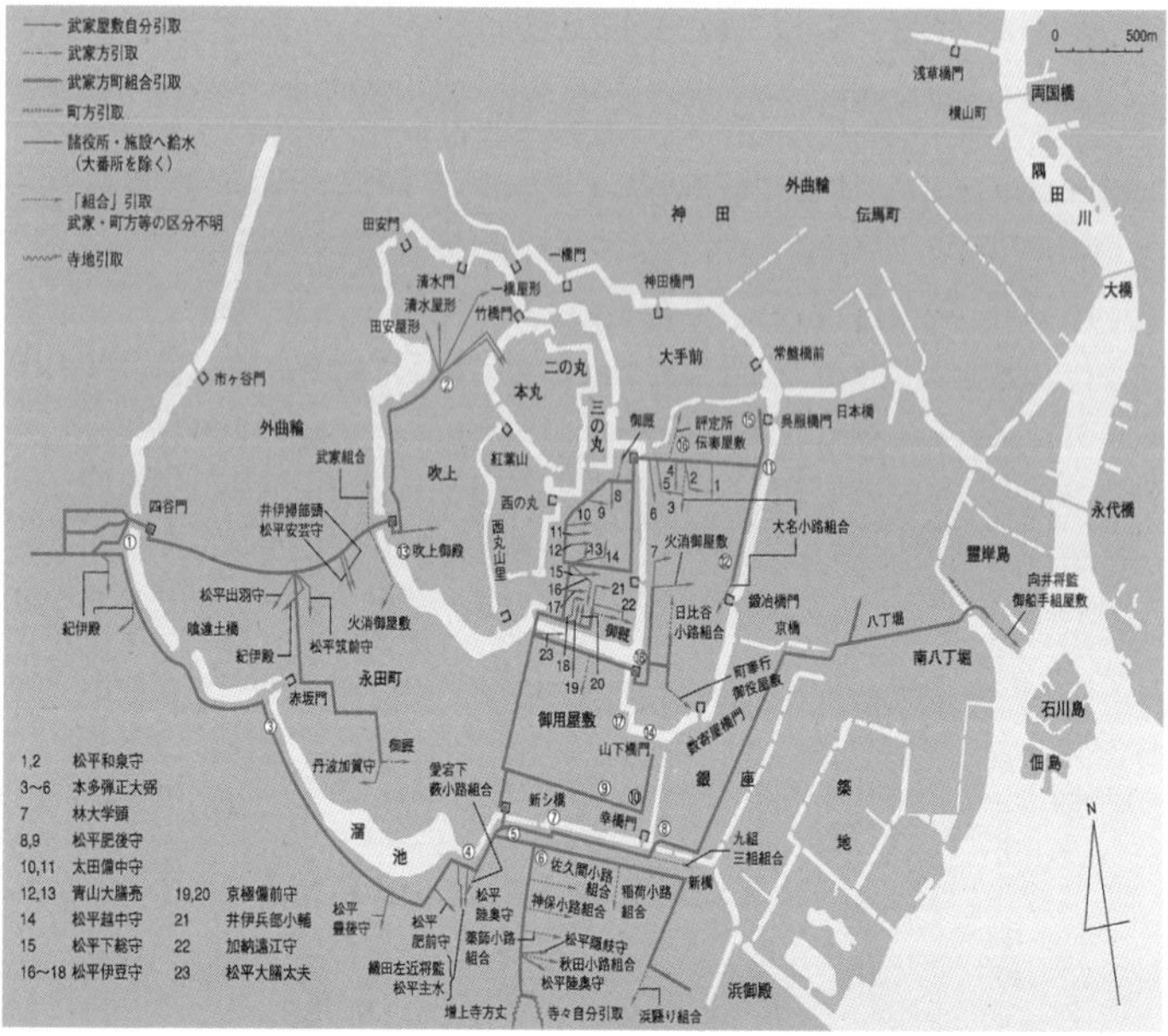

図３－２　「上水記」にみる玉川上水の配水先と吐樋位置および吐樋放流先（社団法人土木学会ＨＰより転記）

井之頭池を源泉とする神田上水が造成されたのは天正一八年（一五九〇）であり、小田原北条攻めの頃より江戸の人口増加を踏まえた政策が実施されていたのがうかがえる。さらに承応三年（一六五四）には玉川から四谷の水門まで総延長四三キロに達する玉川上水が完成している。『御府内備考』には簡略に次のように説明されている。

> 玉川上水　（中略）今、此上水、流末広大にして四谷・麹町より御本城へ入、西南は赤坂・西の久保・愛宕下・増上寺の辺、これ松平豊後守屋敷の辺、金杉左右海手すべて北手、南東方は外桜田・西丸下・大名小路一円、虎御門外、数寄屋橋外・土橋・京橋川南手、八丁堀・霊岸島方、新

堀川より永代迄南手、築地浜御殿より西手一円、此水用いざるところ寸地もなし
現在ではポンプアップなどで水圧を上げて給水するシステムが多くみられるが、この頃は高低差を利用して水を流す「自然流下式」が採られていた。水源から水門まで総延長は約四三キロだが、高低差が約九二メートルしかないことでもその技術力の高さには驚かされる。ただし、その方法だと接続された井戸天端からベルヌーイの定理（流れに沿って成り立つエネルギー保存の法則・ダニエル・ベルヌーイによって一七三八年に発表される）により水が噴出すこととなる。このため上水樋の途中や末端に水を流す吐樋が設けられていた。

「上水記」巻五（東京都水道局蔵　寛政三年（一七九一））によると吐樋の放流先が記載されている。放流先は下水・溜池・掘・水船などである。水船とは吐樋から出てくる上水を船に溜め込み、水利の悪い本所・深川周辺に売り歩いた船のことである。ただいたずらに放流するのではなく、様々な用途に使用する計画性をもってこれらが設けられていたことうかがえる。

社団法人土木学会で「上水記」にみる玉川上水の配水先と吐樋位置および吐樋放流先が（図3―2）が作成されている。幕府管理の「御普請場」と武士・町人のつくる上水組合管理の「普請場」の上水樋から自分引取の樋に分岐していることがわかる。これらの上水は取水口から開渠（蓋が無い用水路）や暗渠によって江戸市中に導かれ、地下に埋設された石樋や木樋へと繋がっていた。現在では水道橋にある東京都水道歴史館にこれら木樋等をみることができる。

水利学に「損失水頭」という用語がある。これは水が流下するときに摩擦や粘性によって失われたエネ

ルギーを表している。

用水路の材質や分岐によって摩擦が生じてくる。またバサン公式（開水路内を流れる水の流速を求める公式）では水路の種類によってその粗度係数（川の水が河床や河岸などと触れる際の抵抗量を示した数値）が表されている。

水路の種類	（粗度係数）
平滑なる上塗、鉋削せる木材	〇・〇六
鉋削せざる木材、切石	〇・一六
割　石　積	〇・四六
張石、規則正しき土砂底	〇・八六
普通の土砂地盤開水路	一・三
抵抗特に大なる土砂水路	一・七五

粗度係数が上がるにしたがって抵抗量は増加していくことから、江戸の水路は安価な土砂地盤開水路ではなく、水を効率よく流下させるよう計画され、着工されたことが理解できる。

粘性については、木樋には使用されている間、内面に微生物が付着するため摩擦が生じにくくなる場合があると物部長穂氏の『水利学』には記載されている。しかし当時は川より直接水を引き入れていたことから、流水に伴い砂礫などの流入は避けられず。木樋などが傷つけられたり、堆積した砂礫などで樋が詰まったり流れが悪くなったことは想像できる。これらのほかに摩擦等により、水路の末端にいけばいくほど流水量は当然低下してくる。このため井戸のくみ出しを朝食の仕度などで一時に行えば、再びくみ出しを行うのに井戸に水がたまるまで時間がかかることとなる。「井戸端会議」は単なる主婦の雑談の場ではなく、生活用水を確保するために必要な日常的な行動であったといえる。

当時の地下式上水道の整備はイギリスのロンドンでも行われていた。慶長一八年（一六一三）のニューリバー（総延長六〇キロ）完成がそれである。ただし日本では取水制限はなかったが、ロンドンでは週三回、一日七時間の制限があったそうである。庶民は給水に関しては当時の世界でも恵まれた環境にあったといえる。

1　大名屋敷に見られる井戸

東京大学本郷キャンパスで行われている発掘調査は、加賀藩本郷邸に関わるものが多い（図3―3）。藩邸のほとんどは明治元年の火災で焼失し、その後の大学建設等で当時の地上施設は赤門や石垣の一部を残してほとんど失われてしまっている。しかし、なかには一八世紀中葉の絵図にも記載されている東御長屋（江戸勤番武士の長屋）が現在でも残されている。発掘調査では⑤理学部七号館地点、⑩医学部付属病院外来診察棟地点、⑭工学部校舎（一四号館）地点、⑮薬学部新館地点で、この当時の井戸跡が検出されている。写真（図3―4）は教育学部総合研究棟地点で検出された井戸である。素掘りの井戸で、井戸を掘った当時の足掛けの跡も確認されている。

『東京大学構内遺跡調査研究年報3』によると、総合研究棟南側より木樋と上水溝が発見されている。

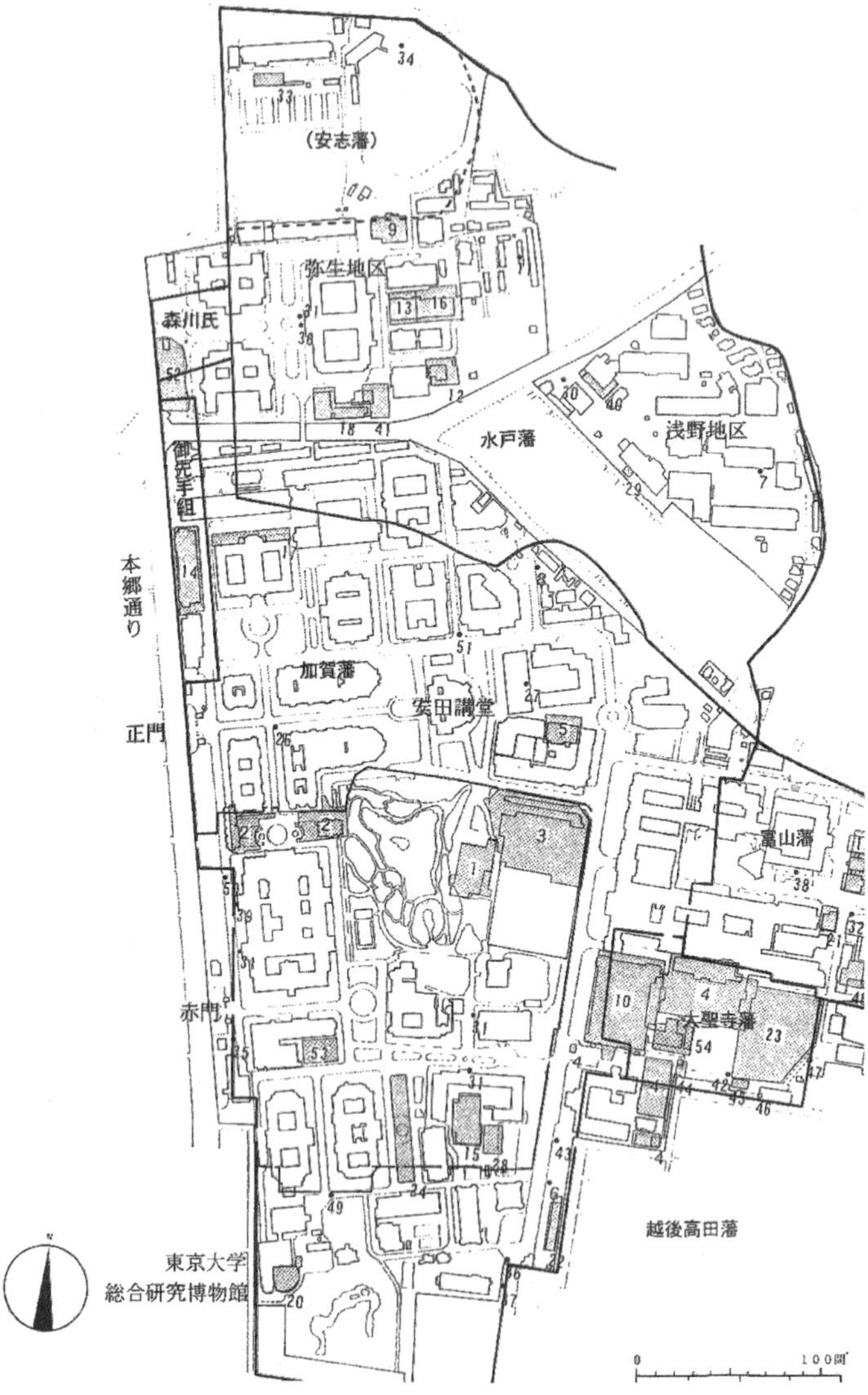

図３－３　東京大学本郷キャンパス内発掘調査図（東京大学埋蔵文化財調査室提供）

このことから上水を引いていても必要に応じて井戸が作られていることがわかる。

彦根城博物館が所蔵する「内玉門繋樋筋絵図」には、霞ヶ関にあった彦根藩井伊家上屋敷の上水樋の配置図が記載されている。井伊家上屋敷は中央に表御殿・奥向御殿・新御殿があり、屋敷周りに家臣の長屋が作られていた。「内玉門繋樋筋絵図」をみると上屋敷北側に位置する裏門に入った矩形の桝から五系統に分岐していたことがわかる。この絵図は上水樋のみの絵図のため、その他の井戸が存在していたかどうかは不明である。井伊家上屋敷は元禄九年（一六九六）には居住者約二〇〇〇人となっているので、生活用水の確保は必要であったと考えられる。

図３－４　東京大学本郷キャンパス内井戸発掘調査写真
（東京大学埋蔵文化財調査室提供）

２　庶民の井戸

江戸庶民が暮らしていたのは主に長屋であった。長屋は商人が店舗の裏などの余剰分の土地に建てたもので、一棟の建物内部をいくつかに区切り、庶民へ貸し出した資産活用の一例である。構造的には（図３―５）にみられるような間取りがとられていた。図にみられるように路地を挟んで二軒長屋が建てられ、路地の中央に下水用の排水溝が設けられ、その

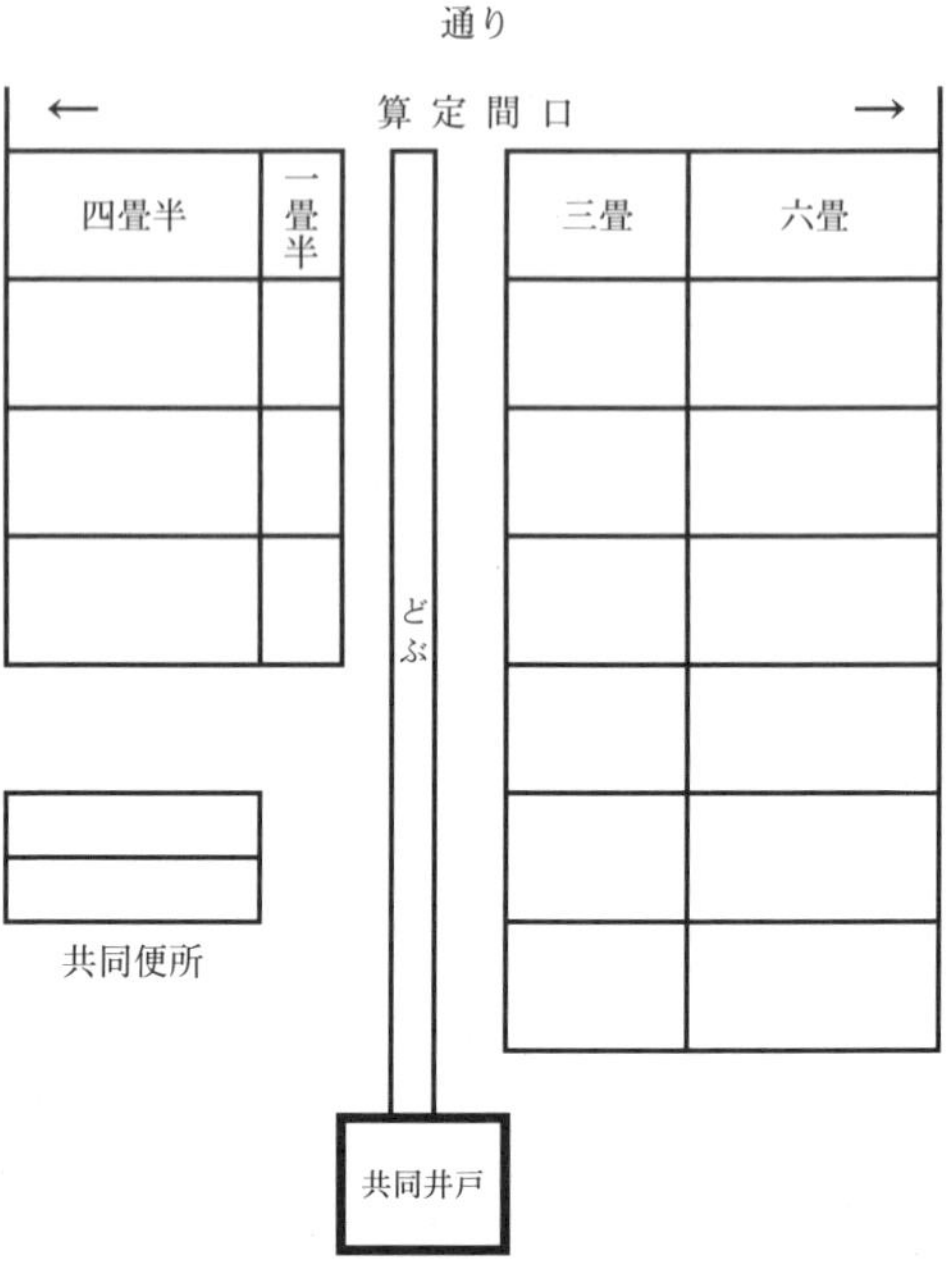

図３－５　当時の長屋の位置図

上はどぶ板で覆われていた。

上水の供給される庶民にはその料金がかかってきたが、その計算方法は木戸口にある面の間口で計算され、長屋全体で年間の料金がかかっていた。現在の貨幣価値に換算すると約四〇〇円とされている。

３　商人の井戸

商人が個人的に掘った井戸は記録がなければたどることができない。代表的なのが中央区日本橋にあるコレド日本橋アネックス敷地内に「名水白木屋の井戸」である。日本橋周辺は江戸初期に埋め立てられているため良質の水の確保ができず、そのため正徳元年（一七一一）に白木屋二代目当主の大村彦太郎安全が私財を投じて井戸掘りに着手。翌二年に将軍家や諸大名に献上されるほどの良質な水が湧出したのが伝えられている。付近の住民だけでなく諸大名の用水としても使用され、広く「白木名水」とうたわれてきた。

伝承だけでなく、庶民の井戸が実際に掘られていたことがこのことで確認できる。

玉川上水は江戸全域に給水が可能で、江戸城・大名屋敷・武家屋敷を主体に配水されており、神田上水は武家屋敷・町屋を主体に配水されていた。当時の江戸によく似た都市がイタリアのヴェネツィアであろう。干潟に移り住んだ人々が何世紀もかけて埋め立てを行ってきた都市である。ここにはポッツォとよばれる井戸がある（図3―6）。ヴェネツィアのあちこちの広場に存在しているが、現在では使用されていないそうである。広場の土地を掘り下げ、海水に強い石を敷き、そのなかに砂をつめ雨水などをため、砂から滲みだしてきた水を汲む方式なので、井戸というより貯水槽であるといえる。ヴェネツィアでは地下水を汲み上げることと自体、地盤沈下を引き起こすことになるのでこのような形態がとられたと考えられている。

江戸では濠・溜池が貯水池の役割をはたしていたが、生活用水を目的としての貯水槽は現在発掘例がない。上水施設が整備されていたことと、貯水槽の設置費

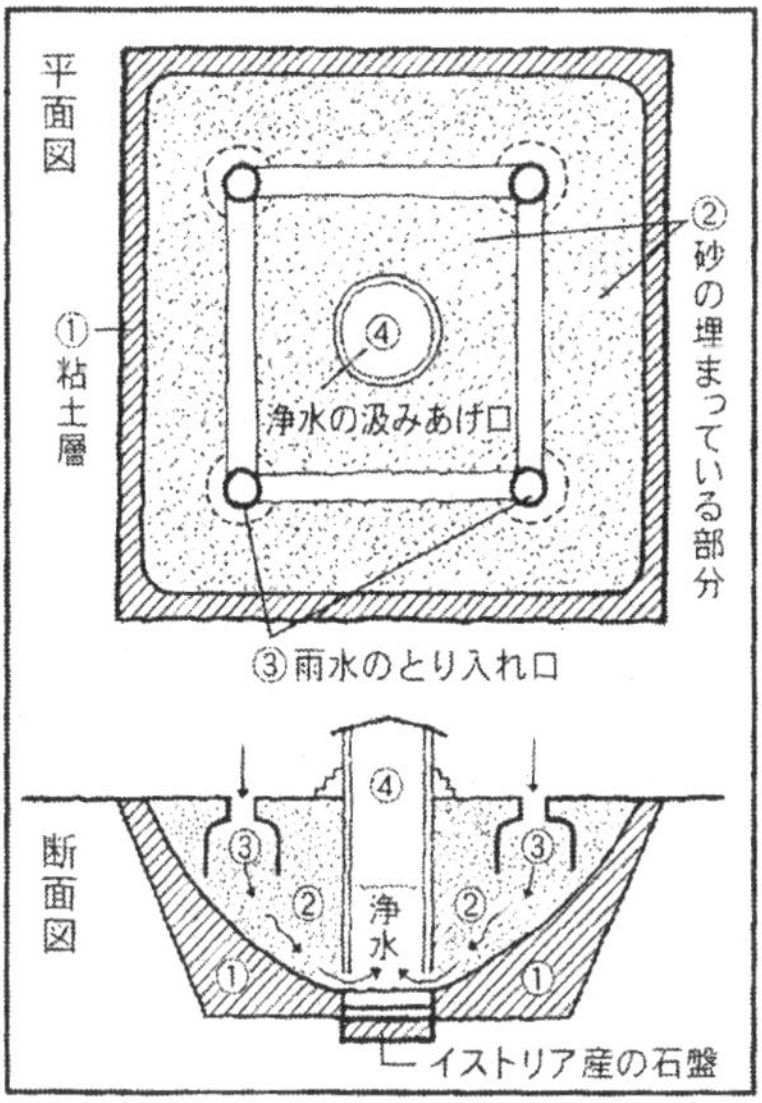

図3－6　ヴェネツィアの井戸（塩野七生『海の都の物語Ⅰ　ヴェネツィア共和国の一千年』より転記）

用の問題があったためと考えられる。

　ヴェネツィアとの違いは上水施設を生活用水のみでなく、防火用水・江戸城濠・大名屋敷泉水・下水の流れに利用するなど多岐にわたって活用したことである。

　一七世紀中葉に江戸の人口は一〇〇万人を超えることとなる。ロンドン・パリは約五〇万人であることから上水の整備活用は不可欠であった。玉川上水だけで江戸の六割を賄うことができたのは世界屈指の技術力が背景にあったものと考えられる。

　大名や一部の商人などは上水施設だけでなく、井戸を使用して生活していたことが十分うかがうことができるが、今後の発掘調査例によってさらに明らかになるものと思われる。

　最後に当時の井戸水の「味」はどうだったのだろうか。大森貝塚の発掘で著名なE・S・モース氏の『日本人の住まい』からみてみたい。モースは一八八七〜一八八〇年にかけて日本に滞在し一八八五年にこの本を刊行している。井戸と周辺の美観について述べたあと、次のような記述を残している。

　しかし、ああ！　そこから汲み上げる水は、ニューイングランドの人が自宅のこれとよく似た井戸から汲み上げるあのきれいな水ではなくて、衛生的というにはほど遠く、たいていは煮沸してから飲まねばならない水なのである。ここでは、都市の井戸について述べたが、田舎の井戸でも、都市の場合に劣らず水が汚染されがちである。

どうやら残念な「味」だったようである。

第四章　上水の普請修理記録

一　御普請と自普請

1　二つの普請

江府内に神田上水と玉川上水の二つの上水網が整備された後、時間の経過による施設の老朽化や大雨・大地震などの自然災害や大火等々によって上水施設の修復は必要不可欠となる。また、新規の敷設も含め、そこには、「御普請」と「自普請」の二つの形態が存在する。

「御普請」とは、幕府の手による公的性格のもので、取水口を含む主に幹線筋の普請・修復にあたるものを指し、「自普請」とは、武家なり町なりで行う私的性格のものをいう。

上水網が整備されつつある一七世紀にあっては、大名屋敷に新たに上水を敷設する場合には公儀による御普請となり、大名にとっては水銀の賦課のみとなる。一例をあげると、広島城主の浅野安芸守綱長は、寛文一三年（一六七三）二月二四日、上屋敷と向屋敷に加えて新たに築地下屋敷に上水を引くことになる。

万治二年（一六五九）の水銭令によって浅野家は、知行が三七万六五〇〇石であることから、「三〇万石ヨリ五〇万石迄　百石に付銀一分八厘　中屋敷下屋敷はその半分」にのっとり、

一銀八八八匁
　内
四四四匁　上屋敷分
二二二匁　向屋敷分
二二二匁　築地屋敷分

の水銀を支払っている。浅野家では、その後、享保七年（一七二二）に五万石加増されているが、享保一五年三月二日に築地下屋敷の上水廃止の旨を道奉行に届け出している。つまり、浅野家では、築地下屋敷に上水を敷設するにあたり、工事費は負担していないのである。

2　上水組合の設立と組合出銀

一八世紀前半の享保期になると、従来、町単位で町人を掌握してきたものが、火除地を設定するために町単位での強制移転や新道による町割りの変更等々から、新たな町組合制度が必要となった。

水道組合制度も同様で、上水道の普請や修復にあたりその費用を徴収する必要から公儀指導（この場合、所管は道奉行）のもとで行われたようである。ちなみに普請・修復の費用は、工事区画に該当する町があたり、状況によっては下流域の町も負担するという形態がとられている。

記録の上では、享保一三年（一七二八）二月二七日、麹町水道組合が樋を修理したのが端緒であり、これによって四谷門の往来が二月二八日より三月六日まで止められたことが記されている。本格的な設立は、享保一九年（一七三四）のことである。『正宝事録』二三三二号に、虎之門外大桝際から木挽町五町目辺までを一〇組に分け、武家町組合を年番制にしたことが記されている。

寅九月廿八日

一　玉川上水道、虎御門外大桝際より、桜田太左衛門町御堀端通樋筋木挽町五町目北之方辻桝迄、御武家方町方組合樋桝普請之儀、町方ニ而入札等取諸事取計候、尤入目割合帳面を以、道御奉行様江御届申上、御武家方御出銀も町方江請取来候処、今日道御奉行大河内丹下様江右樋筋組合御武家方御家来、町方名主被召呼、御同役加藤源左衛門様御列席ニ而、以来右普請、万石以上御武家方御年番掛ニ相成候儀、左之通御書付を以、丹下様被仰渡候

虎御門外桜田太左衛門町大桝水口戸樋より東江二葉町中程大桝迄、武家町惣組合、万石以上年番之覚

卯	松平陸奥守	辰	松平大炊頭
	小笠原近江守		森川源之丞
	井伊掃部頭		松平越中守
亥	京極備後守	申	松平近江守
	丹羽左京太夫		奥平大膳太夫
巳	九鬼大隅守	酉	三浦志摩守

寅　中川内膳正　　戌　本多主膳正
　　伊達若狭守　　　　細川備後守
　　　同中屋敷
未　松平周防守　　午　板倉相模守
　　牧野河内守　　　　松平遠江守

右十組ニ而当寅年より年番御勤可被成候

（略）

別紙書付之通、十組ニ被仰合、当寅年より年番御定、永々右之順御心得可被成候

一　右組合樋筋損所有之候ハヽ、年番之御方より此方江御届被仰聞、大破ニ不相成内、修復被成可然候、尤修復中年番之御方より奉行杖突等被差出、諸色入用御改、修復出来之上、勘定御仕立、組合之御方江割合可被成候

一　右修復入用、纔之儀ニ而組合江割ニ懸り不申候節ハ、年番之御方ニ而当分御取替置、追而割ニ掛り候程之金高ニ成候節、割合可被成候、年番中江割合ニ懸り候程之修復無之候ハヽ、翌年之年番江被仰送、重而之修復之内江被差加、割合被成可然候

一　組合中御名御改、且又高増減并屋敷替等有之節ハ、其年之年番江御届可被成候

一　町方間増減有之節ハ、其年之年番江為相届、是又年番衆より此方江御届可被成候

史料では、組合の年番は、一万石以上の大名があたることになっている。それは、組合が異なるが表4―

1でも同様である。史料の後半では、道奉行から大名年番に示した心得、四項目が記されている。樋筋の損所に際しては道奉行に速かに届出を出し修復にあたり、修復中は年番から奉行・杖突（建築掛役人）を出し、修復後に勘定して組合に割掛けること。修復費が些細な場合は年番が立て替え、割掛ける程度になった時に精算し、年番内にその額が達しない場合には翌年に引き継ぐこと。組合中の武家が名を改めたり、家禄の増減や屋敷替等が生じた場合はその年の年番へ届け出ること。町方の間口の間数の変更も同様である。そして年番はこれを道奉行に届出ること。

組合組織で管理し、道奉行が指導・掌握している様子がよくわかる。

享保一九年以降、水道組合は相次で設立される。『上水方心得帳』には、江府内の水道組合として、神田上水組合一七、玉川上水組合二五を載せている。

表4―1は、前述した樋筋に続く樋筋の年番に加えて伊達治家記録に載る別筋の年番を載せたものである。伊達家は、汐留に上屋敷を構えるが、近年、汐留遺跡の発掘調査によって同家屋敷内の上水事情が明らかにされている。ところで、伊達家の年番をみると、前述した史料を含め四回登場する。寅（享保一九年）・卯・巳・未年と重複せず各樋筋の年番を務めている。重複する他の大名の場合も同様である。

年番制の確立によって上水道の管理は順調に進んだように考えられるが、必ずしもそのようではなかった。上水普請にあたり、各組合は道奉行に届け出をし、その許可のもとで実施するが、実質的に統轄していたのが玉川庄右衛門清右衛門である。それが独占的なものであったことに起因する。玉川兄弟は、玉川上水開削の功労により幕府より二〇〇石分の金子と名字、帯刀を許可されるが、二〇〇石分の給与を返上し、その代わりに玉川上水の修復にあたる水銀の徴収を許可されることになる（万治二年）。それは、「玉川上水御役」として永代勤めることを申し付かる。江戸時代前半において実質的な上水経営にあたったのが水元役・水役と呼称される請負人であり、玉川兄弟はその職務に任ぜられ、しかも永代にわたってというのである。ちなみに、神田上水の場合は異なる。玉川家が徴収した水銀は、上水の修復料に充てられるが、請負事業であるが故に余剰金は玉川二家の収入となる。玉川家は、本来は、玉川上水水元から四谷大木戸までの野分堀とそこからの本筋の樋桝の経営が任務のはずであるが、曖昧なままその権力が組合筋にも及ぶようになる。組合による普請は、当初は入札制ではなく、道奉行の指導のもと竣工後に請求され支払われることになる。この徴収にも玉川二家があたったようである。

『正宝事録』二五〇七号には、法外な普請費に町方が町奉行に異議を唱えたことが記されている。元文三年（一七三八）一二月、年番の丹羽左京太夫と九鬼大隅守の留守居は、桜田左衛門大桝水口戸樋より御堀端通り東江二葉町中程大桝迄の普請に一五五〇両余費したことを武家町方に伝え、徴集の協力を求めた。町方では、莫大な金額であることから、出銀を翌年春まで延期してもらうことにし、町奉行に対して組合普請金の取り扱いと町々の入札への参加を出願した。

道奉行からは、上水普請入札の件は道奉行が関与するものではないとした上で、年番が出す出銀清帳には道奉行が吟味し奥書すること、普請に関する新規・修復に関する仕様帳を廻し入札できるようにすることを伝えている。この道奉行の対応からみても水役（請負人）の権力を感じとれるのである。

ところで、史料のなかで武家方と町方の二者がでてくる。両者の出銀に関しては、万治二年の制によって武家の場合には知行、町方の場合には間口に応じた対応がなされている。普請に際して武家方と町方の入用割合を示した興味深い史料が『正保事録』一四五〇号にある。

未一二月（正徳五年・一七一五）

一　四谷大木戸より虎御門迄之上水普請有之町々割合覚

金高四百三拾八両拾五匁八分七厘

九ッ割三百九拾五両五匁弐分八厘　武士方掛り

壱ッ割四拾壱両三歩拾匁八分五厘　町方掛り

但、小間ニ付弐分五厘九毛宛

一何程　何町

一何程　何町

右来廿八日迄ニ、玉川庄右衛門方迄、持参被成候様奉頼候

水道組合成立前の正徳五年の史料であるが、玉川上水利用者にとって四谷大木戸から虎之門に至る本筋は全てが関与するもので、普請に武家町方が割り当てられるのは当然といえるものである。普請費用の約四四〇両は、後述する『玉川上水留』と比較するとはるかに安い。加藤家所蔵文書中に、元禄一一年（一六九八）に玉川清右衛門と加藤源之助の二人が請負人となり、赤坂溜池柳堤上の新規伏替を三八四九両で行ったことが記されている。元禄大地震（一七〇三）の上水被害については全く記録が残されていないが、正徳五年の普請は、この地震による不具合が要因となったものであろうか。

ふり返って、この史料では、町方の分担は一割にあたる四一両程となっている。一見すると、この数字は低いようにも思われる。しかし、万治二年の町方の割合が小間ニ付一六文（寛文年間の見直しで一一文）宛であることを比較すると随分高い。時間軸が異なることから知行の多少の変化があるが、表4―2の元文五年の史料では町方の出銀は全体の四％である。前述の史料には公儀の割り当分がでてこない。後年の史料には、玉川上水で三〇万石（神田上水を含むと四〇万石）の知行で数えられているので武士方掛りのうちの二％にあたる八両余りをここでは負担したのであろうか。いささか不平等といえるものがある。

3　自普請の事例

自普請に関する史料となると幕末になる。それは、武家町方組合が武家方と町方の二手に分れ、持場を明確にした上で分担・独立して普請にあたったものである。一例あげることにする。

芝土橋より丸尾町新橋通尾張町銀座町京橋金六町白魚橋彈正橋両所川中潜り北八町堀松屋町桑名様御屋敷前より茅場町辺迄の樋桝は、武家町家組合としてこれまで普請・修復にあたってきた。以後（万延元年一一月）、土橋より水下留桝のところについて高に応じて間数を分け、町方は水上を持場に、武家方は水下を持場に定めることを考える。普請にあたっては、武家方の樋桝が破損した時には町方は出銀せず、町方の樋桝が破損した時には武家方は出銀しない。白魚橋辺は武家持とするが、両所川中潜りにあっては樋に汐が入らないよう堅固にすること、武家方町方とも故障のないようにすることなどを取り決めた。

普請奉行所がこの申し出について、万延元年（一八六〇）一一月一三日、持場分の儀について取り調べ、許可することになるが、持場分とともに、これによって両組屋敷高一万六〇〇〇石のところ、六〇〇〇石を減じて一万石で出銀する処置がとられることになる。同意のもとで、奉行所の方から桑名様、牧野様、九鬼様の方へ伝えるとしている。史料には、この時点で同様の武家町方組合の持場分が三件あることが記されている。自普請が一つの流れとなっており看過することができない。

ふり返って前例について具体的にみると、分担は、武家方六分町方四分の割合とし、二葉町石縁桝より新両替町一町目中程迄の六八七間（内桝二一カ所）を町方持、同町より坂本町一町目迄の一〇一〇間五寸（内桝一九カ所）を武家持とする対応がとられている。この他、彈正橋際出桝差口より本八町堀通樋筋の内、同町一町目二町目の間より御組屋敷に引く樋筋があるので、この出桝差口樋より本八町堀一町目迄の七九間の樋桝に関する普請・修復は、武家方二分町方八分宛の出銀とすることを決めている。細部まで詰めることで問題が生じない工夫が凝らされているのである。

二　記録からみた玉川上水の普請・修理

1　『東京市史稿』上水篇に記された玉川上水普請修理記録

承応三年（一六五四）、四谷大木戸から虎之門まで暗渠として敷設された玉川上水道は、時間の経過とともに上水網が拡大し、武家屋敷や町方への安定的な水の供給をもたらしているが、一方では破損が生じ、その復旧が余儀なくされる。

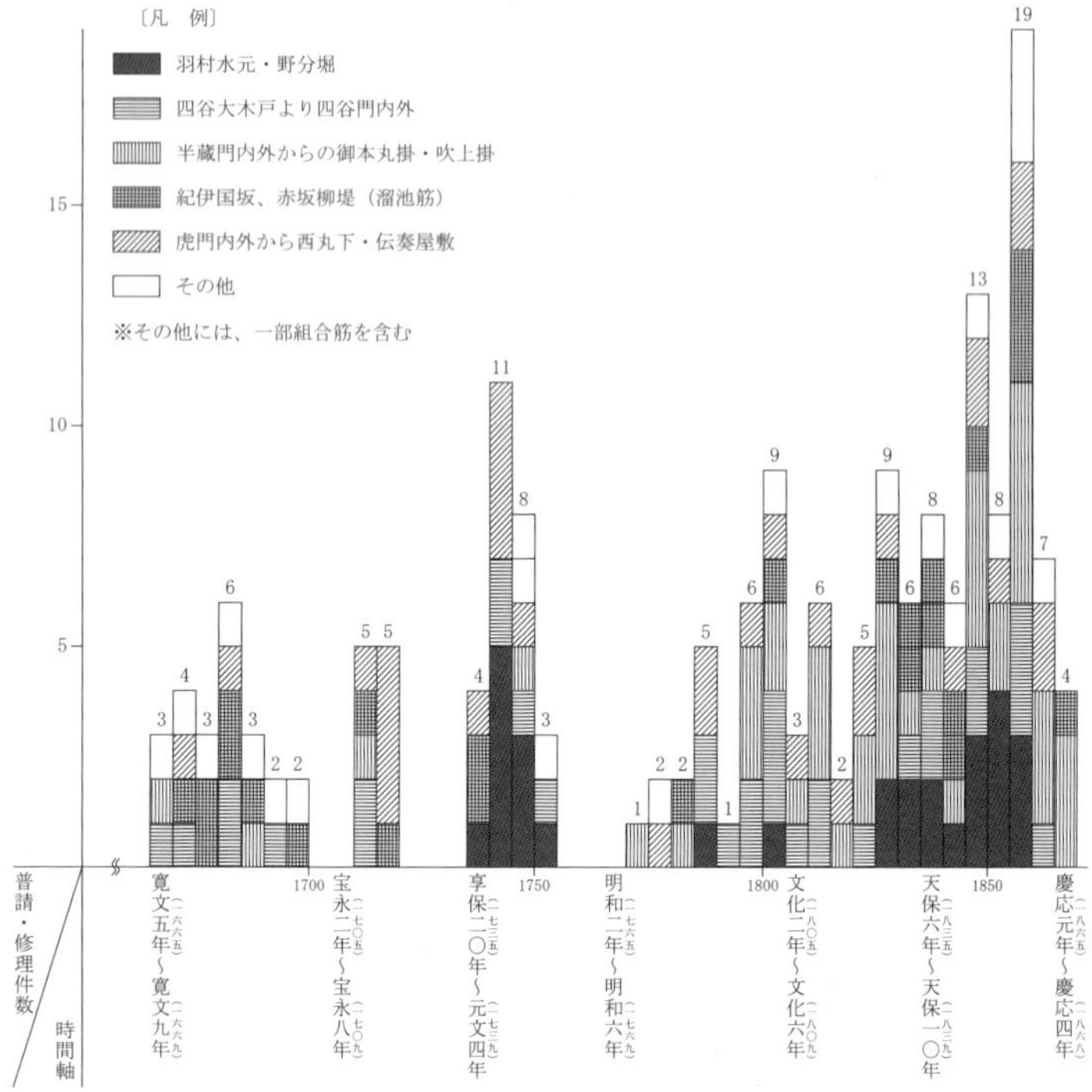

図４－１　記録に残る玉川上水幹線筋の普請・修理件数（『東京市史稿』上水篇より作成）

上水施設の復旧にあたっては、記録の上では普請・修復という用語で表現されている。これは、腐巧状態や浅水状況、さらには財政状況を考慮し、敷設替えするものを普請、部分的な修理のものを修復とよび区別している。

玉川上水に関する普請・修復記録は、『東京市史稿』上水篇第一を参照すると、

寛文八年（一六六八）戊申四月四日壬申是頃樋桝ヲ修理ス。二月朔日庚午四日癸酉等の大火ニ焼損スル所有ルヲ以テ也。

に始まる。これは、四谷塩町より麹町一丁目土橋迄と芝本新銭

表４－１　玉川上水組合年番表

組合／担当年番	①二葉町大桝より河岸通り木挽町５丁目辻桝迄	②桜田善右衛門町辻桝より芝口通芝井町辻桝迄	③桜田善右衛門町辻桝より愛宕下通増上寺裏門前通芝金杉橋際留り桝迄
寅	丹羽左京太夫・松平近江守	脇坂淡路守・酒井信濃守	**松平陸奥守**・一柳土佐守
卯	奥平大膳太夫・三浦志摩守	有馬白向守・細川山城守	大久保出羽守・細川山城守・片桐石見守（中屋敷）
辰	松平周防守・板倉相模守・細川備後守	中川内膳正・木下和泉守	牧野駿河守・植村刑部少輔・土方河内守
巳	井伊掃部頭・小笠原近江守	**松平陸奥守**・分部和泉守	松平相模守・関三次郎・堀出雲守
午	中川内膳正・伊達若狭守（中屋敷）	稲葉能登守・本多伯耆守	中川内膳正・毛利周防守・池田丹波守
未	**松平陸奥守**・森川源之丞	松平長菊・大村河内守	秋田信濃守・有馬日向守・一柳兵部少輔
申	松平大炊頭・京極備後守		松平隠岐守・森伊勢守・酒井播磨守
酉			永井伊賀守・田村隠岐守・加藤孫三郎（中屋敷）
干支・無	本多主膳正・松平遠江守		田村隠岐守

※出典は、①が『正宝事録』、②・③が『伊達治家記録』

座より日比谷一町目迄、さらに赤坂より桜田筋迄の所で大火による類焼で出桝の修理をした記録である。樋桝の修理としては、寛文一〇年（一六七〇）に鉄炮洲川口間と四谷赤坂間となる。上水道の敷設開始から一五年が経過し、いよいよ修復・普請が必要となるのである。

図４―１と表４―３は、『東京市史稿』上水篇第一に掲載されている普請修復の時間軸にみた件数と箇所を示したものである。前述した上水組合と自普請によるものが数件含まれているが、大半は公儀の御普請である。

ここでは、少々曖昧なところがあるが普請・修理の幹線筋を六つに大別した。

①　羽村堰および羽村から四谷大木戸までの野分堀。
②　四谷大木戸から四谷門内外および赤坂・紀伊国坂辺まで。
③　半蔵門内外から御本丸掛・吹上掛の樋筋で矢来桝・弐之桝、北桔橋辺まで（広義で清水掛・竹橋掛を含む）。
④　紀伊国坂、溜池筋の柳堤通。
⑤　葵坂を含む虎之門内外から西丸下迄。

⑥　①〜⑤以外の樋筋。増上寺掛、築地掛、八町堀掛など。

この幹線筋の区分をもとにみていくことにする。

御普請は、記録の上では江戸時代を通じて一八〇件余りが報告されている。しかし、この数字をそのまま受け入れることは危険である。それは元禄九年（一六九六）から宝永六年（一七〇九）、享保五年から享保一九年（一七二〇―一七三四）、宝暦五年から明和六年（一七五五―一七六九）である。この期間には、元禄一六年（一七〇三）一一月二三日の元禄大地震という大災害が含まれている。

野中和夫編『江戸の自然災害』のなかでこの地震による江戸での被害状況と復興の一端について述べたが、江戸では外郭諸門の石垣や壁の崩落、地割れ・液状化の発生など甚大な被害が生じている。後述する安政江戸地震では、府内で最も震源地から離れている四谷大木戸から四谷門間でさえも石垣上水樋が二二カ所で破損し、さらにその被害は溜池・虎之門筋まで及んでいる。しかも、施設の老朽化が加わり復興のための御普請には、四年間の歳月を要している。石垣崩落という視点で二つの大地震を比較すると、安政江戸地震の震源地に近い浅草橋門や筋違橋門などの東部では被害が甚大であるが、本城や外堀の南や西側では安政江戸地震での石垣崩落はさほどではなく、元禄大地震とは比べようがない。つまり、元禄大地震の折には、玉川・神田上水ともかなりの損害が生じた可能性が大きいのである。

この点については、上水組合の成立のところでも少々述べたが、上水道経営と深い関係がある。

江戸での上水道経営は、監督する所管があるが、実質的には上水請負人（水役）があたった。これは、

表4－2　玉川上水の元文5年の石高一覧と正徳5年普請の割合高

項目　＼　史料・年号		元文5年（1740）			正徳5年（1715）	
		四谷上水通福生村地内に新規堀替			四谷大木戸より虎御門迄普請	
総石高		1489万7451石8斗3合割	100%	総出銀	高438両15匁8分7厘	100%
内訳	公　儀	30万石	約 2%	武士方掛り	395両5匁2分8厘	約90%
	武家方	1399万1546石5升3合	約94%			
	町　方	60万5905石7斗5升 （間数　1万2118間余）	約 4%	町方掛り	41両3分10匁8分5里 （小間ニ付2分5厘9毛宛）	約10%

およそ一八世紀半ばまで続く。この上水請負人は、各上水開削の功労によるところが大きく、神田上水では内田家、玉川上水では玉川庄右衛門清右衛門が永代就くことになる。つまり、競争のない請負制度のため、正確な記録として残す必要性がなかったのである。このことが表4―4に示したような御普請記録のない時期として残るのである。前述した元禄一一年の大普請でさえも幕府の記録には残されていないことからも理解できる。

図4―1と表4―3の解析を行う前に、この件についてもう少し述べることにする。玉川上水御普請記録という視点でみると、四段階を想定すると理解しやすい。第Ⅰ段階は、玉川上水道が虎之門まで伏管し、時間の経過のなかで上水網は拡大し整備される。上水請負人に玉川庄右衛門・清右衛門があたり、水銀の徴収とともに絶大な権力を掌握する。所管は、上水奉行、町年寄、道奉行という経過を辿る。玉川上水開削から三代目にあたる庄右衛門の時、横暴な権力行使に対して庄右衛門・清右衛門の玉川二家に対して請負人を罷免され処罰される。元文四年（一七三九）七月二七日のことである。玉川上水道の敷設からは、八五年が経過している。ちなみに、上水道の普請・修理記録は三六件と少ない。一〇年間、普請記録のない時期が二回ある。

第Ⅱ段階は、玉川二家と所管である道奉行内で癒着があったとみえ、処罰が下された数日後には、所管が道奉行から町奉行へ変更される。事務取り扱いは町年寄となるが、請負人制度は維持し、玉川二家の影響・権力は途絶えたが、構造的な体質に変化はなかったのである。請負人・見廻役制度が廃止される明和六年（一七六九）一一月朔日までの三〇年間である。後半の一五年間は、普請記録が残されてはいない。

第Ⅲ段階は、幕府による請負人制度の廃止が決まった以降である。

上水経営における請負人制度は、問題が大きかったとみえ、神田上水請負人を長年務めてきた内田家も明和七年に罷免されている。第Ⅰ段階では、玉川二家を処罰後に所管替を行っているが、ここでは、前年に普請奉行に移管した上で請負人制度が廃止されている。小論では、第Ⅲ段階の開始をあえて普請奉行へと移管した時点にあてた。

第Ⅲ・Ⅳ段階としたのは、普請記録からの便宜上の区分であり、大意はない。このなかで二つ注目することがある。一つは、石野遠江守廣通が編者となり寛政三年（一七九一）に『上水記』が刊行されるが、そのなかに、寛政二年の玉川上水普請に関して、

壹ケ年分出銀高
合金千四百七拾八両三分銀拾三匁四分壹厘壹毛余
　　但寛政二戌年収集高
内金千貳百六拾両三分銀拾三匁六分四厘九毛　定請負金（傍点は筆者による）
但、御修復ケ所増減ニ寄金高増減有之候

（朱）是ハ寛政二年迄之趣也、定請止といえども、是にかハらす其うへの義ハ時によるへし

と記されている箇所がある。請負制度が廃止されているにもかからず、定請負が時として行われていたというのである。伊藤好一氏は『江戸上水道の歴史』のなかで天明三年（一七八三）・同五年の神田・玉川上水組合入用普請に依然として定請負《さだめうけおい》があることを指摘している。幕府の制度に逆行する形で復活するが、明和七年に内田茂十郎が請負人を罷免された時点と比べると、権限は格段に弱められ、経済的な機能に限られたものであったのかもしれない。

一つは、享和三年（一八〇三）、神田上水小石川水戸邸内の普請入札に、「地割棟梁元積」が加わっていることである。「地割棟梁」とは、公儀普請の入札に際して、あらかじめ設計と経費見積りをする人のことをいう。普請方に属し、入札者の方が高ければ地割棟梁が請負うという何とも奇妙な制度である。ちなみに第Ⅳ段階の『玉川上水留』の御普請・修理には、必ず地割棟梁元積として見積額が記されている。入札の妥当性と公正さを示そうとしている。出自はさだかではないが、記録をみる限り一九世紀前後の公儀普請については入札制度が本格的に導入されている。経理上、透明性が増し、新たな段階をむかえていることが理解できる。

図・表の背後に隠されている要因について説明を加えたので、つぎに段階を追って解析を加えることにする。

第Ⅰ段階は、時間軸の幅があるにもかかわらず、普請・修理記録が少ないことは前述したが、三点注目されることがある。一点は、樋筋の敷設から一五年を経過した時点で修理が始まることである。本筋の樋

には、石垣で築いた石樋、そのなかに木樋を入れた入子樋、木樋と素材の異なるもので構築されている。それは桝も同様で石桝・木桝・桶桝とあり、地表に出るか埋設されているかによる区別もある。いずれにしても、樋桝には場所によって素材の異なるものが用いられており、特に木材の場合には腐朽が生じる。石樋の場合には永久的と思いがちであるが、連結部からの水洩れや砂の堆積という問題が生じる。普請記録がよく残されている。『玉川上水留』をみると、同一樋筋における再度の普請は、樋桝の構造が一様ではないことから違いがある。同一樋筋の最短なものとしては本丸掛の矢来桝・弐之桝の修理が八年目というのがあるが、大半は、一〇〜一九年位が経過した時点で行われている。もちろん、二〇年以上経過しているものもある。つまり、敷設から一五年が経過した時点で樋桝の修理が記録されているのはある意味では当然といえるものがある。一点は、本章のなかで正徳五年の四谷大木戸から虎之門迄の普請について述べたが、そこでの経費は四三八両余りかかり、その金額を請負人である玉川庄右衛門に渡している。玉川庄右衛門・清右衛門が同年頃に差し出した書付によると、一カ年に水銀として集めた金額は、武家方で銀二二貫七九四匁（三〇五両余）、町方で銭一三四貫四六一文（三一両余）となり双方で三三六両余りとなる。この水銀を四谷大木戸から虎之門間の普請に投じたとすると、一〇二両余の不足となる。本来は、請負事業であることから不足分は玉川二家が持出しとなるはずであるが、史料をみる限りそうではない。水銀そのものの位置付けもかなり曖昧になっているのである。一点は、水元羽村や羽村・四谷大木戸間の修理記録が僅かに一件しかない。これは、玉川二家が処罰された直後の元文四年（一七三九）九月二日に羽村大堰の大修理が行われたもので、新たな請負人となった鐺屋町名主伊左衛門と大鋸町名主茂兵衛が三〇

○両拝借し、修理にあたっている。図・表の上では年号で区切ってあるために第I段階に入れてあるが、第II段階の修理といえるものである。

第II段階では、元文五年（一七四〇）から寛延二年（一七四九）の初めの一〇年で普請件数が一九件と急増しているのがまず目に付く。その前の羽村大堰の修理を含む四件も、玉川二家が戸閉された元文四年八月以降のものであることから、請負人制度が継続する反面、一時的ではあるが事業・経理の透明性が高まっている。幹線筋の全てで普請・修理がみられるが、そこでは二点が注目される。一点は、寛保二年（一七四二）の関東一円を襲来した大風雨などを要因としてこの頃、玉川上水が汚濁し、水質の悪化が社会問題となる。町奉行では、これを解消するために羽村水元をはじめ羽村・四谷大木戸間の普請にあたる。一〇年間に八件の普請記録がある。代表的なものをあげると、元文五年（一七四〇）には福生村内の馬喰橋より宝蔵院境迄の三二〇間程を三五七〇両余を投じて新規堀り替えるもの。寛保三年（一七四三）には汚濁をなくすための土砂の試浚をまず行う。水の浄化を確認した上で翌年には羽村から四谷迄の開渠浚を一一〇〇両余をかけて本格的に行っていることなどがある。前述した寛保二年の大風雨では、羽村堰の三つの水門のうち二之水門は完全に流失し、残る二つの水門でも土手が押し流されるなどの被害を受けている。翌年にも風雨で引入口が破損し、修復の記録が残る。このように羽村堰周辺と開渠である野分堀とで本格的な修理・改修が行われているのである。一点は、寛延元年（一七四八）に四谷大木戸水門の修理に関する記録がある。『享保選要類集』二に載るもので、その部分を抜粋すると、

四谷大木戸玉川上水堰板歩板并板橋御修復ニ付御材木受取候儀申上候書付

御材木奉行江戸御町断　　能勢肥後守

尺廻シ

一、五拾四本壹分九厘栂赤松長弐間木尺幅以上

一、九拾四本栗丸太　長九尺末口三寸五分

一、三拾五本杉丸太　長弐間末口三寸

右者四谷大木戸水門弐ケ所御修復堰板歩板并橋壹ケ所仕直し御普請御入用之御材木、前書之通樽屋藤左衛門吟味仕、書付差出申候。書面之通相渡候様、御材木奉行江被㆓仰渡㆒可㆑被㆑下候。以上。

辰九月　　能勢肥後守

とある。四谷大木戸および同・構内の修理は、延宝五年（一六七七）、享和元年（一八〇一）、安政三年（一八五六）を含めても四回しか記録されていない。後者の二件は積石の取除と元形に戻す工程が加えられている。記録に四谷大木戸水門やその構内の修理が小規模であったことによるものであろうか。延宝五年の普請は、『上水記』第一巻では、四谷大木戸水門扣柱の石に左のような金石文が存在したことを伝えている。

玉川上水道自四谷水門至赤坂石桝石垣石蓋之御普請大工

柏木三右衛門

神田茂左衛門

延宝六年戊午八月二十三日

ちなみに、神田上水の関口大洗堰の普請・修理は、寛文六年（一六六六）を手はじめとして天保三年（一八三二）に至るまで九回の記録がある。関連記事が少ないため詳細なことはわかりかねるが、腐朽によるものと大雨による崩壊のための修理を伝えている。

第Ⅲ段階は、上水普請・修理が万遍なくみられるが、前段階で顕著な羽村堰と野分堀の普請は急減する。請負人制度は明和六年に全廃されるが、慣れ親しんだ制度は簡単には消えず、当初の性質とは権限の上で大きく異なるが実質的に復活し、一七九〇年代までは続く。地割棟梁による設計・経費見積りのもとで、整然とした入札が一八〇〇年代には開始される。それによって記録もよく残されている。本段階から登場する注目すべき普請箇所がある。西丸御殿である。御殿の樋桝修理記録は、西丸のみ残されており、それは、享和元年（一八〇一）、文政四年（一八二一）と続き、西丸御殿休息御龍掛り上水樋桝修理に加えて唐銅樋の架設変更が文政九年（一八二六）一〇月六日に竣工したと記録されている。これは、図・表では半蔵門内外から本丸と北の丸に位置する矢来桝・弐之桝がある御本丸掛・吹上掛の樋筋にあたる。江戸城中枢部への玉川上水の敷設は、明暦元年（一六五五）七月二日に二の丸庭苑に引かれたことを除くと、本丸・西丸御殿にいつ引かれ、配管はという問には皆目見当がつかないのが実状である。筆者は、拙稿「江戸城、西の丸御殿の吹上曲輪の上水・給水に関する一考察」や第五章のなかで、西の丸御殿に吹上掛の上水が引かれたのを元文五年（一七四〇）頃とし、それは、御殿内の泉水に注水することを目的としたものであろうと推察した。元文五年から享和元年までは、およそ六〇年の歳月が経過している。紹介した二件からみてこの間、樋桝の修理がないとは考え難く、諸事情から記録に残されなかったものと思われる。記録のなかの休息とは御殿中奥の「休息之間」と「御座之間」とに挟まれた空間を指し、ここに泉水が築かれているのである。その後、西丸休息の樋桝修理は、嘉永四年（一八五一）、安政五年（一八五八）の二回が記録されている。

第Ⅳ段階は、『玉川上水留』に幹線筋の普請・修理記録が克明に残されている時であり、施設の老朽化もあり、四〇年余の間に七一件と多く、全体の四割近くを占めている。また、安政二年（一八五五）一〇月二日の安政江戸地震の被害が大きく、図4―1では地震発生を含む五年間で一九件と群を抜いて普請件数が多い。幹線筋全てで一定の件数の普請がみられるが、羽村堰・野分堀で一四件と多いのが特徴である。一件を除くと羽村水元のものであり、それらは大半が大雨による損所修理となっている。第Ⅱ段階で上水汚濁が問題となったが、本段階でも同様のことが修理記録からうかがえる。本段階の最大の特徴は、普請件数もさることながら、同一樋筋において一定の間隔を置いて普請を行っていることである。『玉川上水留』には、普請に関して左のような記述がされている。天保六年（一八三五）の代官町土手から矢来桝弐之桝樋筋の記述をみると、

越前守（水野忠邦）殿

玉川上水代官町土手上御本丸掛矢来桝弐之桝樋筋御普請御組合入用之儀相伺候書付

井上備前守（秀榮）

玉川上水代官町土手上御本丸掛矢来桝弐之桝樋筋御普請御組合入用之儀左ニ申上候

弐《（朱）》之桝樋筋天保元寅年（一八三〇）御普請有ㇾ之。当酉年（一八三七）迄八ケ年目、矢来桝樋筋同卯年

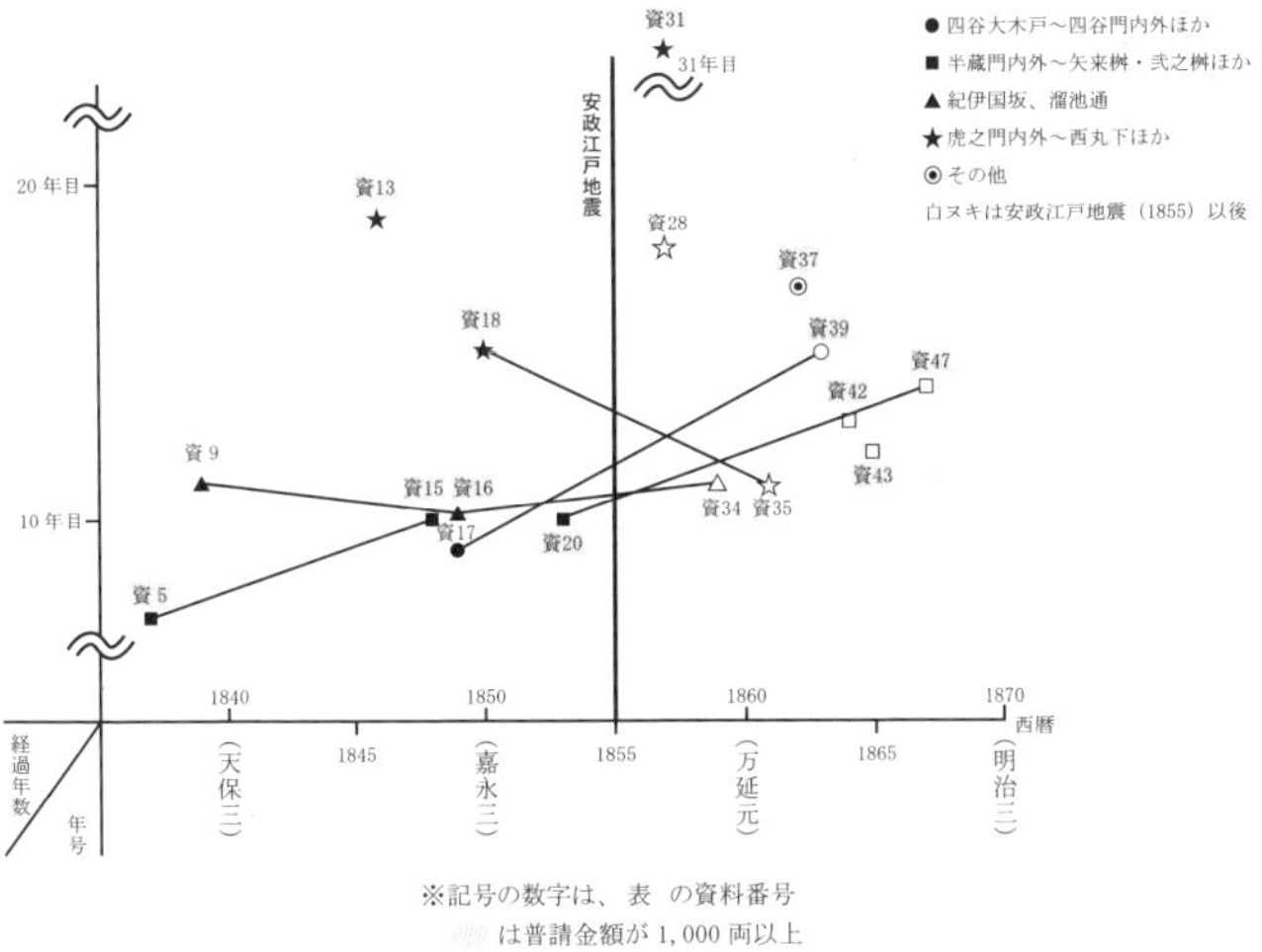

図4－2　主要な樋筋の普請経過年数（『東京市史稿』上水篇より作成）

御普請有レ之、当酉年迄七ケ年目ニ相成申候。

一、金千四百八拾五両　　地割棟梁元積

一、(朱)金千五百弐拾両　　(朱)入札直段

(朱)差引金三拾五両　　地割棟梁元積之方安シ

（以下略）

とある。見積り・入札金額の前にある朱書きの部分がこれまでの普請記録である。半蔵門からの土手上の御本丸掛は木樋、矢来桝・弐之桝は木桝であるが、今回の普請は、樋筋は八年前の天保元年、矢来桝・弐之桝を含む矢来掛が七年目にあたるというのである。この書付には仕様書と絵図が添えられており、普請の様子を詳細に知ることができる。

図4―2は、『玉川上水留』の記述内容のうち前述の箇所を掲載した『東京市史稿』上水篇から抜粋したものである。一七件の事例が紹介してある。これをみると、各幹線筋は、樋桝の構造にもよるが、一〇～一五年の周期で普請していることがわかる。樋桝に木製のものが少

なくないことから腐朽、耐久性が主な要因であるが、これ以外に地理的・人的要因もある。赤坂紀伊国坂は、馬車を含む往来が頻繁であるとともに斜面の勾配が大きい。そのため配管が浅い。この荷重と勾配によって破損することが多いケースもあるのである。この普請は、各幹線筋の全てで行うものではなく、限られた区画での伏替である。なお、資料31が三一年目と突出して長いのは、溜池・水番屋を下り虎之門に通ずる葵坂の石垣樋普請によるものである。木材を使用しない分、頑丈ということになる。

2　上水請負人制度の廃止と所管の変更

上水請負人は、上水道の開削・敷設に功労した家柄が世襲的に上水経営を勤め、玉川上水の場合には玉川庄右衛門清右衛門があたる。『上水記』第八巻には、二代目の両家書付写にその経緯が記されている。玉川二家は町人である。開削の功労により「玉川上水御役永代」として毎年二〇〇石分の金子（四カ年は御切米）で取り立てられるが、それを返上するかわりに水上修復料として水銀の徴収が許可される。この水銀は、元来、その修理費に充てるもので武家・町方から一定の比率で徴収し、余った金額が玉川二家に入るはずであった。敷設当初は、修理が少なく、身入が多いことから魅力的に写り、渡辺大隅守が町奉行の時（寛文元年—同一三年）には万治二年に制定した水銀制度の半額での請負という出願があったという。結局、玉川二家は、従来のものを三分の一引き下げ三分の二とすることで継続することになるが、仮に入札があれば、出願者が落札することになる。江府内への敷設から一〇年前後の歳月が経過し、功労もあるが、一方では上水請負人としての地位を確実に築いているともいえる。

玉川二家は、請負人とはいえ施工業者ではない。あくまでも普請の請負であり、水銀を徴収し、それを経費に充て修復中の立合が職務であったはずである。しかし、伊藤好一氏が指摘されているように、水銀そのものの性質が曖昧で、上水利用者が負担する水道料ではあるが、正徳五年の四谷大木戸から虎之門迄の普請では、利用者は別途、比率に応じて工事費を負担している。玉川二家が水銀全てを知行の代わりとして受け取っているはずではないが、何とも理解しずらいのである。さらに、正徳五年の普請では、公共事業であるにもかかわらず、奉行所で武家・町方の負担金を徴収するのではなく、玉川庄右衛門があたっている。請負事業であるから、庄右衛門から施行業者側に支払われたものであろうが、木材・石材関係を含めた業者との強い絆が容易に推察される。

玉川二家の権力は、府内にとどまらず、羽村から四谷大木戸間の野分堀にも強く及んでいる。寛文一〇年、所管が町年寄に移ると、野分堀両端三間（約五・四メートル）を各村々から召し上げ、それを町年寄三人の拝領地とした（北側は奈良屋市右衛門、南側は喜多村彦兵衛）。そして、上水の浄化を目的としてそこに、自ら手配した杉・松の苗木を植樹している。一三里程に及ぶことから、莫大な本数を要したものである。やがて、元禄六年（一六九三）に所管が道奉行へ移ると立木・拝領地とも全て道奉行が支配することとなる。元文二年、玉川二家が処罰された時の記録をみると、羽村堰・野分堀の経営にあたり、庄右衛門は四人、清右衛門は一人の合計五人の手代を配し、この他に羽村に二人、四谷と代田に各一人（後の水番人）を配置していたという。経営にあたり十分な人を配置することで細部に目配りし、実質的に支配したわけである。

享保五年（一七二〇）八月一八日の風雨で福生村の野分堀が崩れる。修理を終え、一〇月には竣工する。二代目庄右衛門も三人の道奉行組役人とともに見分に立ち合い、清右衛門も視察している。その上で、庄右衛門は、同年八月「玉川上水道水上福生村欠間之所御普請仕様書」を提出し、仮修復を含む四〇両二分銀二匁九分五厘の請負金をあげている。

この修理が直接的な要因ではないが、幕府は常々、水道経営の特権的な請負人制度に疑問を抱いていたとみえ、一一月一四日、水道普請では必ず道奉行の指揮を受けるという二カ条を発令する。『享保撰要類集』には、

一、水道普請之儀、只今迄水元町人江相対ニ而普請等致候儀も有レ之候。向後ハ、軽普請ニ而も、道奉行江相達、指図次第普請可レ被レ致候事。

一、水道水筋致二見分一、屋敷之内井戸、道奉行見分仕儀も可レ有レ之候間、断次第為レ見可レ被レ申候事

右之通可レ被二相触一候。　享保五年子十一月

とある。

水道普請にあっては今後、軽普請であっても道奉行の差図を受けること。水道筋、屋敷内の井戸を道奉行が見分することがあるので、通知があったら協力すること。この内容は、管理者側からすると至極当然のことであるが、裏を返すと実施されていなかったことになり、道奉行への所管替から一七年が経過しても実質的な支配には至っていないことを示唆しているのである。幕府は業を煮やしたとみえ、これを若年寄の大久保佐渡守と町奉行の中山出雲守の双方に渡している。これによって道奉行の権限が強化され、上

水請負人の権力は弱まるはずであったが、前述のように羽村から四谷大木戸、さらに江府内に人脈を配し、普請費用を握っている以上、思惑どおりには至らなかったようである。

それでも庄右衛門・清右衛門の権力は衰えなかったとみえる。遂に元文四年（一七三九）七月二七日戸閉、九月二一日に玉川上水請負人を罷免され処罰を受けることになる。老中松平伊豆守から町奉行に渡された七月二一日の書付には、

町奉行江

玉川庄右衛門
玉川清右衛門

玉川上水之儀、請負罷在候処、年々水滞諸人及二難儀一候。畢竟不精成故ニ候。依レ之戸〆申付候。

右之通可レ被二申渡一候。

とある。翌日、町奉行石河土佐守は庄右衛門・清右衛門と手代四人を呼び出し、戸閉を申し渡した。その理由として、常々賄賂をとること、それにより樋口の明け方を加減し不足が生じていることをあげている。戸閉後、五〇日程経過した九月二一日、二人に関する処罰が下され、上水請負人の罷免、庄右衛門には江戸払が命じられる。玉川二家に対する特段優遇されてきた永代の権限が破棄された時である。

幕府では、戸閉後、処分が下される間に、大規模な組織改革を行う。

八月二日　神田玉川上水の所管を町奉行へ移す。

八月四日　両上水事務取扱を町年寄とし、請負人を設置すること。（八月五日には請負人二人が命じ

件数と事象一覧（『東京市史稿』上水篇より作成）

虎門内外 西丸下	その他	小計	事　　　象
—	—	—	承応3（1654）6.　玉川上水虎之門まで 万治2（1659）12.25　玉川上水水銀課す
	1	3	寛文8（1668）4. 4　最初の修理記録 是頃、水銀三分ノ一減
1	2	7	
1	2	9	
	2	4	（加藤家文書に元禄11、柳堤大普請　3849両）
			元禄大地震　元禄16（1703）11.23
5		10	正徳5（1715）　普請入用割合記録
1		4	享保19（1734）　武家町組合年番制確立 元文4（1739）9.21　玉川庄右衛門、清右衛門罷免
5	2	19	寛保大洪水　寛保2（1742）8.1～8　関東一円
	1	3	
			明和6（1769）11.1　上水請負人廃止
			（明和7　神田上水請負人内田茂十郎罷免）
1	1	3	
2		7	
1		6	寛政3（1791）　石野廣通『上水記』
2	1	12	（享和3.4.8　神田上水に「地割棟梁」記事）
2		8	
3	1	14	
	1	14	天保4（1833）『玉川上水留』記録開始
3	2	19	
3	4	27	安政江戸地震　安政2（1855）10.2
2	1	11	
32	21	181	――――

等の修理

られ、十一日は羽村水元筋の見分に遣す。）

九月三日　請負人に金を貸し、羽村堰の修理。

この判決・処罰と経過をみる限り、はじめから計画されていたようであり、水道経営からすると一つの

表4－3　記録に残る幹線筋の普請・修理

段階	時間軸（10年間隔）	普請・修理箇所（件）			
		羽村水元（含、土手）	四谷大木戸 四谷門内外	半蔵門内外 本丸・吹上掛	紀伊国坂 溜池柳堤
Ⅰ		—	—	—	—
	寛文6（1666）～寛文9（1669）		1	1	
			1		3
			2	1	3
			1		1
	1700 元禄13（1700）～		2	2	1
	享保15（1730）～元文4（1739）	1			2
Ⅱ	元文5（1840）～寛延2（1749）	8(3)	3	1	
		1	1		
	宝暦10（1760）～明和6（1769）				
Ⅲ	明和7（1770）～安永8（1779）			1	
		1	2	1	1
			3	3	
	1800 寛政12（1800）～文化6（1809）	1	4	3(1)	1
			2	2	2
	文政3（1820）～文政12（1829）	2	1	6(2)	1
Ⅳ	天保元（1830）～天保10（1839）	4(1)	3	2	4
		4	2	5	3
		7	3	7(1)	3
	万延元（1860）慶応4（1868）		1	6	1
合　計		29(4)	32	41(1)	26

※　羽村水元の（　）内は、野方堀の親規掘削、土手・分水口の修理
半蔵門内外からの本丸掛・吹上掛の（　）内は、西丸休息・庭園

画期となったことは間違いない。神田上水の場合は、内田家が継続して明和六年（一七六九）までは勤める。これは、上水利用者の知行高を比べると玉川上水約一五〇〇万石に対して神田上水約五〇〇万石と三倍の開きがあり、その上、玉川上水の場合には羽村・四谷大木戸間の上水道筋から諸村への分水が加わり大きな利権が絡んだことに他ならない。幕府としては、玉川二家は処罰しているが、この時点では請負人制度そのものを否定しているわけではないのである。しかし、権限が弱まった上水請負人はやはり問題があったとみえ、玉川上水の場合には明和五年、神田上水の場合は翌年に内田茂十郎が罷免されることで廃止となる。その後の経過は、前述したとおりである。

ところで、上水の所管の変遷をみると、表4―4にも示したが、本来は、それを管理・監督する幕府内部の問題として発生すべきことである。しかし、所管替は、形式的で実質支配がままならない状況に陥っていたともいえる。それを拒んでいたのは、たとえ正面からではないにしろ玉川庄右衛門清右衛門の拡大した権限が一因であったことも間違いなかろう。

三　『玉川上水留』に記された普請・修理記録

1　『玉川上水留』の内容と御普請箇所

国立国会図書館所蔵史料のなかに、幕府からの上水普請に関する引継書として『神田上水留』と『玉川上水留』がある。

『玉川上水留』は、一一九冊からなるもので、主として玉川上水の普請・修理に関する詳細な記録であり、この他に水銀や出銀、助水見廻、分水口に関する由来記録など普請・修理以外のもの六件一〇冊が含まれている。普請・修理記録は、天保四年（一八三三）から明治三年（一八七〇）までの四八件一〇九冊からなる。この史料の解明には、これまで榮森康治郎・神吉和夫・肥留間博の各氏があたり、『江戸上水の技術と経理』に著している。表4―5の『玉川上水留』の表題、冊・資料番号は、肥留間博氏の論考「江戸上水の御普請について　『玉川上水留』を読む」から抜粋したものである（本章ではこの資料番号を引用）。これらの概略については、『東京市史稿』上水篇第一に年代を追って記されている。

史料の要点をあげると、①普請・修理の要因、②同所でのこれまでの普請・修理経過、③入札経過と落札、④普請・修理金額の公儀と武家町組合の分担、⑤仕様書・絵図が付く。この他に内訳帳、普請出来形帳、勘定帳などもみられる。

嘉永元年（一八四八）の玉川上水御本丸掛代官町土手上より北桔橋外迄矢来弐之桝樋筋御普請一件（資料15）の事例で具体的にみることにする。

この普請は、弘化五年（一八四八）正月一七日より嘉永元年一一月一一日までの二七二日間、うち雨天休日を除く実質一八八日間で行われた。まずは洩水が激しいことから御普請方改役を中心に見分が行われ、その後、地割棟梁による普請仕様注文帳が前年、一二月までに提出される。これには、普請の対象となる箇所と仕様が示されている。図が添付されており（図4―3）、これをみると御本丸掛の四之桝と弐之桝間の埋桝から弐之桝・矢来桝を経由し北桔橋門外の石桝までの樋筋の普請が中心であることがわかる。

表4－4　玉川上水経営の事象と所管の変遷

玉川上水経営等に関する事象	所管	段階
玉川上水道、虎之門まで伏管 玉川上水利用者に水銭を課す 玉川庄右衛門・清右衛門永代「上水御役」に（水請負人） 本格的に上水組合年番制を導入 玉川上水請負人の玉川庄右衛門・清右衛門を処罰	正月晦日　上水奉行設置 5. 25.　町年寄支配へ 7. 10.　道奉行へ	I（水請負人段階）
請負人制度は継続	8. 2.　町奉行へ 8. 4.　事務取扱は町年寄3人へ 10. 19.　同規定を設置	II（請負人段階）
上水請負人・見廻役の廃止 （神田上水請負人・内田茂十郎罷免） 神田上水小石川水戸邸内の普請入札に「地割棟梁元積」登場）	9. 5.　普請奉行へ	III（入札制への移行）
『玉川上水留』に詳細な御普請・修理記録の掲載開始		IV（入札）

年号＼項目	
承応３年（1654）	６月
万治２年（1659）	12.25.
寛文６年（1666）	
10年（1670）	
元禄６年（1693）	
享保19年（1734）	７月
元文４年（1739）	7.27.
元文４年（1739）	
明和５年（1768）	
６年（1769）	11.朔日
７年	
享和３年（1803）	（4.　8.
天保４年（1833）	

弐之桝・矢来桝を含む現状の桝の位置とそれを連結する木樋の位置が二条線で、新規枡樋はその外側に示されている。矢来桝・弐之桝・吐桝などは、従来の普請の際使用されていたものを補修し用いられることとなる。普請工事が半年以上続くことも珍しくはなく、長期の水止めが不可能なことから一つの樋筋には、二本あり、一本を新規にして交互に使用されるわけである。

この仕様注文帳をもとに、入札が行われる。この入札には、地割棟梁元積を含む三件が応じ、

一落札　金一四三〇両　地割棟梁元積
一弐番札　金一五四八両　椙崎庄右衛門
一三番札　金一五九〇両　和泉屋
　　　　　　　　　　　源次郎

普請箇所と入札・落札金額

入札状況 金額	差額	公儀と武家町の比率
1085両 980両	 －95両	公　儀　19両3分2朱銀1匁3分1厘6毛余 武家町　960両銀6匁1分8厘3毛余
1279両 1300両	－21両	公　儀　26両1分2朱銀2匁2分6厘1毛余 武家町　1252両2分銀5匁2分3厘8毛余
1485両 1520両	－35両	公　儀　30両銀3匁8分2厘8毛余 武家町　1454両3分2朱銀3匁6分7厘1毛
815両 907両2分	－92両2分	公　儀　16両2分2朱銀3匁6分5厘4毛余 武家町　798両2分銀3匁8分4厘5毛余
1175両 1238両	－63両	公　儀　23両2分2朱銀7匁4分4厘6毛余 武家町　1151両1分銀5厘3毛余
1430両 1548両	－118両	公　儀　29両銀1匁9分1厘1毛余 武家町　1400両3分2朱銀5匁5分8厘8毛余
1342両 1380両	－48両	公　儀　27両2朱銀1匁9分8厘3毛余 武家町　1314両3分銀5匁5分1厘6毛余
633両 680両	－47両	公　儀　12両3分銀3匁6分1毛余 武家町　620両2朱銀3匁8分9厘8毛余
1160両 1100両	 －60両	公　儀　22両1分銀7分7厘4毛余 武家町　1077両2分2朱銀6匁7分2厘5毛余
1234両 1370両	－136両	公　儀　25両銀3匁9分余 武家町　1208両3分2朱銀3匁5分9厘9毛余
		この他 ※安政江戸地震後、四谷大木戸から塩町3丁目辺迄の修復、地震後2回に分け、安政5年4月竣工
847両2分 1185両	－337両2分	公　儀　17両2分2朱銀1分8厘余 武家町　829両3分1朱銀3匁5分6厘9余

表4－5　『玉川上水留』中の主要

資料番号	普請場所	普請時期	決定金額（両）	落札者	
					応募
2	赤坂柳堤、溜池端	天保3(1832)一部着手 天保4.4.17～11.晦日 (220日間)	980両	入札者	元積 入札
3	四谷御門内外 掛樋・高桝共	天保6(1835)6.7 ～翌年7.29 (436日間)	1279両	元　積	元積 入札
5	代官町土手、矢来桝 弐之桝	天保8(1837)11～	1485両	元　積	元積 入札
9	四谷御門内外、 箪笥町樋筋	天保12(1841)5.19 ～11.29	815両	元　積	元積 入札
13	虎御門外入子樋桝	弘化3(1846)閏5.7 ～12.19	1175両	元　積	元積 入札
15	代官町土手、矢来桝 弐之桝	嘉永元(1848)正月 ～11月	1430両	元　積	元積 入札
16	赤坂紀伊国坂石垣樋内 入子樋桝	嘉永2(1849)正月20日 ～9月24日 (191日間) ※目　230日	1342両	元　積	元積 入札
17	四谷御門外石垣樋 入子樋桝	嘉永2(1849)正月 ～12月	633両	元　積	元積 入札
18	西丸下御厩掛 伝奏屋敷掛	嘉永3(1850)5.6 ～11.17 ※目標180日間	1100両	入札者	元積 入札
20	半蔵御門内から 代官町土手上	嘉永6(1853)2.8 ～10.12 (194日間) ※目　230日間	1234両	元　積	元積 入札
27	四谷塩町3丁目から御堀端 万年石垣樋桝	安政4(1857)6.23 ～翌4.7 目　281日	3765両		
28	虎御門内外	安政4(1857)7.27 ～翌年11.21	847両2分	元　積	元積 入札

1439両 1482両	－43両	公　儀　29両3分2朱銀3匁3分7厘2毛余 武家町 1409両1朱銀3分7厘7毛余
647両 755両	－108両	公　儀　13両1分3朱銀1匁5分5厘5毛余 武家町　633両2分銀2匁1分9厘4毛余
830両2分 1283両	－452両2分	公　儀　17両2分2朱銀1匁2分5厘余 武家町　812両3分2朱銀2匁4分9厘9毛余
1333両 1167両	－166両	公　儀　24両2分3朱銀1匁2分1厘3毛余 武家町 1142両1分銀2匁5分3厘6毛余
1332両 ※1170両 1372両	－40両	公　儀　24両2分銀1匁2分5厘1毛余 武家町 1145両1分3朱銀2匁4分9厘8毛余
1930両 2127両2分	－197両2分	公　儀　40両2分銀8分7厘3毛余 武家町 1889両1分3朱銀2匁8分7厘6毛余
1268両 1326両	－58両	公　儀　27両2朱銀1匁5分2厘4毛余 武家町 1240両3分1朱銀2匁2分2厘5毛余
1941両3朱 銀1匁8分	—	公　儀　43両3朱銀9分7厘4毛余 武家町 1898両銀8分2厘5毛余

ここでは地割棟梁が落札している。落札した地割棟梁は、早速に内訳帳を作成する。普請場所に応じた資材一覧が細部にわたり記されており、最後に人足とその単価賃金等々が示されている。ちなみに、最後の部分を概略で示すと、この普請では、大工二九〇〇人、手伝人足五九八人、人足四五〇〇人、石工九人とある。八〇〇〇人を超える人数を見積もっているのである。人件費の単価をみると石工が最も高く一日当り一人銀七匁、大工が四匁、手伝人足と人足が三匁（人足のうち四五〇人分は銀二匁五分）としている。人件費の合計は、銀二六貫七三二匁（約四四六両、一両＝銀六〇匁で計算）と見積もっている。これは、普請費用の三割強を占めることになる。

ちなみに、普請費用は、公儀と武家町方とが分担し、公儀が二九両銀一匁九分一厘一毛

31	葵坂通石樋、 虎御門外通	安政4(1857)12.19 ～翌年7.24	1439両	元　積	元積 入札
34	紀伊国坂入子樋桝	安政6年(1859)4.27 ～7.25	647両	元　積	元積 入札
35	外桜田門外から 伝奏屋敷掛	万延元年(1860)9.11 ～翌年9月1日	830両2分	元　積	元積 入札
37	増上寺掛役察掛	文久元(1861)9.23 ～翌年4月	1167両	入札者	元積 入札
39	麹町2丁目通	文久2(1862)閏8.21 ～翌年2.7	1332両 (※－162両箪笥町) 1170両	元　積	元積 入札
42	麹町2丁目より 半蔵御門外	元治元(1864)5.20 ～翌年4.6	1930両	元　積	元積 入札
43	半蔵御門内外	慶応元(1865)4.18 ～9.13 (125日間) ※目170日	1268両	元　積	元積 入札
47	代官所通西番所前	慶応2(1866)12.朔日 ～翌年7.4	1941両3朱 銀1匁8分	元　積	元積

注　・入札状況内の入札金額は、元積を除く入札者内の最低価格
　　・元積は「地割棟梁元積」の省略形

余（約二％）、武家町方一四〇〇両三分二朱銀五匁五分八厘八毛余（約九八％）となる。この公儀と武家町との普請費用の分担は、前述した表4―5が示すように、普請箇所や利用者の如何にかかわらず一定である。公儀の約二％は、玉川上水利用者の知行約一五〇〇万石に対して公儀の知行をそのうちの三〇〇万石としていることからきているものである。

ところで、この樋筋に関する普請記録をみると、表4―6に示したように寛政九年から嘉永元年に至るまで九回ある。矢来桝筋と弐之桝筋の両者があり、二筋を一緒に普請することが多いが、別々のケースもある。両樋筋とも八～一〇年程度で普請を行っており、相対的に普請間隔が短い。矢来桝・弐之桝からの勾配があること（資料5に矢

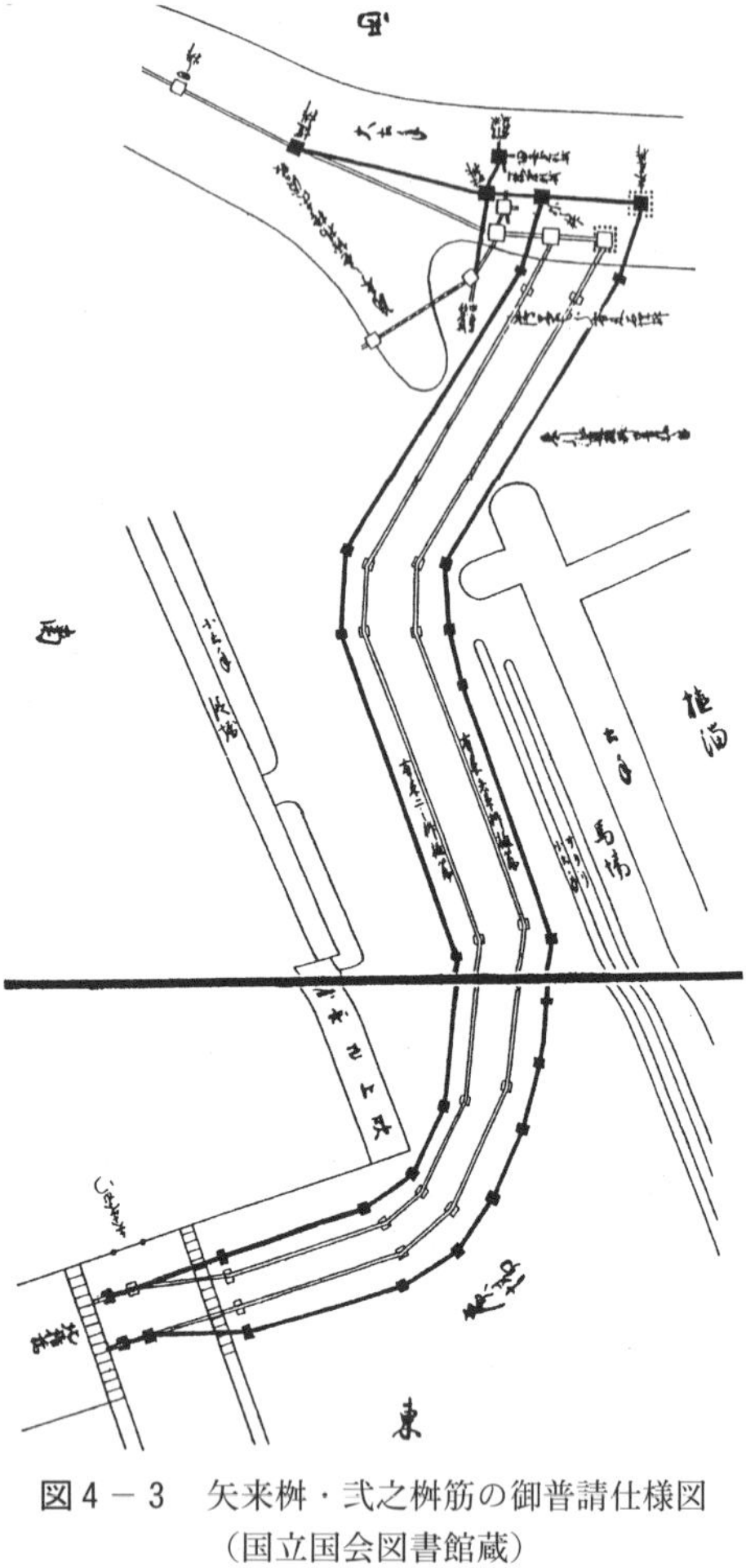

図４－３　矢来桝・弐之桝筋の御普請仕様図
（国立国会図書館蔵）

来桝筋の水盛有）から配管が浅いことと代官町通りの往来の多さによるものであろうか。文政一三年・天保二年の普請費用が著しく多いのは、普請箇所が長いことによるものと考えられるが、史料がなく判然としない。物価が高騰しているために普請費用の増大も顕著である。たとえば、文化元年と天保九年・嘉永元年との普請費用を比較すると三〇％以上、上昇している。

史料では、作業経過、樋一本当調帳、普請出来形帳、入用増減差引勘定帳などが載せられている。注目

郵便はがき

料金受取人払郵便

麹町支店承認

7998

差出有効期限
平成25年8月
25日まで

102-879

10

東京都千代田区飯田橋4-4-8
東京中央ビル406

株式会社 同成社

読者カード係 行

ご購読ありがとうございます。このハガキをお送りくださった方には今後小社の出版案内を差し上げます。また、出版案内の送付を希望されない場合は右記□欄にチェックを入れてご返送ください。 □

お名前《ふりがな》　　歳　　男・女

〒　　TEL

ご住所

ご職業

お読みになっている新聞・雑誌名

〔新聞名〕　　〔雑誌名〕

お買上げ書店名

〔市町村〕　　〔書店名〕

愛読者カード

買上の
イトル

書の出版を何でお知りになりましたか？

イ. 書店で　　ロ. 新聞・雑誌の広告で（誌名　　　　　　）
ハ. 人に勧められて　　ニ. 書評・紹介記事をみて（誌名　　　　　　）
ホ. その他（　　　　　　　　　　）

の本についてのご感想・ご意見をお書き下さい。

注文書

年　　月　　日

書　名	税込価格	冊　数

お支払いは代金引き替えの着払いでお願いいたします。また、注文書籍の合計金額（税込価格）が10,000円未満のときは荷造送料として380円をご負担いただき、10,000円を越える場合は無料です。

されることとして三点あげることにする。仕様書の中で図4—3の存在を指摘したが、竣工図の平面図が図4—4である。一点は、旧樋筋は除かれ、新規のみとなるが、二つの図を比較すると明らかに矢来桝・弐之桝と北桔橋外石埋桝間では埋桝の数量が増加し、しかも二筋のうち矢来桝筋には「埋桝」、弐之桝筋には「石埋桝」と表記が異なることをあげることができる。「樋壱本当其外調帳」をみると、二つの樋筋は本丸に給水しているが、嘉永元年の普請では、図4—5のように矢来桝筋の埋桝が木製であるのに対して、弐之桝筋の埋桝は組立石桝と桝の素材が異なるのである。しかも、埋桝の法量をみると、内法は三尺四方であるのに対して深さは矢来桝筋の木製桝の方が一尺深い。この埋桝の素材と深さについての相違を表4—6の天保九年普請時のものと比較すると、天保九年

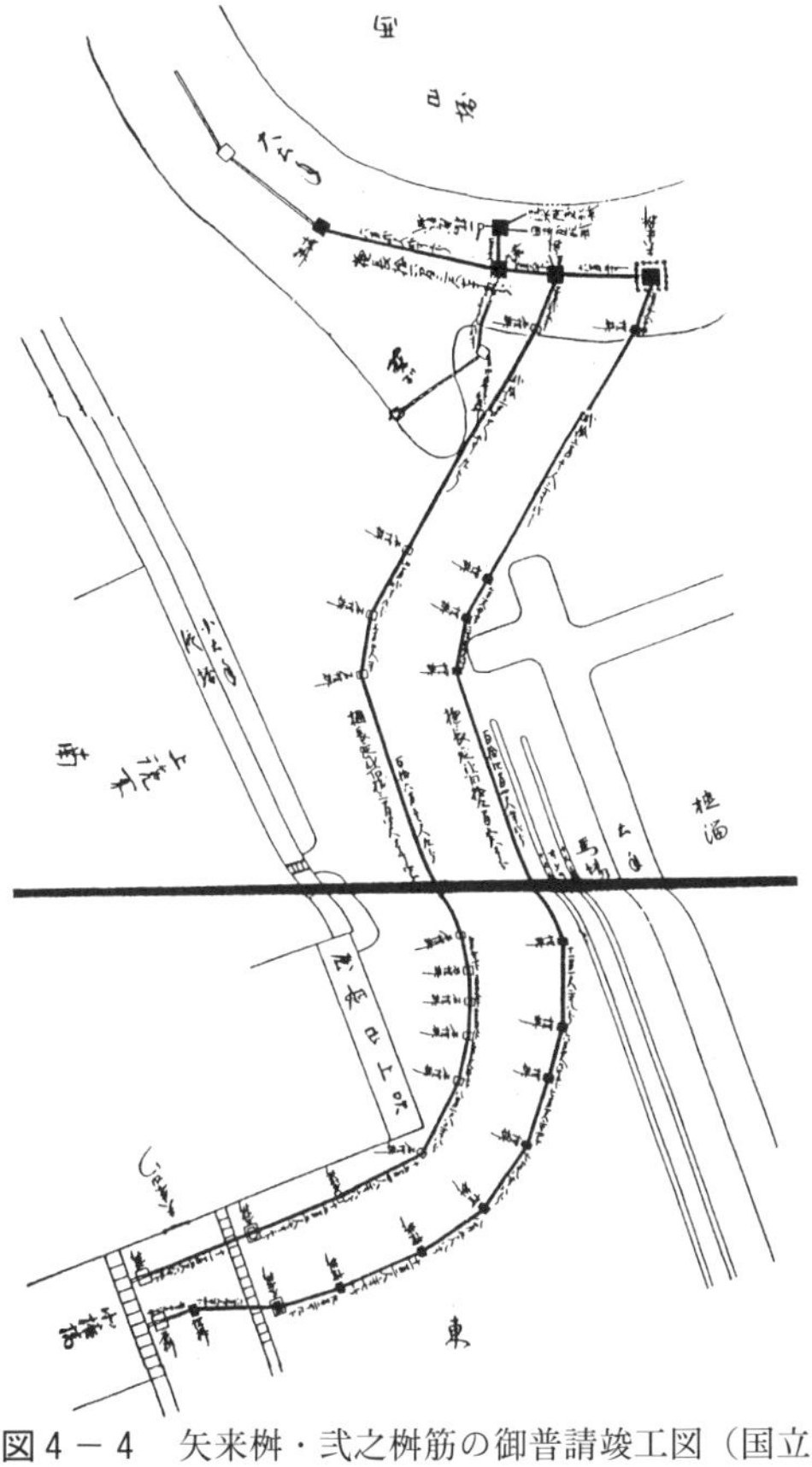

図4－4　矢来桝・弐之桝筋の御普請竣工図（国立国会図書館蔵）

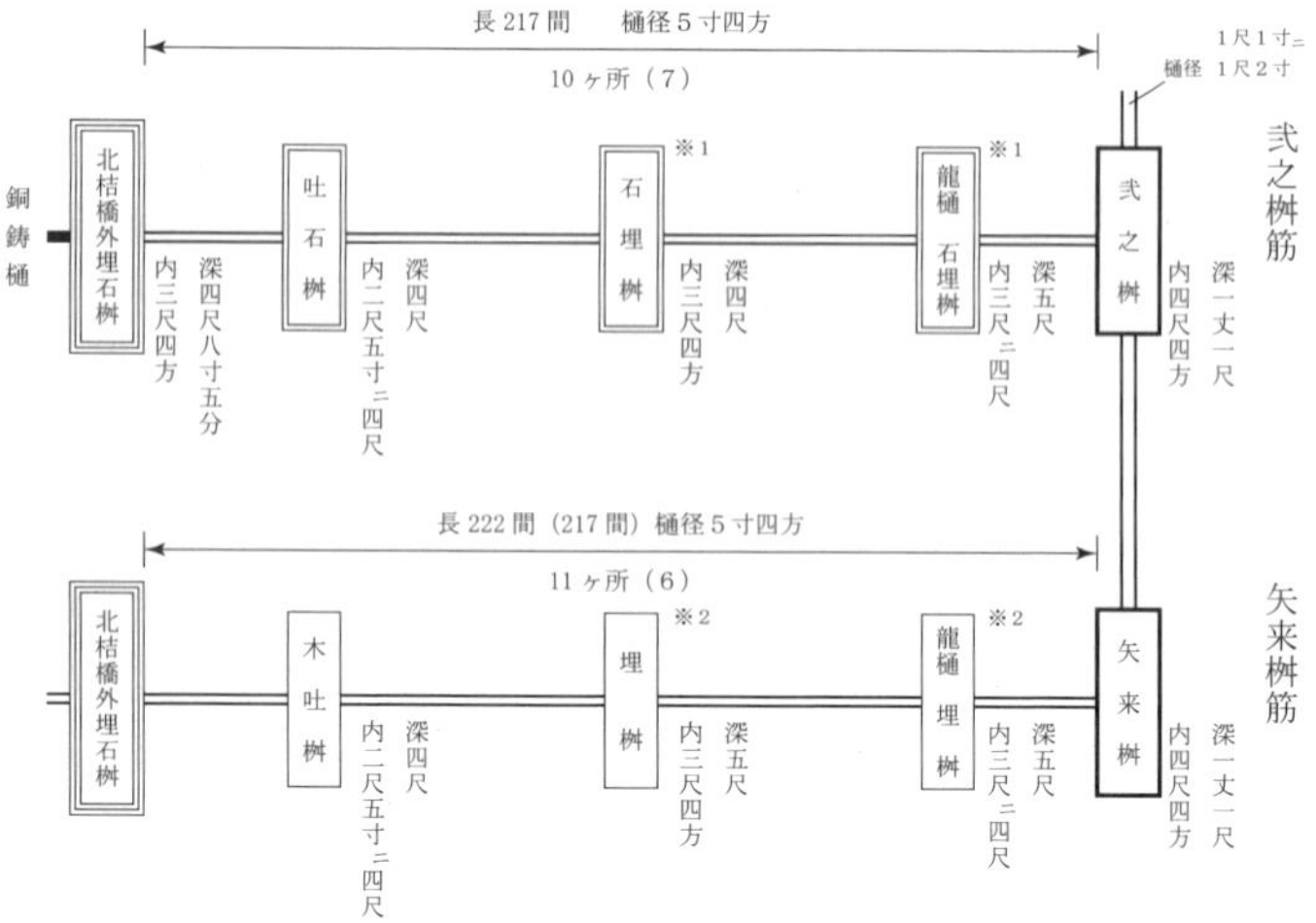

注　（　）内は天保9年普請時の数字

※1　天保9年時は木製埋桝、深さは1尺長い5尺、吐桝続（駒寄矢科際）に石桝2箇所

※2　天保9年時は石埋桝

図4－5　資料15の矢来桝・弐之桝と北桔橋外埋石桝間の樋桝模式図

の二筋の埋桝は、矢来桝筋が石製であるのに対して弐之桝筋は木製であるという反対の様相を示している。つまり、普請ごとに埋桝の素材を代えていることになる。その意図するところは、わかりかねるが興味深いところである。一点は、安定的かつ広範囲に上水を供給するためには、水量と水圧が重要となる。水見桝の役割も大きい。御本丸掛は、半蔵門を通過し、樋筋は土手上を走り四之桝を経由して弐之桝・矢来桝に入る。これは木樋であるが、その法量は内法で一尺一寸ニ一尺二寸（約三三×三六センチ）であるのに対して、二つの桝から分岐する木樋はいずれも五寸四方（約一五センチ四方）と小さい。樋口径ではおよそ四分ノ一の法量にしているのである。一点は、弐之桝筋の北桔橋外埋石桝から銅鋳樋を継合していることである。江戸城内での

鋳樋の記録は、文政九年西丸御殿樋筋の一部文様替、元治元年（一八六四）西丸仮御殿の指図に続く三例目となる僅少な史料である。ちなみに、本史料には絵図が添えられており、その法量として、「大サ内法差渡六寸　厚弐分五厘」と記されている。

ここでは、『玉川上水留』のなかの一件の普請記録を紹介したにすぎないが、丁寧に解明することによって水道技術を明らかにすることも可能となろう。

2　地割棟梁の応札にみる力と経理上のからくり

上水の普請・修理に関する一回当りの費用は、これまでも少々述べてきたが、予想以上に大きい。一九世紀以降、地割棟梁による工事設計にあたる普請仕様帳が作成され、しかも幹線筋の場合、同じ箇所が一定の間隔で行われることが少なくない。そのため、同筋における前回の応札状況も参考となる。また、地割棟梁が設計とともにそれを見積りし、入札に応じた業者よりも金額が低ければ落札するという制度のために、自ずと適性価格も生まれてくる。競争原理が働き、公明正大のようにも思える。果たしてそうであろうか。江府内四五件の普請・修理記録のなかから、『東京市史稿』上水篇に記されている主要な入札状況二〇件を記したものが表4―5である。

これをもとに、入札、経理上の問題について考えることにする。

表4―5のなかで、入札が行われていないものが二件ある。資料27と資料47である。前者は、安政二年一〇月二日に発生した安政江戸地震で四谷大木戸から始まる石樋破裂による応急措置に始まり最も根幹な

に載る矢来桝・弐之桝筋の普請（資料15より）

矢来桝・弐之桝筋の入用高、経過年数				『玉川上水留』の記載
弐之桝筋		矢来・弐之桝の二筋		
金　額	年数	金　額	年数	
○	—	—		無
654両３分	8	○		無
517両１分	8			無
—	—			無
○		1345両３分銀２匁９厘９毛	矢９ 弐13	無
1311両２分	7			無
—	—			無
○		1485両	矢７ 弐８	有
○		1430両	10	有

樋筋であることから、地割棟梁による普請として行われたものである。普請費用が三七〇〇両を超える最大規模のもので、資材の調達や工事業者の手配に長けた地割棟梁ならではの判断といえる。後者は、以前普請の折建てた小屋場を取り繕って使用することと樋筋の直しを一間当り銀九匁で行うことを条件に地割棟梁を指定している。普請費用が細部にわたるのはそのためである。

さて、表4—5から前述の二件を除く落札者をみると一五件が地割棟梁である。『玉川上水留』の解明にあたった肥留間博によると、数字はもう少し下がり七割位という数字を示している。それにしても地割棟梁の落札は、高すぎる数字である。入札に応じた業者は、公儀が直接関与しない武家町組合などの自普請の入札に参加し、落札しているはずであろうし、また、御普請でも落札するために情報を収集し、臨んでいるはずである。地割棟梁による落札が二～三割ならば、ある程度、理解することはできる。入札者とその金額しか記録が残されていないために、その間の裏事情が判然としないが、

表4－6　史料

普請年＼項目	矢来桝筋 金額	年数
寛政9（1795）	○	—
文化元（1804）	473両2分銀13匁	8
8（1811）	—	—
12（1815）	506両1分	12
文政7（1824）	○	
13（1830）	—	—
天保2（1831）	1652両	8
9（1838）	○	
嘉永元（1848）	○	

※　普請年は竣工年、経過年数は史料より

御普請に際してある種の談合があったとしても不思議ではない。地割棟梁は、元来、普請の設計をする仕様帳の作成が仕事であり、見積りは適正価格の維持をはかるためのものであったはずである。しかし、一方では、普請を落札することで請負人となり、二重の報酬を得ていることになる。おそらく、下請けとなる業者が複数いたに違いない。前述した嘉永元年の普請でも、天保九年の普請と仕様が同じであることから、伏替とはいえ、天保九年の落札額である一四八五両という金額が目安となる。物価の上昇を考慮すると二番札の一五四八両は、約四%の上積みであり、適正のようにも考えられる。しかし、実際には前回よりも約四%低い金額で落札しているのである。

無理な落札という点では、資料28と資料35を軽視することができない。共に地割棟梁が落札したもので、二番札とは約三五〇～四五〇両の大きな開きがある。落札額を二番札との比率でみると、資料28では約七二%、資料35では約六五%となる。たとえば資料35の場合、普請箇所は桜田門外から伝奏屋敷に至る西丸下の樋筋を中心としている。それは、資料18の嘉永三年以来一一年目のこととなる。仕様書の比較は別として、嘉永三年時の応札をみると、地割棟梁が一一六〇両であるのに対して業者一番札が一一〇〇両で業者がこの普請を落札している。これを資料35の万延元年時の応札・落札をみると、ここでの地割棟梁による落札金額はあまりにも無謀と映るのである。

表4―5でみる限り、安政江戸地震以降、この応札制度そのものが一層、形式的となり、入札を行わない御普請を含め透明性が薄れているのである。

上水の普請・修理を検討すると、幕府の手による御普請そのものも樋筋によっては曖昧であり、無理押しすることが多々目に付く。たとえば、前述した御本丸掛の矢来桝・弐之桝筋の普請では、上水の供給先は、北桔橋外から本丸御殿内を中心として田安・清水邸に御鷹部屋が加わる程度である。大名・旗本屋敷や町屋とは何ら関係がないのである。それにもかかわらず、御本丸掛吹上掛は幹線筋と位置付け、普請費用にあっては、公儀二％、武家町方九八％と大半が武家町方で賄われている。事実だけをみると、公儀の自普請としてもよいところである。西丸下の役屋敷の樋筋の場合も同様である。

御普請における公儀の負担が約二％というのも不思議である。これは、玉川上水入用の江府内惣知行を約一五〇〇万石としたときの公儀御入用を三〇万石と見立てたもので、記録の上では、元文五年の玉川上水、福生村地門の新規掘替普請の公儀・武家方・町方出銀高割の書付までは確実に残されている。これが、前述した正徳五年の四谷大木戸と虎之門間の御普請、さらには水銭の制度が導入された万治二年までさかのぼるものかは、明確な史料がないため不明といわざるをえない。『上水記』をみると、神田上水の公儀御入用として一〇万石があるので、公儀全体としては四〇万石となるが、あまりに低い数字である。そして、玉川上水の入用にあっては三〇万石、普請費用の約二％という数字を維持しているのである。

四　安政江戸地震に対する修復・普請

1　安政江戸地震

上水の普請・修理の主たる要因は、施設の老朽化・資材の耐久性といっても過言ではない。このほか、火事という人災もあるが、江戸で起きた大地震の上水被害も看過することができない。

江戸時代、江府内での大地震は、元禄大地震（推定マグニチュード八・二）と安政江戸地震（推定マグニチュード六・九）の二つが知られている。前者については、石垣崩落・家屋倒壊・地割・液状化などの記録が断片的に存在するが、上水道の被害については『山形県史』資料篇五（『雞肋編　上』巻六十九）に唯一「江戸井戸水水道やぶれ水一切無之難義仕候（以下略）」の記述があるが、水道の被害状況を具体的に述べた記録は存在しない。そこで、後者についてみることにする。

安政江戸地震は、安政二年（一八五五）一〇月二日夜四ツ時、荒川河口付近を震源とする地表に近い直下型のもので、震源地に近い深川・本所・浅草などの下町地域では震度七と推定される大きな揺れに襲われた。町屋の全壊率は一割を超える一万四〇〇〇棟以上、土蔵の全壊も一四〇〇棟を超えている。この地震の被害を大きくしたのは火災で、下町を中心として五〇カ所以上で出火し、焼失面積は約二・二平方キロに及んでいる。死者は、町方四七一四人、武家方二〇六六名と記録されている。武家方では届出のないものもあり、それらを考慮すると江戸とその周辺地域を含めると約一万人の犠牲者が出たものと考えられる。

家屋の被害と犠牲者、焼失箇所が下町周辺に集中していることから、ここに目が向くのは仕方ないが、その揺れは、江府内の西側でも部分的に大きかったとみえ、玉川上水と神田上水の石垣樋の破裂という記録が目に止まる。そこで、この地震による上水道の被害と修理・普請について少し触れることにする。

2　石垣樋の破裂と普請

『東京市史稿』変災篇第一をみると、江戸城の損所として、本丸西丸両御殿は無事とした上で、大手門と西丸二重橋が損壊し、桔梗門（内桜田門）が大破したとある。さらに、半蔵門と四谷門の石垣の崩落が多いとしている。つまり、上水道からすると四谷門・半蔵門周辺での地上における揺れが大きかったことを示唆している。そして、ここでの被害が大きい。

普請奉行には、四谷門の外、天龍寺門前代地町屋角より御堀端通りの柴田能登守屋敷までの間の石垣樋が破裂しているとの連絡が一〇月五日に入る。翌日、役人を派遣して見分したところ、四谷門から四谷大木戸間で上水樋が落ち、とりわけ四谷大木戸までの石垣樋は、二二カ所で破損し蓋石が崩落している状況であった。この石垣樋の損所は、喰違辺まで続く。見分では、崩落した周囲に柱を立て縄張りをすることで往来の人に告知し、応急処置としての修復を行うことにする。この地震による被害は甚大で、江府内一円に拡がることから、修復にあたって人足を確保することが困難であった。しかし、六日の時点で七〇〇人程を集め、昼夜をとわず作業を行い、一〇月二六日には何とか終了する。この緊急の修復には、二一日

表4－7　安政江戸地震の上水復旧のための修理・普請記録一覧

	普請・修理箇所	普請・修理	備　考
安政三年	赤坂柳堤通	修　復	資料23　580両
	四谷門外南之方御堀端通	普　請	資料22
	鉄炮洲築地講武所掛	修　復	資料21
	八代洲河岸火消御役屋敷掛	修　復	資料24
	代官町土手上清水附元桝其外	修　復	資料25
安政四年	四谷大木戸より塩町３丁目辺	普　請	安政３年12月より前後二回に分け普請
	四谷塩町三丁目より御堀端	普　請	資料27　3765両
	御本丸掛吹上掛四谷門内外	—	—
	矢来桝弐之桝筋	普　請	資料29
	虎門内外	普　請	資料28　847両２分
	葵坂通并虎門外通	普　請	資料31　1439両
	清水附構内樋桝井戸	修　復	資料26
	増上寺山内樋桝井戸	修　復	資料30

※　備考の資料番号は、『玉川上水留』に載る表４－５の資料番号

間を費したことになる。

地震直後のこの修理は、あくまでも応急措置で本格的な御普請を要することになる。他の箇所でも地震の影響が生じ、施設の老朽化も加わり、地震の翌年から相次いで修復・普請が行われることになる。『東京市史稿』上水篇から抜粋した記録一覧が表4—7である。公儀による普請・修理は、安政三年が五件、安政四が八件と両年とも例年の数倍にあたる件数である。安政三年では、修復が多く、鉄炮洲築地や八代洲河岸の江戸城の南側、江戸湾周辺までの広範にわたり修理が行われている。鉄炮洲や八代洲では液状化による樋桝の破損が要因であろうか。安政四年になると、修復よりも普請が中心となる。四谷大木戸と塩町三丁目・御堀端間は、前後二回行われている。地震直後に石垣樋の破裂による応急処置のことを延べたが、その樋筋の普請ということになる。二回のうち初回は、四谷大木戸から塩町三丁目迄を対象として安政三年一二月に着手する。翌年五月には、ここでの水留と往来留の触留が出されていることから、竣工はその後ということになる。世間が混乱していたためか詳細な記録は見あたらない。二回目の普請は、この続きで四谷塩町三丁目か

ら御堀端沿に樋長延六四一間一尺五寸（約一・二キロ）の範囲を対象とする。六月二三日に着手し、翌年の四月七日に竣工する。延日数は、二八一日間となる。ちなみに、二度目の普請では、三七六五両を費やしている。地震直後の修理、さらには安政三・四年の修理・普請をみると、安政江戸地震における被害は、とりわけ石垣樋で大であることを看取ことができる。それは、神田上水にもいえることである。

また、本格的な普請が地震発生から一年後となるのは、地震被害となる家屋の倒壊や火災による焼失面積の多さ、犠牲者や怪我人など種々の要因が重なることで、上水の復旧にかかわる十分な人手と資材、さらには財源の確保に手間取ったことが予想される。ちなみに安政四年の御普請のうち、資料27・28・31の三件だけで六〇〇〇両以上を要している。これ以外の御普請、さらには組合筋・自普請を加えると江府内の玉川上水道だけでも普請・修理に莫大な費用を要しているのである。

第五章　江戸城中枢部の上水・給水事情

江戸城の中心的な空間は、本丸と西の丸であるが、上水・給水事情を理解する上では吹上曲輪が重要な役割を果たしている。玉川上水道は、四ツ谷大木戸水番屋から江戸市中に樋筋を網目のように巡らすことで武家屋敷や町屋に安定的に上水を供給することを目的としたものである。本丸や西の丸の御殿でも同様な機能を果たすと考えがちであるが、実は上水としてではなく、給水している点で大きく異なる。

それ故に、ここでは本丸・西の丸に加えて吹上曲輪における上水・給水事情について述べることにする。

一　玉川上水の給水と吹上曲輪

1　古写真に撮られた給水施設

江戸城の古写真のなかで有名なものの一つに『観古図説　城郭之部一』がある。これは、明治四年（一八七一）蜷川式胤が江戸城の旧状を記録することを目的として太政官の許可のもとで横山松三郎によって撮影された写真のなかから、七三点を厳選・編纂し、明治一一年に出版したものである。また、このなか

図５－１　四ツ谷門外の高桝と懸樋（江戸東京博物館所蔵）

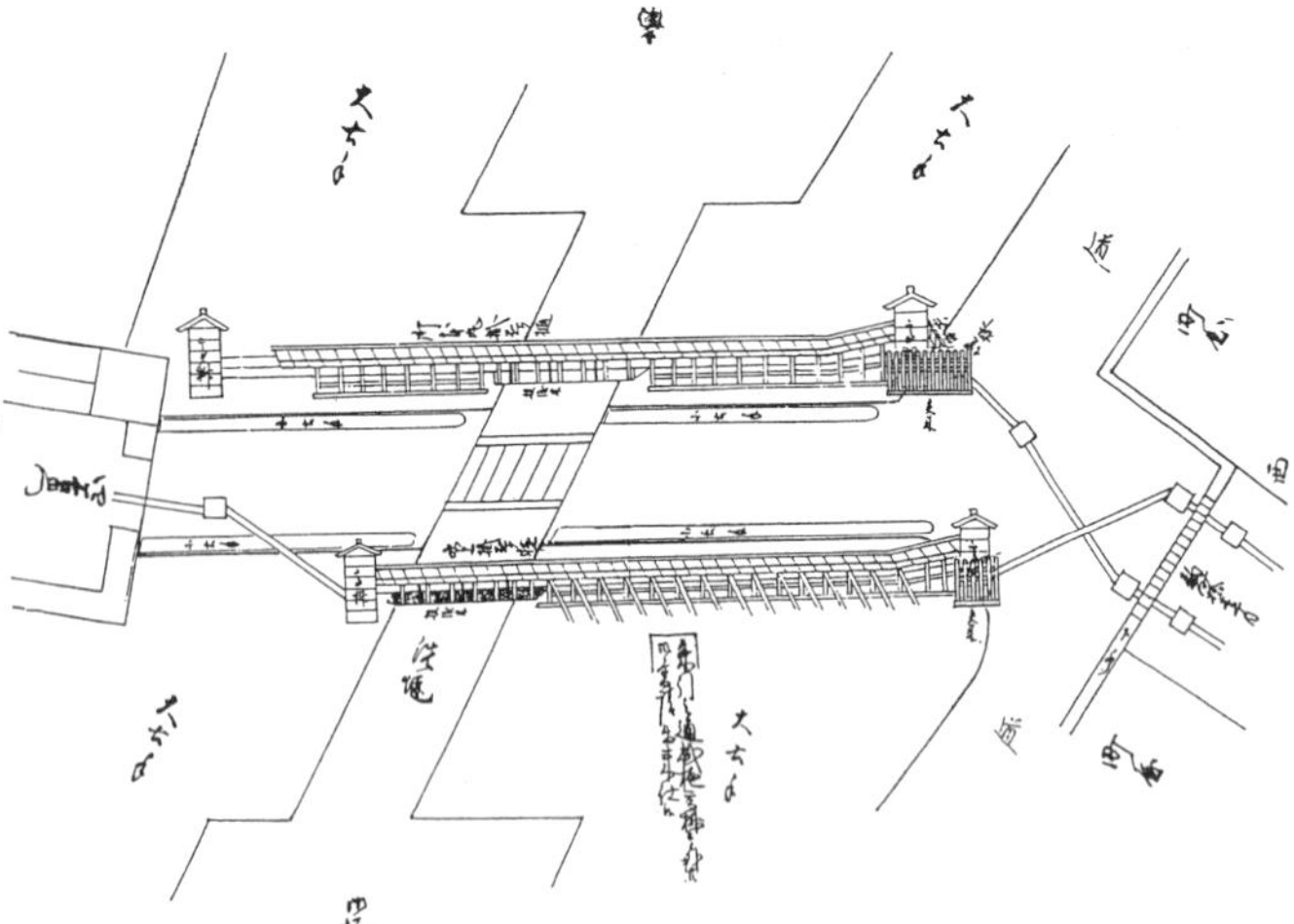

図５－２　四ツ谷門外の二つの懸樋（『玉川水留』部分、国立国会図書館蔵）

の六四点を高橋由一によって彩色が施された東京国立博物館所蔵『旧江戸城写真帖』もよく知られている。後者には、写真のなかに蜷川氏自らの手による建物や名称等々の書込みがあることで資料的価値を一層高めている。

『観古図説　城郭之部一』には、背景に玉川上水の給水施設が撮られているものが三点含まれている。第二四図の北桔橋渡櫓と岩岐多門、第五〇図の渡櫓を取払にかかる半蔵門、第六〇図の四谷見附である。

流路に沿って説明を加えるが、施設の構造を理解するために国立国会図書館所蔵『玉川上水留』を引用する。この史料は、天保四年（一八三三）から明治三年（一八七〇）にかけての玉川上水の修理記録を中心とするもので、一一九冊からなる。

三点の写真をみることにする。図5―1は、四ツ谷門を高麗門を正面に見据えた状態で撮影されたものである。給水施設は、高麗門の左右に切妻の屋根を配した高桝がみられる。左手が吹上掛、右手が御本丸掛となる。吹上掛高桝の手前、矢来に沿って上水の蓋石がみえる。図5―2を参照すると外堀に掛る懸樋の手前にあたる。矢来が左右に延びるところが堀（橋）の手前にあたることから、石樋（石蓋）から直線的に懸樋が存在することになる。矢来の間からわずかにその形跡がうかがえる。図5―2は、『玉川上水留』の「天保六未年五月ゟ同七申年至八月　御本丸掛吹上掛玉川上水四谷御門外掛樋高桝其外共御普請一件　御普請方」に収められている図である。四ツ谷門の西側、道で町屋が途切れる（麹町一一丁目）が、御本丸掛と吹上掛の二つの樋筋は埋桝を境として交差している。本来は、御本丸掛の南側（図中上）に麹町大通り組合樋筋が存在するが、修復の対象外であるために除外されている。ちなみに、史料にそれらの

図5－3　半蔵門外の二つの水見桝（江戸東京博物館所蔵）

規模が記されている。参考までにあげると御本丸掛の「掛樋」が長四捨五間（約八二メートル）大サ内法壱尺二寸ニ壱尺四寸（約三六×四二センチ）木厚三寸五分、「埋桝」が長三間（約五・五メートル）大サ内法木厚共同断、「繋樋」が長壱丈弐尺六寸（約三・八メートル）大サ内法三寸四方（約一二センチ）七寸角彫樋、「高桝」が大サ内沢四尺五寸四方（約一三六センチ）深壱丈五尺（約四・五五メートル）木厚五寸、「高桝下の埋桝」が大サ内法五尺五寸ニ四尺五寸（約一六七×一三六センチ）深五尺（約一五二センチ）木厚四寸、「高桝登龍樋」が長弐間壱尺八寸（約四一八センチ）大サ内法壱尺三寸ニ壱尺四寸五分（約三九×四四センチ）木厚三寸五分、「木矢来」が長延四間五尺（約三・三メートル）高六尺とある。高桝が深いのは、ここで水位調節を行うことによるためである。御本丸掛と吹上掛では、規模の相異があるがおおむね同じである。

図5—3は、半蔵門前の高麗門を正面にとるものである。右手奥の渡櫓門は壁が剥され骨組がみえる。半蔵門の取壊し・撤去は、明治四年三月から六月にかけて行われたので、取り払い初期の段階に撮影されたものであることがわかる。画面手前には、牛車に荷物を積み運搬している人物と腰に刀を差した武家風

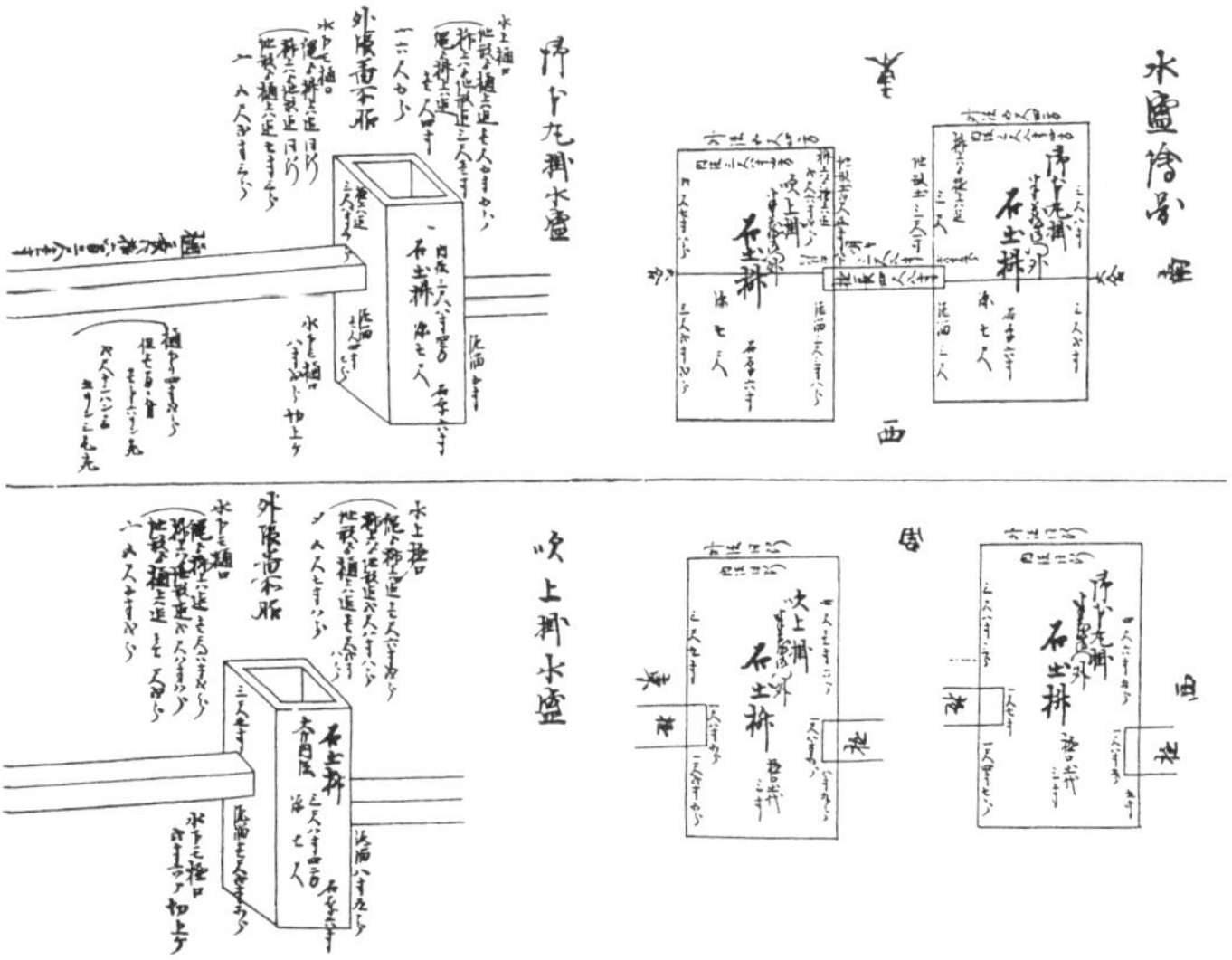

図5－4　半蔵門外の絵図に載る水見桝（『玉川上水留』より、国立国会図書館蔵）

の人物がいる。その背面、高麗門の手前に二つの水見桝（石桝）がみえる。左手のやや低い方が吹上掛、右手が御本丸掛の水見桝である。二つの水見桝に関する規模や構造を示した図が『玉川上水留』の「慶応元丑年四月ゟ九月至　五本丸掛吹上掛玉川上水半蔵御門内外樋桝御修復壱件帳　御普請方」に残されている。その水見桝の構造を詳細に記したのが図5―4である。写真5―3では吹上掛の方が低いことから規模が小さくみえるが、実は同じ容量をもつのである。外法五尺四方（約一五〇センチ）、内法三尺八寸四方（一一五センチ）、深さ七尺（約二一〇センチ）を測る。両者とも石桝が半分以上埋設されており埋設の度合いが異なるのである。地上の出桝の高さで比較すると、御本丸掛が「地形出三尺一寸」であるのに対して吹上掛では「地形出弐尺五寸八分」とある。四寸二分（約一三センチ）の差があり、吹上掛石桝はそれだけ深く埋設されていることになる。ちなみに、石桝間は外法で三尺八寸とある。二つの石桝には、地中に埋設された以外に二つの相異がある。一つは、入水孔の大きさであり、一つは入・出孔の比高差である。前者は、入水時の樋口の大きさが御本丸掛が一尺七寸であるのに対して吹上掛は一尺八寸五分と吹上掛の方が一寸五分（約四・五センチ）大きい。出水孔は共に一尺八寸五分とある。樋口の大きさに縦横の記述がないことから、この数値を一辺と置き換えると吹上掛の方が大きい分、石桝内に多量の水が入ることが可能となる。後者は入・出孔の比高差によって、その差が大きい程、石桝から樋口へ勢いよく出ることになる。石桝内の入水時の樋口下場と出水時の樋口下場の比高差をみると、吹上掛が三寸六分であるのに対して御本丸掛は九寸七分と六寸一分（約一八・五センチ）大きい。すなわち、御本丸掛の方が出水時の圧力がかかる分勢いよく出水しているのである。二つの異なる樋筋の水見桝を近接して設置するにあたり、力学的に様々な工夫が施されているのである。

図5―5は、北桔橋門枡形内の岩岐多門沿に設置された貯水槽とそこに延びる二条の木樋である。前述した『旧江戸城写真帖』の書込みをみると、画面左手、窓格子をもつ建物の屋根上に「北ツメノ渡門」、右手、貯水槽背面の屋根上に「北ツメノ岩岐多門」、貯水槽角柱に「水イド」とある。北桔橋門は枡形虎口が左折する形式をとるので、高麗門側から撮影されたことになる。貯水槽は、これを設置するために石垣の上に幾分、土盛りし、一種の高床総柱形式の形態をとる。石垣横と貯水槽手前の人物をスケールに用いると、地面から貯水槽までの高さは人物二人分（約三・三メートル位）、貯水槽の高さは人物一・六人物（約二・五メートル位）程の大きさとなり、貯水槽は前述した水見桝よりはるかに大きく、その容量は

図５－５　北桔橋門内外の貯水槽と木樋（江戸東京博物館所蔵）

優に二個分はある。この貯水槽には地中から二条の木樋が延びている。貯水槽の前面の人物によって背後の様子が不鮮明であるが、木樋が示すように貯水槽は二分されている可能性が高い。あたかも表中奥用と大奥用の如くである。ちなみに、木樋が二条あるのは後述する文化二年（一八〇五）の銘がある『江戸城吹上総絵図』に本丸掛の樋筋が矢来桝と弐之桝から各一条、北桔橋門手前まで記されている図が示唆している。

ところで、本丸への給水の時期となると難解である。記録では、御本丸掛の樋筋が二の丸庭苑に到達するのは明暦元年（一六五五）七月二日である。御本丸掛の樋筋が北桔橋門の北側を乾濠から平河濠に沿って敷設されていることから、一旦、堀を下り枡形内に上るという技術的な問題を解決すれば容易なことである。しかし、時間を要したようである。それは、本城と西の丸における玉川上水の用途が上水としてではなく、泉水への注水としていることにある。具体的には後述するが、貞享年間に作成された『玉川上水大絵図』では御本丸掛の樋筋が北桔橋門前を通過している。元禄大地震後に万治度の御殿指図に「地震之間」を書き足した都立中央図書館所蔵『江戸城御本丸御表御中奥御大奥総絵図』ではじめて表向と中奥の西側に泉水が描かれているのである。両者をあわせると一七世紀第四半期以降ということになるが、残念ながら検証の仕様がない。

2　貞享図の御本丸掛と吹上掛

江戸市中に玉川上水が引かれ、その樋筋を記した絵図のなかで基本となるのは、国立国会図書館所蔵の『玉川上水大絵図』と東京都水道歴史館所蔵の『上水記』となる。前者は、一七世紀後半の貞享年間に作成されたものである。『東京市史稿』上水篇附図に『神田上水大絵図』とを合わせたものが掲載されているので、ここではそれを用いることにする。また、章のテーマが江戸城中枢部としたことから、附図の部分を抜粋し、図5―6には吹上曲輪から本城域を中心とするものとした。

四谷大木戸水番屋から虎之門に向かう上水本筋は伝馬町五丁目で分岐する。本城に向かう樋筋は、本筋から左折後御本丸掛と吹上掛の二筋に分かれる。この二筋は、合流することはなく、北側を御本丸掛、南側を吹上掛の樋筋が走る。四ツ谷門を通過する時点までで寛政年間の『上水記』に描かれた絵図と比較すると、二つの相異点がある。一点は、四ツ谷門の古写真で説明したが、四ツ谷門・外堀の西側、麹町一一丁目辺の石桝から二つの樋筋が交差し北側を吹上掛、南側を御本丸掛樋筋が進むことである。二つの絵図の樋筋が正確であれば、貞享年間以降、変更されたことになる（図5―2参照）。一点は、『上水記』の絵

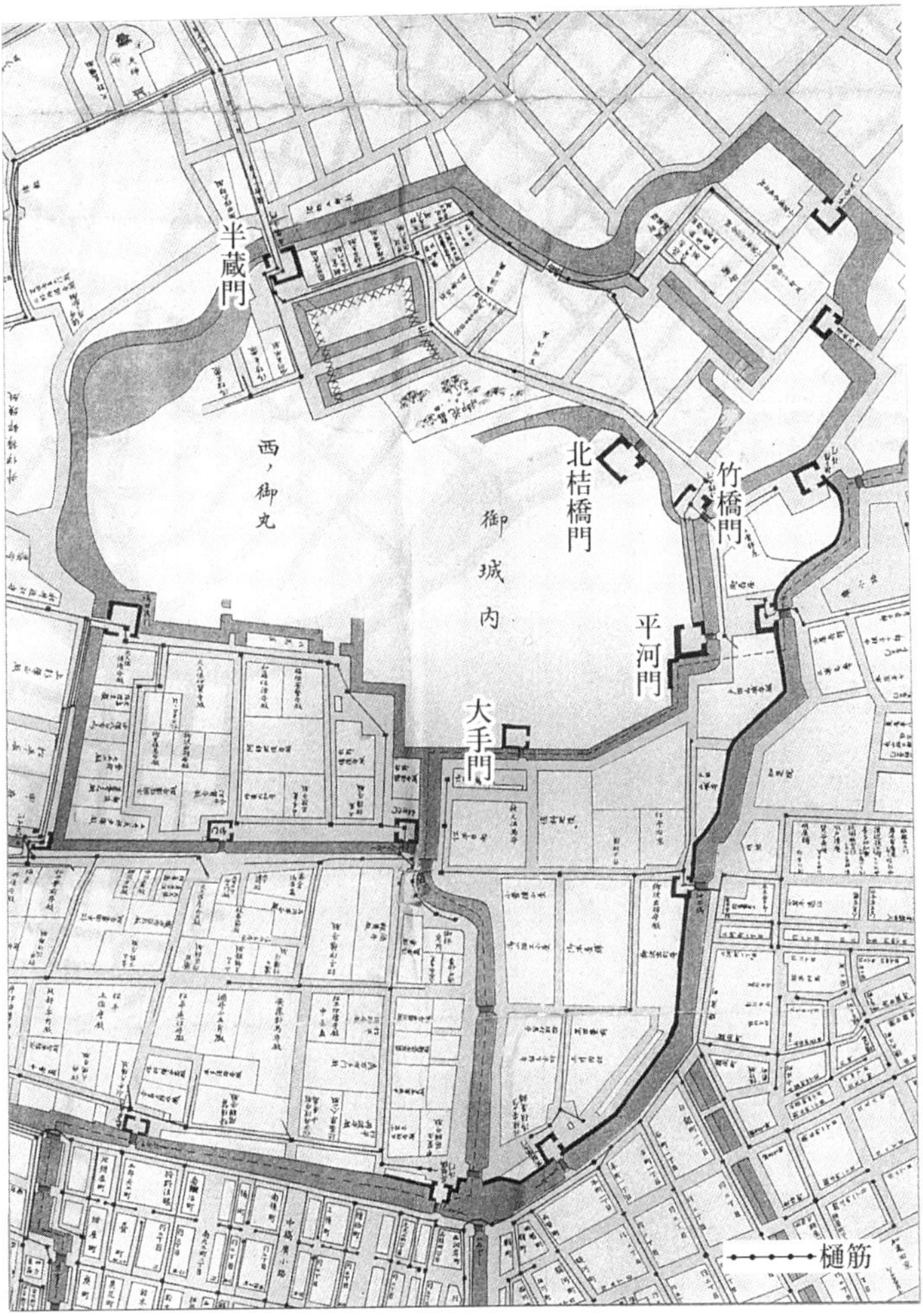

図５－６　貞享図、江戸城中枢部周辺の樋筋（『東京市史稿』上水篇附図部分）

図には、御本丸掛の南側に組合掛の一筋が加わることである。町並の発展に伴って上水網が拡大・整備されていく。武家方掛と町方掛が登場し、水道組合も設立されていく。水道組合の設立は、上水樋桝・樋筋の普請や修復のため経費が必要なことから、道奉行の指導のもとで享保一九年（一七三四）頃に行われたといわれている。このようななかで、寛政図には一筋加えられているのである。

半蔵門からの樋筋も軽視してはならない。貞享図には、半蔵門内の西側、半蔵濠沿に一〇軒程の旗本や坊主衆の屋敷が描かれているが、二の丸庭苑に注水が開始する明暦元年の時点では吹上曲輪内には紀伊・水戸・尾張の御三家の上・下屋敷が存在していた。すなわち、利用目的は別として、少なくとも吹上掛樋筋から御三家の屋敷に給水していたのである。周知のように明暦三年（一六五七）一月一八・一九日の大火によって江戸市中の三分ノ二が焼失する。江戸城も例外ではなく本城は全焼する。これを契機として吹上は火除地となった。したがって、吹上内の御三家の屋敷は同年、幕府によって召し上げられることとなったのである。

ふり返って、図5―6で半蔵門通過後の樋筋をみることにする。御本丸掛は、渡櫓門を左折後、半蔵濠・千鳥ヶ淵に沿って北走し、矢来桝から東進し、北桔橋門前を通過、竹橋門に至る。その間、矢来桝手前の石桝から分岐し、北の丸内の大名・旗本屋敷に樋筋が延びている。竹橋門内で二分するが、一筋は帯曲輪の途中まで描かれている。この樋筋が二の丸庭苑につながると考えられる。一筋は竹橋北側で二分され、一方は雉子橋門手前、他方は平河門まで延び、図には描かれていないが堀に吐水している。吹上掛は、渡櫓門を左折後直進し、その後右折して「石川主水」「御坊主衆」に給水している。本図には、半蔵門の裏手北側からもう一筋描かれている。旗本屋敷前、馬場筋、御花畠前、北桔橋門外で御本丸掛と合流するものである。何故、半蔵門からの明確な樋筋として描かれていないのかという疑問が残るが、流路をみると明暦大火以前と関係がありそうである。御花畠あたりの位置には、かつて紀伊家上屋敷が存在していた。つまり吹上掛の一筋のなごりであろうか。後年の絵図では、この樋筋は北桔橋門外まで延びることはなく、吹上曲輪内で堀に吐水している。

図5―6の下位には外桜田門から和田倉門にかけての西丸下・役屋敷の樋筋、さらには常盤橋門までの大名小路等々の樋筋がみられるが、これらは虎之門の本筋から続くものである。

3　吹上曲輪の樋筋と泉水

寛政三年に作成された『上水記』の樋筋絵図は図8―1・2のように桝・筋の関係を目的としたものであることから、城郭との関係は枡形門を除くと理解しにくい欠点がある。吹上曲輪内を例にあげると、半蔵門通過後の吹上掛はほとんどわからない。そこで、ここでは都立中央図書館特別文庫室所蔵『江戸城吹上総絵図』を中心として同・『吹上御苑之図』と明治一六年（一八八三）参謀本部陸軍部測量局によって作成された「東京府武蔵国麹町区代官町及一番町近傍」と「東京府武蔵国麹町区皇城乃永田町近傍」測量図を参照して、樋筋と給水事情との関係を述べることにする。

『江戸城吹上総絵図』は、江戸時代後期にあって吹上の全景を詳細に描いたものとしては唯一で彩色が施された絵図である。法量は、縦九一・五センチ、横一七一・六センチを測る。外題は「本図者吹上御奉

図５－７　『江戸城吹上総絵図』部分（都立中央図書館特別文庫室所蔵）

行ヨリ借用シ写／江戸城御吹上絵図」、内題は「江戸城／御吹上総絵図」とある。左下には「文化二乙丑年二月　御作事方／大棟梁／甲良筑前棟村扣」とあり、「」の黒印が押されている。本図が文化二年（一八〇五）に写されたものであることがわかる。作成当初を考えると、『上水記』とはさほど時間差がないものと考えられる。御本丸掛と吹上掛の二筋に分けてみることにする。

御本丸掛は、貞享図と比較すると基本形は同じであるが、三点異なることがある。一点は、矢来桝・弐之桝が整然と描かれていることである。矢来桝からは、二筋、北桔橋門の手前まで延びている。桔橋を挟んで本丸へは一本の朱引線で描かれている。前述した図5―5との関連が興味深い。弐之桝からは竹橋門へと延びている。絵図からは矢来桝が本丸用に新たに築かれたことになる。ちなみに、北の丸の田安・清水邸には弐之桝の一つ西側の石桝から引かれている。一点は千鳥ヶ淵沿の二つの石桝から明堀（段濠《だんぼり》という記載も有）に注水していることである。明堀は貞享図にはなく、新たに半蔵門の南側から半蔵濠・千鳥ヶ淵に沿って築かれたもので、上覧所で幅を急に狭めて止まる。御本丸掛は明堀と外側の土塁との間に敷設されていることになる。

吹上掛は二筋に大別することができるが、池との関係が重要となる。まず二筋をみると、共に半蔵門を左折後、明堀を渡り石桝を分岐点とする。一筋は明堀を挟んで御本丸掛と併走するもの。一筋はおおむね東側へわずかばかり直進し、土塁の手前、石桝で途切れている。前者について詳述することにする。明堀の内側を北進した樋筋は、西門手前でさらに分岐する。一方はそのまま明堀沿に進み上覧所手前で屈曲・南走し、絵図には描かれていないが道灌濠に注ぐ下水溝に吐水する。もう一方は、吹上曲輪内の池への注

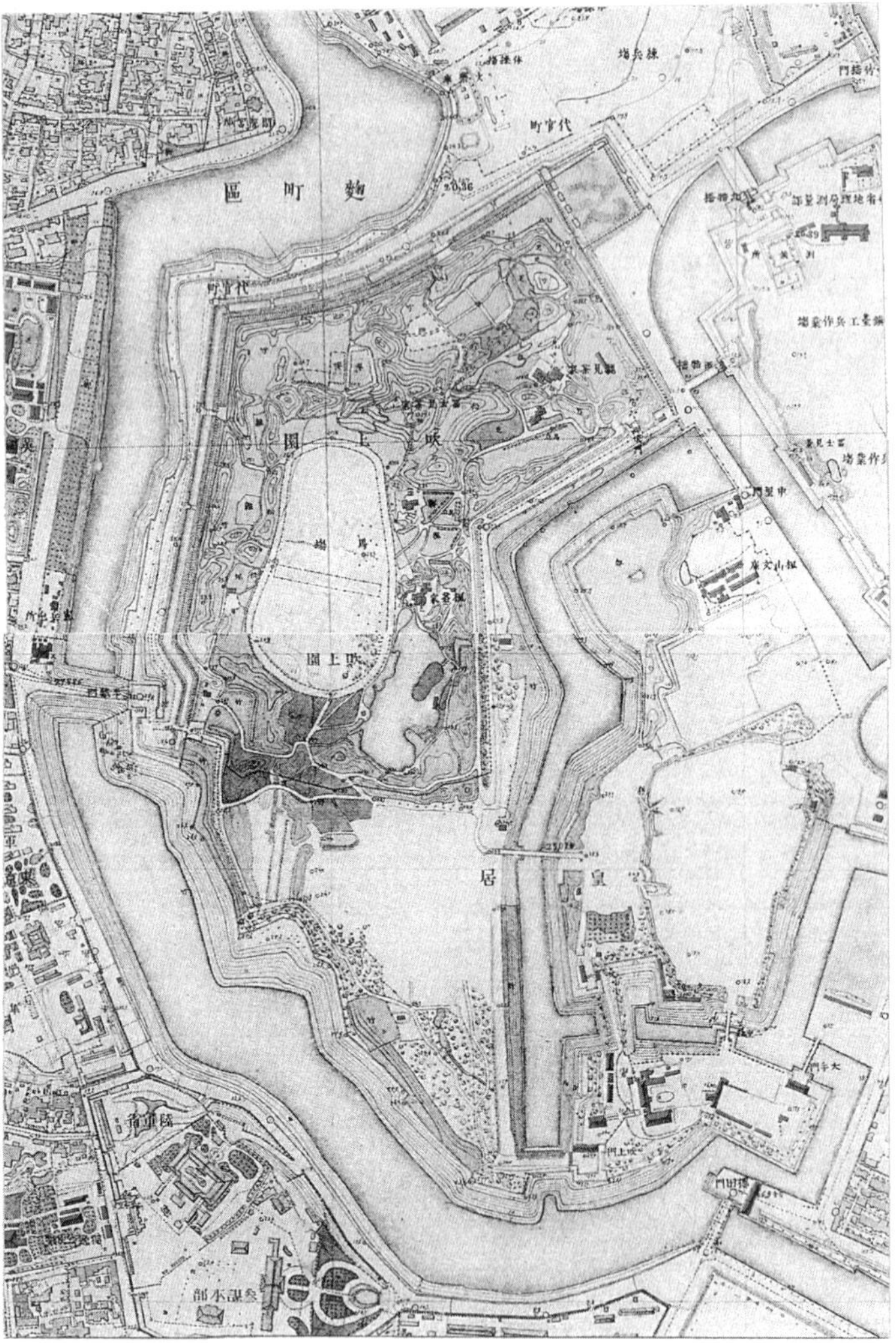

図５－８　明治16年、参謀本部陸軍部測量局が作成した吹上曲輪周辺

水が明快である。吹上曲輪内には主要な池が三カ所に分布する。中央の「大池」、北側の上覧所西寄りと南側の吹上門西寄りの東西に細長く延びる池である。本図では西門手前から東進する樋筋と大池との関係が理解しやすい。「大池」には、東西の二つの石桝から水路を通じて注水されている。西側は西門南東の石桝から水路が南→東へと進み大池の西端に達している。この石桝から少し離れた別の石桝を起点として、南下する流路がみられることから、二つの取水口とも考えられる。東側は馬場の北東、「タキ坪」脇の石桝から南に樋筋が延び大池の北端に達している。大池への注水が二方向から行われていると述べたが、これは、図5―8が参考となる。この図は明治一六年（一八八三）二月、参謀本部陸軍部測量局によって作成された「五千分一東京図」（国土地理院保管）である。全部で三六点からなり、皇居内は四点、吹上曲輪に限ると「東京府武蔵国麹町区代官町及一番町近傍」と「東京府武蔵国麹町区皇城及永田町近傍」の二点が該当し、本図はそのうちの部分である。取水口となる二つの石桝周辺と大池の標高をみると、西側の石桝が存在したあたりが二七・七メートル、東側の石桝が存在したあたりが三〇・〇メートル、大池の北側が二三・六メートル、西側が二四・三メートルと記入されている。図5―8には吹上掛の石桝・樋筋から大池への注水は記されていないが、池形図に明記されている標高によって、二方向からの注水をうかがうことができるのである。すなわち、大池に注水することによって、池の水量を安定的に保持し、水流があることで水質を高めているのである。絵図からは、吐口が示されていないが、大池の北東部、橋梁の北側に細長く延びる部分が描かれているが、ここから道灌濠に注いでいるものと考えられる。

　大池に注水する東側の石桝からは、大池を含む三方向の樋筋が描かれているが、西門手前の石桝から東

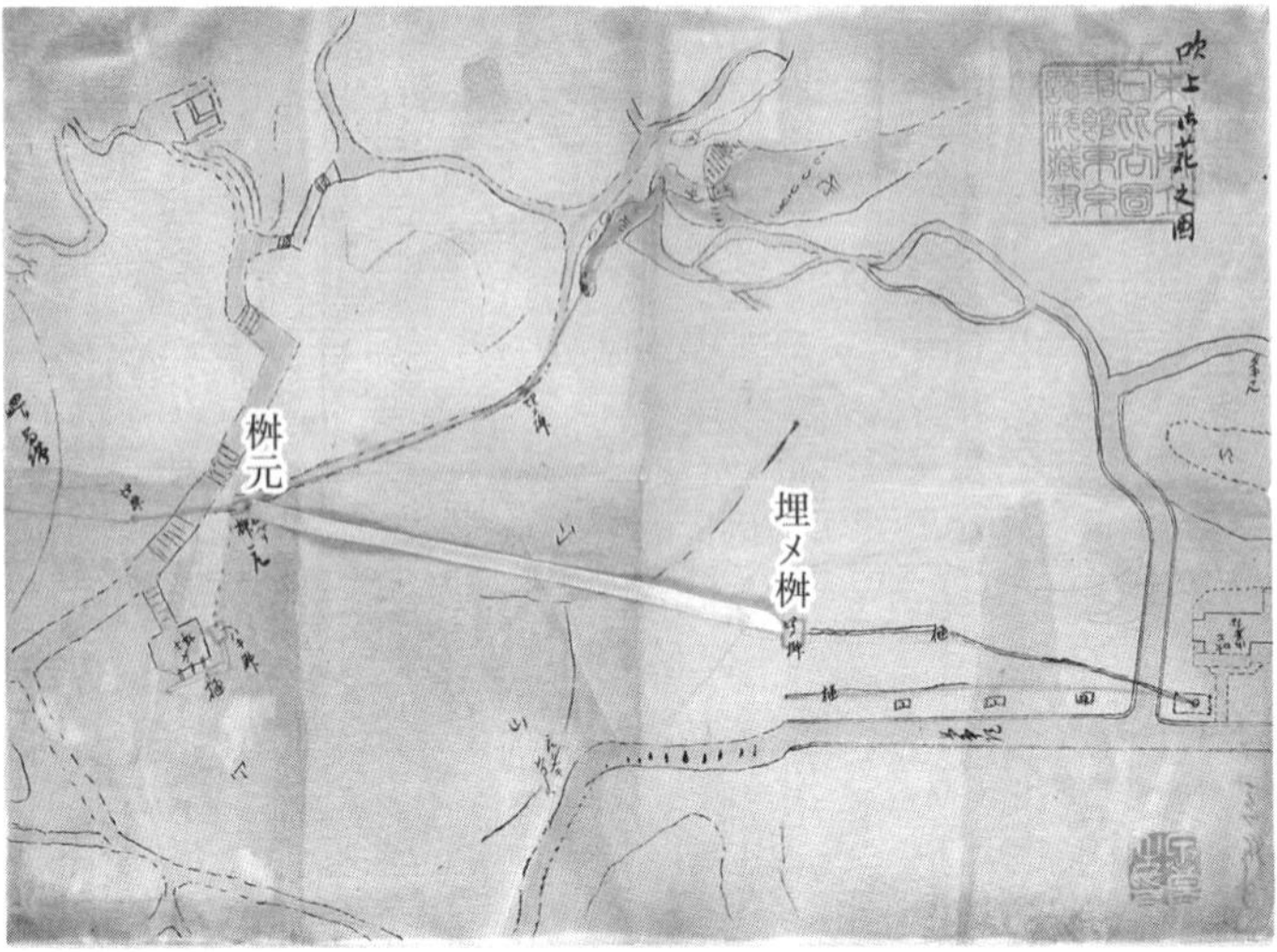

図5－9　『吹上御苑之図』（都立中央図書館特別文庫室所蔵）

へ直進する樋筋は、この絵図では途切れている。上覧所脇の池と途切れた樋筋との関係を知る絵図が存在する。都立中央図書館特別文庫室所蔵の『吹上御苑之図』である。本図では、前述の東側石桝が「桝元」と記されている。大池への樋筋はみられないが、他の二筋は詳細に描かれている。二点注目される。一点は、前述の絵図では途切れた樋筋が付箋で「桝元」と「埋メ桝」とを連結していることである。この「埋メ桝」は、『江戸城御吹上総絵図』に描かれている石桝であることから、西門手前からの樋筋は途切れることなく東進していることを示唆している。一点は、「桝元」から上覧所脇の池へ「埋メ桝」を介して注水していることである。図5—7を参照すると、この池の東端からは南下する樋筋が描かれている。これも、吹上掛の樋筋の一本が池に注水しているのである。この二点の樋筋はやがて一つとなる。絵図には描かれていないが、南北に延びる下水路に吐水し、道灌濠に注ぐものと考えられる。

吹上曲輪南側の池についても触れる必要がある。『江戸城御吹上総絵図』には、吹上掛の一筋が南側の池に樋筋や水路が延びていないことは前述した。これは書き漏らしたものか、あるいは絵図のとおり存在しなかったかということは検証のしようがない。参考までに都立中央図書館東京誌料文庫所蔵『神田玉川両上水御門々々共外持場絵図』（七六〇―二八）には、清水英三郎の署名、奥書に「安政二卯年二月写之」とある。この絵図には、半蔵門を左折後明堀周辺の樋筋が解説を加え詳細に描かれている。明堀を東に渡った「石出桝」からは、西丸掛と吹上掛の二筋に分岐している。西丸掛は、点線で「白堀」の文字が囲われている。後出する図5―8には、明堀を通過後、土塁の内側を半蔵濠沿いに池まで延びている。二つの資料は「文化二年」の年号のある絵図よりも新しいものであるが、同図に樋筋を書き漏らした可能性の方が高い。ふり返って細長い池をみると、池の東端からは水路、石桝を通して吹上門枡形内まで樋筋が延びている。絵図はここで終わるが、吹上門からみると北側に位置する山里門の発掘調査では、少なくとも四条の木樋（昭和期を除く）が発掘されている。時間軸は別として吹上門→山里門と続き、西の丸御殿空間へと繋がっているのである。

以上のことから、吹上曲輪内における吹上掛樋筋は、池に注水することを目的としているのである。

4　発見された上水石桝

上水の石桝は、今日、和田倉門脇や東御苑二の丸庭園内などで実見することができるが、発掘調査を契機として新たに報告された事例がある。宮内庁管理部によって平成一三年度、吹上曲輪内の北西部、「段濠（明堀）」に隣接する土手の調査で、石桝三基の報告がある。三基の石桝は二基が吹上曲輪の北西部土手（土塁）上、一基が段濠北西隅の南側で発見されたもので、写真をみる限り上半が地上に露出しており、いずれも使用時の原位置をとどめるものではない。発見された石桝周辺の発掘調査で樋筋の遺構の検出が試みられているが、残念ながら痕跡はみられないとの報告がある。前述した明治一六年（図5—8）の測量図では、御本丸掛の樋筋は描かれているが、段濠（明堀）内側の西門手前で分岐する吹上掛樋筋はみられず、この時点ですでに撤去されていることがわかる。御本丸掛樋筋もその後廃止となることから、三基の石桝は何らかの事情で隅に片付けられた状況にあったと理解することができる。報告書では発見時の写真が掲載されており、石桝そのものの実測図はなく、石桝内部下位の構造は不明である。土手上で発見された二基の石桝は、口縁端の形状が、入出孔の部分を除き一方が「凹」状の溝、他方が「凸」状の突起があることから、両者で蓋身の関係にあるものともみることができる。もう一基の石桝は、口縁端が「凹」状の形態をとり、隣接する辺の入出孔が深い。もう一辺、口縁端が凹状の溝が途切れた箇所があるので、三方に孔をもつ形態であるかもしれない。この場合は、『江戸城御吹上総絵図』の御本丸掛から明堀に注水する石桝の一つとなる。

二　西の丸の上水・給水事情

1　生活用水としての堀井戸

御殿空間内における上水事情は、本丸小天守台に築かれた井戸跡（金明水）を除くとほとんど明らかにされていないと言っても過言ではない。それは、神田・玉川両上水が市中の水不足を解消するために引かれたものであることは確実であるが、果たして御殿内での利用はというと、皆目見当がつかない。

筆者は、御殿内の部屋を示した指図《さしず》のなかに「井」の記号があることに注目し、拙稿「江戸城、西の丸御殿と吹上曲輪の上水・給水に関する一考察―絵図・古写真等々の検討から―」を発表したことがある。「井」の記号は、一般的には井戸と理解されている。江戸時代における井戸には、掘井戸、掘抜き井戸、上水井戸があり、この他に井戸から汲んだ水を貯水する水箱なども広義では含まれる。まずその点を明らかにする必要がある。つぎに、御殿内には「井」がいくつあり、どのような場所に備えられているのか。また、「井」以外の井戸は存在するのか。この他、御殿内の井戸の構造や前述した玉川上水の利用なども問題となる。

これらの点について、西の丸御殿空間内でみていくことにする。「井」の記号の解釈と「井」とは別に「水箱」の存在を明記した絵図として二点が注目される。いずれも都立中央図書館特別文庫室所蔵「江戸城造営関係資料（甲良家伝来）」のなかにあり、一点は『西丸大奥総本家絵図』、一点は『西丸御屋敷絵図』

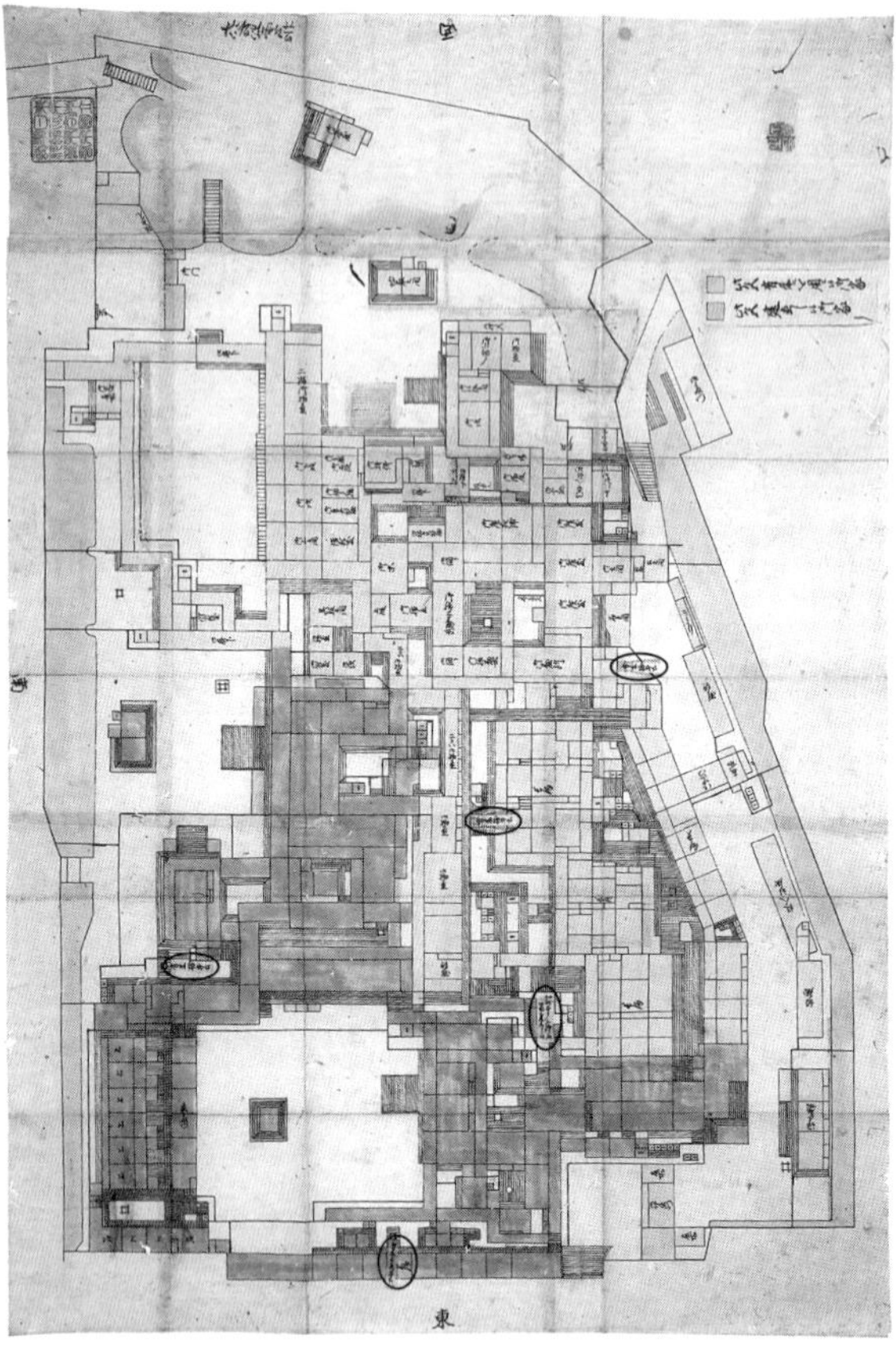

○印は「井」の筋に貼られた付箋の位置

図５－10　『西丸大奥総本家絵図』元禄度（都立中央図書館特別文庫室所蔵）

である。

『西丸大奥総本家絵図』（図5―10）は、元禄元年（一六八八）の西丸御殿大奥の改造図に、元禄一六年（一七〇三）の大地震を契機として「地震之間」が加えられた彩色が施された絵図である。法量は、縦六四・〇センチ、横九二・〇センチを測る。内・外題はなく、本紙外側には「大谷出雲扣」とあり、その上を「甲良」の文字を記した付箋が貼ってあることから、元来は大奥を担当した棟梁、大谷氏が所有していたものであることがわかる。彩色は、黄・極淡赤・赤・茶の四色からなり、改造部分は図中右上、めくりの上に極淡赤色が施され、御湯殿・御上がり湯・御釜殿・御用人部屋等々が該当する。本図には、「井」の印が一二カ所ある。図中程上位の中庭に単独で存在するものもあるが、大半は数条の線内にある濡縁《ぬれえん》内のものである。詳細にみると、「井」の印の脇に付箋が貼られているものが五カ所ある。画面下端、東の方向が示された隣には「有来上水井土」、その斜右、厠に隣接する小庭内には「此井戸不浄故／御用達不申候」、他の付箋には「有来掘井土」とある。付箋は画面左半部に集中しており、かつ「井」印の全てに貼られているものではない。付箋は剥がれたものがあるかもしれない。それ以上に、付箋が何を意図したものであるのかは不明である。しかし、文字の内容は明らかに「掘井戸」であることを示唆しているのである。

『西丸御屋敷絵図』（図5―11）は、彩色が施された西の丸御殿の表中奥指図である。本図の特徴として、元禄大地震を契機とする中庭に設置された「地震之間」が撤去され、さらに、大広間南側の「舞台」も除かれている。画面全体には篦による碁盤目状の罫が引かれており、右手上方、背景に山が描かれている部

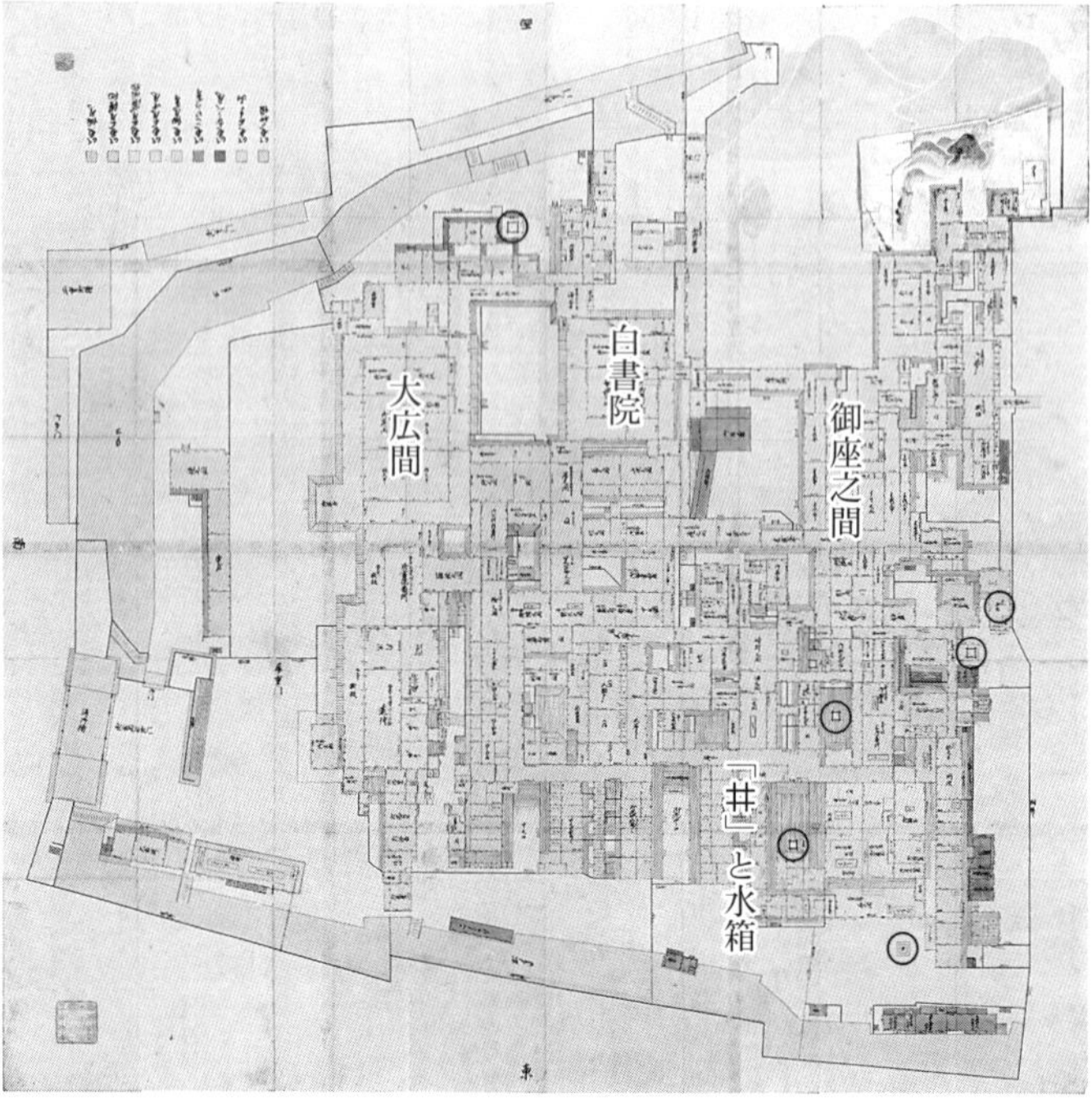

図5－11　『西丸御屋敷絵図』（都立中央図書館特別文庫室所蔵）

分がめくりとなり「御小座敷」を改造した図であることがわかる。外・内題はなく、時間軸を特定できる文字情報はないが、これらの特徴から吉宗が将軍職を退き、西の丸御殿に渡る際の改造図と考えることができる。記録では、延享二年（一七四五）九月朔日渡るとある。本図には、「井」の表記が六カ所みられる。位置については後述することにし、画面右下「石之間」の南、細長い濡縁内には「井」の印とその右隣に細長い四角、そしてそのなかには「水箱」と記されている。つまり、濡縁内の井戸から汲んだ水を「水箱」に貯水しているのである。筆者は絵図中の「水箱」の表記は本資料しか知らないが、詳細に検討すると濡縁内を含め細長い四角の記号が点在する。そのなかには、「イロリ」を含む他の機能をもつものがあるが、いくつかは「水箱」であっても不思議ではない。ちなみに、「石之間」周辺には、御膳所や台所が位置している。二つの資料ではあるが、絵図中の「井」は掘井戸を、「水箱」は別の記号で表記していることがわかるのである。

2　絵図にみる掘井戸の位置と変遷

御殿内に掘井戸がいくつあり、どの位置に設けられたかということは興味深い。また、地下水には限りがあるので、水脈を確保するためにも余分な掘削は危険となる。

西の丸御殿の新造は六回ある。

① 慶長一六年（一六一一）七月一〇日頃
② 寛永一三年（一六三六）一一月二六日
③ 慶安三年（一六五〇）九月二〇日
④ 天保一〇年（一八三九）一一月二七日
⑤ 嘉永五年（一八五二）一二月二一日
⑥ 元治元年（一八六四）七月一日（※竣工日を示している）

このうち、①と③を除くと、他は火災による全焼が要因となっている。このほか、御殿指図の記号の解釈で説明を加えた元禄元年（一六八八）一二月四日、寛保元年（一七四一）九月五日をはじめとする改造・

表5－1　西の丸御殿指図に描かれた堀井戸の数量

位置・数量／新造・改造	表・中奥					大奥			
	濡椽内	井	[井]	その他の記号	小計	濡椽内	井	[井]	小計
慶安度	1	—	3	—	4				
元禄・宝永度	3	—	2	2（遠侍裏・石之間東）	7	7	5	1	13
（延享度）	3	—	2	1（石之間東）	6				
寛政度	3	2	1	2（石之間東・長屋門南）	8				
嘉永度	4	1	—	4（松之廊下西・白書院西・長屋門南・石之間東）	9	6	6 (2)	(3)	12 (17)
元治度	2	1	1	2（石之間東・中之門南）	6	6	4	2	12

1　「井」は濡椽内のものを除く。
2　嘉永度大奥の（　）内は、御殿周囲のもの。

修理が幾度となく行われている。

指図に描かれた「井」が掘井戸であることから、それを調べることによって御殿内の上水事情を知る手掛りとしては効果的となる。しかし今日、①と②の指図は残されていない。したがって③以降となる。江戸城の指図は、各所で存在が知られているが、ここでは、後述する本丸を含めて都立中央図書館特別文庫室所蔵「江戸城造営関係資料（甲良家伝来）」を用いることにする。

資料を集成し、一覧表にしたのが表5—1である。表を解析する前に、三つことわっておく。一つは、享保三年（一七一八）の所管分定によって絵図を所有していた甲良家は作事方大棟梁として本丸・西の丸御殿の表・中央の造営を担当することから大奥の指図は所有していないものがあること。一つは、天保九年（一八三八）三月一〇日の火災によって翌年、新造されるが④の指図が欠落していること。本丸では、万延度の表・中奥指図が弘化度に準じていることから、ここではおおむね嘉永度指図と同じとみて大過なかろう。一つは、絵図内の記号が「井」の一種類のみではなく、複数の記号が用いられていること。これは、掘井戸の使用者の差と考えられる。後述する元禄・宝永度の表・中奥指図の屋形の構造上の差異に顕著である。

表5—1をみると、四点看取することができる。一点は、表・中奥と大奥とを比較すると大奥の方が掘井戸の数が多いこと。これは本丸にもいえることで、常駐者の相違で、大奥の方が圧倒的に多いことに起因する。一点は、掘井戸の数がおおむね一定であること。表・中奥では六〜八カ所、大奥では一二カ所前後である。一点は、濡椽内の掘井戸の数量はほぼ一定であること。一点は、掘井戸が特殊な記号で描かれているのは表・中奥指図に限られ、石之間東側を共通とし、長屋門南側や松之廊下西側等々にみられること。

時間軸による掘井戸の数量からみた推移を述べたが、やはりその位置が問題となる。ここでは三つの視点から具体的に述べることにする。それは指図内の掘井戸の記号の相異が意味するものは何であるか。幕末、相次ぐ御殿の火災から元治元年の新造では仮御殿となる。部屋の配置や雨落などの空間のとり方が大きく変化する。嘉永度と元治度を比較することで上水事情に変化が生じているか。大奥の場合、本丸・西の丸とも時間の経過のなかで御殿が拡張されていく。とりわけ長局向が顕著であるが、掘井戸の位置に変化があるか。

『江戸城西丸御表御中奥御殿向総絵図』（図5—12）は、図5—10に対応する表・中奥の彩色が施された指図である。特徴的なこととして「御座之間」の西側、中庭の中央に「地震之間」が描かれている。本図は作事方大棟梁の甲良豊前が作成したもので、同時期の大奥指図と比較すると細部まで丁寧に描かれており多彩である。掘井戸（以下、井戸と呼称）は、七カ所みられる。掘井戸の役割を考える上で、井戸の屋

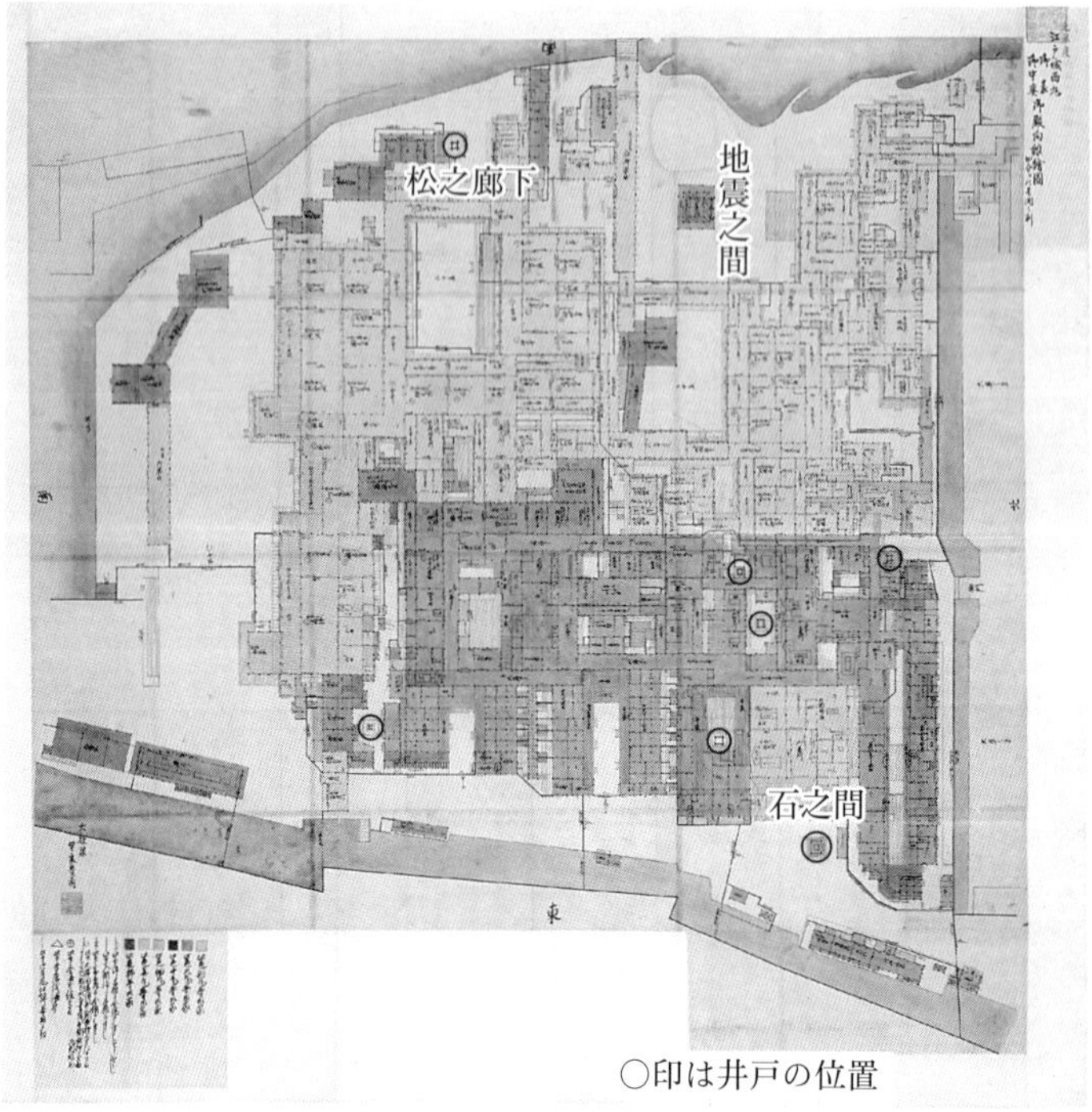

図５－12　『江戸城西丸御表御中奥御殿向総絵図』（都立中央図書館特別文庫室所蔵）

形、つまり屋根構造が参考となる。図左下に六種類の凡例が示されているので、これを照合すると以下のとおりである。画面左上、「松之廊下」の西側の井戸は、唯一、銅葺である。他の銅葺屋根は、「大広間」「白書院」「御座之間」「御休息所」等々であることから、将軍や世継ぎ等々の重要人物が使用する空間である。すなわち、この井戸が限られた使用者のためのものであることがわかる。画面右下、「石之間」の東側に単独で存在する井戸は柿葺である。柿葺《こけらふき》の屋根は、「地震之間」や「御舞台」等々にみられ、ここも限られた

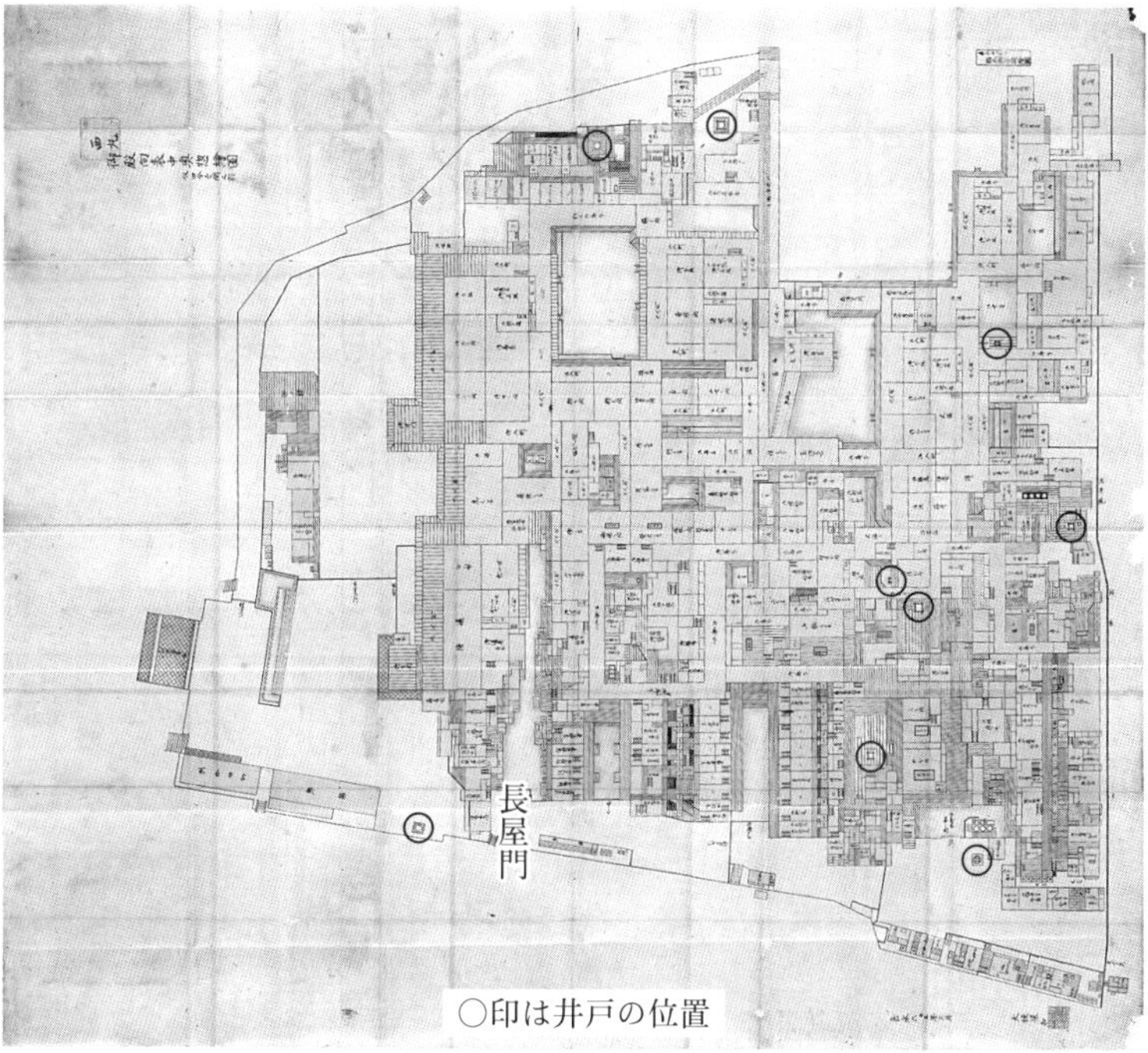

図5－13　『西丸御殿向表中奥総絵図』嘉永度（都立中央図書館特別文庫室所蔵）

人物の金明水であることがわかる。「石之間」周辺が台所であることから、炊事関係との関連も推察される。遠侍の裏手にあたる「御徒目付・御使番」と「御作事方部屋」間にある細長い小庭内の井戸と御膳所・台所周辺の濡椽内の三カ所の井戸が算瓦（桟瓦）、大奥との境界中程の「御門」近くが中瓦である。このように表・中奥の井戸に対して、四種類の屋根構造に分かれ、利用者を区別しているのである。ちなみに主要な井戸の位置は、以後、本図が基本となっている。

『西丸御殿向表中奥総絵図』（図5—13・嘉永度）と『西丸仮御殿絵図』（図5—14・元治度）を比較するこ

とにする。嘉永度の図5―13は、延享度と考えられる図5―11と対比すると、各部屋の配置が図中右下の雨落空間が建物に変化したのを除くとほぼ同じである。井戸の配置も類似するが、「白書院」の西側、「長屋門」の南側、「御座之間」と「御休息所」の間に中庭を設け、その東端に「茶所」と濡椽が新たに描かれ、濡椽内に井戸があるのが特徴的である。このうち、「白書院」の西側と「長屋門」南側の井戸は、すでに寛政度指図にみられるものである。一方、元治度の図5―14は、部屋の配置・御殿内の空間が一変する。一例をあ

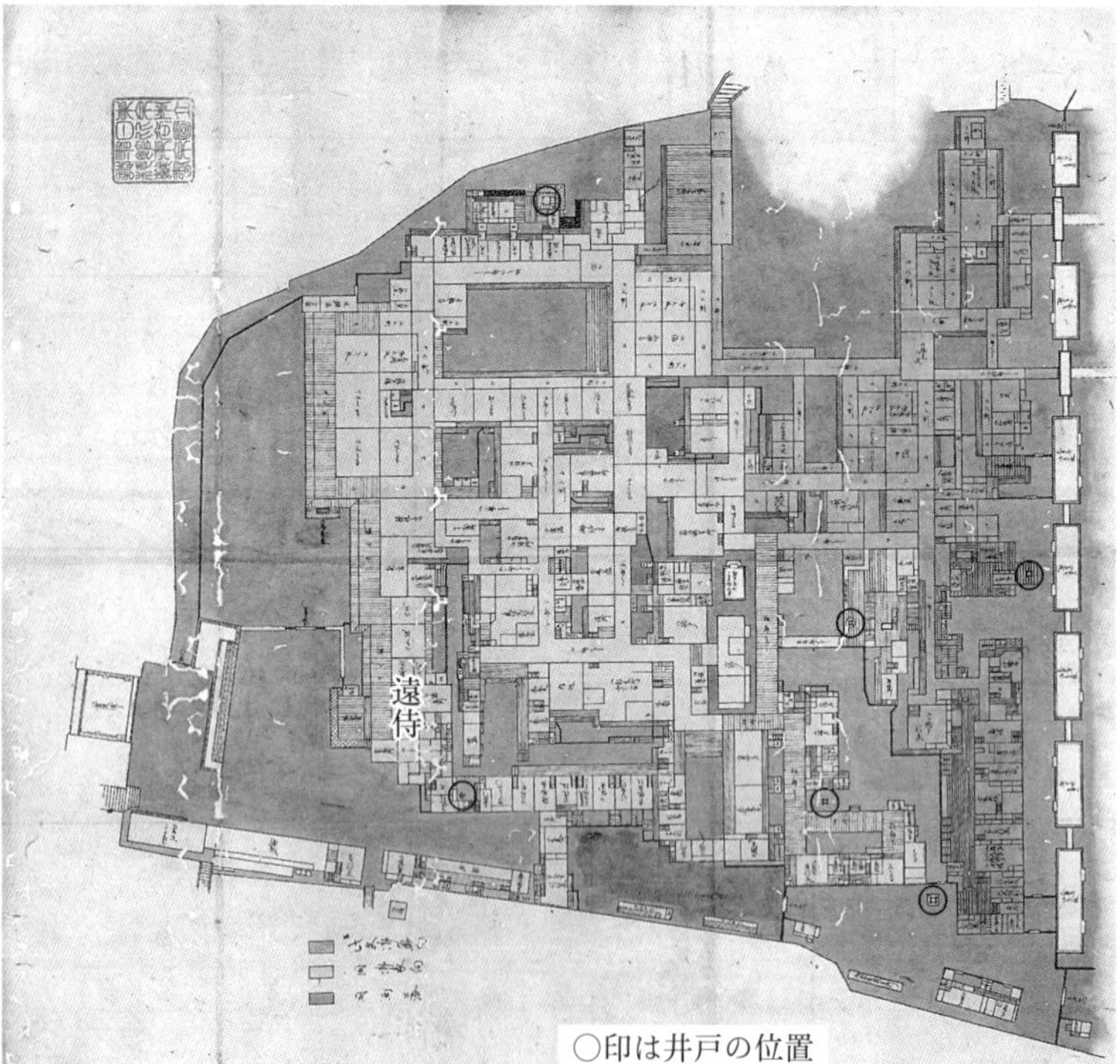

図5－14　『西丸仮御殿絵図』元治度（都立中央図書館特別文庫室所蔵）

げると、大奥との境界の銅塀は取り除かれ代わりに七棟の土蔵が東西に一列に並ぶこと、「大広間」と「白書院」間の中庭の長軸方向が変わること、中奥の舞台が撤去され中奥の部屋数が著しく減少すること等々がある。そして全体として雨落空間の増加が顕著となる。井戸をみることにする。六カ所描かれているが、「長屋門」の南西、「中門」脇の井戸を除く五カ所は、嘉永度の図5—13と同じ位置にある。白書院の西側には「御撃古所」が新たに築かれることで井戸が撤去されるなど井戸の数は減少するが、主要なものは継承されていることがわかる。

つぎに、大奥についてみることにする。『西丸大奥総絵図』（図5—15、嘉永度）と『西丸大奥向絵図』（図5—16、元治度）を比較することにする。両者を比較する前に、元禄・宝永度の図5—10をまずみることにする。三点の絵図

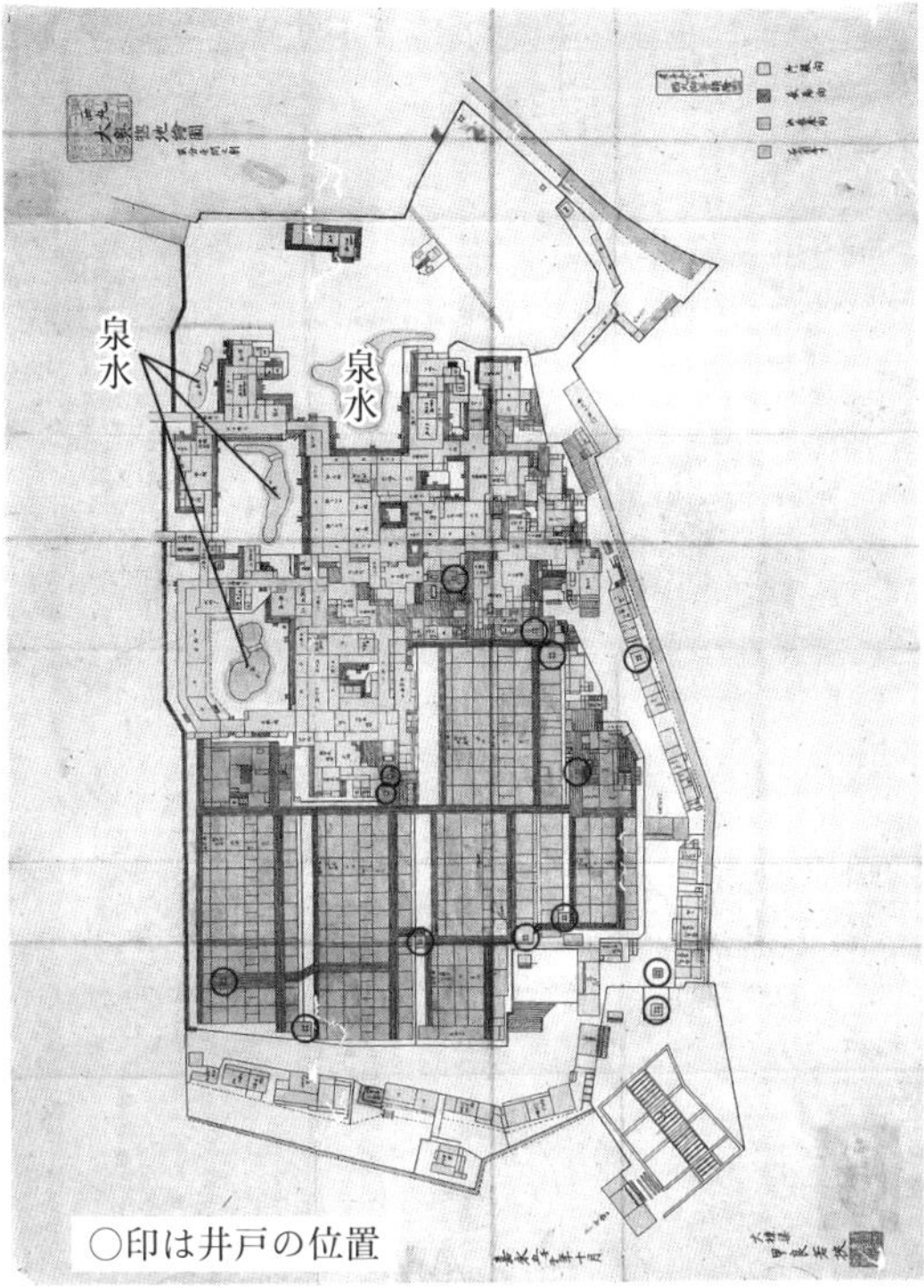

図5－15　『西丸大奥総絵図』嘉永度（都立中央図書館特別文庫室所蔵）

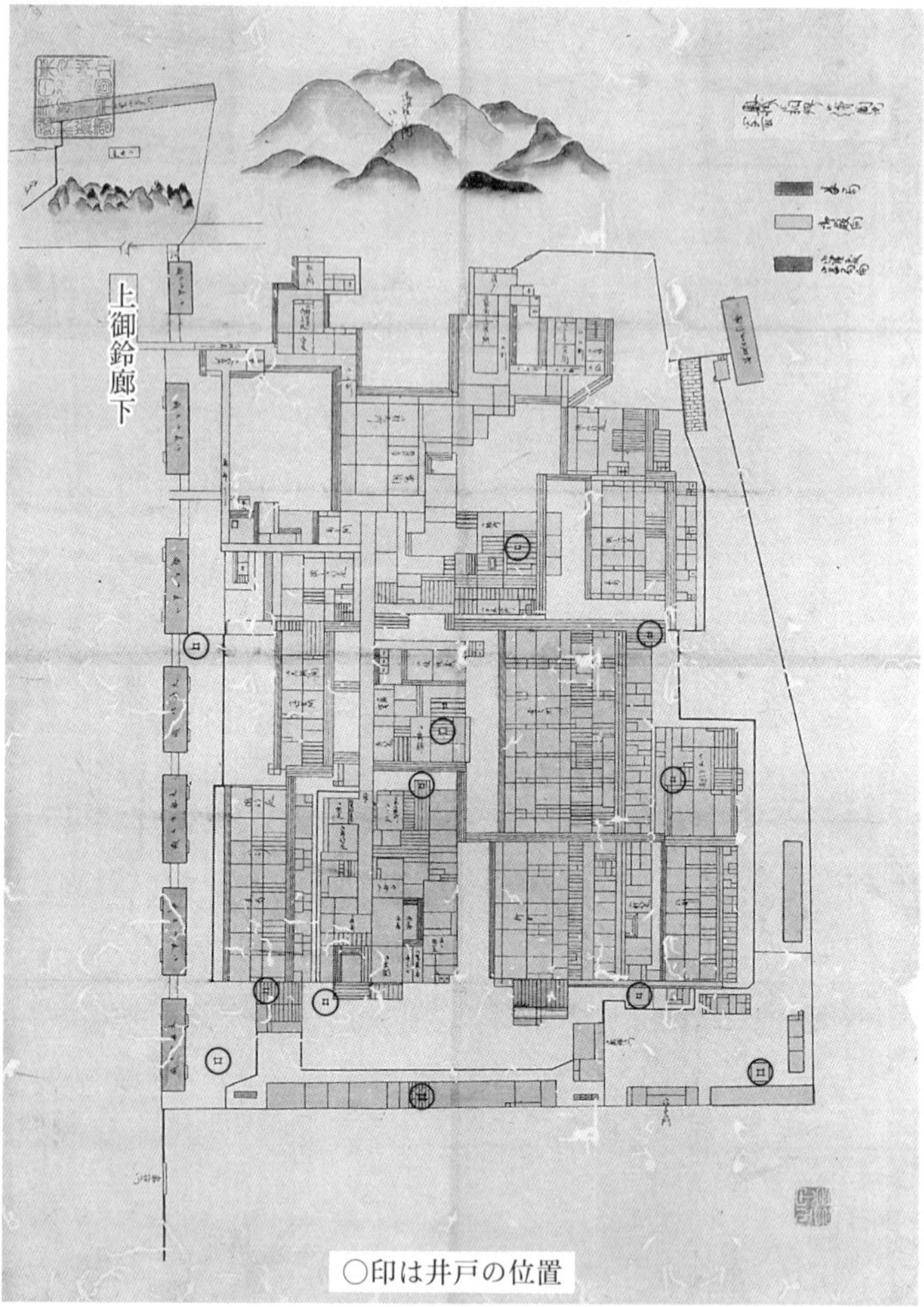

図５－16　『西丸大奥向絵図』元治度（都立中央図書館特別文庫室所蔵）

は縮尺が異なり、嘉永度のものは御殿周辺域まで描かれており範囲が最も広い。御殿向空間は、元治度では部屋数の減少と雨落の増加があるがおおむね一定である。上御鈴廊下に続く東側と対面所西側の中庭は同じである。元禄・宝永度と嘉永度の指図には、御殿の西側に独立した「御茶屋」があり、嘉永度御殿向の中庭には三カ所の「泉水」が描かれている特徴がある。長局向は、一様ではなく、嘉永度が最も広く、整然と配置されている。井戸を二つの図でみることにする。御殿向の井戸は、嘉永度で五カ所、元治度で三カ所と数量の差があるが、位置をみると中奥寄りの中（小）庭、北側表御膳所前の濡椽、長局向側に突出する東御膳所前の濡椽は同じである。嘉永度の井戸が二カ所多いのは各御膳所前の濡椽にもう一つ築かれていることにある。長局向は、概して建物の東側にある傾向にあるがやや異なる。まず、共通点としては長局向内の北側（一の側から二の側）の二棟では、嘉永度四カ所、元治度三カ所で、嘉永度が二棟の東端に一カ所みられるのを除くと同じ位置にある。長局向内の南側は、部屋の配置が大きく異なることに伴い井戸の位置も変わる。嘉永度は北側に続き二棟の建物が整然と並ぶが、井戸は棟の間に二カ所と南側の濡椽の三カ所にある。一方元治度は、三棟目にあたる建物が「玄関」をはじめとして「御用部屋」「御側衆」「裏御膳所」等々の部屋があり、明らかに構造上の相異をうかがうことができる。したがって棟の間に存在した井戸はなくなり、嘉永度とはその位置が大きく異なる。図5―15と5―16を比較すると元治度の長局向の空間は三割ほど減少し、その割には井戸の数が変化しないといえるのである。ちなみに、元禄・宝永度の図5―10とは、長局向の建物と部屋の配置が全く異なるので比較のしようがないが、大奥の井戸の数がほぼ同じであることは注目されるところである。

これまで吹上掛（西丸掛）の樋筋が西の丸御殿にどのように延び、また利用されたのかということについては、全く述べてこなかった。それは、資史料が皆無であることから考えようがないことに他ならなかった。

3　元治度、御殿表中奥の掘井戸と樋筋・溜桝

元治度の表中奥指図にその糸口となる絵図が存在する。『御殿向絵図』である。外題は補紙の上に「江戸城精細間取一覧図」とあり、内題は「御殿向絵図」とある。法量は、縦一二八・〇センチ、横一三二・〇センチを測る。彩色が施されており、御殿内は表向を黄色、中奥を赤色、雨落を濃青色と凡例にあるが、雨落は灰色に塗られている。掘井戸については図5―14で述べたので、ここでは省略する。本図で特記に値することは、木樋・鋳樋の樋筋とそれらを連結する溜桝、さらには石下水が描かれていることである。管見ではあるが、西の丸御殿指図で樋筋・石下水が描かれているのは、唯一、本図であるといっても過言ではない。具体的にみることにする。図の凡例では、木樋と鋳樋の樋筋は、橙色で若干の区別があるようにもみえるがその判断は困難である。雨落上に描かれた二条線ではなおさらである。とはいえ、幕末に西欧の鋳樋も導入されていることは軽視できない。溜桝は、墨で四角に記され、石下水のものを含めると、三二個描かれている。溜桝には大小あり、このうち、大きなものは四個あり、松之廊下西側、大奥との境界の中程・西から四番目の周り、表向北東の台所近くの雨落、長屋門南となる。長屋門南側の溜桝は、上水の吐口と下水を兼務するものである。これらよりさらに一回り大きくしかも長方形に描かれているのが画面左端、塀重御門の隣に位置する溜桝である。吹上掛（西丸掛）の樋筋がいつ、どこからということは

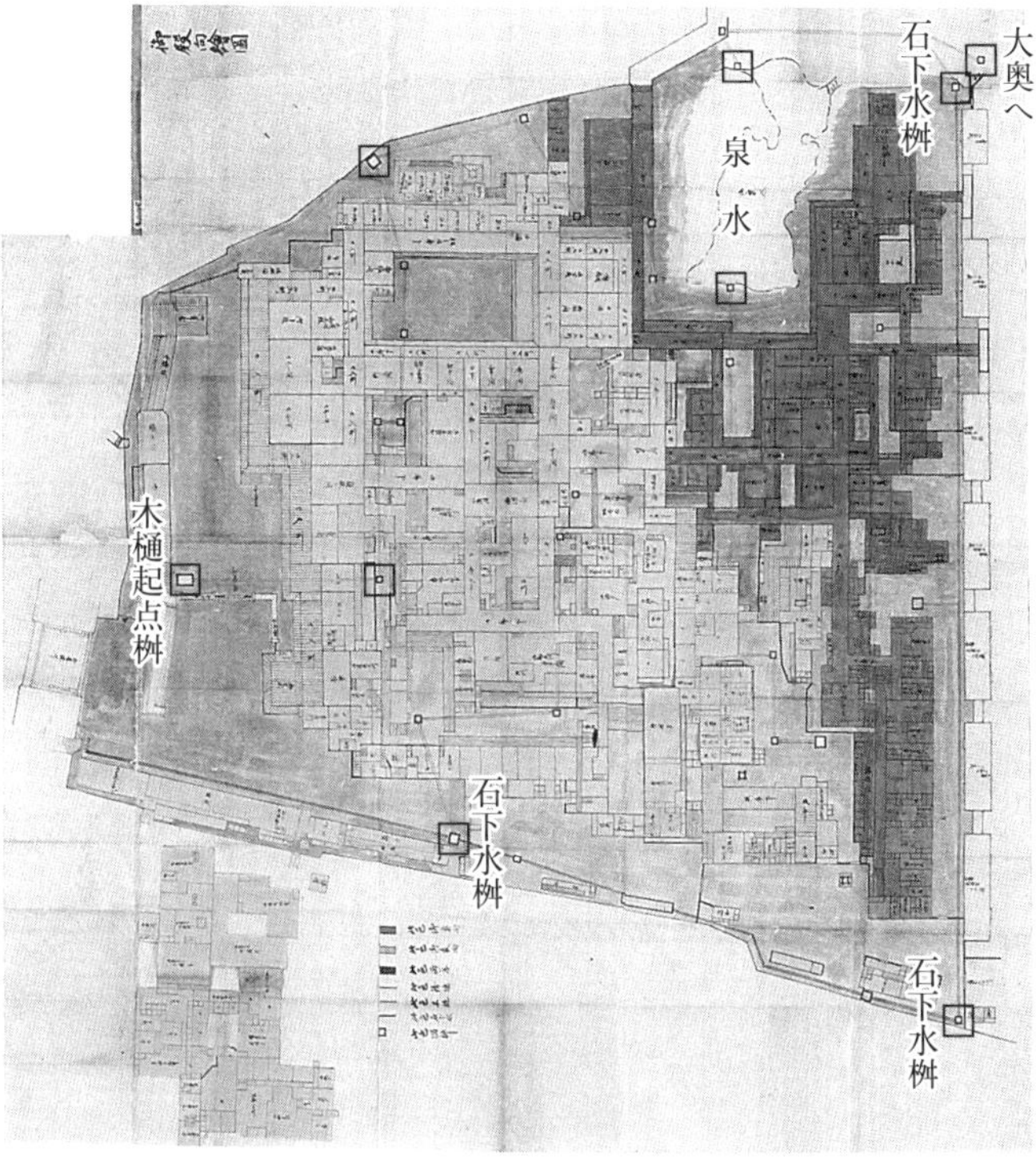

図５－17　『御殿向絵図』元治度（都立中央図書館特別文庫室所蔵）

後述するが、この長方形の溜桝が西の丸御殿内の起点と考えることができる。ちなみに、これを含む五個の大きな溜桝は、表中奥空間内の各辺中程の雨落空間と台所近くに配置されていることがわかる。

つぎに、樋筋をみることにする。長方形の溜桝を起点とする樋筋は、殿舎内の遠侍裏手の溜桝から雨落・中庭沿に西進し、前述した松之廊下西側の溜桝に至る。その後、北進し御座之間西側の泉水に注水する。泉水の東西には溜桝があり、二筋に分かれる。一筋は北進し大奥との境界近くの溜桝で分岐し、その後、一方は中奥西端の溜桝から石下水として雨落沿に東進し、他方は大奥南西端の溜桝に繋り大奥に供給することとなる。一筋は、泉水東端の溜桝から雨落沿に東進し、御側衆泊部屋前の雨落で分岐し、一方は雨落沿に南下東進をくり返し長屋門南側の溜桝へ、他方は東進し、石之間の裏手、台所前の大きな溜桝に達している。樋筋はここで止まるが、御殿内を西から東へ、あるいは北から南へ流れる石下水に吐水しているものと考えられる。このほか、中奥内二カ所の溜桝から西から東に延びる石下水に吐水されている。図には描かれていないが、二つの溜桝は、後者の樋筋から給水している可能性が高い。ちなみに、掘井戸と溜桝とは隣接することはあっても重なることはない。また、溜桝は、御殿内の中庭を含む雨落に万遍なく分布し、途中泉水に注水するという特徴を有する。

以上のことから、西の丸御殿の表中奥では、吹上掛（西丸掛）の水は、上水としての目的ではなく、防火用水としての機能が重んじられ、そのための樋筋であり溜桝の配置と考えられるのである。さらに、御殿内の泉水の存在は景観のためばかりではなく、継続して注水することで安定的な水量を確保し、循環することで水質の向上をはかり衛生上の環境も配慮していることを看取できるのである。なお、もう一点重要な石下水については、第八章で述べることにする。

4　吹上門からの樋筋と御殿への到達時期

玉川上水が吹上門枡形内、さらには的場曲輪を経由して西の丸御殿に給水されていることは間違いない。的場曲輪内のルートは、露地大道・山里門の経由と二重橋懸樋の二者が想定される。しかし、後者の場合、史料・古写真には懸樋の裏付けが全くなく、したがって前者となる。山里門石畳下の発掘調査では昭和期のものを除くと四筋の木樋跡が報告されており、それを裏付けている。前述した元治度の起点となる長方形の溜桝とも整合する。

つぎに、樋筋が御殿内に到達した時期が問題となる。これは、江戸城中枢部にあっては前述した二の丸庭苑の記述はあるものの、本丸を含めて明瞭な史料は残されていない。西の丸に関しては、わずかにつぎの記述を見出すことができる。

元文五年庚申八月六日甲辰、小普請奉行曲淵英元命ヲ受ケテ西丸園亭ヲ築営シ、是日時服ヲ賜フ。是役西丸懸上水普請ニ任ジタル吹上奉行石丸定右衛門以下ハ、十七日乙卯授賞ス。

『柳営日次記』の記事であるが、元文五年（一七四〇）に西の丸園亭築営にはさらに追加記事がある。作業を進める上で中心的人物である小普請方大棟梁村松石見は、その後五年余の歳月を費して庭園・休息所・御茶屋を修復し、延享元年（一七四四）三月一七日に褒美を受けている。吉宗が将軍を退き西の丸に渡る前年のことである。また、吹上奉行の褒美に関する記事には、

西丸江懸候上水、大道通り御普請世話仕候（以下略）

とある。大道通り＝露地大道とするならば、上水が山里門を経て西の丸に延びていることを示唆しており、庭苑に泉水が築かれそこに注水していると読み取ることも可能である。

御殿指図は、部屋の配置が最重要で、築山や泉水などの庭園が省かれることは少なくない。しかし、図5―10・12の元禄大地震を経過した指図には、中奥・大奥とも中庭の中央の位置に「地震之間」が描かれており「泉水」の入り込む余地はない。つまり、それ以降となり、あらためて前述の史料が注目されるの

である。

なお、元治度の指図は、嘉永度以前のものと比較すると部屋の配置と雨落の空間とが大きく異なる。それは、元治度の図であるが故に御殿内を循環する溜桝と樋筋が可能たらしむのである。嘉永度以前の場合、新造する際には以前の配置をとることから、樋筋は建物がない西側が予想され、そこからわずかばかり中庭の泉水へ延びたであろうことが推察される。

三　本丸の上水・給水事情

1　御本丸掛と泉水

本来は本丸、西の丸、吹上の順で述べるべきであるが、ここでは資史料の豊富な順としているもので大義はない。本丸での上水事情は、西の丸と同様、掘井戸と御本丸掛の給水の二点に尽きる。このうち、御本丸掛の樋筋は、絵図の上では貞享年間作成の『玉川上水大絵図』（図5―6）には明らかに北桔橋門前を通過しており、本丸には給水されていない。文化二年（一八〇五）の年号が入った『江戸城吹上総絵図』（図5―7）には、矢来桝から二本の樋筋が北桔橋門に延びており、一本は確実に枡形内に到達したように描かれている。すなわち、御本丸掛の樋筋が描かれた絵図の上では、両者間の時間軸内にあるといえる。

西の丸とは異なり史料が皆無であることから、時間軸を狭めるためには泉水が描かれた絵図が参考となる。吹上曲輪内と元治度の西の丸御殿表中奥では、樋筋と泉水（池）とが密切な関係にあり、泉水への注

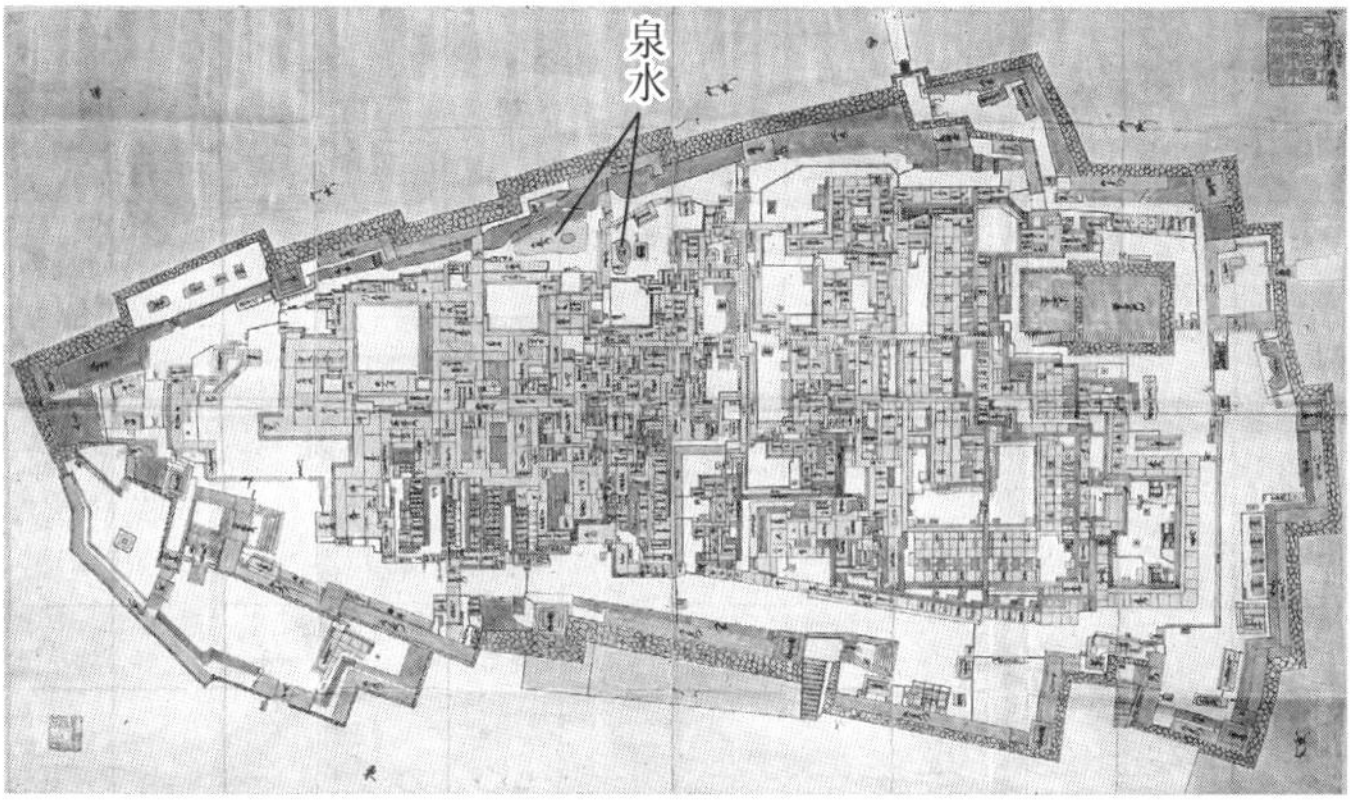

図5－18　『江戸城御本丸御表御中奥御大奥総絵図』（都立中央図書館特別文庫室所蔵）

水を目的としていることを前述した。本丸御殿は、西の丸御殿より高位置にあり、上水を掘井戸に依存している以上、同様の目的が想定されるからである。参考となる絵図として二点ある。一点は、『江戸城御本丸御表御中奥御大奥総絵図』である。この資料名は、裏打ち後の外題であり、さらに朱書きで「萬治年」とある。この朱書きから、一般的には明暦大火（一六五七）後の万治度の再建（新造）図と考えられている。しかし、筆者は元禄大地震後の「地震之間」の設営、表向東側の老中下部屋内の老中・若年寄・側用人の一六名の在職期間から宝永三年（一七〇六）頃とした。泉水は二カ所に描かれている。それは表中奥の西側で、一つは黒書院の西側、一つは御座之間の西側中庭内である。後者の場合、中央に「地震の間」、南側に偏在して小さな築山と泉水が描かれている。一点は『御本丸御表方惣絵図』（図5—19）である。この図には、旧外題の上位に「享保五子歳（一七二〇）」の年号が記されており、中奥全体にめぐりがあることを特徴とする。吉宗が将軍に即位し、中奥「御休息所」改造に伴う計画

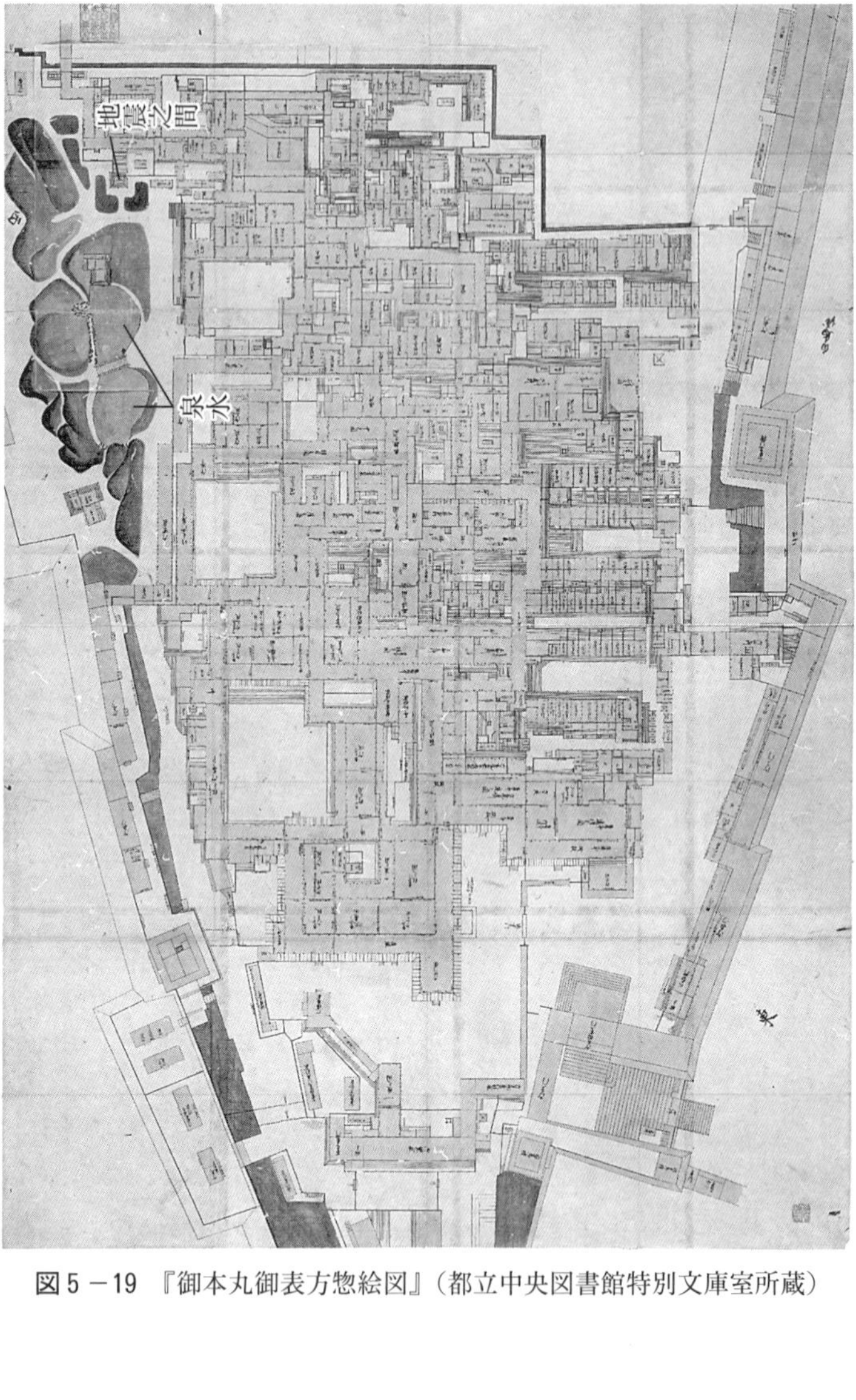

図５－19　『御本丸御表方惣絵図』（都立中央図書館特別文庫室所蔵）

図でめぐりの下には「地震之間」が御座之間の西側にあるが、めぐりでは御休息所前に変更されている。そして、めぐりの上から、黒書院の西側には瓢箪形をしたやや大きめの泉水が描かれているのである。ちなみに「御休息所」は享保一二年（一七二七）に完成する。竣工図として『御本丸表向絵図』があるが、地震の減少に伴い「地震之間」は取り除かれている。

二つの絵図から、一八世紀はじめには本丸御殿空間内に泉水が築かれていた可能性が高いと考えられる。つまり、この時点において樋筋が本丸に到達しても不思議ではないのである。余談であるが、大奥に泉水が描かれているのは弘化度の指図で、東京国立博物館所蔵『江戸城大奥総地図』にみることができる。

2　絵図にみる掘井戸の位置と変遷

本丸御殿の新造・大改修は七回行われている（表5—2）。七回のうち元和八年と寛永一四年の二回は殿舎拡張に伴う大改修であり、寛永一七年以降の四回はいずれも御殿焼失による新造である。このうち、Ⅰ〜Ⅲ段階の御殿建物と部屋の配置は不明に等しく、わずかにⅢ段階にあたる寛永一四年（一六三七）の指図が、異論はあるかもしれないが大熊家所蔵『御本丸惣絵図』とみることも可能と考える。ちなみに、Ⅳ期の寛永一七年の新造では地割図が作成され、表中奥にあっては、主要な部屋の配置がⅦ段階の幕末まで踏襲されるようになる。詳細なことは後述するが、表中奥では、上水としての主要な掘井戸の位置と下水路とはⅣ段階、一歩ゆずってⅤ段階以降、おおむね一致するといっても過言ではない。大奥にあっては時間の経過とともに長局向の棟と部屋数が著しく増加するので、この限りではない。

表５－２　本丸御殿の新造・大改修一覧

段階＼竣工・契機	竣工年月日	新造・大改修の契機となった事象
Ⅰ	慶長11年（1606）９月23日	幕府として新造
Ⅱ	元和８年（1622）11月	殿舎大改修、天守台の移動
Ⅲ	寛永14年（1637）９月19日	殿舎拡張に伴う大改修
Ⅳ	寛永17年（1640）４月５日	寛永16年（1639）８月11日焼失
Ⅴ	万治２年（1659）９月５日	明暦３年（1657）１月19日焼失・明暦大火
Ⅵ	弘化２年（1845）２月28日	天保15年（1844）５月10日焼失
Ⅶ	万延元年（1860）12月７日	安政６年（1859）10月17日焼失

※文久３年（1863）11月15日焼失後、本丸御殿は再建されず

つぎに、時間軸に沿って掘井戸（以下、井戸と呼称）の数と位置についてみることにする。表５―２で用いた資料は、寛永度①、万治・宝永度、享保度、弘化度大奥、万延度大奥が前述したものであり、他は都立中央図書館特別文庫室所蔵「江戸城造営関係資料（甲良家伝来）」である。寛永度②には『御本丸寛永度絵図』と『寛永度大奥絵図』、表中奥の弘化度は『江戸城御本丸御表御中奥御殿向御櫓御多門共総絵図』、万延度は『御本丸表奥御殿向総絵図』を用いた。

表５―３をみると、各時期を通じて井戸の数は大奥の方がおよそ一・五倍多い。絵図の資料が整い始める万治・宝永度以降、表中奥が一三ないしは一四カ所であるのに対して、大奥では二〇カ所前後である。比率は異なるが、表５―１の西の丸でも同じである。本丸御殿と西の丸御殿空間内の井戸の数は、双方の役割の相異があり、本丸の方がおよそ二倍ある。それは御殿の広さとも関係する。『東京市史稿』皇城篇の御殿建坪に関する記述を参照すると、本丸の弘化度が一万一三七三坪に対して、西の丸の天保度が六五七四坪とある。ほぼ同時期の新造であるが、本丸御殿の方がおよそ二倍程広いのである。余談であるが、本丸の広さはおよそ二万坪あり、享保年間に作成された『御城内総絵図』には、表中奥

表5－3　本丸御殿指図に描かれた堀井戸の数量

位置・数量／新造・改造	表・中奥					大奥				
	濡椽内	井	[井]	その他の記号(位置)	小計	濡椽内	井	[井]	その他の記号(位置)	小計
寛永度①	6	3	2		11	3	8	6		17
寛永度②	3			4（石之間東・菊之間東・大広間と白書院間の中庭・竹之廊下西側）	7	7※	3		1（御対面所南東）	12
万治・宝永度	6	3	2	2（石之間、新御門南）	13	9	1	9	2（小天守・天守台西）	21
享保度	7	1	4	2（石之間東、御書院番の部屋南）	14					
弘化度	4	2	1	4（石之間東、黒書院東、菊之間東の中庭、御目付衆御用所南の茶所）	11	10		9	1（広敷向東端）	20
万延度	5	2	1	5（石之間東、長屋門南、御目付衆御用所南、黒書院東、菊之間東の中庭）	13	9		9	1（広敷向東端）	19

注1　「井」は濡椽内のものを除く
　2　寛永度①は大熊家所蔵。寛永度②は旧甲良家所蔵のものである
　3　大奥の弘化度・万延度指図は東京国立博物館所蔵のものである
　4　同一時期の新造指図でも複数ある場合、井戸の記号の異なるものがある
　※　濡椽内の4箇所は別記号で表記

が八二二五坪、大奥が一万一四八九坪と記されている。

井戸の数をみると、寛永度②が極端に少ない。甲良家に伝わる本丸指図としては、写しではあるが最も古く、地割線の碁盤状の朱引線の上に正確な部屋の配置が描かれている。井戸も最低限のものは描かれている。書院櫓西側の御書院衆御用所周辺には二カ所の井戸がみられないことを好例として、本丸炎上を初めて経験し、一時期井戸の数を意図的に減らしたか、あるいは書き漏らしたものと考えられる。

寛永期①・②の井戸の配置にみる特徴として二点を指摘することができる。一点は小天守台に井戸がないことであり、一点は寛永期②の表向のみに竹之廊下西側に井戸が描かれていることである。前者の天守台は江戸時代を通じて慶長一二年（一六〇七）、元和九年（一六二三）、寛永一四年（一六三七）、万治元年（一六五八）の四回造営されている。現存する天守台は、後述するが万延元年の新造の折、小天守台の南端をいくぶん短縮しているものの明暦大火後、前田綱紀によって造営されたものである。小天守には井戸があり、万治・宝永度以降の指図には描かれている。寛永度②には地割線が

引かれていることを指摘したが、大奥の北東端に位置する天守台の詳細な絵図として『御本丸御天守台絵図』がある。これも地割線の上に描かれているが、小天守台には井戸がない。すなわち江戸城では、明暦大化後、小天守台に井戸が築かれるようになっているのである。後者は西の丸御殿では指図が存在する慶安度以降、表向の大広間と白書院を連結する「松之廊下」西側には必ず井戸が描かれていた。しかし、本丸御殿では各期を通じてみることはない。少し位置が移動するが、寛永度②のみに白書院と黒書院を連結する「竹之廊下」西側に井戸が描かれているのである。つまり、例外的なものといえる。

表中奥では、西の丸御殿と同様、ほぼ定型的な位置に井戸が描かれている。そこで、資料が豊富に存在する万延度指図で概要を述べながら、あわせて相異点を指摘することにする。

万延度に限らず中奥での井戸は少ない。図5―20の中奥での井戸は三カ所あり、東側から風呂屋口から入りすぐ左手、大奥との境の中庭南東端、御側衆部屋隣の濡椽にある。御側衆隣の濡椽内井戸は、万治・宝永度以降の全てにみられ、風呂屋口に近い井戸は弘化度から描かれている。もう一カ所の井戸は、各時期で位置が異なる。それは、この位置周辺が改造の対象であることに起因する。

表向では、一〇カ所の井戸が描かれている。北東に位置する御膳所・台所の三カ所、遠侍の裏手、虎之間と御目付衆御用所間に二カ所、菊之間東側の中庭と黒書院東側に各一カ所、画面左端、書院櫓西側の御書院部屋の東西脇に各一カ所、長屋門南に一カ所が描かれている。長屋門南側の井戸は、弘化度までの指図には全く描かれておらず万延度で初めて登場するものである。このなかで、遠侍の裏手、虎之間と御目付衆御用部屋間の井戸の記入が異なるので時間軸に沿って説明を加える。寛永度①では、濡椽内に井戸の

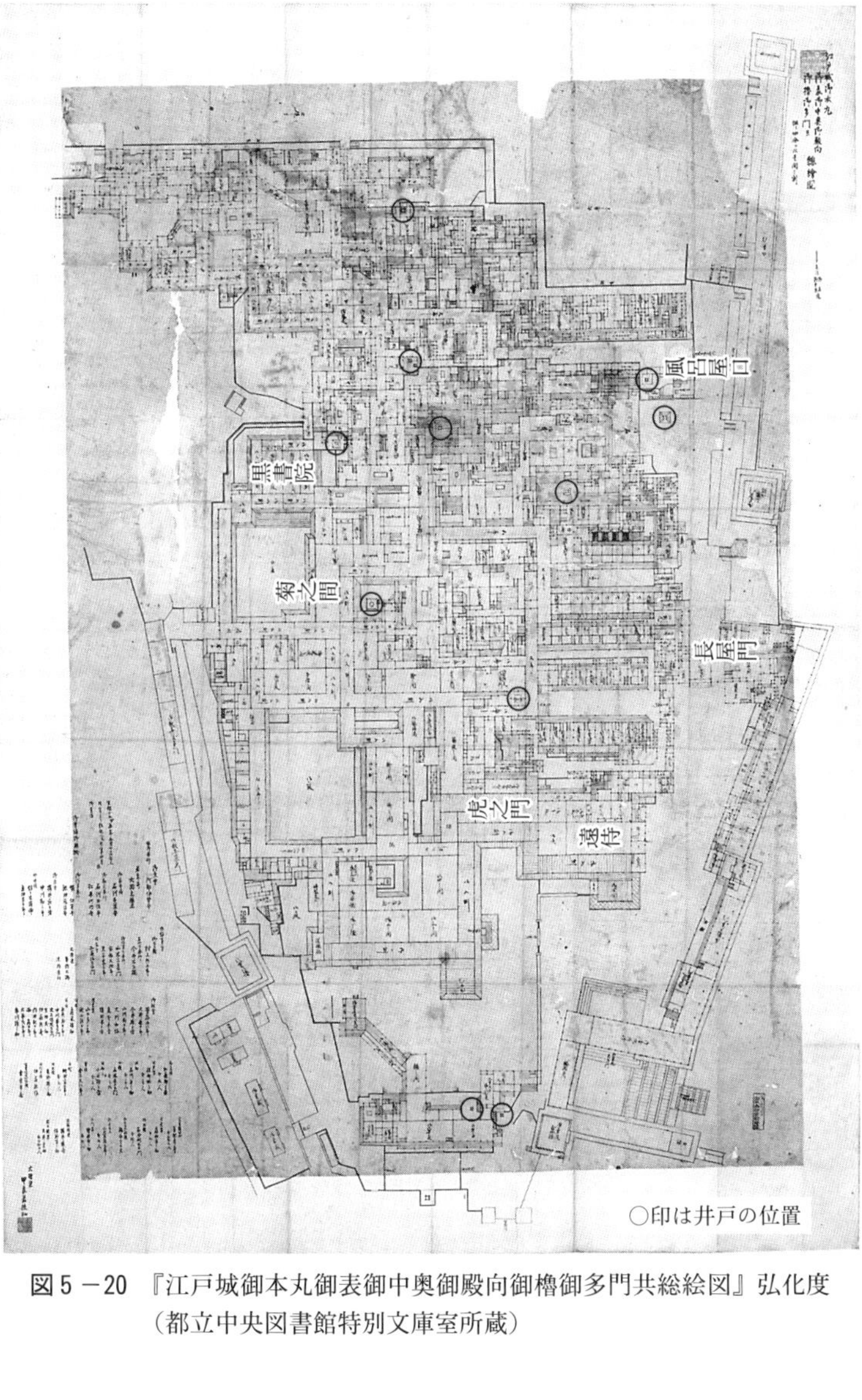

図５－20　『江戸城御本丸御表御中奥御殿向御櫓御多門共総絵図』弘化度
（都立中央図書館特別文庫室所蔵）

記号のみである。寛永度②と万治・宝永度、享保度では御目付衆御用部屋（御奉行詰所と記入）の南の坊主部屋が明記されており、南側に隣接する濡椽に井戸の記号、廊下を挟み北東隅に茶所とある。弘化度の表記がやや異なる。濡椽内の井戸（本図では記入漏、他図に有）の隅に水箱と考えられる二重の長方形、濡椽に隣接した南側には茶所、廊下を挟んだ南東隅が湯茶所とある。井戸の存在という点では一致しているが、水箱と考えられる新たな施設や濡椽南側の茶所の存在などは注目されるところである。ちなみに、万延度では、濡椽内に井戸と水箱の記号、北東隅には別記号で茶所であることを示唆している。指図にみられる井戸の表記のなかで、御目付衆御用部屋の南東隅に隣接する茶所の存在も軽視することができない。ここでの表記は、茶所・湯茶所・得異な記号と一様ではないが、これまで述べてきた掘井戸とは明らかに異なるものであることがわかる。

指図中には、井戸ではあるが、通常の井戸とは異なる記号で著されているものが存在する。それは前述した西の丸御殿の場合も同様である。表5—1・3をみると表中奥に多いが、それは絵図の所有者が作事方の甲良家であり、享保三年の二局分掌によって甲良家が属する作事方は本丸・西の丸御殿表中奥の新造や改造を担当したことに起因する。ちなみに、大奥は小普請方が担当している。表5—3の本丸表中奥の特異な記号は、寛永度②以降二～五カ所でみられるが、全てに共通するのは、石之間東側の井戸である。それは表5—1の西の丸御殿においても同様である。つまり、将軍をはじめとする重要な人物のための金明水なのである。

なお、井戸は御殿空間内だけに存在したものではない。紅葉山では各御霊屋に存在する。一方、第八章で述べる弘化度の南半の下水路を示した絵図（図8―8）には、新御門南側、百人番所北側、蓮池巽三重櫓北川、桜田二重櫓北側等々を好例として井戸が描かれている。これらの井戸は、御殿空間内と比較すると明らかに少ないが、看過することはできない。

他方、大奥では、万治・宝永度以降、長局向の増築が顕著となる。井戸の位置は、西の丸御殿嘉永度の大奥と同様、弘化度・万延度では、天守台の東においては一の側から四の側まで四棟の建物が整然と並ぶが各建物間の雨落に二カ所ずつ設置されている。最も北側に位置する一の側の北辺中央に一カ所あるのも特徴的である。天守台の東側には四棟の建物のほかに南北の長廊下を挟んでその東には一の横側から三の横側と御半下部屋の建物が存在する。この建物は、東西方向に並ぶ四棟のうちの一棟分程の広さであるが、ここには井戸はみられない。長局向は、天守台の東側以外にも存在する。中奥との境界、南東部に突出する位置で、一般的には東長局と呼称されている。ここには、南と北側の濡椽内に井戸が各一カ所描かれている。

天守台の南側、長局向に挟まれた空間が御殿向と広敷向である。御殿向は、将軍の大奥での居間兼寝室・御台所の生活空間・将軍の生母や子どもの居室・奥女中の詰所等々があり、大奥内の西側に位置する。広敷向は、大奥で事務や警備を担当する男性役人の詰所で御殿向の東側に位置し、南北に走る大廊下で区画されている。井戸をみることにする。御殿向には四カ所井戸が描かれている。天守台の主軸に沿った南側、御殿向の中程に歴代将軍の位牌を安置した仏間があるがその北側の雨落内と東側の御膳所濡椽、さらに奥御膳所前の濡椽と出仕廊下東側の濡椽にみられる。西の丸御殿同様、御殿向での井戸は少ないのである。

ちなみに、広敷向には二カ所描かれている。

3　御膳所濡椽の井戸屋形図

絵図に描かれた井戸の記号を掘井戸とした根拠として、西の丸元禄・宝永度大奥指図に貼られた付箋の内容をあげた。ここで、万延度表向御膳所濡椽内の二点の井戸屋形図があるので紹介する。図5―21は、『御本丸御膳所井戸屋形矩斗』である。内題が資料名となっており、左下の「萬延元庚申年御普請絵図」の黒印から万延度の新造の折作成されたものであることがわかる。法量は、縦五四・五センチ、横三九・〇センチを測る。御膳所前御廊下

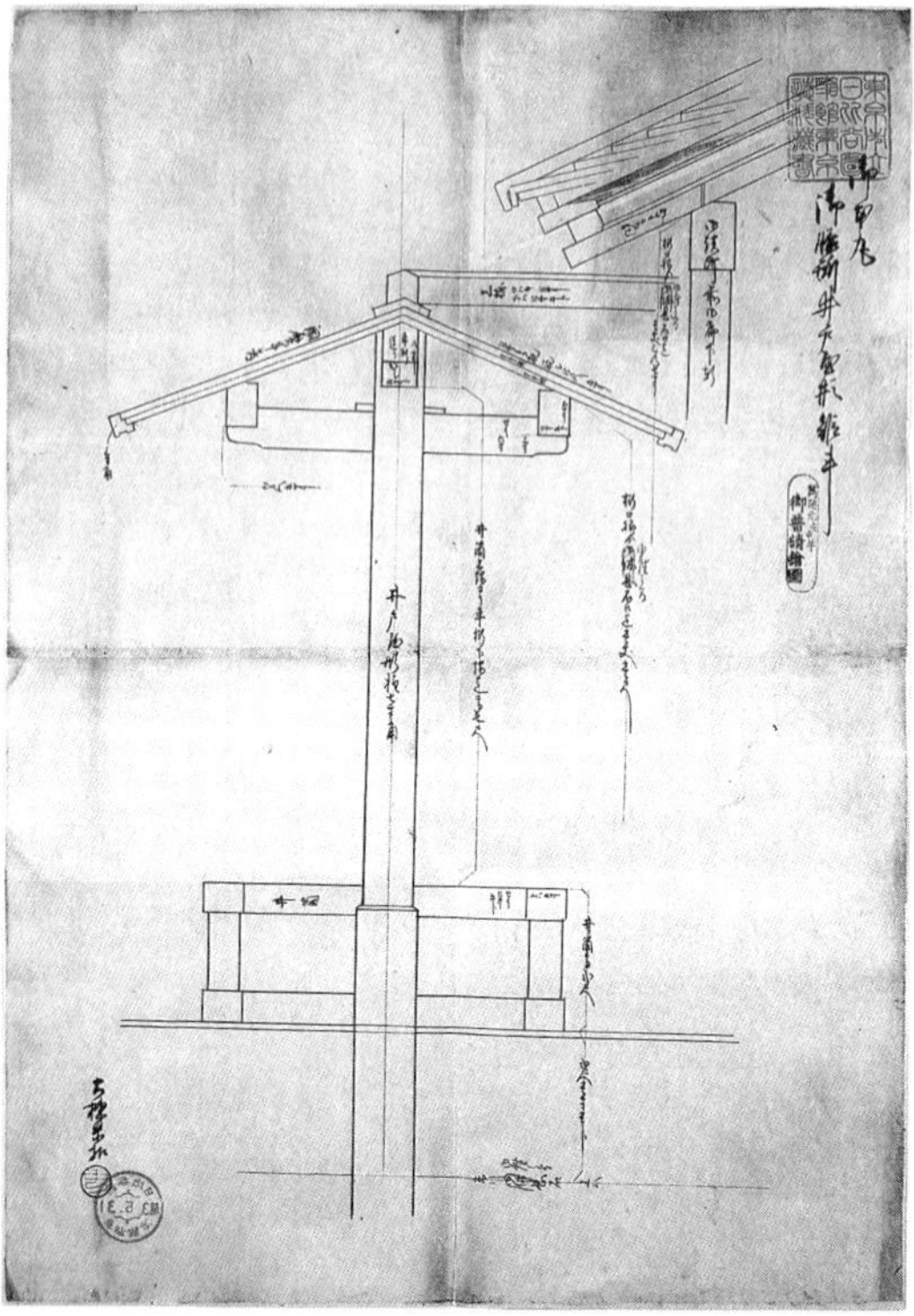

図5－21　『御本丸御膳所井戸屋形矩斗』（都立中央図書館特別文庫室所蔵）

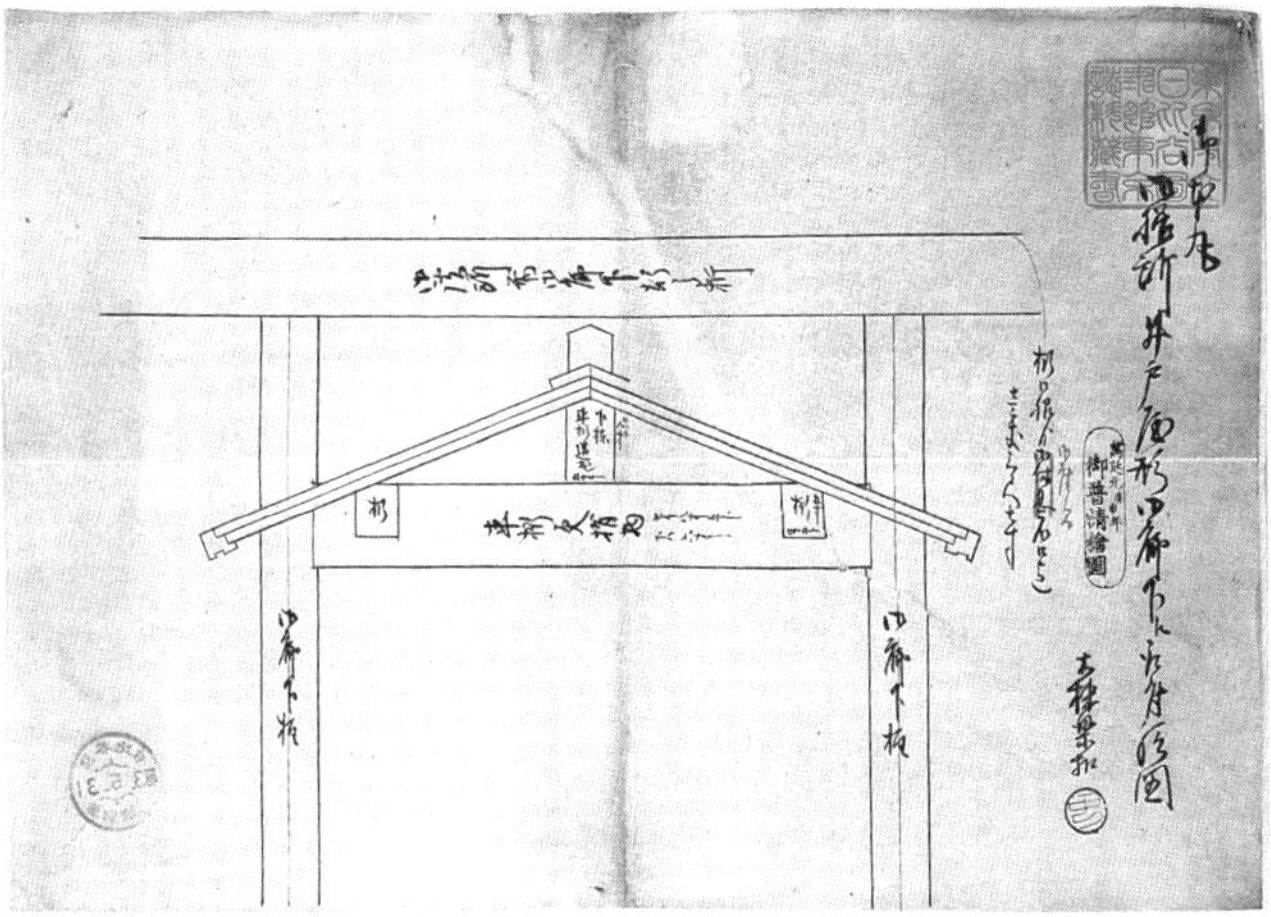

図５－22　『御本丸御膳所井戸屋形御廊下江取付絵図』（都立中央図書館特別文庫室所蔵）

の井戸屋形主柱の端部に上棟を連結することで固定し、棟下には八寸（約二四センチ）の車桁を造出している。井戸屋形柱は七寸の角材を用い、車桁下端から井筒上場までは七尺（約二一二センチ）、濡椽から井筒までの高さが二尺とある。つまり、車桁から濡椽までは九尺ということになる。絵図には描かれていないが濡椽下が掘井戸となるのである。井筒の一辺の長さと濡椽の板の厚さは記してないが、御膳所前の井戸の構造を知る上で貴重な資料である。図５—22は、同所での井戸屋形と御膳所前廊下の主柱との関係を示した『御本丸御膳所井戸屋形御廊下江取付絵図』である。外題として「御膳所井戸屋形図」とあり、脇に「ぬ印　捨八枚之内」の朱書の文字が添えられている。法量は、縦二七・五センチ、横四〇・〇センチを測る。図は、御廊下柱と御膳所前御廊下桁との関係を示し、その上で井戸屋形車桁が御廊下主柱に組込まれていることがわかる。

4　現存する小天守台の金明水

今日、江戸時代の井戸跡は、大奥御殿関連の一基と小天守台のものが知られている。後者の井戸は、明暦大化後の復興で天守台とともに前田綱紀が命じられたもので、万治元年（一六五八）一〇月九日竣工している。大阪城天守閣所蔵『江戸天守台之図』の小天守台（絵図には中天守台と記入）には井戸が記入されている。都立中央図書館特別文庫室所蔵「江戸城造営関係資料（甲良家伝来）」の万延度の絵図『江戸城御本丸御天守台絵図』（図5―23）には、小天守台の井戸はもとより万延度の御殿新造の折、小天守台の南辺を短縮したことが明記されている。井戸跡をみることにする。

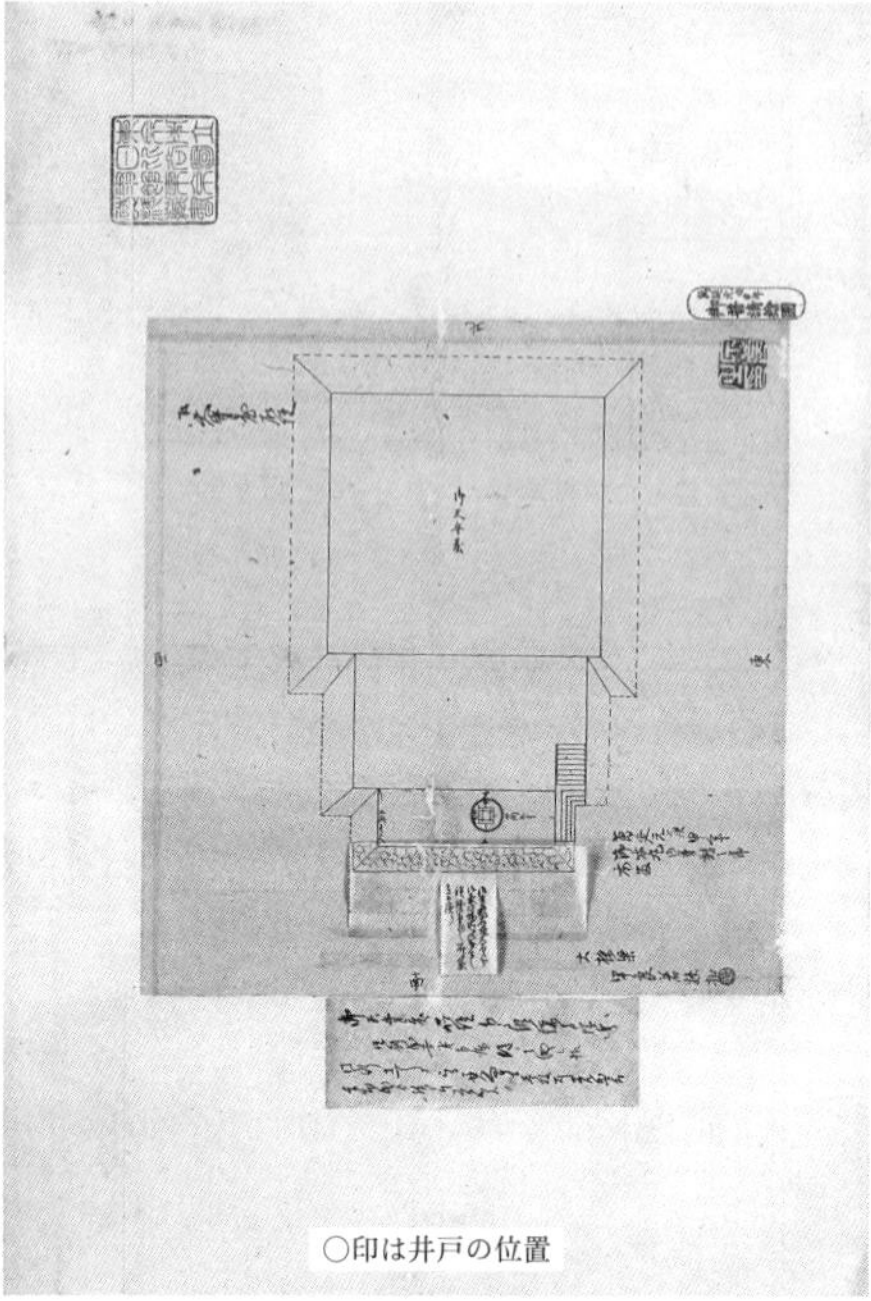

図5－23　『江戸城御本丸御天守台絵図』（都立中央図書館特別文庫室所蔵）

井戸跡は、地上に露出する石桝（石筒）と井戸全体を被覆している敷石、さらには掘込み部からなる。本来は、石桝の上位には屋形がある。西ケ谷恭弘氏が著した『江戸城―その全容と歴史―』には、昭和四二年当時の写真に屋形が写し出されてい

図５－24　小天守台南側近影（小池汪氏撮影）

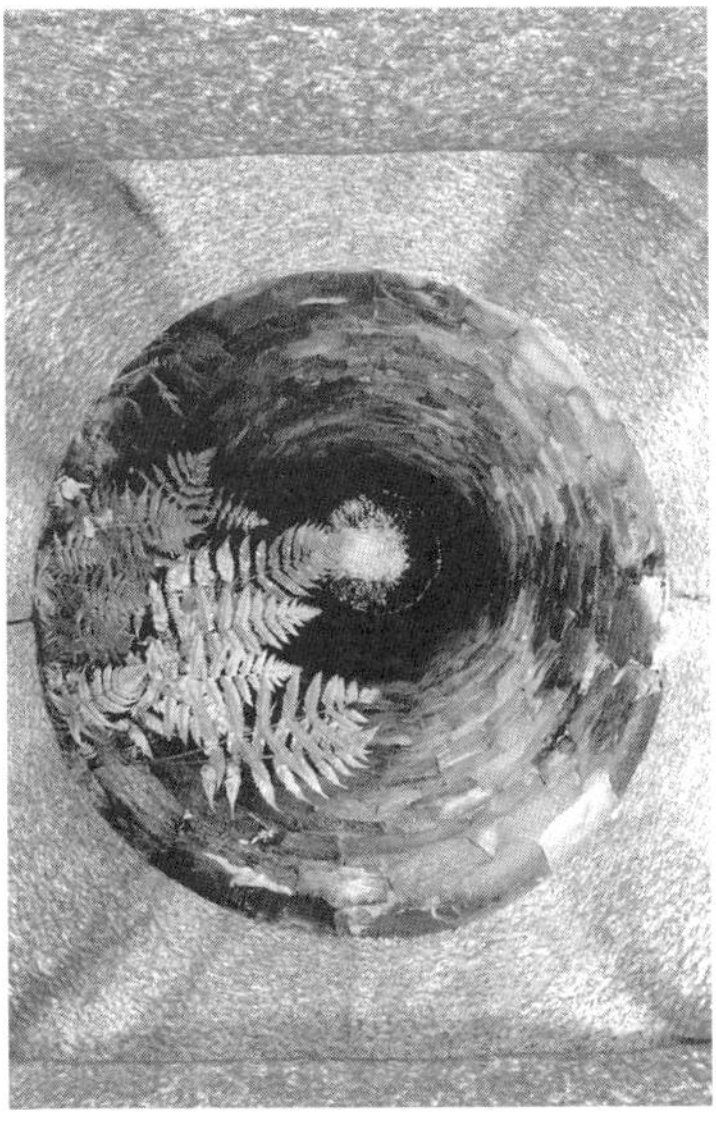

井戸跡の現況（小池汪氏撮影）

る。石桝と敷石は天守台と同様、花崗岩製である。石桝は、長方体状を呈しており、一辺が外形で四尺（一二一センチ）、石厚が七寸（二一センチ）、高さが三尺（九〇センチ）を測る。「コ」字形に刳抜いた石材とその間に挟む板状の石材からなり、両者が接する石桝の上場と側面には「⧖」状を呈する鉄製の楔でとめている。この形状の楔は、明暦大火の復興で中之門を命じられた細川綱利の櫓台石垣内からの出土としても報告されている。敷石は、二枚からなる。部分的に土砂が被っているために正確ではないが、東西方面で約三メートルを測る。石桝がのる直下では、直径がおよそ三尺程になるように円形の孔が丁寧に穿たれている。外観からは、石桝と敷石間に塵が入らないように漆喰で入念に被っている。掘り込み部は、敷石の円形の孔より一回り大きく、計測することはできないが直径で三尺五寸から四尺程の大きさで掘り込まれている。その壁は、全面にわたり長さ一尺程の長方体状の切石を貼り繞らせている。秋田裕毅氏の「井戸」の型式分類では、積上式切石組型に属するものである。第三章で述べているが、江戸では素掘り井戸と桶組井戸が圧倒的に多い。石組井戸は、七世紀にはみられるが、一二世紀後半から一三世紀前半にかけて京都や奈良で流行する。天守台を担当した前田綱紀が小天守台の井戸のために職人を関西からよび寄せた可能性が高いのである。ちなみに、地下約七〜八メートルには水面がうかがえ、現在でも地下水が湧き出している。

第六章　発掘された水利施設

江戸時代の水利施設は、移設されている場合もあるが現在も目にできる形で遺存しているものも少なくない。玉川上水の上・中流の開渠部分、清水谷公園や和田倉噴水公園にある石桝、神田上水の石樋、関口大洗堰の石柱、下水道としての江戸城堀割などが代表的な遺構である。一方、発掘調査によって出土した水利施設は、良好な状態で確認されることも多く、これらから江戸の給水、排水システムやその構造とその維持・廃絶など、歴史的、工学的な分野も含めて多くの情報が得られる。

これまで行われた江戸遺跡の発掘調査で出土した水利施設は、すでに多くに上っている。こうした水利施設に関して総括的に取り上げたものとして江戸遺跡研究会が二〇〇六年に行った『江戸の上水・下水』シンポジウム（江戸遺跡研究会 二〇〇六）およびその成果記録として刊行された『江戸の上水道と下水道』（江戸遺跡研究会編 二〇一一）があり、近年の研究成果が盛り込まれている。本章で取り上げた遺跡・遺構の紹介も、これらシンポジウム資料集、成果記録に依った部分が多い。

本章では一節で、具体的な発掘調査で出土した水利施設例とその成果の紹介、二節で水利施設の関連テーマについていくつかの説明を加えたい。

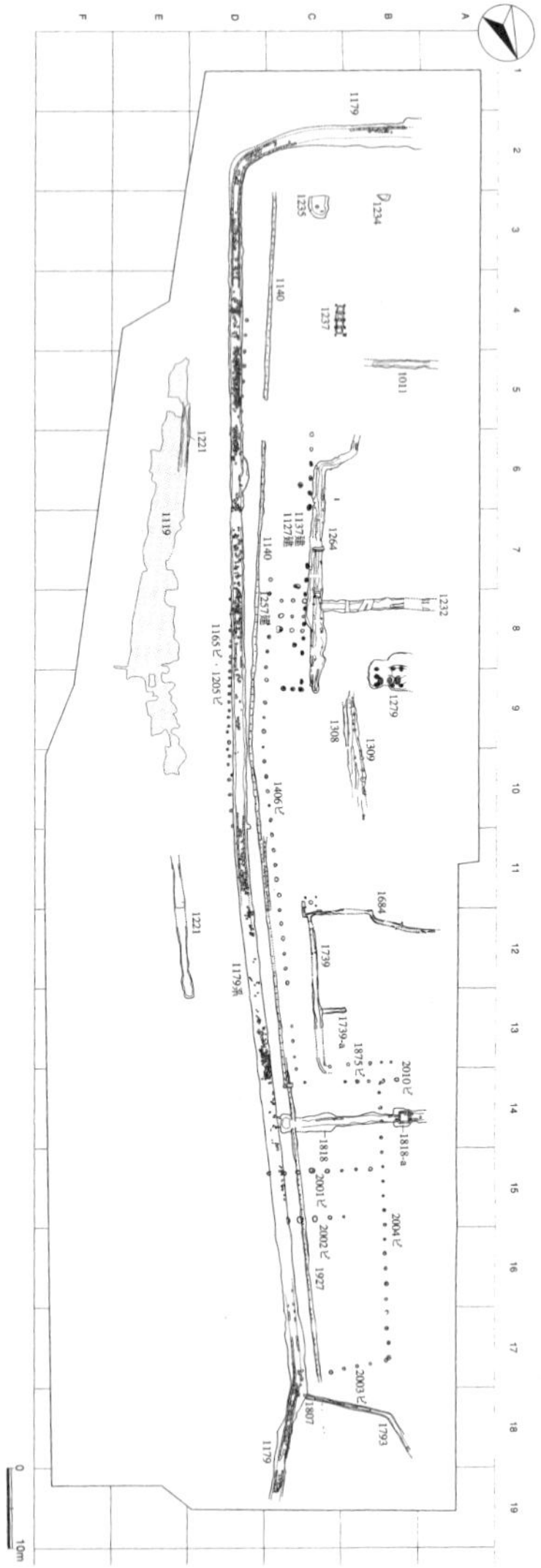

図６－１　東京駅八重洲北口遺跡２－１期遺構配置図

一　出土した水利施設　I

1　千代田区東京駅八重洲北口遺跡出土水利施設

東京駅八重洲北口遺跡（千代田区東京駅八重洲北口遺跡調査会 二〇〇三）は、江戸前島とよばれる本郷台地から江戸湾に延びる埋没台地上に立地している。本遺跡は、一六世紀末にはキリシタン墓地であったが、一七世紀には大名屋敷となる。一九世紀に北町奉行所が設置されると、遺跡の大部は道路となる。

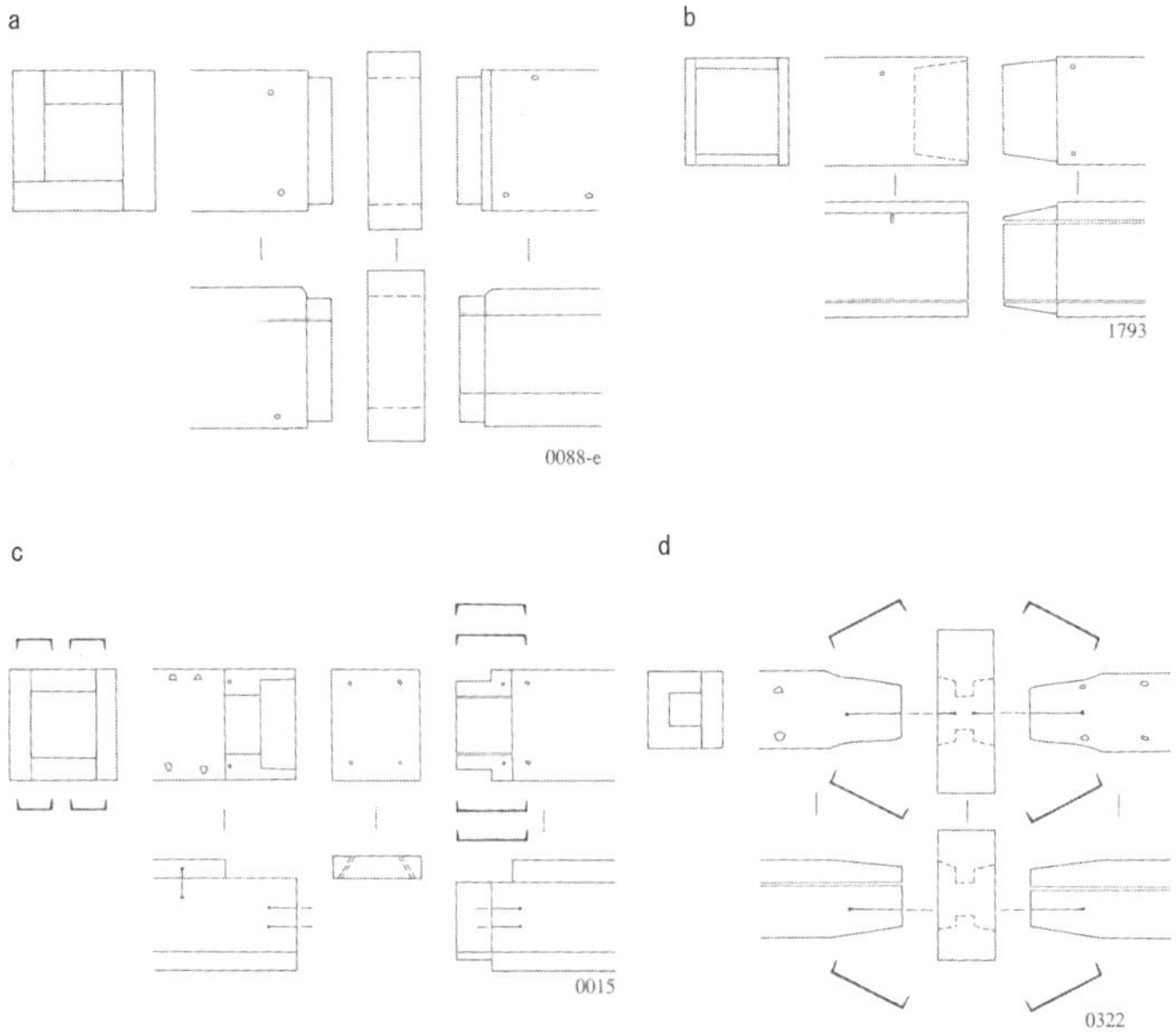

図6－2　玉川上水に伴う木樋の接合部

水利施設は、基幹上水である玉川上水敷設以前に存在したローカルネットワークと推定される上水道および、玉川上水の基幹から末端部を含めて上下水道がきわめて良好な状態で確認された。

玉川上水以前の上水施設　発掘調査では「近世から近代初頭までの期間に概ね四面の生活面」（後藤 二〇一一）が確認され、その二―一期とされる遺構面から玉川上水敷設以前に石組の上水道一一七九号上水系石組とそこから屋敷内に導水された石樋と石組井戸（一八一八号上水系）などの比較的大きな上水施設が検出された（図6―1）。これらの遺構からは志野皿など慶長期（一五九六～一六一五）後半～元和期（一六一五～一六二四）前半頃と比定される遺物が出土されたことから「構築時期は、ほぼこの年代に当たるのではないか」（金子 二〇〇三）と推定している。

石組溝は道路下に埋設されており、調査区南側を西から東に延び、南東部においてカーブして調査区を貫くように北へ延びている。石組は細長い板石状に調整した凝灰岩を用い、左右四段に積まれた側石と蓋石が伴うと推定されている（金子 二〇〇三）。

石組の内法は、幅一メートル弱、高さ六〇センチと計測される。ここから分岐する一八一八号上水系の石組溝と井戸は一一七九号上水系石組と同様の板石状の材を用いて構築され、溝部分で内法で幅二〇センチ、高さ四〇センチ、井戸部分で四〇センチ四方の規模を有する。

玉川上水とその構造　二―三期以降、玉川上水に伴う木樋施設が確認される。木樋は改修などが加えられながら幕末まで機能している。木樋は管の規模、年代によって異なる構造で構築されている（図6―2）。接続方法について略説すると二―二期〜二―四期のほぼ一七世紀後半の木樋は、四枚の板を組み合わせる構造をしており、樋の接合部分は板状継手を用いる方法（a、報告では①）、接合部位を凹凸ソケット状に削りだしてはめ込む方法（b、報告では③）、ソケット状に削りだしたものをかませ、接合部分上部に添え木をあてがう方法（c、報告では⑤）がその接合方法として確認されている。また、二―四期にあたる江戸後期には継手と鎹（かすがい）を用いて接合する一般的な方法（d、報告では②）、二―五期では再びソケット状に削りだしたものをかませ、接合部分には添え木をあてがう方法（b）が現れると報告されている。

屋敷内への上水引き込みには直接木樋を枝状に構築し導水するものと桝を作ってそこから導水するもの

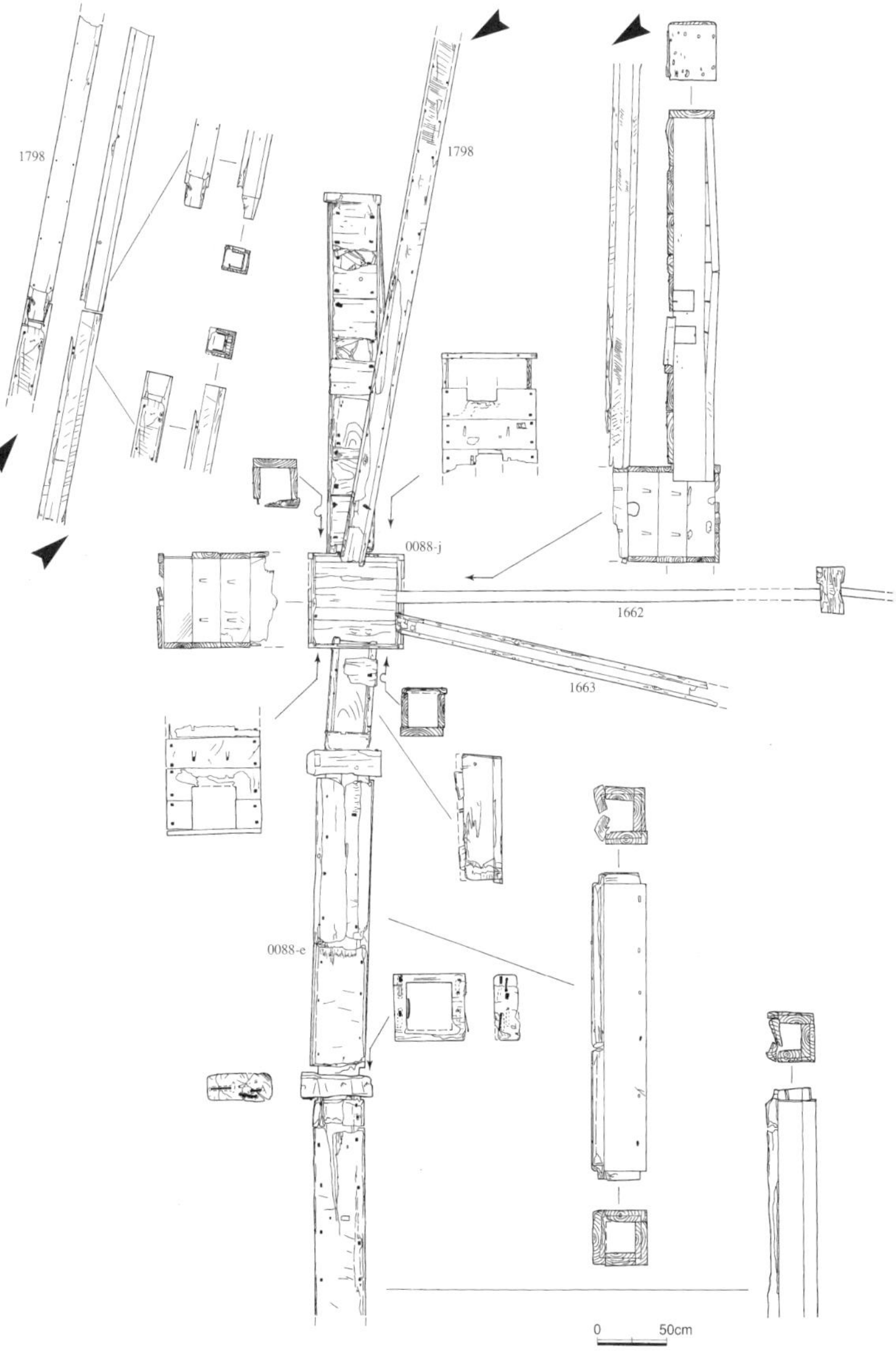

図6－3　上水樋最末端の分岐状況

と確認されているが、時代が降るにしたがって桝を作る例が多くなっている。屋敷内では最初期以外では木樋と竹樋が利用されているが、末端に近い部分は次第に竹樋が使用されるようになる。また、上水施設の吐樋《はきどい》といわれる端部付近が確認されたことは重要で、給水から排水にいたる江戸の水利施設の整備状況が看取される。

図6―3は上水樋最末端の分岐状況である。南方から流下する本管（〇〇八八―e号樋）から方形桝〇〇八八―jに入った上水は、一六六三号上水系木樋（〇〇八八―j号桝↓一六六四号桶↓一七三八号桶↓一七六七号上水井戸）と一六六二号上水系竹樋（〇〇八八―j号桝↓一六七〇号桝↓一七七三号桝↓一六六七号桶↓一六六九号上水井戸、一七一〇号上水井戸）とに分岐し、町奉行所方面に導水される。一方、〇〇八八―j桝以北の本管と同じ規格の木樋は、桝よりやや北方で蓋がされ、水は止められている。桝は最もレベルが高い位置で吐樋と推定される本管よりやや小型の木樋と接続されている。上水図によると吐樋は遺跡を縦断し、その北方にある道三堀へと注いでいることが確認される。

排水施設　発掘調査では、一期に確認された一四〇一号溝状遺構、二―二期で確認された〇四一七号溝、二―三期の〇一〇六号石組溝は同位置にあり、区画溝として機能していたと推定している。最初期の一四〇一号溝は断面逆台形状を呈する素掘りの溝で、幅は上端で最大二・四メートル、下端で〇・七メートル、深さは一メートルであった。〇一〇六号溝は間知石を側石に用いて構築された石組溝で、道路境部分（南北方向）と屋敷境部分（東西方向）がある。道路境部分は底石が配されるやや規模の大きな北側と底石がない規模の小さな南側で構築方法が異なっている。また、この間の屋敷境は後者に類似しているが、

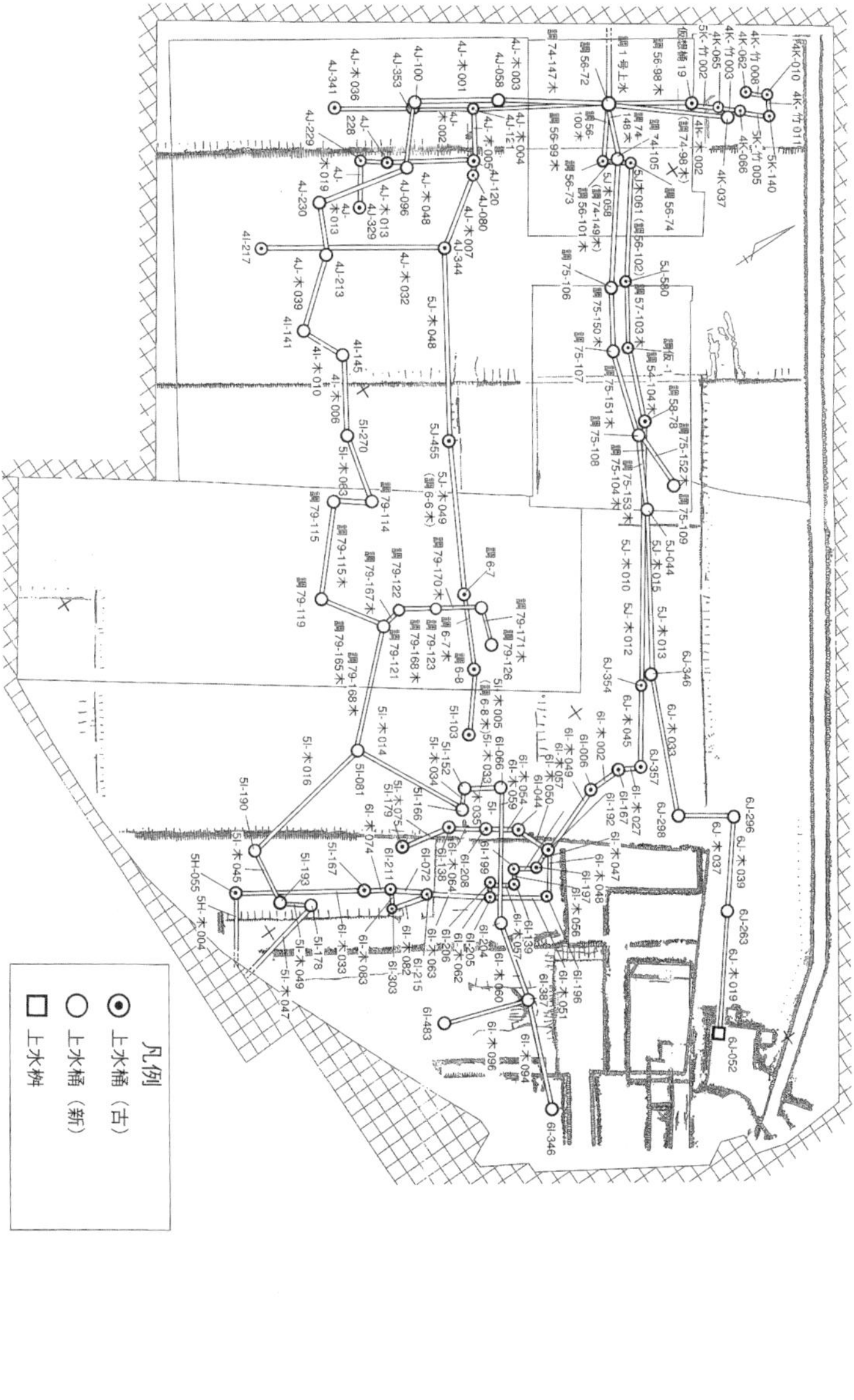

図６－４　伊達家上屋敷内上水系路

図６－５　伊達家上水井戸

石材、胴木の有無、裏込めなど異なった状況が確認されている。

２　港区汐留遺跡（仙台藩伊達家上屋敷跡）出土水利施設

遺跡と上水施設の概要　汐留遺跡は、江戸前島と呼ばれる本郷台地から江戸湾に延びる埋没台地先端からその周囲を人工的埋め立てによって拡張された場所に立地している。遺跡内には北から龍野藩脇坂家芝屋敷、仙台藩伊達家芝屋敷、会津藩保科家芝屋敷、江川太郎左衛門屋敷他が存在し、これらの屋敷からは多数の上水施設が確認されている。これら上水施設は上水記などの記録から玉川上水ネットワークに帰属していることが知られる。ここでは伊達家の状況を中心に紹介したい。

伊達家芝屋敷は寛永一八年（一六四一）下屋敷として拝領するが、延宝四年（一六七六）に上屋敷として唱替した後、幕末まで上屋敷として経営される。

伊達家では、屋敷の西、表門側にある上水本管に繋がる二つの取水口から導水されるが、この取水口（調一号上水）は、木樋を囲むように幅約一メートル、高さ約二メートルの石組が構築、導水されている。引水された上水は分水桝調五六—七二で東・南・北の三方向に配水され、この三系統の桝、桶などに接続された木樋によって屋敷全域に給水される（図6—4）。芝屋敷内はほぼ勾配のない平坦地なので、配水は木樋の傾斜や桝内接合部分の高低差などを利用して機能的に配管される（図6—6）。図に示した分水

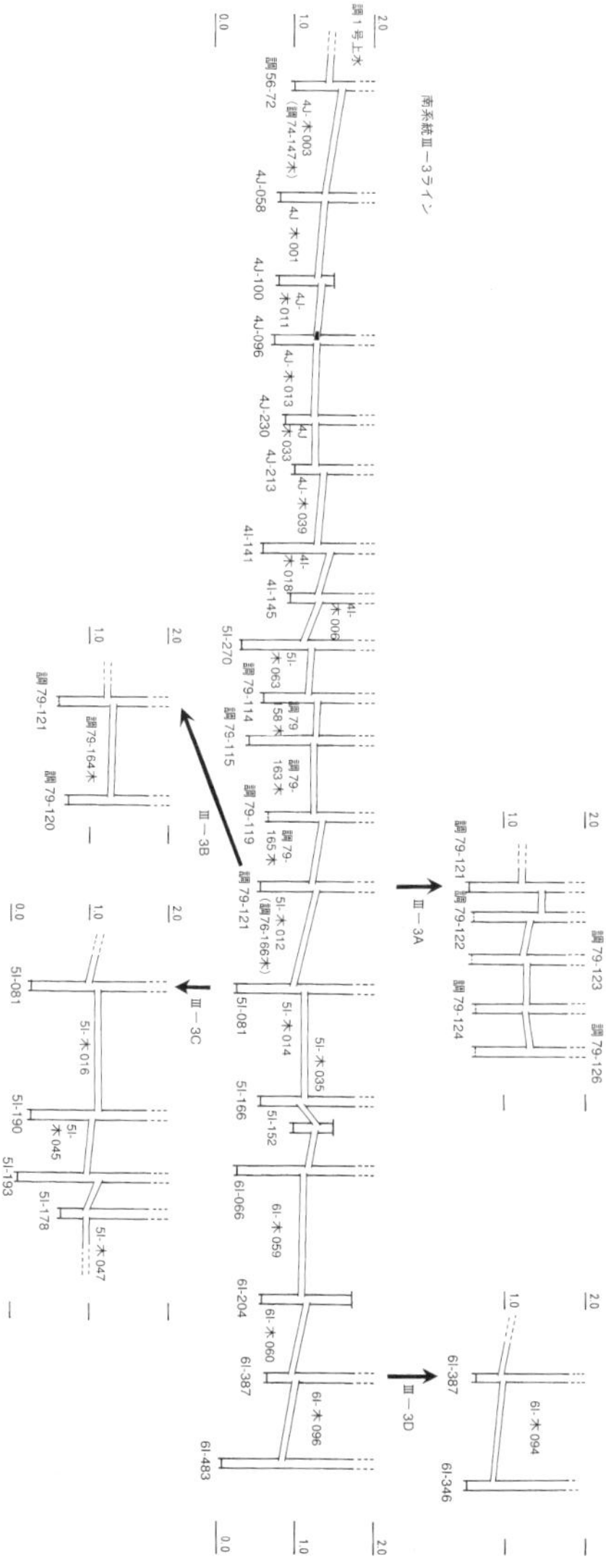

図6－6「南系統Ⅲ－3ライン」

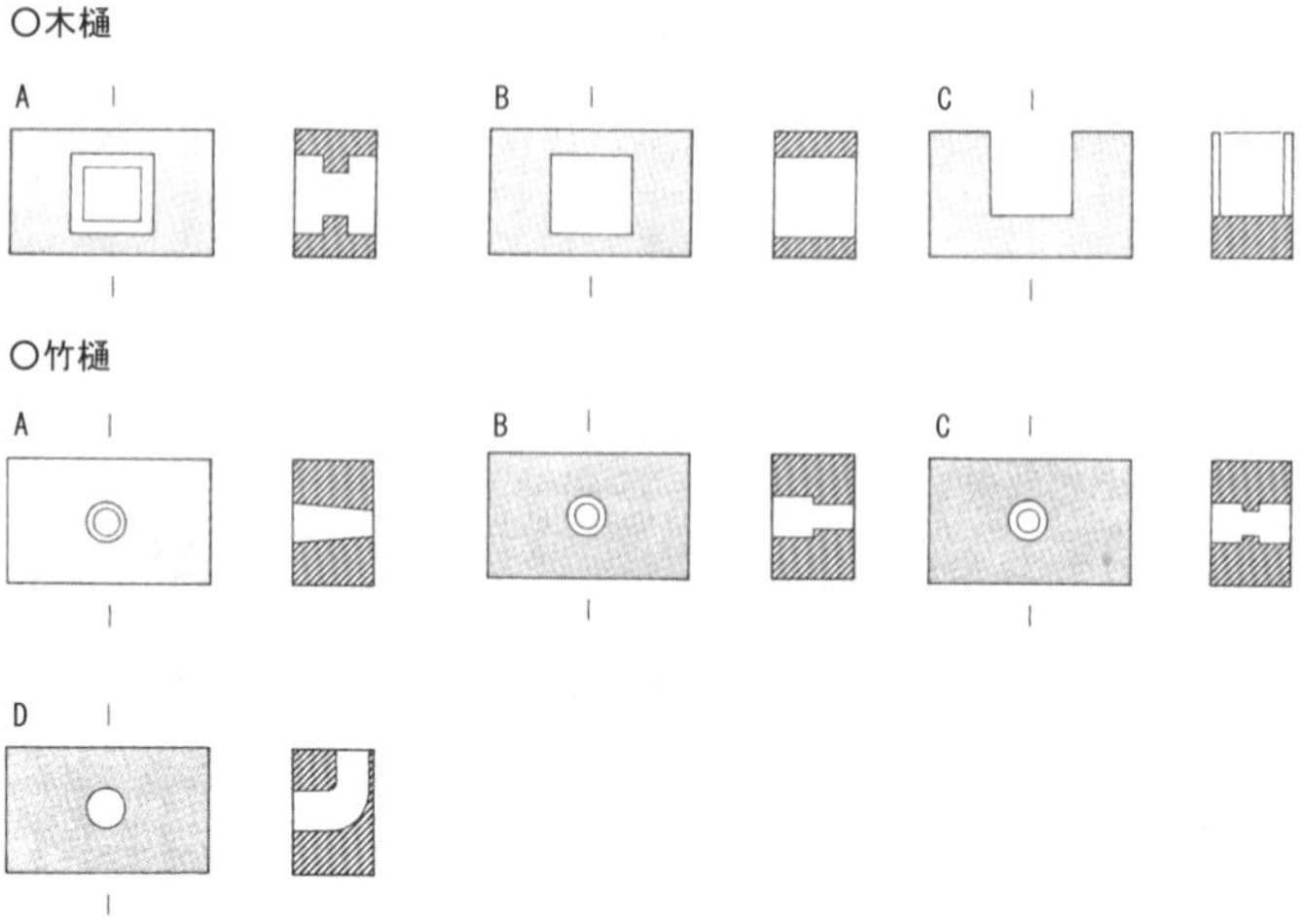

図6－7　継手の分類

桝調五六―七二より南側に給水される系統の導管（報告では「南系統Ⅲ―三ライン」と命名されている）などでは、桶四Ｉ―一四一→四Ｉ―一四五→五Ｉ―二七〇→調七九―一一四などを繋ぐ木樋四Ｉ―木〇一八、四Ｉ―木〇〇六、五Ｉ―木〇六三のように基本的に桶に接続する管の入水位置が低く、出水位置が高くなっており、これを連続させながら構築している。

上水施設の構造　汐留遺跡から出土した上水施設で確認された木質遺構の継手の分類が斎藤進氏によって行われている（斎藤 一九九七、斎藤 二〇〇〇、斎藤 二〇一一）。ここでは継手の分類について紹介したい（図6―7）。

木樋、竹樋ともにいくつかのバリエーションがある。木樋では継手刳り貫き部中央に突起状の段を持つもの（木樋A、斎藤 二〇一一ではA―b）、木樋Aのような段を有さず直行するもの（木樋B、同A―b）、上部から膊を切り込んだもの（木樋C、同A―a）に分類している。そして木樋Cは木樋接合部に蓋が付く工法のものに、木樋AとBは蓋が付かない工法のものに使用される。

竹樋では継手刳り貫きに段を持たないもの（竹樋A）、継手刳り貫きに段を持つもの（竹樋B）、継手刳り貫き穴中央に突起状の段を持つもの（竹樋C）、継手刳り貫き穴が直角に曲がって開けられているもの（竹樋D）。そして竹樋BとCは継手に差し込む竹樋の小口の大きさが異なる場所に用いられ、竹樋Dはサイフォン式の潜り樋の接続に使用されている。

樋管の規模は、長さの平均が四・三メートルのものが伊達家の管では外幅二三〜二五センチ、内法九〜一二センチ（三〜四寸）に対して脇坂家の管は外幅一六〜二四センチ、内法九センチ（三寸）が多く、規格差が認められる点、伊達家が木樋が多く使われているのに対し、脇坂家では竹樋が多いことなどに差異が指摘されている。この相違は基本的には、給水量に応じた施工法が選択されているものの、工事費など様々な要因で違いが生じたと考えられる。

3　文京区東京大学本郷構内の遺跡（加賀藩前田家上屋敷跡）出土水利施設

加賀藩本郷邸は南北に延びる本郷台地上から東斜面地にかけての場所を元和年間（一六一五〜一六二四）初期に屋敷地として拝領される。屋敷は当初下屋敷として利用されるが、天和二年（一六八二）に起こった八百屋お七の火事を契機に上屋敷として唱替され、幕末まで藩主が居住する屋敷として機能する。しかし、下屋敷であった間も寛永六年（一六二九）に将軍徳川家光と大御所であった秀忠の御成があり、また、

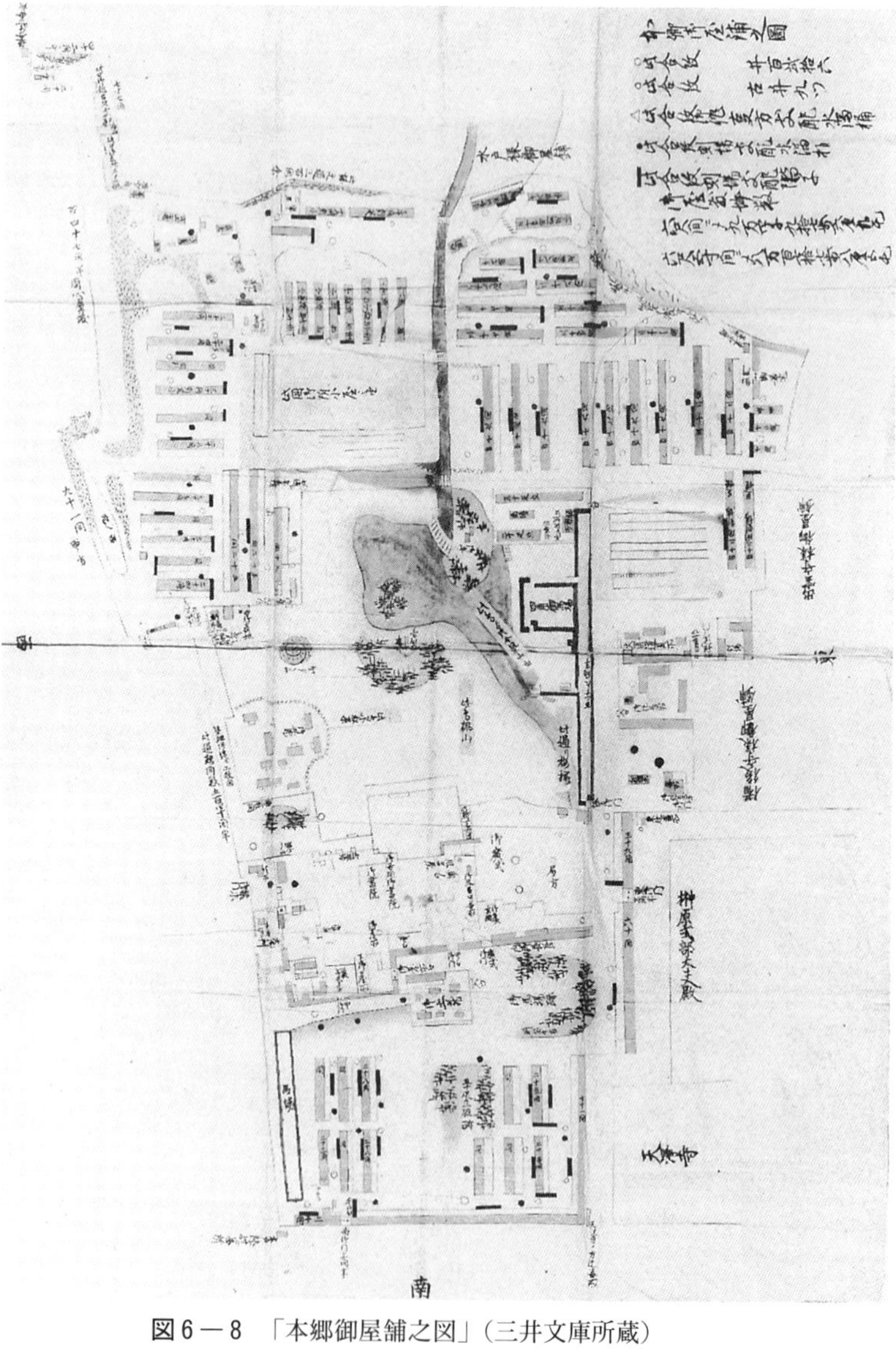

図6－8　「本郷御屋舗之図」（三井文庫所蔵）

図6－9　井戸の構造

寛永一六年（一六三九）、三代加賀藩当主であった利常の隠居所として整備されていた屋敷であり、「此本郷之亭は、微妙公（前田利常）之御好物を以て造作なされ、……（中略）……夥しき御作事なりし」（前田育徳会　一九三一）。と相当な殿舎が存在していたと考えられる。

上水施設の概要とその特徴　加賀藩本郷邸の発掘調査は一九八四年より継続的に行われている。これまでの調査によって多くの井戸が確認される一方で上水道に伴う木樋、上水井戸などの施設は非常に少ない。記録では本郷邸には千川上水を引水したことが知られ、古谷香絵氏によると千川上水引水によって発生した負担金を加賀藩では金一七両、銀二匁七厘を納めている（古谷　二〇〇六）。しかし、千川上水の通水年代は元禄九年（一六九六）～享保七年（一七二二）の一六年間、および天明元年（一七八一）～同六年（一七八六）の短期間であった。

図6—8は、三井文庫所蔵の「本郷御屋舗之図」で

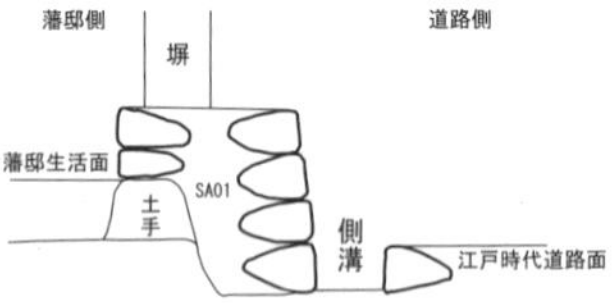

図6－10　石組遺構模式図

ある。絵図は屋敷建物の配置から一七六一年～一七七一年の間に描かれたものと推定されている（細川 一九九〇）。これには藩邸内の井戸の位置が記されており、中央の御殿空間を取りまくように配置されている詰人空間の各長屋には一～二本の井戸が存在していることが判る。絵図右下には「〇此合紋　井百弐拾六」と書かれており、藩邸内では一二六本もの井戸が同時期に利用されていたことがわかる。こうした状況は、一時期上水を引水したことがあるものの、基本的には藩邸内は上水を井戸に依存できる環境であったと考えて良い。

井戸の構造は、江戸遺跡で一般的にみられる底を抜いた桶を逆位に重ねて積み上げるものが多く確認されているが（図6―9）、このような構造になるのは一七世紀中葉頃と推定される。理学部七号館地点一号井戸では、底付近から井戸側が確認されている。一号井戸から出土している遺物は一六四〇～一六五〇年代の製品が中心であり、甕井年代も当該時期以前にさかのぼる可能性もある。また、薬学部新館地点で確認された井戸は、年代的考察を加えたSE六七をはじめ多くは素掘りであり、甕井時のものと思われる足掛けが壁に認められるなど共通の特徴を有していた。SE六七から出土した遺物は一六二〇年代を中心とした時期を考えており、本郷邸の井戸は一七世紀第二4半期頃に素掘りから井戸側を施すものへと変化すると思われる。このように加賀藩本郷邸は、主に井戸を上水施設として利用していた屋敷であると理解できる。

確認された排水施設

排水施設は藩邸外縁部を巡る石組溝、邸内から邸外に排出される埋設溝、邸内に

図6－11　現存する吐水口

構築された施設などが確認されている。

図6—10は東京大学本郷構内の遺跡懐徳門地点出土の藩邸縁辺部の石組溝の模式図である。左藩邸側生活面は道路面より高く構築され、藩邸境と道路には約四五センチの幅で藩邸側で四段、道路側で一段間知石を組んで排水溝が構築されている。塀は道路側石組に影響を与えないようにやや邸内寄りに作られ、約二二〇センチ間隔で根石を伴う柱の基礎が確認された。

一八四〇～一八四五年に描かれたと推定される「江戸御上屋鋪惣御絵図」は、藩邸の状況が詳細に記されている。これをみると藩邸外周を取りまくように水路が認められ、懐徳門地点がある屋敷の南側では、屋敷の正門である「大御門」から南→東→北に屋敷縁辺を巡り、不忍池方面に流下するように構築されている。また、当該部分には「築地塀百一間四尺」と書かれており、築地塀であったと判断できる。

前述した加賀藩邸南側は、南縁から東縁にかけて長屋塀が巡っており、東縁の一部は石積みが現存している。山上会館

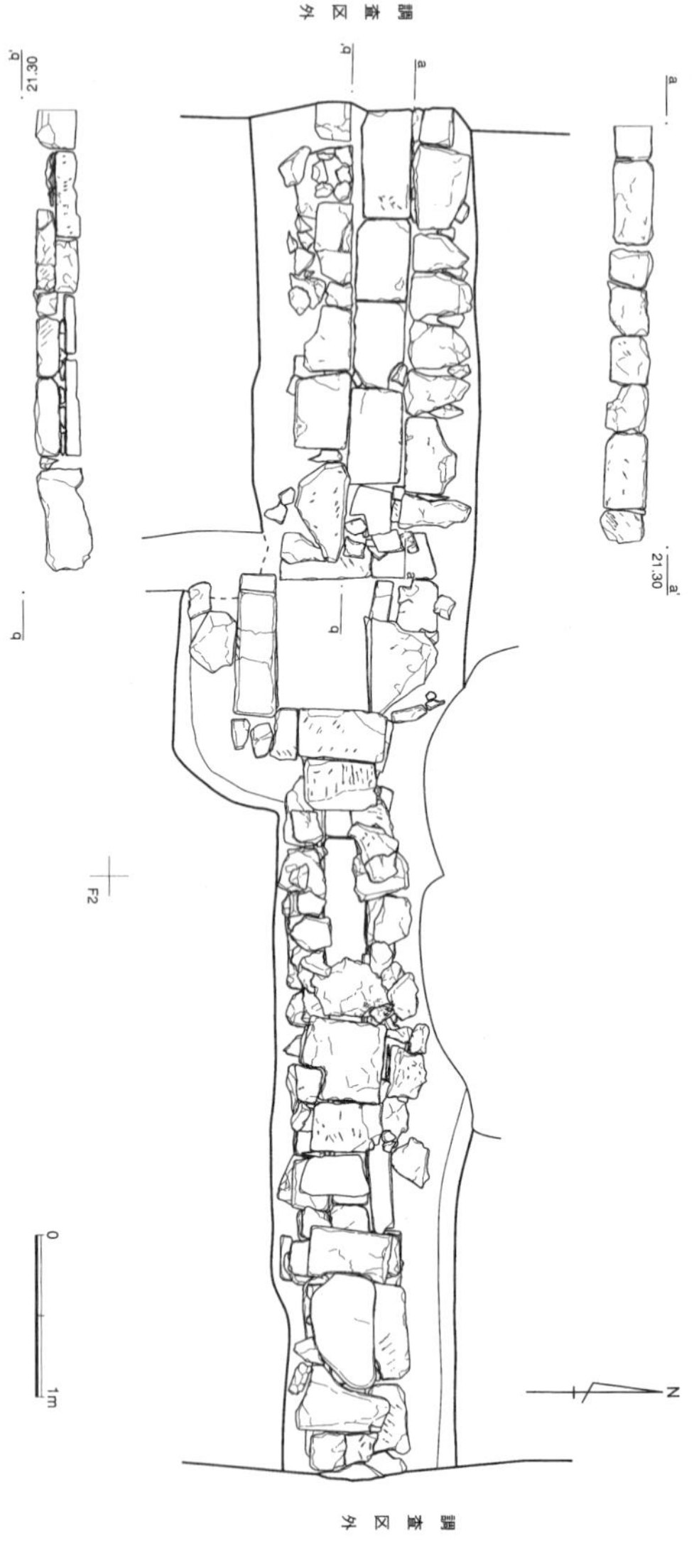

図6－12　地下石組排水施設ＳＤ1

龍岡門別館地点は東縁部に位置する長屋塀に沿った部分の調査であり、現存する吐水口（図6—11）へと繋がる地下石組排水施設ＳＤ一が確認された（図6—12）。

ＳＤ一は調査区を横断するように確認されたが、その中央付近には石組桝が構築されていた。溝は底石として板石を縦長に配し、側石は板石あるいは間知石を一、二段積んだ上に、板石、間知石、自然石など

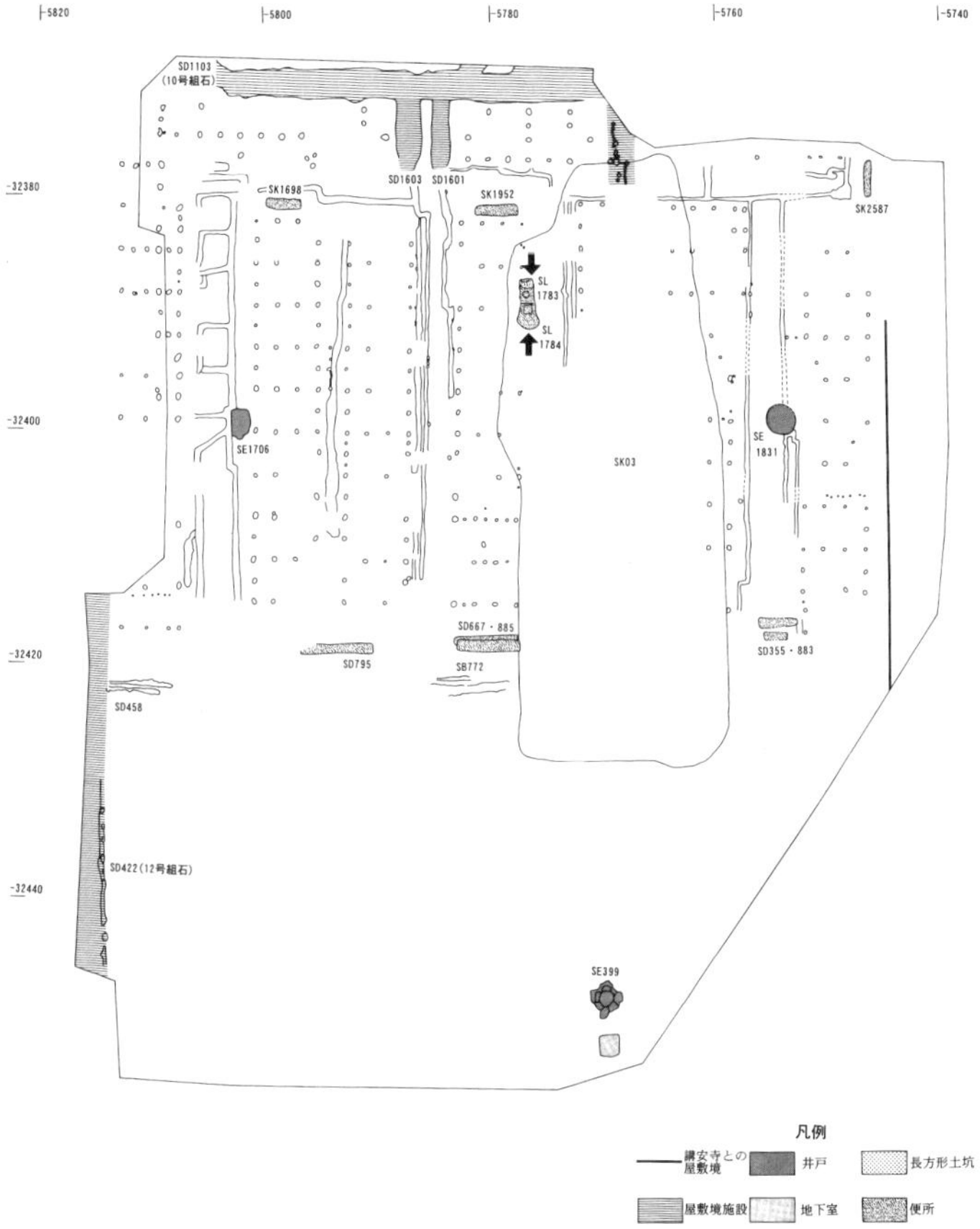

図６－13　加賀藩黒多門邸内の長屋遺構

を用いて蓋をされていた。石組桝は間知石、平石を二～四段に積んで構築されるが、溝、桝ともに石材、規格などが統一されておらず、転用材を用いて作られた可能性が高い。

石組の内法は、幅三〇センチ、高さ一五センチ程度、石組桝は長辺八〇センチ、短辺六〇センチ、高さ七〇センチを計測する。この石組桝は絵図面との照合によって「湯殿」と書かれた施設と位置的に合致し、湯殿で使用された雑排水を流すものであったと推定される。それに加えて石組桝に注ぐ石樋が、上流側・下流側共に四〇センチほど桝の坑底より高い位置に接合されており、悪水を沈殿させる機能も有していたと推定できる。

図6—13は、医学部附属病院病棟地点で確認された加賀藩黒多門邸内の長屋遺構群である。これらは、寛文五年（一六六五）から八百屋お七の火事で焼失する天和二年（一六八二）まで聞番・足軽が使用した長屋であったことが文献から知られる。調査区北縁を東西に走る屋敷境の石組溝ＳＤ一一〇三南側にこれと平行して一棟、その南に南北方向に主軸をもつ建物が七棟確認されてる。石組溝には道状硬化面を挟んだ二本の石組下水溝ＳＤ一六〇一とＳＤ一六〇三が南から接続される。石組溝北側は当該期には道路であり、遺構検出位置は長屋門として機能していた可能性が高い。ＳＤ一六〇一、ＳＤ一六〇三石組溝の南には板囲いの排水溝（日本橋二丁目遺跡で確認された下水木樋と同様の施設であったと推定される）が接続され、これは南北に延びる長屋縁辺を巡るように構築されている。最も良好な遺存状態であった西端の長屋近辺では、長屋各戸に取り付けられた流し遺構（簀の子状の木質施設を伴っていた）からこの板囲いの溝に接続されていた。また、各長屋建物の間は道路と推定される硬化面が作られ、中央部に近接する井戸

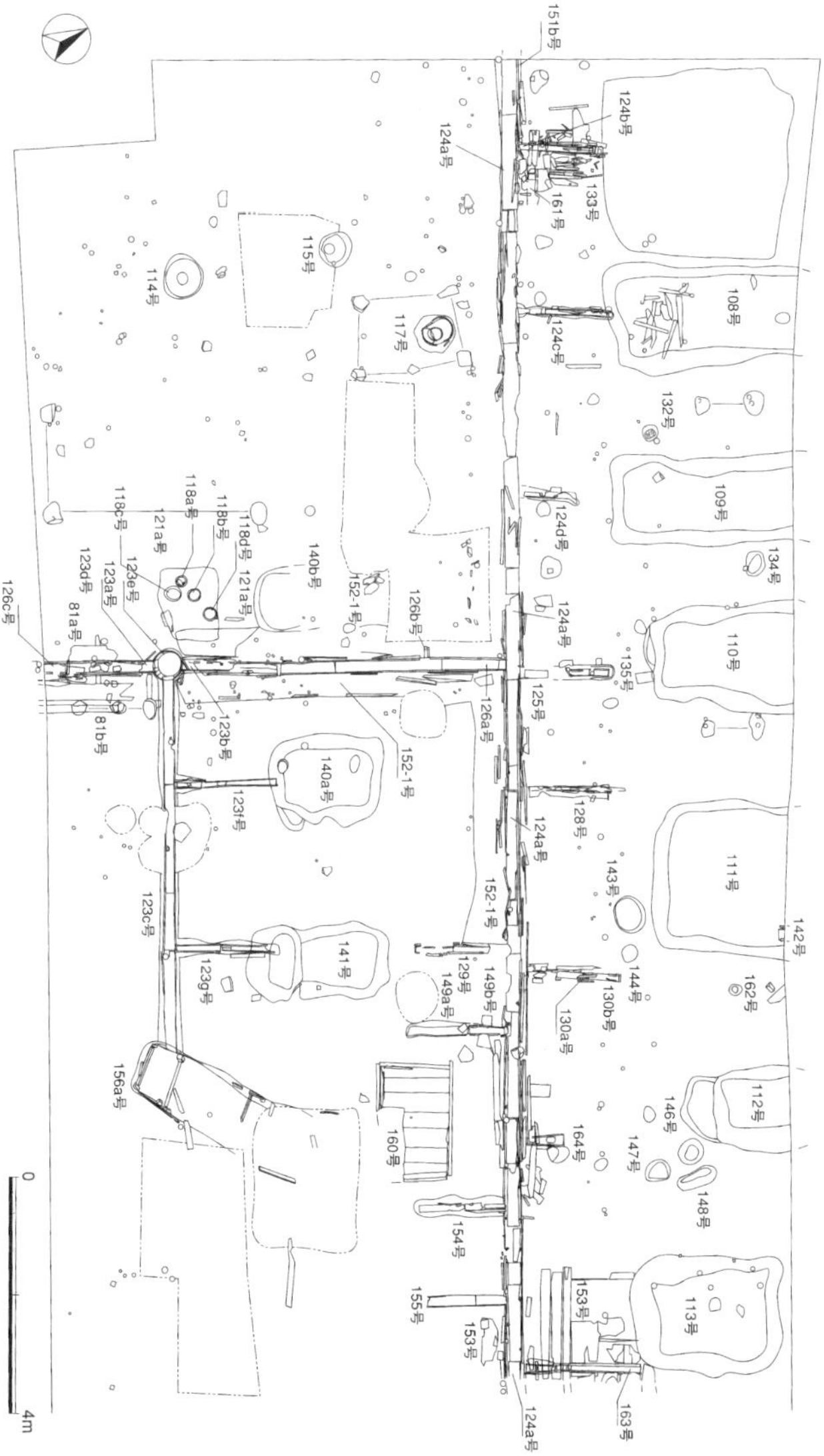

図6－14　日本橋二丁目遺跡第四面出土の水利施設

ＳＥ一七〇六の雑排水が溝に排水される仕組みであった。

4　中央区日本橋二丁目遺跡（町屋）出土水利施設

日本橋二丁目遺跡は、江戸前島とよばれる本郷台地から江戸湾に延びる埋没台地上に立地していると推定される。慶長一七年（一六一二）頃に運河として日本橋通り東側に開削された楓川から東に延びる入堀（北から三本目）の一角にあたる。入堀は江戸城の修築工事が一段落した後に埋め立てられ、寛永一五年（一六三八）に医師久志本式部家が町地として拝領する。久志本式部家は江戸時代を通じて御番医師として当該地に居住したが、「時代が下るとともに屋敷内は細分化されていき、貸地の進行とともに町人の住む町屋になっていった」（仲光　二〇一一）とされる場所である。

発掘調査によって確認された生活面は一〇面にもおよび、各遺構面からは生活遺構が出土し、それに伴って水利施設が良好な状態で確認されている。このうち一八世紀後葉に比定される第四面と一七世紀末～一八世紀初頭に比定される第八面の状況について概説したい。

第四面出土の水利施設（図6―14）　第四面は、排水施設が良好な状態で確認されている。特に調査区中央を東西に貫く一二四ａ号とそれに南から接続する一二六ａ号、一二三号板組下水木樋遺構が、通りあるいは路地に構築される。下水木樋の接続は、一二六ａ号へは、一二三ｃ号と一二六ｃ号下水木樋が一二三ｅ号下水桶を介しているのに対し、一二四ａ号と一二六ａ号は直接接続されている。また、一二四ａ号下水木樋には北方に二・七～三メートル間隔で九本（西から一二四ｂ、一二四ｃ、一二四ｄ、一三五、一

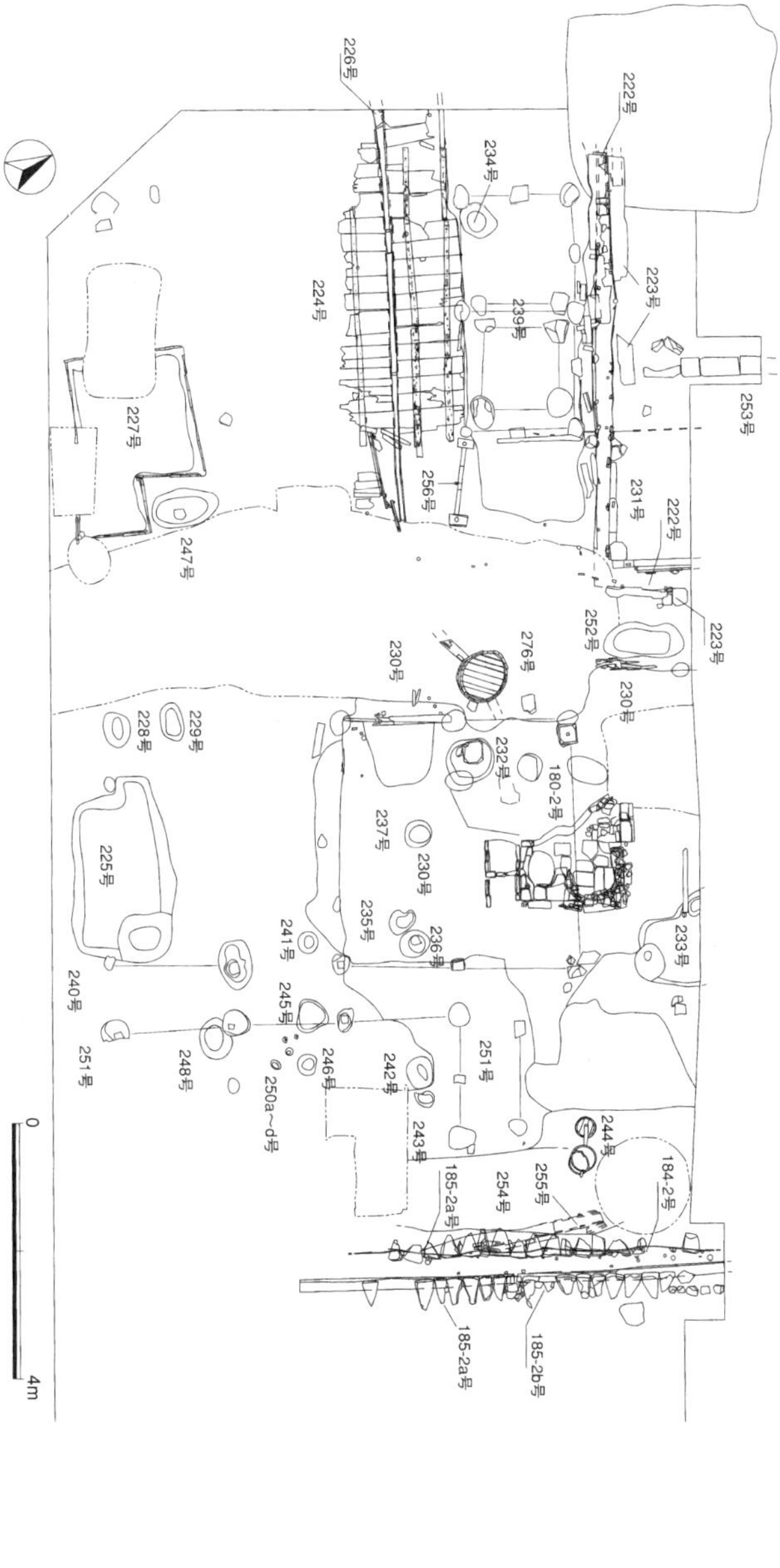

図６－15　日本橋二丁目遺跡第八面出土の水利施設

図6－16　日本橋二丁目遺跡224号遺構（中央区教育委員会所蔵）

二八、一三〇a・一三〇b、一六四、一六三号）の、南方に五本（一二九、一四九a・一四九b、一五四、一五五号）の下水枝樋が接続されている。メインの一二四a号下水木樋遺構は、高低差から西から東へ流れていたと推定されている。

本遺跡で注目される下水施設の一つは、板敷の排水施設であろう。一二四a号遺構東端において確認された板敷遺構は、一二四a号を挟んで流水が集まるように溝に向かって緩やかな「V」字状に敷かれていた。板は一二四a号溝に沿うように東西に敷かれ、溝に直交して接続される一六三号下水枝樋の上に作られていた。この板敷は本来一二四a号下水木樋とセットで溝両脇に構築されていた可能性があろう。

第八面出土の水利施設（図6―15）　第八面は建物跡が明瞭に確認でき、上下水施設と建物の関係が復元できる。上水施設は二七六号上水井戸遺構とそれに接続する三本の木樋が出土しているが、いずれも切断されており、給水経路の復元は難しい。しかし、第八面周囲の土地利用状況からこの井戸が建物外にあっ

図６－17　神田上水遺跡の石樋

たことが想定できる。

下水施設は、一間×二間の東西に主軸をもつ門跡と推定されている二三九号建物遺構を挟んで二本の下水木樋が確認されている。建物南側の二二六号遺構には板敷（二二四号遺構）が伴っており、雨水が流下して下水木樋に落ちる構造をしている（図6—16）。板敷は緩やかな「V」字状を呈し、二二六号下水木樋に覆うように両端から張り出し、それが蓋の用途も兼ねていたと推定される。板は溝と平行して並べた根太状の角材の上にそれと直交して並べられ、釘で固定されていた。二三九号建物の北側の下水木樋には板敷は確認されなかった。また、東側を南北に走る下水木樋一八四—二号遺構はその外側を石組（一八五—二号護岸）によって補強される構造で、これらから同時期においても場によって異なる構造をもつ下水施設が近接して構築されていることが明らかになった。

仲光氏は他の面の出土状況を踏まえ、上水井戸は第六

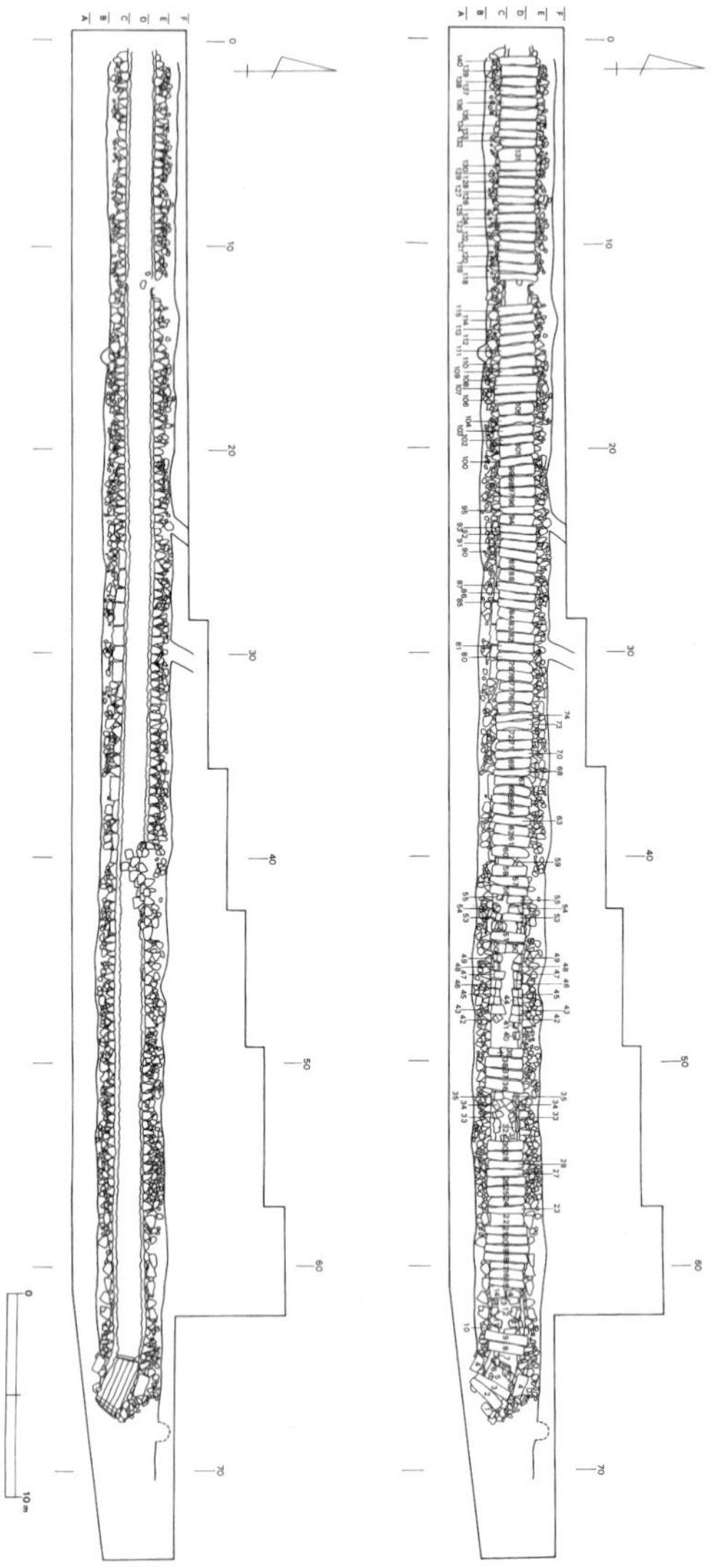

図6－18　文京区神田上水遺跡出土石樋

面を境になくなって溜井戸や埋桶に変化すること、石組護岸は第六面を境に認められなくなること、下水木樋と枝樋は存続することなどを指摘している。特に上水施設については当該地をはじめ日本橋一丁目遺跡、京橋二丁目遺跡、八丁堀遺跡（第二次）などにおいて同様の変化がうかがえることや掘抜井戸の普及、水舟による給水などを例にあげ、「遺跡においても繰り返し修繕などをしてまで上水を引き直す必要性がなくなるような上水確保の方法がほかに定着していた」（仲光 二〇一一）可能性を指摘している。

5　文京区神田上水遺跡（図6―17・18）

上水樋における石材使用は、流量が多い場所にみられる。神田上水（文京区神田上水遺跡調査会 一九九一）、玉川上水（芹沢 一九八五）などいくつかの調査で確認されている。本章では神田上水例を中心に概説したい。

神田上水は周知のように井の頭池から流下した河川に善福寺川、玉川上水分水、妙正寺川らをあわせた神田川から取水する上水であるが、関口の大洗堰で上水を分水して水戸藩邸を経て、外堀を懸樋で渡り、江戸城北東部に給水している。神田上水遺跡は、水戸藩邸から暗渠になり、懸樋で外堀を渡る間で確認された上水石樋を主体とする遺跡である。

石樋は約六八メートルが確認され、三、四段の間知石をやや開きながら積み、板石で蓋をする構造であった。側石の下は天保九年（一八三八）と推定される修復によって状況が異なるものの、両側ともいわゆる「梯子胴木」といわれる構造で、二本の角材に控木を四本渡したもので作られ、各胴木は込栓や鎹《かすがい》などで丁寧に接合されている（図6―19）。溝底は漏水を防止するため粘土を貼って作られている。水路の内法は上部で約一五〇センチ、下部で約一二〇センチ、

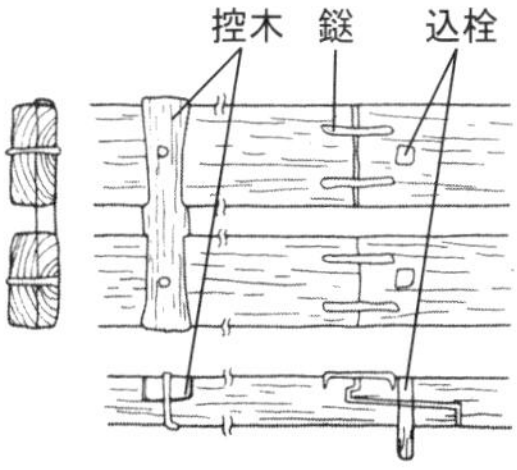

図6－19　梯子胴木

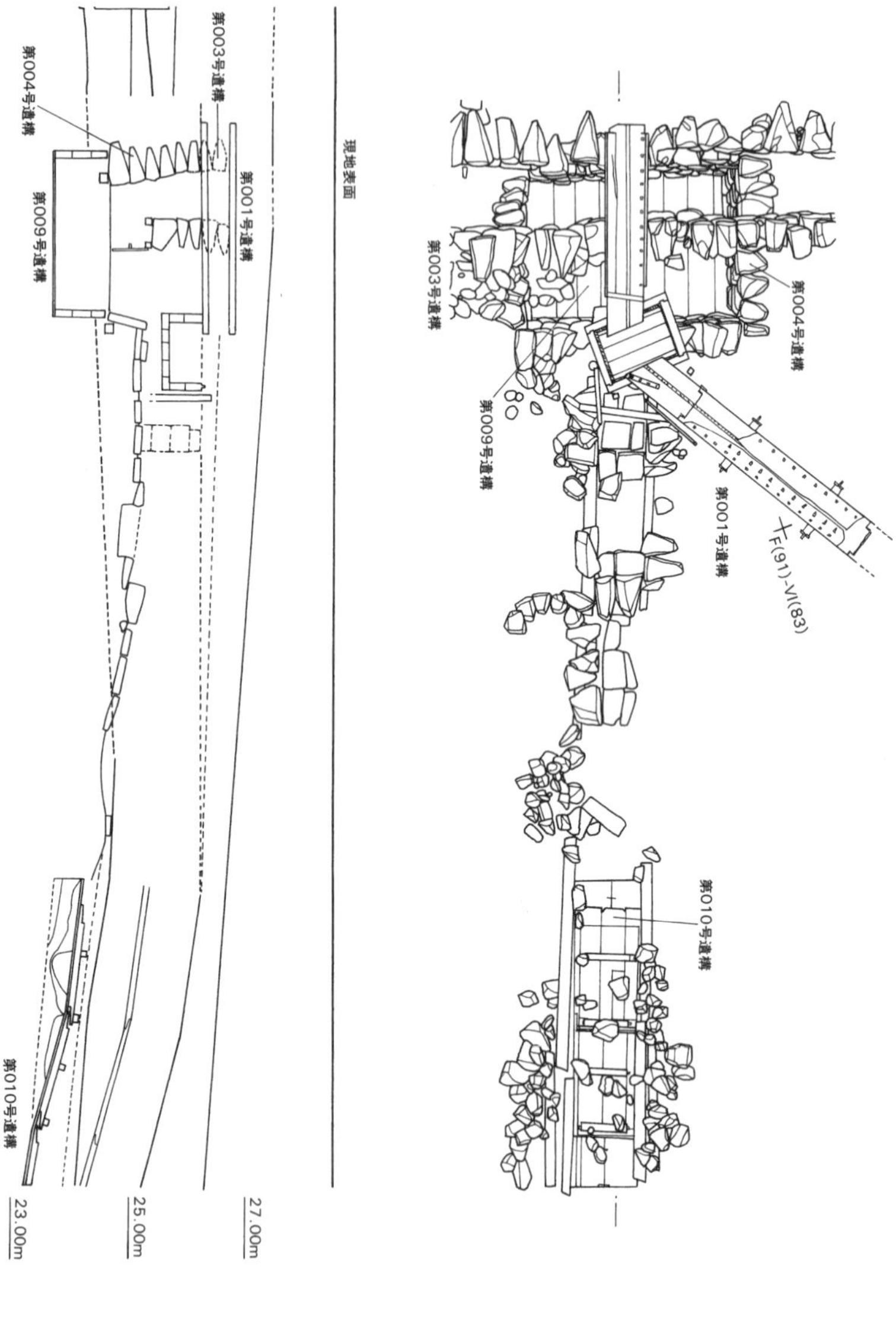

図6－20　四谷御門外橋詰・御堀端通・町屋跡出土の上水施設

高さ一二〇〜一五〇センチを計測する。

また、これに接合されていたと推定される木樋が二本出土しているが、この木樋はその後の改修により、調査時には通管されてない状態あった。木樋は刳《こ》り貫き式と四枚の板を組み合わせる寄せ木式の二種類の構造をしており、年代差などがあると思われる。しかし、両者とも東流する水路に対して、幕末には石川伊予守屋敷のある北方へ約六〇度傾いて導水しやすいように作られていた。

6　新宿区四谷御門外橋詰・御堀端通・町屋跡

遺跡は、西から東へ延びる淀橋台地上に位置する。寛永一三年（一六三六）惣構えに伴う外郭工事によって、麹町側（東）と四谷側（西）に外堀によって分断される。その後寛永一五年（一六三八）の町割りによって、外堀に沿った街路を含む麹町十一丁目、四谷伝馬町一丁目となる。この四谷御門外橋詰・御堀端通・町屋跡の調査では、玉川上水以前の上水施設、玉川上水関連の木樋、石組の下水が確認されている（地下鉄七号線溜池・駒込間遺跡調査会　一九九七）。

玉川上水以前の上水施設（図6—20）　当該地には明暦元年（一六五五）までには玉川上水が引水されたとされる。調査では玉川上水が引水される前後で土地造成が行われたことが確認され、玉川上水を伴う盛土は第三段階に、それ以前は第二段階と命名されている。大型の第〇〇九号木桝遺構とそれに接続する第〇一〇号木樋遺構、四谷御門外町屋跡第一八号木樋遺構は、外堀構築と伴う第二段階の盛土から確認された。

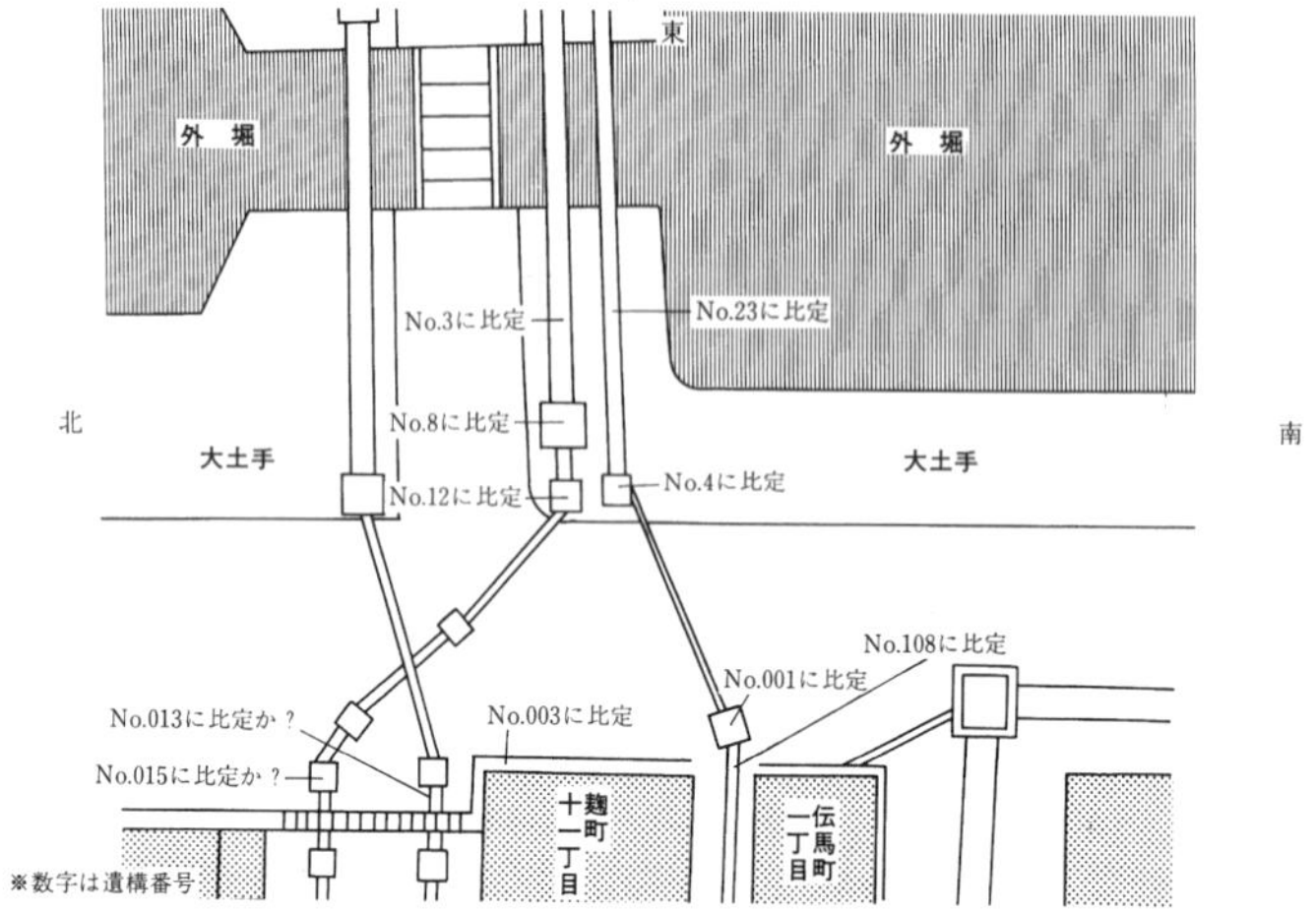

図6－21　玉川上水樋筋概念図

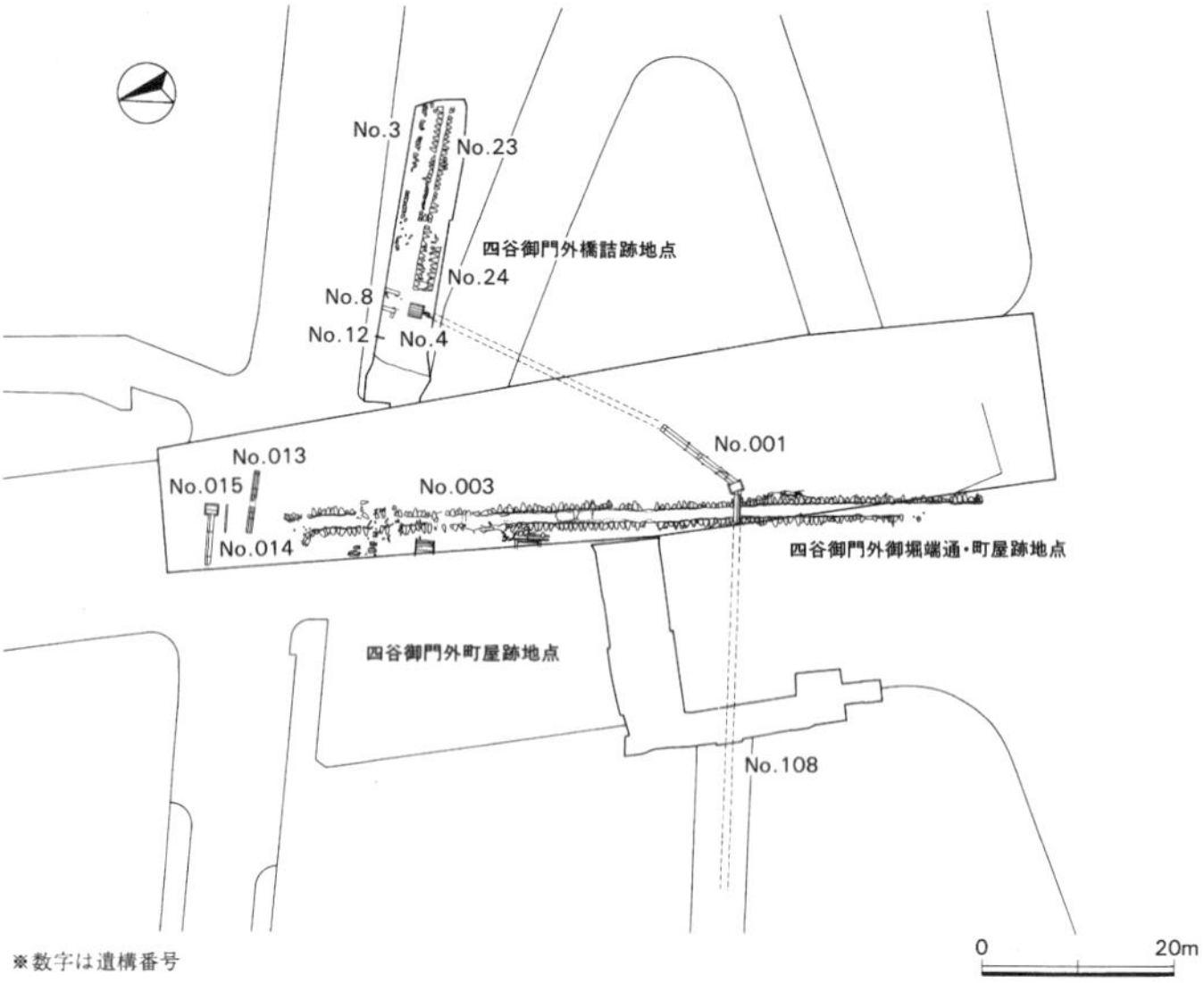

図6－22　玉川上水・大下水関連施設

木枡は三・八メートル×二・六八メートル、深さ〇・九メートルを計測する大型のもので、水密性にも配慮された丁寧な作りである。しかし、直上に作られた石組枡第〇〇四号遺構に上部を壊され、全体の状況は復元できない。また、これに接続する木樋は二〜三枚の板を並べ内側に角材を釘で打ちつけて補強したものを方形に組み合わせて作られ、一辺一一五センチにもなる大型の樋である。

これらの遺構については、盛土の年代的検証、構造、土層の観察などから玉川上水に先行する上水施設と判断されている（波多野　一九九七）。

玉川上水（図6―21・22）　玉川上水関連の施設は、前述した大型枡の上部に石組枡（第〇〇四号遺構）が作られるが、これは初期の玉川上水との関連性を指摘されている。確認された樋筋系は五系統で、このうち三系統が宝永七年（一七一〇）以降と推定される『玉川上水絵図』に書かれる樋線「御本丸懸り樋筋」、「吹上懸り樋筋」、「麹町大通り組合懸り樋筋」に対応するように出土した。御本丸懸り樋筋は、三本の樋筋のうち最も北側（図では左）に走るが、麹町十一丁目町屋から外堀外周を巡る街路でそれまで北側を走っていた吹上懸り樋筋と交差し、その内側に入り外堀を渡っている。吹上懸り樋筋は北から中央へ、御堀端通りのなかで交差して外堀を渡り、麹町大通り組合懸り樋筋は南を通って外堀を渡っている。これらを実際の出土遺構に照射したものが、図6―22である。さらにここから東、外堀から四谷御門方面には、掛樋を使って渡すが、土手面から掛樋までの樋管基礎が第〇二三号石組遺構（図ではNO.23）、第〇〇三号石組遺構（図ではNO.3）である。

大下水　大下水は、四谷玉川上水吐水口から外堀外周を東流し、市谷八幡前で尾張藩市谷邸の方より来る別流と合流し、市谷御門、牛込御門前を通り、船河原橋で神田上水を分水した江戸川に注ぐ開渠の下水で、これは版本や絵図面に多く描かれている。

発掘調査では大下水第〇〇三号遺構（図ではNO・003）は、約四〇メートル確認され、両側に間知石が二～四段積まれていた。溝上部は後世に攪乱されているが、当時の地表面まであったと思われる。間知石の下には胴木などは全域には確認されなかったが、初期玉川上水の遺構と推定される第〇〇四号遺構石組桝と重複する部分のみ使用されていた。溝の内法は約九〇センチ、南から北（市谷方面）に向けて約三〇センチの比高差が確認されている。溝の西側は、遺構の分布から町屋境を兼ねていると推定され、町屋の位置に沿って調査区北側ではやや西折している。

この大下水は、玉川上水の麹町大通り組合懸り樋筋である第〇〇一号遺構より古い段階に構築されていることが確認されているが、史料の検討では、玉川上水開設された明暦二年（一六五六）とするもの、寛文八年（一六六八）の大火以降とするものの二説が提示されている（地下鉄七号線溜池・駒込間遺跡調査会一九九七）。また、出土した遺物は大正年間頃の製品も認められ、廃絶時期は当該期に降ると判断された。

二　出土した水利施設　Ⅱ

1　上水の目的―インフラストラクチャーとしての水利施設―

「水利施設」と称した場合、水道関係の遺構のみならず広範囲な意味をもつ。ここで触れた上水、下水関連の施設のみならず堰、人工的な溜池、堤防、あるいは川の付け替え、埋め立てなども含めると都市や農村のインフラストラクチャーそのものである。

上水施設　都市インフラストラクチャーの構成要素として上水道は不可欠なものであり、溜池の利用から神田上水、玉川上水敷設にいたる過程は、都市江戸の発展・整備プロセスとして説明されてきた。また、下水施設は屋敷境の溝、河川あるいは城郭の堀割りなど都市建築、城郭整備のなかで触れられてきた。これら、城郭・城下町に家臣団とその消費を支える町人が集住する近世では、その整備と上・下水道整備は一連のものと解釈される。

たとえば上水はその引水の目的が都市に対する給水の他に、「池泉用水、防火用水、灌漑用水、軍事産業用水、水車製粉等の動力」など多目的であったことはすでに指摘されている（小林　一九九一）。このあたりを少し具体的に触れてみたい。

玉川上水は羽村取水口から都市上水として暗渠となる四谷大木戸に至るまでの間に野火止用水、砂川分水をはじめとして『上水記』によれば三三の分水が開削され、多摩地域から江戸西郊に水を供給している。また、千川上水では上水として江戸北東部を中心に給水を開始したのは元禄九年（一六九六）であるが、宝永四年（一七〇七）には流域の農業用水として利用することを許可される。この農業用水は、江戸に上水として給水が廃止される享保七年（一七二二）以降も近代に至るまで継続して使用されている。享保七年には千川上水の他、青山上水、三田上水、亀有上水が廃止されたが、三田上水は江戸西南域に、亀有上水は埼玉郡への農業用水として利用され、亀有上水は農業用水の他に舟運が開設されている。こうした状

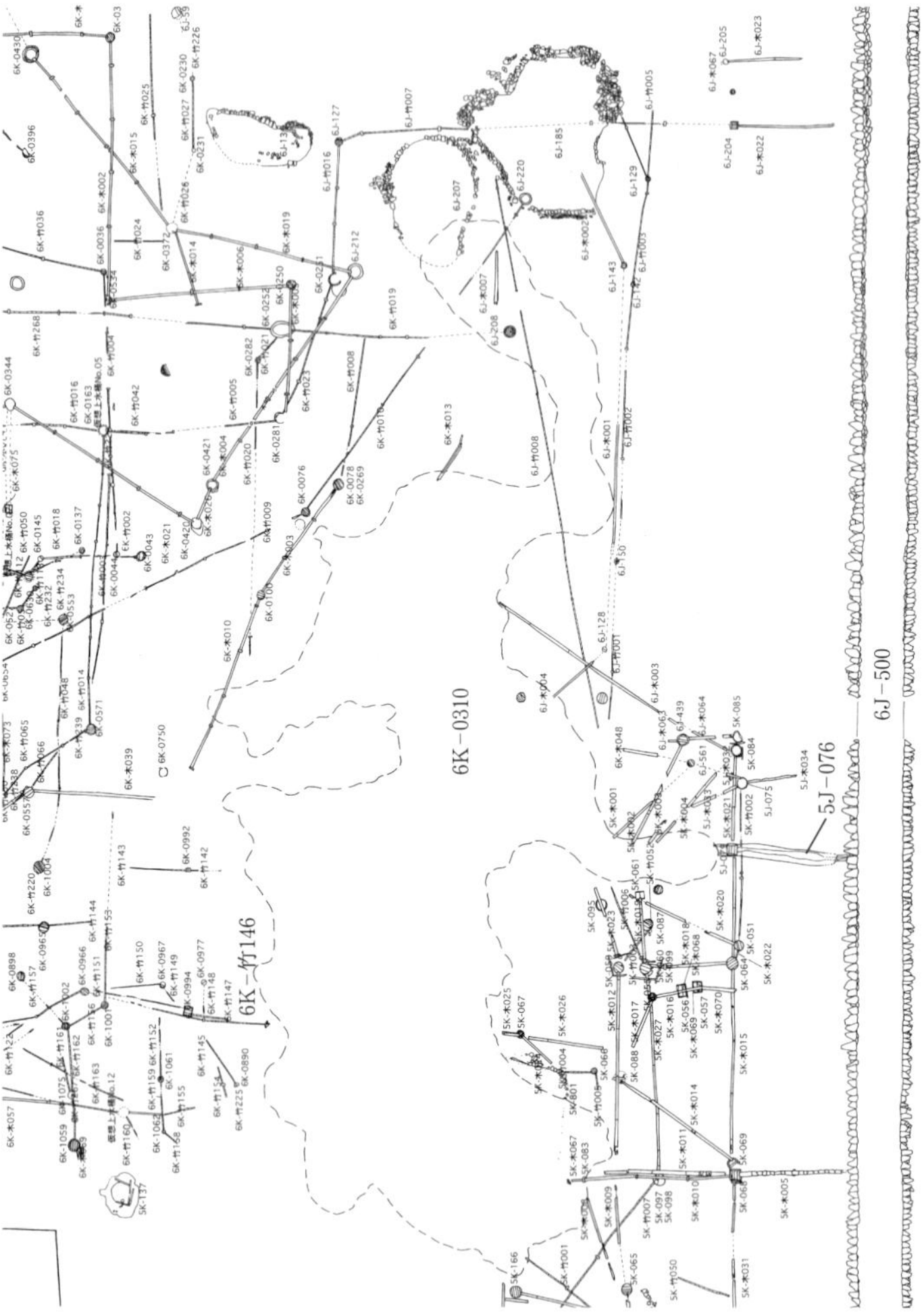

図６−23　龍野藩脇坂家上屋敷庭園の泉水用給水施設

況は上水開削の目的が多面的な性格を有していたことに他ならない。

一方、都市に引水された上水は、飲用とは異なる目的で利用されている例も多い。千川上水開設の主目的とされる白山御殿は、五代将軍徳川綱吉が幼少の頃である慶安四年（一六五一）に拝領されるが、寛文二年（一六六二）、寛文九年（一六六九）と拡張され、約一万七〇〇〇坪となった。その後、将軍となり江戸城に入ると白山御殿は御成御殿としての性格をもつようになる。『御府内備考』の「近藤氏随筆」には、「白山御殿は、もと館林の御屋敷なりしを、常憲院様御治世の頃白山御殿を被為置……（中略）……、惣堀へは多摩川の水かけられ、堀幅八十間程四方ありさまは絶景なり……」と上水が開設した元禄九年（一六九六）以降、堀の水として利用されていたことがわかる（山端 二〇〇六）。こうした事例は、堀などへの通水が水道余水ではなく、目的とされたことを物語っている。

また、汐留遺跡龍野藩脇坂家上屋敷では庭園の泉水用に給水する施設が確認されている（東京都埋蔵文化財センター 二〇〇〇）。庭園は屋敷の南側に広がるが、池（六K―〇三一〇）はその中核をなす東西約七〇メートル、南北四二メートルを測る大型のもので、石組、洲浜、石敷き、石造物などが確認された。庭園の泉水は上水から給水され、排水施設を経て伊達家屋敷との境堀（六J―五〇〇）に吐水される（図6―23）。上水の給水は、池泉の作り替えなどで新古二段階で確認されており、古い段階には石組であったと推定される溝（六J―〇二六）から池の東側に給水し、南西対岸から埋設された木樋を通って境堀に排水された。新段階では北岸中央に竹樋（六K―竹一四六）から継手、懸樋などの施設を介して給水されたと推定している（小島 二〇〇〇）。排水は池南岸の暗渠溝（五J―〇七六）から境堀へと流れ出されたが、境堀への排水口は石で組まれていた。

これと同様の泉水への給水施設は、高松藩松平家上屋敷（飯田町遺跡）でも確認されている（千代田区飯田町遺跡調査会 二〇〇一）。神田上水が水戸藩徳川上屋敷の泉水に給水していたことは有名であるが、こうした泉水への給水について後藤氏は彦根藩井伊家上屋敷例を引用し、「江戸城や大名屋敷では、上水道の目的のひとつに庭園泉水への注水も忘れてならない」と指摘している（後藤 二〇一一）。

排水施設の整備　排水施設は、マクロ的には江戸の城郭・都市整備との関連が強い。江戸は天正一八年（一五九〇）関東への領地替えに伴い、徳川家康が江戸に拠点をおいて以降建設が開始されるが、これが本格化したのは、いわゆる天下普請と称される各大名を動員して行われた城郭の建設である。最初期の道三堀の開削、江戸城本丸や西ノ丸建設と同時にして行われた平川の隅田川への付け替え、旧平川や日比谷入江の埋め立てと内堀の開削、旧石神井川の隅田川への付け替えなどは、江戸の城郭・都市整備の過程で進められるが、防災を含めた下水道整備の側面も併せもっている。

個別には堀割りや河川に流下させるシステムとして、後藤宏樹氏によって屋敷区画溝が素掘りから石組に変遷することが指摘されている（後藤 二〇一一）。それによると東京駅八重洲北口遺跡や外神田四丁目遺跡から出土した屋敷外縁の素掘りの区画溝が石組溝に変化していることを指摘し、外郭内の千代田区紀尾井町遺跡、外郭外の東京大学本郷構内の遺跡（越後高田藩榊原家中屋敷）など他の武家地でも確認できると例を挙げた。そして内郭にある大名小路や寛永期（一六二四〜一六四四）に移転した福岡藩黒田家屋敷では一六三〇年代に頃にこうした変化がうかがえること、先述した外郭内外の紀尾井町遺跡、東大構内の遺跡では一七世紀中葉頃、御府内縁辺の豊島区巣鴨遺跡（松本藩水野家下屋敷）や渋谷区千駄ヶ谷五丁目遺跡（紀伊田辺藩安藤家上屋敷）では一七世紀末から一八世紀初頭まで素掘り溝であることを挙げ、「屋敷区画溝の石垣化は、丸の内の一七世紀前葉を嚆矢として外縁へ行くにつれ新しくなり、ほぼ一八世紀初頭を最後に埋められ、石組下水へと変化する」ことを指摘した。この石組溝への変化は、下水整備と同意義であり、江戸における都市整備の過程がうかがえる資料となろう。

2　幕府の政策と水利施設―江戸上水と武蔵野地域の用水―

一節では上水を引水した遺跡として、汐留遺跡（大名藩邸など）、東京駅八重洲北口遺跡（大名藩邸、奉行所など）、上水を引水したが取りやめた遺跡として日本橋二丁目遺跡、上水を基本的に引水していない遺跡として東京大学本郷構内の遺跡を取り上げた。江戸を朱引き線内ととらえると享保七年（一七二二）に廃止された青山、三田、亀有、千川の四上水を含めた上水給水範囲は、大名藩邸や都市民の集住する範囲をほぼ網羅していた。しかし、廃止後の範囲は、ほぼ外郭内にとどまっている。この廃止によって隅田川東岸と外堀以北の西岸の広大な地域に上水の給水が止まる。加賀藩本郷邸のように高台を占有し、もともと掘井戸で上水の応需をしていた地域ではともかく、東京低地に位置する地域の影響は大きいと思われる。また、新宿区でいくつか確認されている基幹上水とは異なる可能性が強い上水道も、神田上水と玉川上水の通樋域ではない場所に多く分布している。

大嶋陽一氏の研究によると千川上水を止水した享保七年以降、宝暦九年（一七五九）から浅草、巣鴨、新材木町、高砂町、本所などの町人から幕府に出願された再興の申請一七例をあげ、安永五（一七七六）年には水元役の千川家が再興願い人仲間に加わり、千川上水再興運動が拡がりをみせている。こうした動きに対して反対運動も起きており、明和七年（一七七〇）には下谷、浅草六六町の名主らが、掘抜井戸を作ったため不自由していないこと、再興後の水銀徴収は難儀であることを理由に反対の出願をしている。その後の幕臣を含めた運動の展開により、天明元年（一七八一）に再興されるが、給水エリアにある二三六町のうち一五六町が水銀減額、二八町が通水を取りやめることになる。しかし、当該期には享保以来の新田開発によって千川上水への分水量が減り、慢性的な水不足となっていた（大嶋 二〇〇六）。

こうした経緯は、江戸への給水といった問題だけでない、幕府の経済政策が関連している。幕府の収入増加を目途に開始された武蔵野新田開発は、急激な水需要と連動しており、享保・元文期（一七一六～一七四一）に増加した分水は、分水年代がわかっている二一分水のうち一一分水にもおよび、倍増した。また、三田上水、千川上水は江戸への止水後も農業用水としての利用は継続されている。

このように都市江戸の上下水を巡る問題は、城郭整備、都市や近郊農村の開発・維持などの幕府の政策的側面と連動しており、上水の開通・廃絶、掘り抜き井戸の鑿井、溜井戸や水売りの普及などの関係などの諸側面を含めて、考える必要があろう。

3　上水施設の構造について

上水施設は、石あるいは木、竹とそれを接続した継手および分水や汲み上げなどを行う桝、井戸（桶）

で構成され、それを開削、埋設、架橋、潜樋などによって導水している。この構造―上水構成パーツの胎質の選択、規模、埋設法、工法、配線などの状況―は、年代、地形、地質、他の構造物との関係、導水先の性格、給水量、補修、工事費用その他によって異なると考えられる。

東京駅八重洲北口遺跡、汐留遺跡、神田淡路町二丁目遺跡では上水施設の構造や部材などについて分類が試みられており、その一部は前節で紹介した。これら遺跡の詳細な状況の把握は、それを総括するにあたって重要な情報を与えてくれる。

鈴木裕子氏は、神田淡路町二丁目遺跡出土の構造材、接続法、加工などについて分析を加え、年代的変遷を以下のようにまとめた（鈴木 二〇一一）。

・成形方法：寄木式↓刳り貫き式。多様性↓画一性
・先端部形状：段差↓先細り
・釘の種類：頭巻釘↓皆折釘
・釘の並び：互い違い↓二列並行
・木樋への釘頭部の加工：無し↓有り
・槇肌の有無：無し↓有り

一方で、汐留遺跡では前述のように樋管の規模や種類が屋敷によって異なっている状況も確認されている。

また、遺跡の出土状況からは、必ずしも『玉川上水留』や『神田玉川上水諸留』などに記載されている

上水施設の構造どおりに作られていたわけではなく、ここで取り上げた遺跡の上水施設を概観しても一様ではない。各遺跡で認められた諸傾向が共通相として抽出できるか？　は、各工法についての詳細な検証が必要になろう。

4　基幹上水とローカルネットワークについて

基幹上水通水以前のネットワーク　前節で紹介したが、東京駅八重洲北口遺跡では、玉川上水完成以前に上水施設が確認されている。こうしたネットワークの存在は、四谷御門外橋詰・御堀端通・町屋跡の遺跡の調査によっても確認され、波多野純氏、村井益男氏らによって指摘されている（波多野　一九九七、村井　一九九七）。慶長・元和期の江戸の風俗などを記した三浦浄心著の『慶長見聞集』には「江戸町水の道の事」として「神田明神山岸の水を北東にながし、山王山本の流を西南の町へながし、此二水を江戸町へあまねくあたへ給ふ」（江戸叢書刊行会　一九一六）と、神田上水、玉川上水以前の水道について書かれている。波多野氏はこの他、神田上水では享保一二年（一七二七）頃の『落穂集』（大道寺友山著）、元文五年（一七四〇）の『武徳編年集成』、文政三年（一八二〇）の『武蔵名勝図会』（上田孟縉著）、明治の『御府内備考』などの例を、玉川上水では寛永八、九年（一六三一、三二）の『武州豊島郡江戸庄図』、『正保録』、『大猷院殿御実紀』、歴博本『江戸図屛風』などの史料から、「玉川上水以前に赤坂溜池を水源とする上水道が存在し、幕府が維持管理をしていたことは、確実なようである」と指摘している（波多野　二〇一一）。

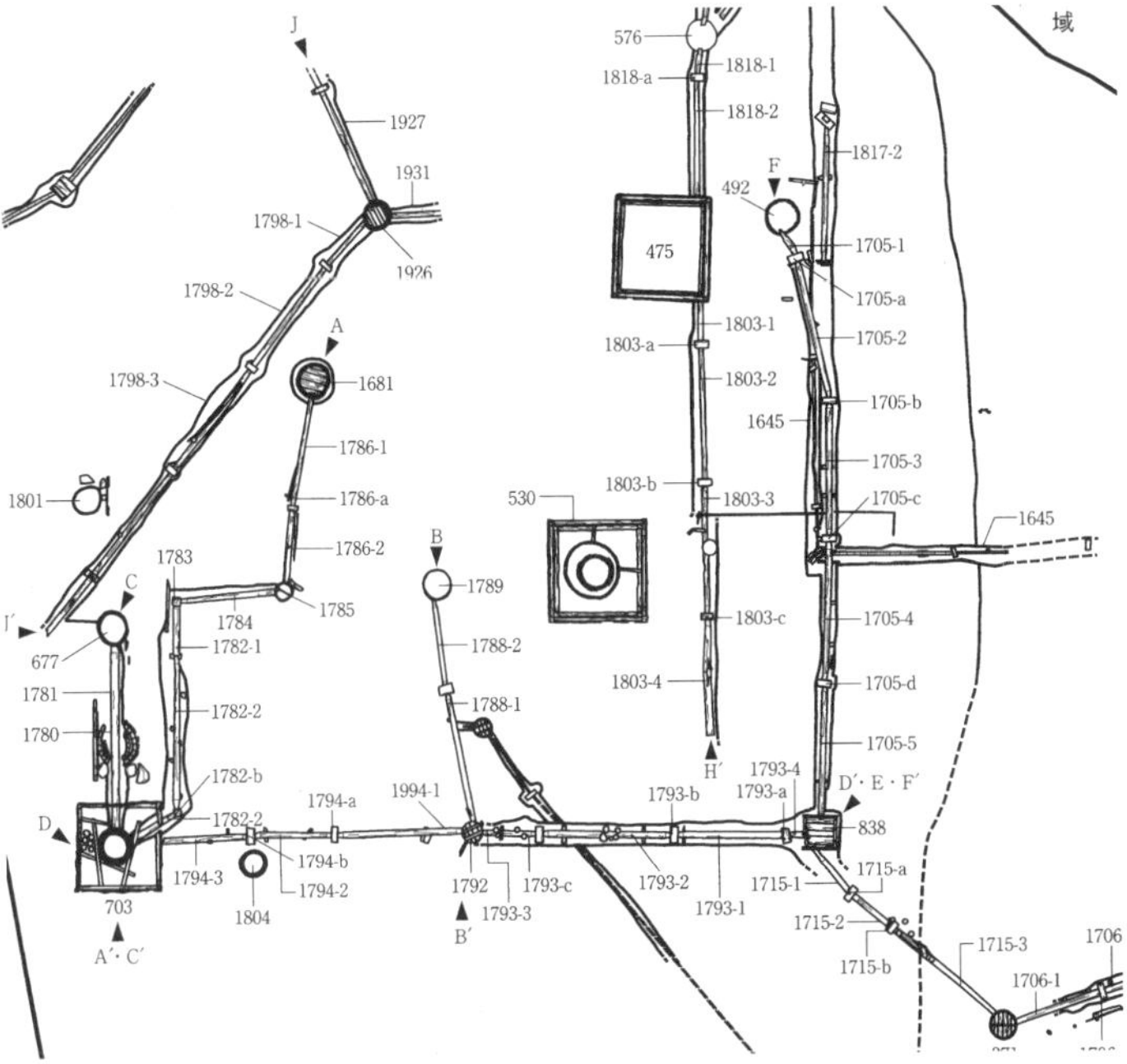

図6－24　千代田区飯田町遺跡

基幹上水通水後のローカルネットワーク

また、こうした基幹ネットワーク完成以後においてもローカルネットワークが構築され、利用された例がある。千代田区飯田町遺跡では掘井戸である七〇三号遺構を水源とした上水施設が確認され（図6—24）、七〇三号遺構から木樋による導水で途中廃棄されたと推定される六七七号遺構と上水井戸である一六八一号遺構に給水するものであった（千代田区飯田町遺跡調査会 二〇〇一）。飯田町遺跡は神田上水の給水域にあたり、七〇三号遺構とそれに伴う上水施設が確認された時期（三期、一七九二〜幕末）に、神田上水に伴う上水施設も確認されていることから、これらが基幹ネットワークと共存していたことは間違いない。

類例としては、台東区上車坂遺跡東上野四丁目八番地地点で確認された第一三六号遺構掘り抜き井戸と六メートル程度の竹樋（第一四八号遺構）で連結される第三九号遺構井戸例があり、この井戸は第一三六号遺構から導水されたものと考えられている（台東区教育委員会二〇〇三）。

斎藤進氏は尾張藩市谷本村町遺跡の調査事例に検討を加え、上水引水の目的が防火の可能性を指摘した（斎藤二〇〇〇・二〇一一など）。上水施設が確認された尾張藩市谷邸は、淀橋台の北側市谷台上から南端部に位置している。確認された上水施設は市谷邸の西部に「T」字状に配管されており、水源と推定している屋敷地北西部（IH―木四）と南西部（IH―木一）から引水し、両者が合流する桝一から東流し、桝七まで導水する構造の施設である。

この上水について、玉川上水が引水している記録がないこと、埋設されている木樋の規格が汐留遺跡などと比較すると大きいこと、木樋や桝を埋設する堀方の深さが四メートルを超えるような規模であること、構築時期が尾張藩邸になる以前の街路と一致し、かつ屋敷内に引水されていないことなどをあげ、市谷本村台地の南北二箇所を水源とした通常の上水施設とは異なる目的を考察している。

ここであげた例以外にも神田淡路町二丁目遺跡で確認された上水井戸B二一号遺構とこれに接続された竹樋例（株式会社四門二〇一二）など神田上水や玉川上水といった基幹上水が整備された場所であってもローカルネットワークが確認されており、各地で地形や目的に応じた構造のネットワークが構築・機能していた。

他方、栩木真氏は若宮町遺跡二次調査（牛込若宮八幡前旗本屋敷）、天龍寺境内、内藤町遺跡新宿高校

地点（旗本屋敷）、行元寺境内、崇源寺境内、馬場下町遺跡（町屋）など新宿区内の上水が通水してない場所のローカルネットワーク調査例をあげ、谷筋に立地する遺跡が多いことから水源に湧水が多いこと、そうしたネットワークの給水は比較的狭い範囲で完結していることを指摘している（栩木　二〇一一）。

第七章　町屋の水事情

人間にとって水はなくてはならないものである。多少の物はなくても、水さえあれば人間はある程度まで生きられる。その事は、このたびの東日本大震災で、東北はもとより、関東、関西にまでも市販の水（多くはペットボトル入り）が飛ぶように売れ、品切れとなった現実をみてもわかる。水さえあれば急場は何とか凌げるものである。

作物も、動物も人間も水なしでは生きてはいけない。そんな身近な水と人間との関係を、江戸という時代の江戸という地域を限り、さらには、大名でも、武士でもない一般庶民と水との関係を考えるというのが今回のテーマである。

現在の様に水道の蛇口を捻れば水がすぐでるなどという事は当然江戸の昔にはあり得ない。ではどのようにして江戸の人々は、水とかかわってきたのであろうか。人と水との関係、特に、人が直接口にする飲み水や炊事、洗濯などのための、生活に必要な水という限定付きで考察を進めていく。

図7―1・2は、『江戸名所図会』に描かれた井戸の図二枚である。『江戸名所図会』は、絵師長谷川雪旦等が江戸の名所を写実的に描いた七四二点の挿絵に、斉藤月岑《げっしん》父子三代が解説を加え、天保年間に刊行

図7－1　『江戸名所図会』

したものである。実際には江戸とその近郊を描いたこの絵図は、当時の人々に名所案内記として人気を博し、江戸土産としてよく売れたものである。このなかに、井戸を描いた図7—11または図柄が書き込まれた作品が何点かある。

図7—1「柳の井」は「尾州公御館と井伊家の間の坂を清水谷」というのであるが、その名前の理由を「清水谷と唱ふるもこの辺りの事なり、この所の井を柳の井と号くるは、清水流るゝ柳蔭といへる、古歌の意をとりてしかいふとなり」。図7—2「桜か井」には「伊井侯の藩邸表門の前、石垣のもとにあり、亘り九尺ばかり、石にて畳し大井なり、釣瓶の車三つかけならべたり、或いは云、……柳の木をうえし故に柳の水ともいへり、いづれも清冷たる甘泉なり」と解説が付いている。二つの井戸はどちらもそれぞれ、柳の井は、湧き出た水がそのまま流れ出る形の井戸であり、桜か井の方は、絵からも分かるように釣瓶が三箇もついた、水を汲み上げる大きな井戸であった。両者ともことば書きから清水が湧き出る優れた水を供給するための井戸であった事がわかる。こ

のような、清水の湧きでる場所が江戸の土地には他にも複数あったことが『江戸名所図会』からだけでもわかる。

図7―3は、流水で洗濯をしている女性の姿を描いている絵師豊国、国久の浮世絵である。題名が「江戸名所百人美女」とあり、美女をメインとした錦絵である事が分かる。主人公の美女はお茶の水を流れる川で洗濯をしている。伝説を絵画化したものであるといわれているが、現在では全く考えられない、東京の中心部での自然流水を使った洗濯の様子が描かれている。現在のお茶の水界隈にはこの様なきれいな水がかつては流れていたのであろう。江戸とはそういう時代であり場所であった。

図7－2　『江戸名所図会』

　図7―4は井戸から水を汲み上げている男性とその水を使って洗い物をしている女性の姿が描かれている。浮世絵師歌川国貞によって描かれた静嘉堂文庫蔵「雪のあした」と題されたこの絵には、井戸と共に井戸の周りに集まってくる庶民の姿が微笑ましく描かれている。

図７－３　「江戸名所百人美女」「御茶の水」
（国立国会図書館蔵）

図7—5は、明治の東京でもみかけられたという水売りの絵である。『守貞謾稿』には、「夏月、精霊の泉を汲み、白糖と寒晒粉の団とを加へ。一碗四文に売じせつる」とある。つまり、現代では差し詰め、夏限定の自動販売機でジュースを買う人々のための、江戸版自動販売機、実は人力による水売りであった。

以上、江戸の水に関する絵画資料を目に付くままに五点あげた。江戸の水事情と一概にいったところで、その形態はいろいろである。そこには、現代と共通するものもあるし、また、全く現代では使われないようなものもある。先にも述べたように、今でも名水のでるという井戸は東京にもある。これ等の内、飲み水にできるものは限られるであろうが、ないわけではない。近所の人が、ペットボトルなどに入れて、もち帰りが可能な井戸もある。飲み水にはならなくても、下町の路地などへ入ると、ポンプ式の井戸などもたまにみかける。しかし、最近の東京で、それも都心を流れる自然の川での洗濯などありえない。

図7－4　「雪のあした」（歌川国貞、静嘉堂文庫蔵）

図7－5　『守貞謾稿』

江戸と云う地域を限り、更にそのなかでも町屋、つまり主に町人の居住する場所での水に関する事情を次節以降でみていきたい。

一　町屋と水

身分制のしかれていた江戸では、住民の居住地にも制約があり、現在のように、庶民が自由にどこでも住めるという事ではなかった。そこでまず、江戸市中における町人の住宅環境を概観し、そこから、町人と水との関係を探っていく事にする。

江戸の町は徳川家康が江戸に幕府を開いた慶長八年（一六〇三）

頃から土地、人口と共に増加を始め、慶長期に町人人口約一五万人、三〇〇町であったものが江戸中期には、八〇八町を優に越える、一六七八町、町人人口五〇万人武家方人口五〇万人と合わせて一〇〇万人、最盛期には人口一三〇万から一四〇万人に達する大都市に成長した世界でも最大級の都市であった。しかし、武家とほぼ同数を有していたといわれる町方住人は、大名を始めとする武士身分の居住する武家地と、神社仏閣の存在する社寺地を合わせたおよそ二割の土地に居住していたのである。町人は人口過密のなかで生活していた事がわかる。

図3―2（八一頁）は、江戸の土地利用の区分を示したものである。江戸城を中心として、大名藩邸、旗本、御家人などが居住する武家地や寺社地の間に白くみえるのが町人地である。いかに僅かな場所で多くの町人が暮らしていたかがわかる。江戸城の東側、常盤橋、数寄屋橋から江戸湾迄の埋め立て地が中心である。どうみても、地理的にはあまり条件の良い土地とは思えない場所に多くの町人たちが居住していた。

この町人地、江戸の町方を支配していたのは二人の町奉行であった。テレビや時代劇でお馴染みの大岡越前のいた南町奉行所や、遠山の金さんのいた北町奉行所のトップがそれに当たる。そして、この二人の町奉行の下に、奈良屋、樽屋、喜多村の三家世襲の町年寄が任命され町制を司っていた。さらにその町年寄の下に、原則一町一名の名主がいて、町、町人を直接支配していたのである。

また、これ等江戸の町名には、町内に住む住人たちが江戸に入植する以前に居住していた土地の名を記した駿河台（駿府出身）や、居住者の職業集団の名を冠した鍋町（鋳物師）鉄砲町（鉄砲師）の様な、町名が付けられる場合が多かった。これだけをみても、江戸の町が新しくつくられた町であることがわかるであろう。

実際には、一町一名主の原則は破られて、一人の名主が何町もの土地を持つようになるのであるが、この名主が支配する町内の地面一区画をさらに町屋敷と呼んでいた。そして、この土地の所有者、つまり、地主から依頼を受けて町屋敷を管理するものを一般に家主、家守といっていたのである。地主が直接その場に住むとは限らないので管理を地主から委託されていたいわば管理人である。

大家、差配ともよばれる家主、家守は、落語や時代劇によく登場してくるが、店子同士の喧嘩の仲裁や、病人の世話等、敷地内住人の身近な世話から、近隣の家主同士で五人組を構成し、月行事、幕府から命を受けた町触れの伝達、人別調査などの公的な仕事までをこなさなければならない。さらに、道路の修復や、上下水道、井戸の管理なども重要な仕事であり、町方支配の末端を管理する役割を担っていた。町屋敷内で行われる事のすべてがこの家主の責任であった。

町人のほとんどは町屋敷のなかに居住して居り、長屋もほとんどが町屋敷内に建てられている。この町屋敷の多くは、矩形に区切られており、屋敷地内に、貸地、借家、店舗、土蔵、長屋などをも含めた多様な住人の居住する集合体を形成していた。では、この様な現在の住宅環境とはかなりかけ離れていると思われる町屋における水事情とは一体どのようなものだったのだろうか。

最近では、江戸東京博物館など、あちこちの博物館で当時の復元した家屋をみることができる。これをみて驚く事の一つは一般町民住宅一戸の狭小さである。豪商や豪農の家屋の立派さに比べて、一般庶民の家とされる長屋個々のあまりの狭さである。大人が独り寝てしまったら、殆ど隙間がない部屋と、竈とほ

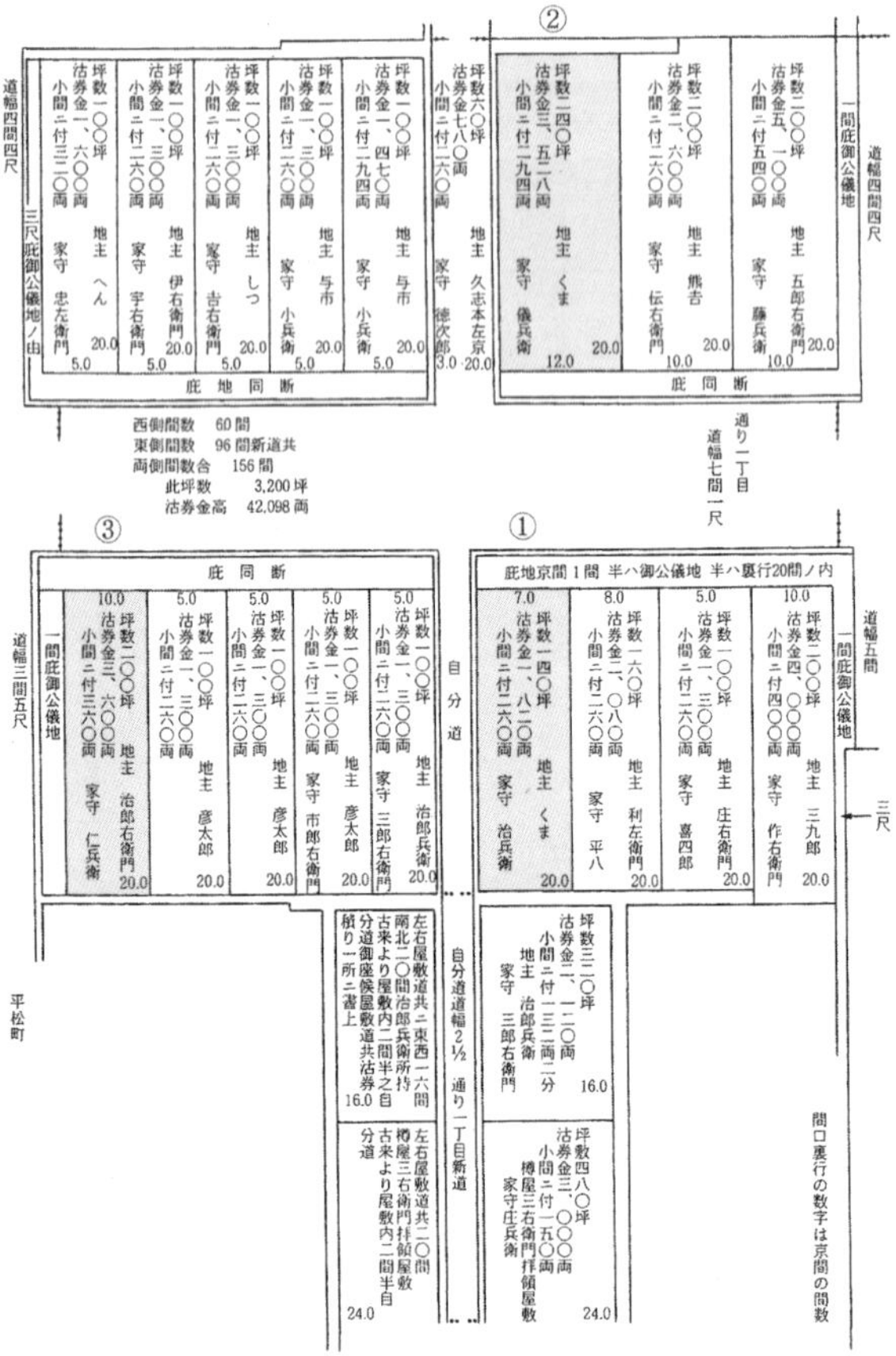

図７－６　「寛政期通一丁目沽券図」国文学研究資料館史料館白木屋文書（都史紀要『江戸住宅事情』）

んの少しの炊事場らしきものしかない家である。これは、博物館等に造設場所がないのでミニチュアを造ったのではなく、ほとんどが、実際の大きさを復元したものである。現代の日本の家屋の狭さは外国と比べてよく話題に上るが、その狭さの比ではない。今の住宅にはほとんど付いている風呂、トイレ、水道すらないただの部屋に近いのである。

1　町屋敷内における生活用水

図7―6は国文学研究資料館史料館寄託白木屋文書（都史紀要『江戸住宅事情』が作成）「寛政二年（一七九〇）通一丁目沽券図」である。沽券図とは、もともとは土地の売却証文全般を指す言葉であったが、江戸時代中期になり、町奉行の命令により、町名主が主体となって作成した絵図の事である。

通一丁目は図7―7『中央区沿革図集』におさめられている「日本之下町復元図」で濃く示したように日本橋のすぐ袂にある町である。近江屋伝兵衛などの名がみえる。通りを挟んだ両側が一つの町を構成している。

図7―6の黒く塗った①と②の部分は、地主くま所有と記載がある。くまが実家の財産を受け継いだものである。『東京市史稿』産業編「伴伝兵衛家文書」安永九年（一七八〇）伴家家屋敷相続一札には「通一町目東側新道北角表京間七間裏行町並一ヶ所、同所西側新道北角表京間十二間裏行町並一ヶ所、右家屋敷安永三午年九月中先伝兵衛より拙者譲請」たのであるが、自分の子どもが六歳で亡くなり、自らも病身であるからと、先代伝兵衛の惣領娘であるくまに、この先代伝兵衛から譲られた土地を譲るとある。伴家は元々近江八幡を本拠とする近江産の畳表などの商品を販売していた商人であった。江戸時代初期から江戸で手広く商売を始めていたとされるが、まさに、この譲り状で伝兵衛からくまに譲られている土地こそ、図7―6の沽券図にみるくまの土地である。

図７－７　「日本之下町復元図」(『中央区沿革図集』に加筆)

元々沽券図には、一区画ごとに土地の所有者である地主、実際は他所に居住している地主も多く、この場合は、その土地を管理するのが家主、家守であるが、両名前と共に、沽券金、つまり売買価格、土地の間口、奥行寸法、坪数等土地の形状などが記載されているものが多い。当時における町屋の土地状況を知ることができる史料であるが、地主くまの土地にもこれ等の記載がされている。

図7—6のうち、①は、坪数一四〇坪、くまの実家伴家の店である。この屋敷内の様子を描いた図が7—8である。（都史紀要『江戸住宅事情』）明和九年（一七七二）伴家文書、「伴家本店」の図である。ここ

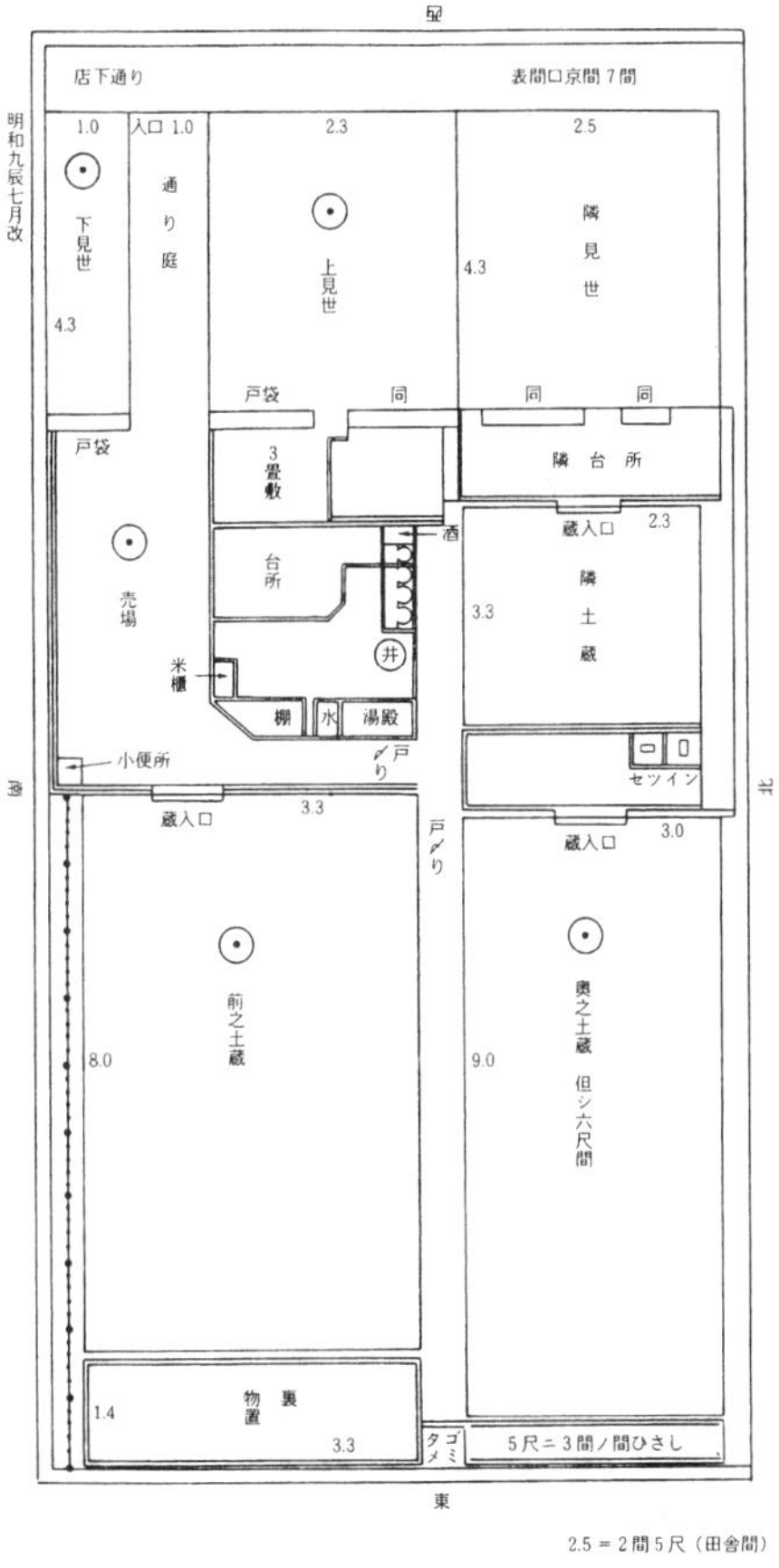

図7－8　「伴家本店の図」伴家文書（都史紀要『江戸住宅事情』）

図7－9　『都鄙安逸伝』

にあげた伴家関係三つの史料は作成年が多少ずれているので、そのまま当時の姿を伝えていると断定することはできないが、当時の大凡の状況は摑めるであろう。

◉は伴家が使用していたスペースであるという。隣見世、隣土蔵とあるのは、伴家の貸店である。流石に従業員を何人も雇っていたであろう大店だけあって、建物内に竈が四つ、湯殿、小便所、井戸、セツイン（便所）とゴミタメがある。一〇〇坪近くの土地のほとんどが店舗ではあったが、ほぼ一軒で使用していた例である。

当時の台所の様子を知るためにあげたのが図7—9『都鄙安逸伝』の挿絵である。伴家本店の様子も、ここに描かれた状況と似ていたのではなかったであろうか。台所の真ん中あたり、丁度どちらも竈が四つ、そのかたわらに井戸がみえる。当然その井戸から水を汲み上げ料理などに使う、家人や使用人が、この様にして家内にある井戸を使用していたのであろう。ここでみた井戸は、現代の水道の様な感覚で気安く使えたであろう。

これと同じく、くま所有の伴家向屋敷絵図が、図7—6②である。さらにこの内部を描いたのが、「伴家向屋敷絵図」『伴家文書』（都史紀要『江戸住宅事情』）図7—10である。伴家本店の図と同時期に作られたとされるこの絵図には、二四〇坪の伴家所有の土地状況がよく記されている。この土地の一部を借り、自ら家を建てる地借り（地代が記されている）。大家である伴家が建てた店を借りる店借り（店賃が記されている）。やはり、伴家が建てた通りから奥に入った場所にある長屋（店賃が記されている）などの様子がわ

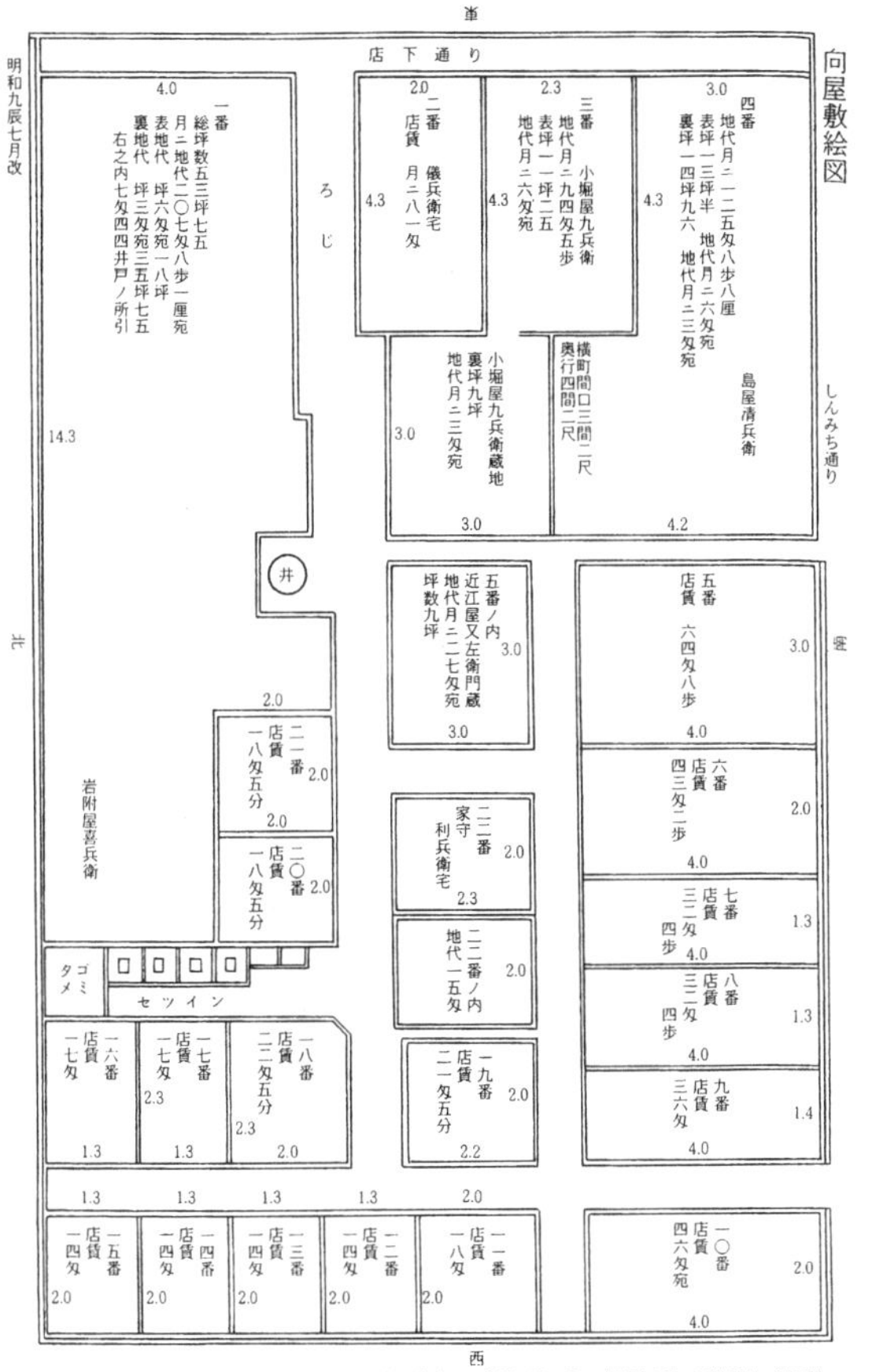

間口奥行の数字は田舎間の間・尺。寸以下は尺に四捨五入。以下同。

図７－10　「伴家向屋敷図」伴家文書（都史紀要『江戸住宅事情』）

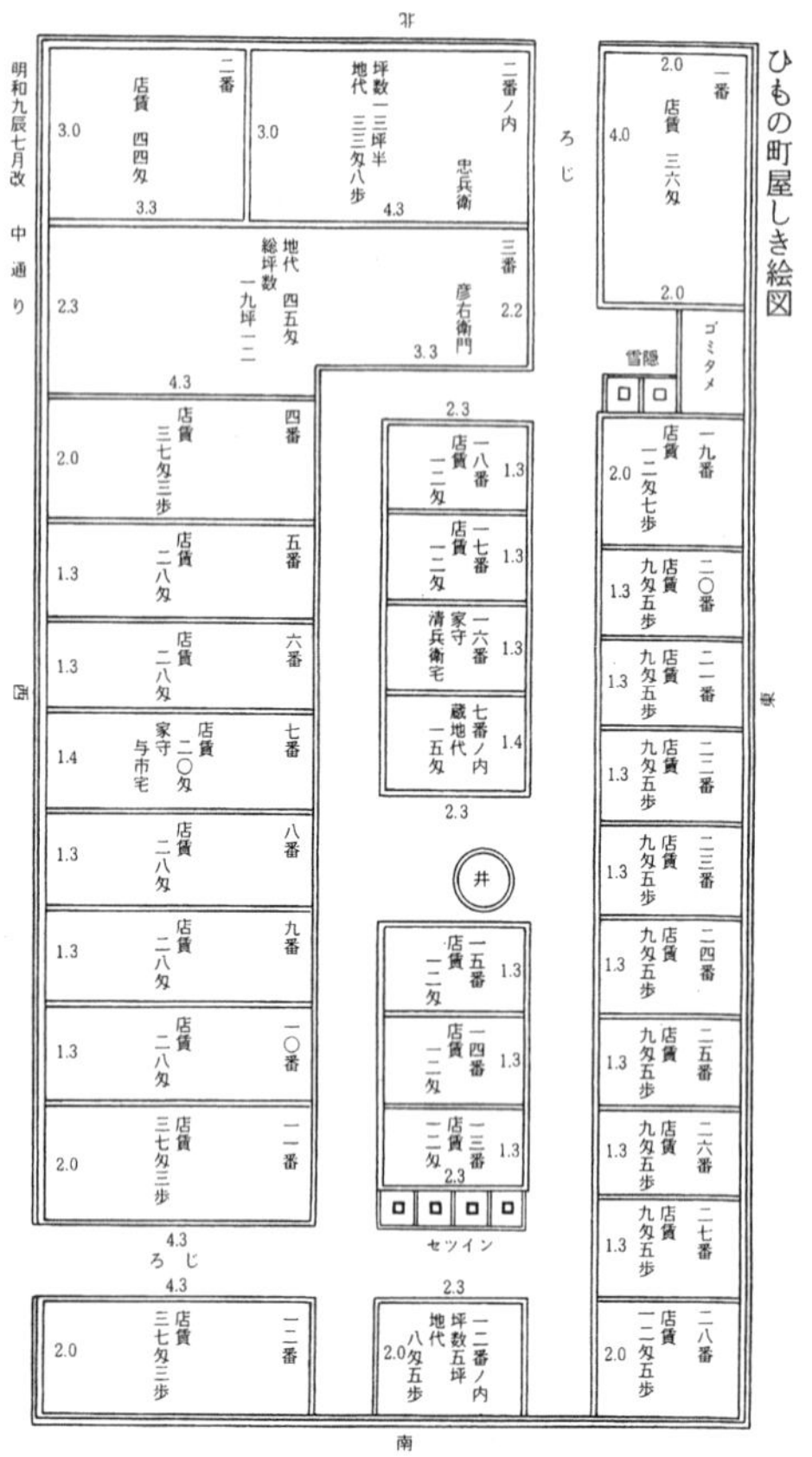

図７－11　檜物町伴家屋敷図（伴家文書）

かる。土地、店の大きさから、地代、店賃まで細かく書き込まれている興味深い史料であるが、ここで一番気になるのは、いかに零細な家屋が多かったとはいえ、敷地内に二〇軒以上の家がありながら、セツインが全部で四個、ゴミタメ一つ、そして、特に今回のテーマである、水を供給するための井戸が敷地内に一カ所しかない事である。絵図に一番と記されている五〇坪以上の土地をもつ店もあれば、一五番などの様に四坪以下の建物、長屋もある。大店と狭小な長屋式の家屋の住人が入り混じり、同じ便所、井戸を使うという、現代の我々の常識では考えにくい現実がここには示されている。先の、伴家本店の状況と違い、全く他人同士が、それも、広狭はあるが一軒平均四人住んでいたとして、二〇〇人前後の人間が、これだけの施設を共用していた事は驚きである。

この伴家の土地に対して、同じく図7―6に書き込まれている③治郎右衛門の土地を示したのが、図7―11である。治郎右衛門とは三井治郎右衛門の事である。三井家は自らが営業する店以外にも、土地を多く所有していた事で有名である。文化四年（一八〇七）の図であるが、図7―10「伴家向屋敷図」より一戸当たりの建物の面積は大きいものの、建物全体一七戸に対して、芥溜が一、便所が四、井戸が一である。伴家、三井家どちらの所持地にしても、建物の数や、規模にくらべて、便所、井戸などの生活必需品が現在と比べて極端に少ない事が分かる。

当時の人々の生活の不便さは、現代に生きる我々の想像をはるかに超えている。夜中にトイレに行こうとしても、外まで行かなければならない。どんなに寒くても、雪が降っていてもである。飲み水が必要なときもまた井戸端まで行かなければならないのである。

特に、今回のテーマである水とかかわる井戸が極端に少ない事に驚きを覚える。今述べてきた図7―8、10、11、に描かれた井戸とはどのような井戸であったのかが気になる。

井戸については、本書の他章でも明らかにされているように、この時代大きく一般に掘井戸、掘抜井戸、上水井戸がある。本章で扱った三つの井戸はこの内どちらの井戸に当るのでろうか。冒頭でみた図7―1、図7―2のような、清水の湧き出る井戸であったのであろうか。または、本書で主に扱っている上水井戸なのであろうか。または、掘井戸、掘抜井戸であったのか。

実は、江戸の、この章で取り上げた町屋の多くは、埋め立てられたところが多く、かなり深く掘らない限り、飲み水に適した水を得ることはできなかったといわれる。また、図7―8・10・11の三カ所の井戸

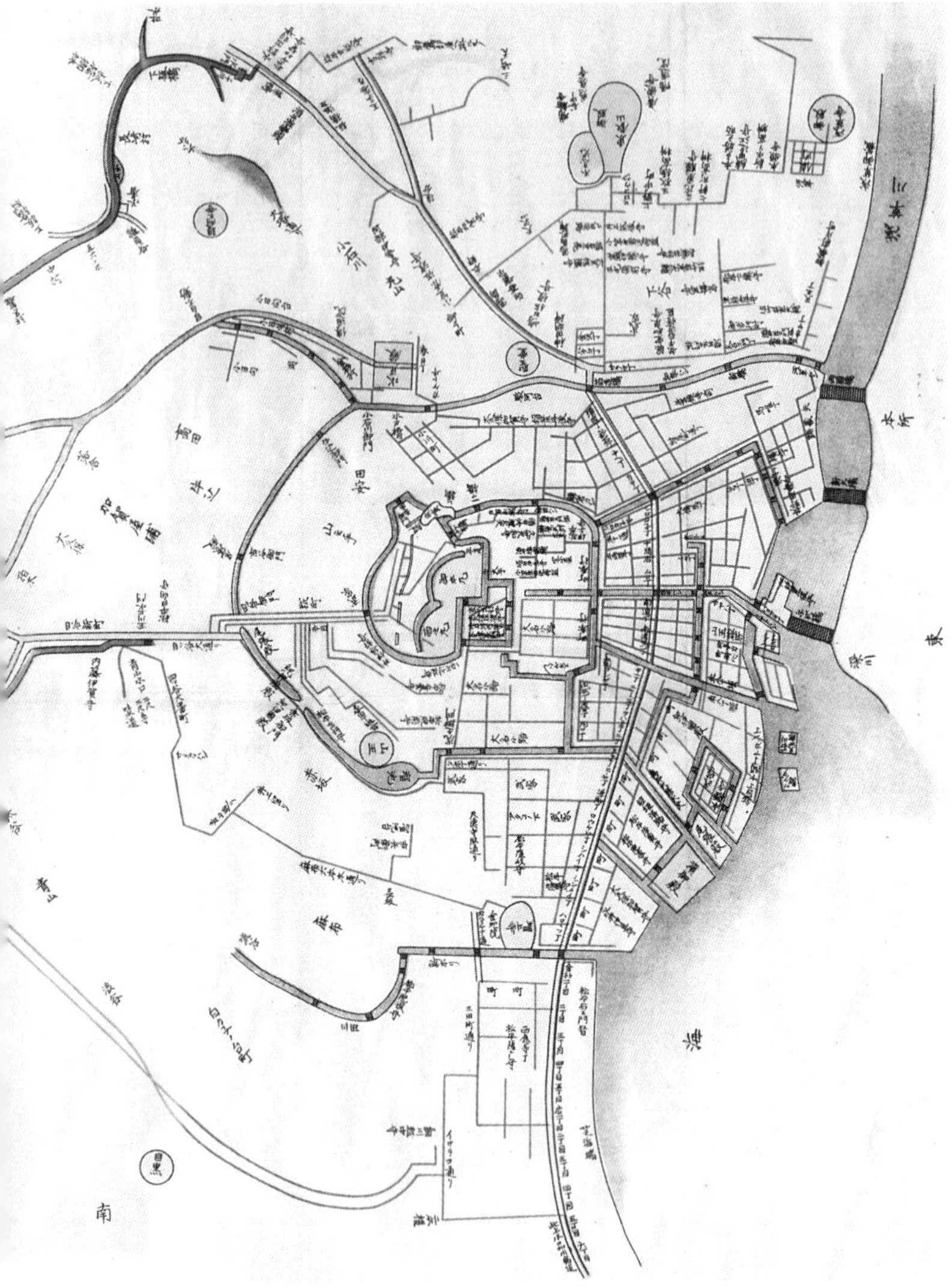

（『東京市史稿』上水編）

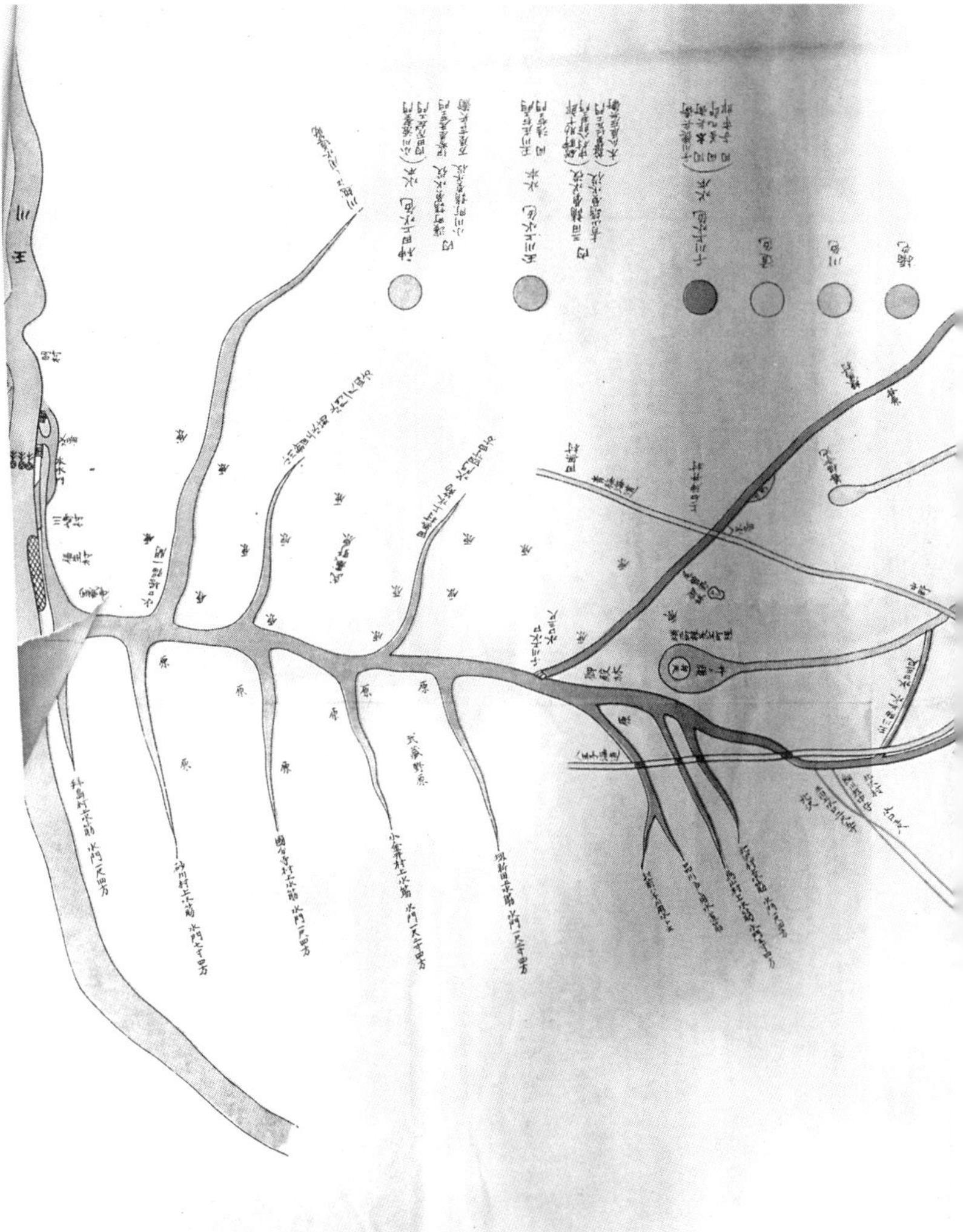

図７－12 「上水図」

がある日本橋辺りは、玉川上水の樋管が通っていたことから、これ等の井戸は上水井戸であったと考えられる。

図7―12は、『東京市史稿』上水編正徳末頃の上水図であるが、ここには、神田上水、玉川上水、千川上水がきれいに色分けされて書き込まれている。これをみれば、通町を含めた現在の中央区、港区、千代田区辺りには玉川上水の樋管が通っていたことが分かる。そして、この樋管の先、つまり、人々が使用する上水井戸そのものを描いているのが、冒頭に掲げた図7―4歌川国貞の「雪のあした」と題された絵の様な姿ではなかっただろうか。この絵は、当時の井戸とその周りの様子をよく伝えている。

新年の雪の積もった日の朝、頬かむりをした男性が、井戸の釣瓶に水を満たし、竿釣瓶でもち上げている。傍らには、桶に入れた水で何やら洗い物をしているおかみさんらしき女性。正月らしく、赤ん坊を背負い「寿」と書かれた手桶をもって水を汲みに来た長屋のお母さん。そのそばで、武馬やら雪合戦などで遊んでいる子ども達。雪かきをしている女性は、屋敷内にある店の奉公人であろうか。

現在でも井戸端会議などという言葉が残されているが、まさに、この絵にはその賑やかさがよく描き出されている。他にもこの絵の様な、井戸周りの状況を描いた絵画史料は多い。敷地内における人々の息遣いが聞こえてくるようである。伴家の屋敷図、三井家の屋敷図にみたように、井戸は町屋敷内に居住する人々の共通の生活必需品なのである。

しかし、この絵に示されているように井戸端で処理できるものはよいが、どうしても、飲み水や、食事作りなど、自分の家へ水を運ばなければならない場合もある。夜中にのどが渇いたときもそうである。家

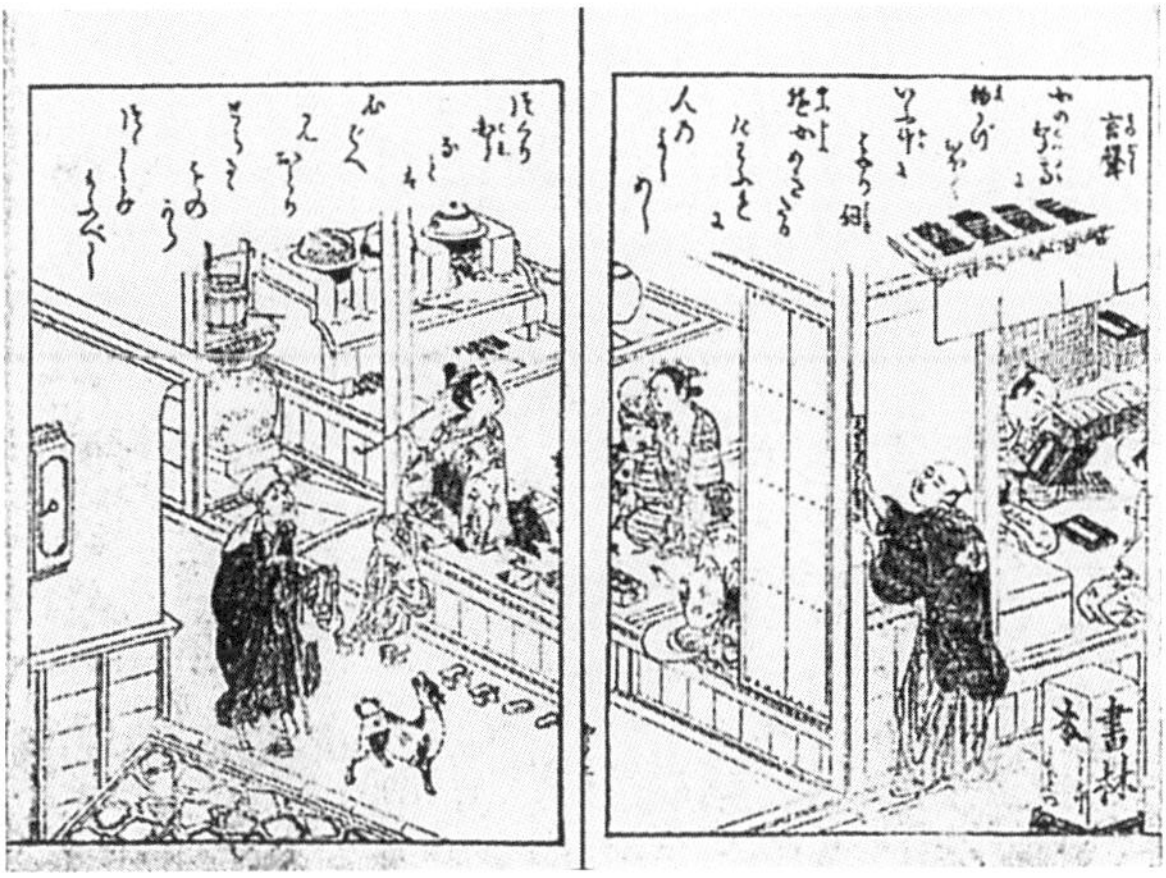

図7－13　『絵本江戸紫』（国立国会図書館蔵）

のなかに少しは水を溜めておきたい。そのためには、井戸から自分の家までポンプがあって運ぶ事ができれば良いのであろうが、そんなものは当時あるわけもなく、ひたすら、「雪のあした」の子どもを背負った女性のように、手桶で運ぶしか方法がないのである。当時の物である、木で作られた桶で、我が家まで運ぶことは大変である。そして、この絵に描かれているように、水運びはほとんどが女性の仕事であった。きつい仕事である。

当時の家内を描いた史料をみると、現在の台所に当たる部分で大きな甕が用意されている場合が多いことに気付く。図7―13は『絵本江戸紫』のなかの一場面であるが、玄関を入ったすぐの所に大きな甕が据え置かれており、その上に、井戸から運ぶため、または、調理のときの鍋や、釜に入れるためであろうか、手桶が置かれている。図7―3でみた「寿」の手桶をもった女性も我が家まで運んだ水を家のなかの甕に移して使っていたのであろう。「雪のあした」に描かれた女性は、みるからにたくましい長屋のおかみさ

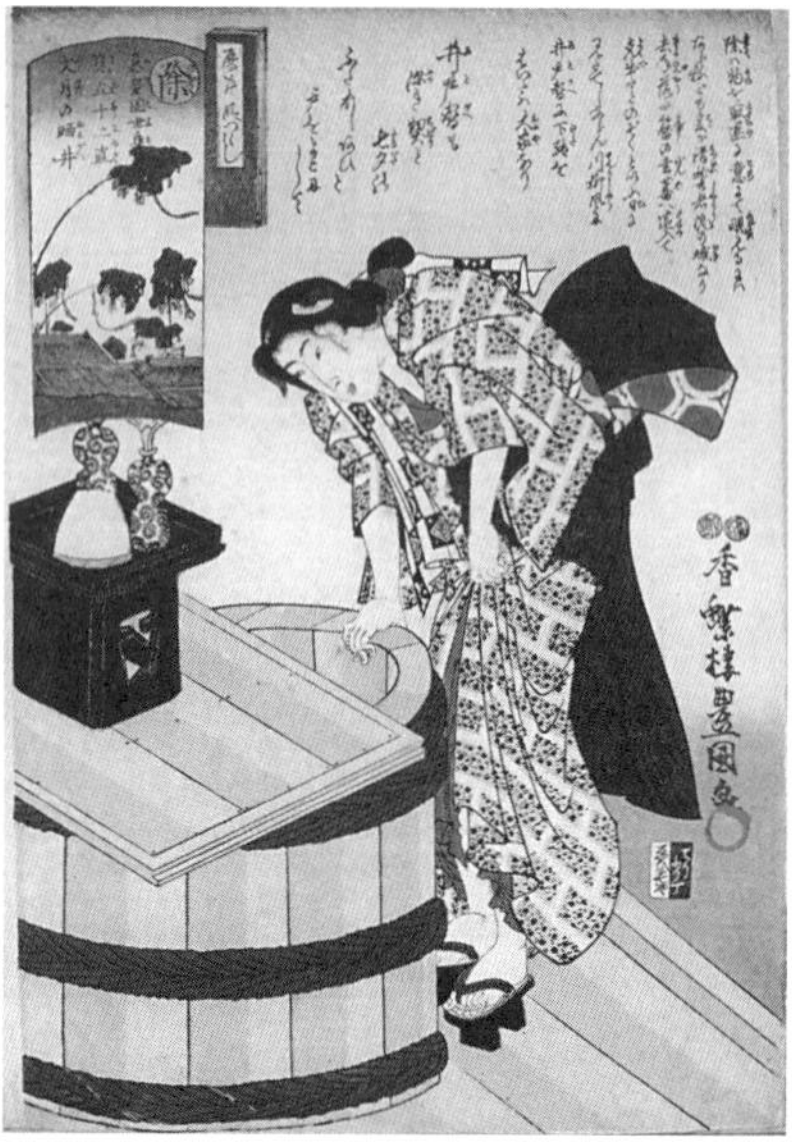

図7－14　「意勢固世身見立十二直」「除」「文月の晒井」「暦中段つくし」（東京都立中央図書館特別文庫室所蔵）

んのイメージそのものである。いくら逞しい長屋のおかみさんとて、井戸から我が家まで手桶で水を運ぶ事などかなりの重労働である。ましてや、井戸から離れた家では、なおさら大変である。

この様に、人々にとって大切な井戸も、一年に一度はメンテナンスをしなければならない。重要だからこそ大切に扱わなければならないのである。井戸に鮎が上がってくることもあったという話しも残されているが、玉川上水は川の水をそのまま使っていて、水質管理は徹底されていたといわれる。しかし、それでも、上水井戸の底に、砂や泥やゴミなどが溜まってしまう事は避けられない。七月七日七夕の日に、同じ井戸を使う住人総出で井戸替えといって井戸浚《さら》いをする。水をすべてくみ出し、井戸周り、井戸中の清掃である。そして、清掃がすべて終わった後に、塩や御神酒で井戸を清めるのである。

この時の様子を描いたと思われるのが図7—14豊国の錦絵である。足元が水濡れになるのを防ぐためであろうか、歯のある下駄をはき、着物の裾をもち上げている女性は、今まさに井戸替えの労働を終えたばかりですといわんばかりに、髪も解れ気味で、首には汗や井戸掃除のための水しぶきをぬぐうための手拭が巻かれている。そして、井戸替えの労働を終え、塩と御神酒を井戸に供えているのであろうか。井戸は、神様同様の扱い方がなされていたほど人々にとって大切なものであったことが伺える。

町屋敷内における零細な店貸、狭小な長屋では、個々の家に井戸がないというのも頷けるが、「伴家向屋敷図」に記載されている五〇坪もの土地を借りて、自ら店を建てるような、従業員もかなりの数を抱えていたと思われる店が、または、それ程の規模はなくても表通りに店を構えられるような、そんな店舗までが、戸内に井戸もなく、外まで水を汲みに行かなければならなかったのである。これが町屋敷内の現状であった。

上水の町屋利用は、町屋敷一カ所に井戸一つというのが原則であったという。屋敷内を分割して使用する場合は、たとえ何軒に土地を貸していようが井戸一個というのは当時としては当然のことであった。しかし、現代人の感覚からいえば不便なことはこの上もない。

『東京市史稿』産業編三二に井戸に関する天明八年（一七八八）『撰要永久録』の記事が紹介されている。南伝馬町一丁目の家主利助からの願い出である。利助の間口一〇間の敷地には井戸がなく大変困っているので今回裏へ一カ所新規の井戸を掘り、神田上水の大樋から水を貰いたいというのである。そして、そのためには、請負金、水銀の決められた額を上納しますと普請役所へ願い上げている。我が家の建物内ですらなく、敷地全体に一井戸もないとは確かに不便であろう。

江戸時代といえども、家主利助が上申しているように水の使用料は、当然ながら支払わなければならな

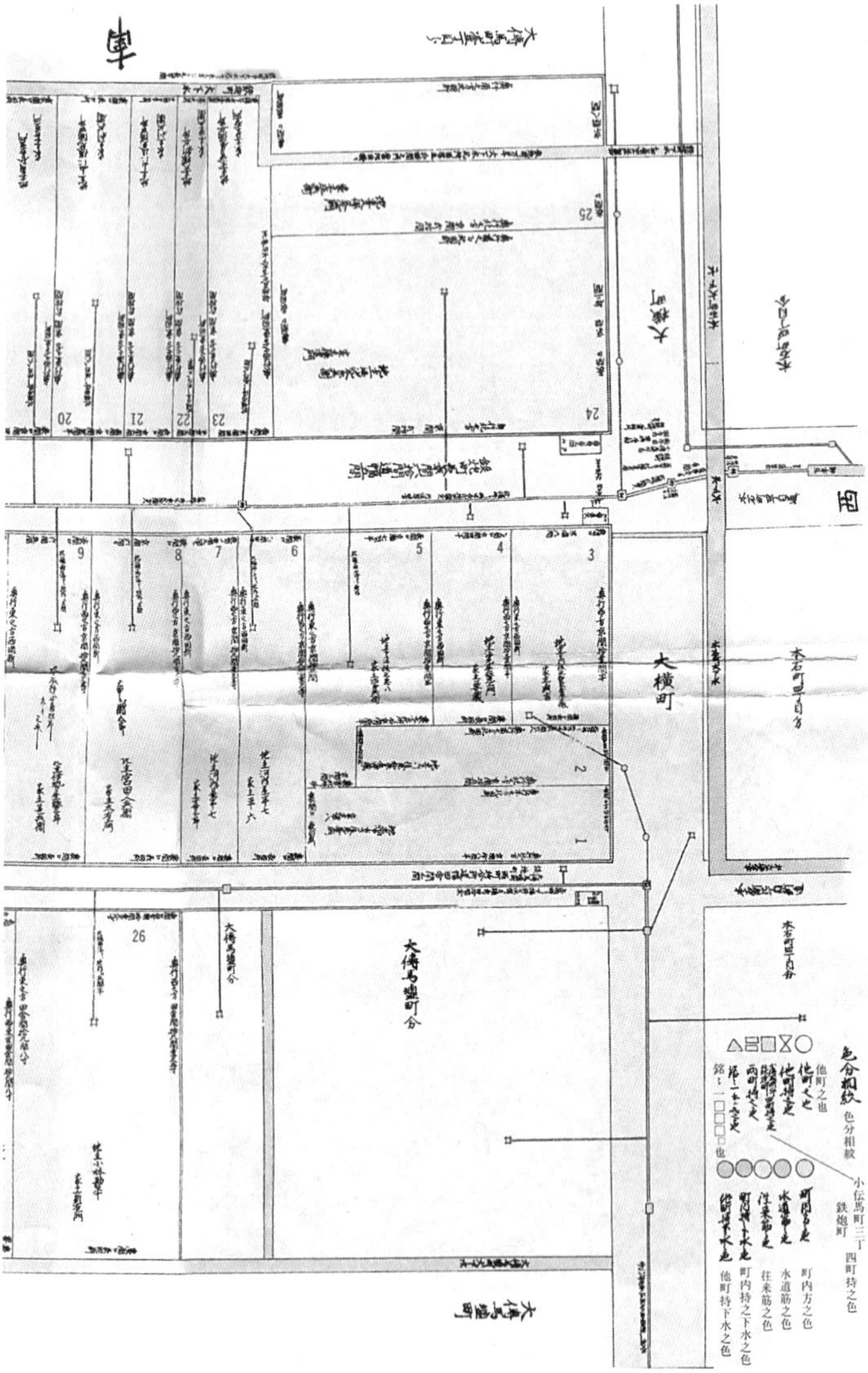

図」（『中央区沿革図集』〔日本橋篇〕東京都中央区京橋図書館蔵）

い。町方の上水の料金については、二章ですでに説明されているので、詳細は省くが、当時の水に対する料金は、水の使用料の多寡に係るのではなく、ましてや、井戸の数で決まるものでもない。敷地の間口の大きさで決めるのがこの時代の方法である。上水については、武家、町人に限らず上水利用料にあたる水銀、施設更新料にあたる普請銀が徴収された。しかし、これは地主が支払うもので、店貸、地貸人には支払う義務はなかった。何はともあれ、家のなかに井戸があれば便利であろう。上水井戸を作るためには、幕府の許可が必要だったのである。

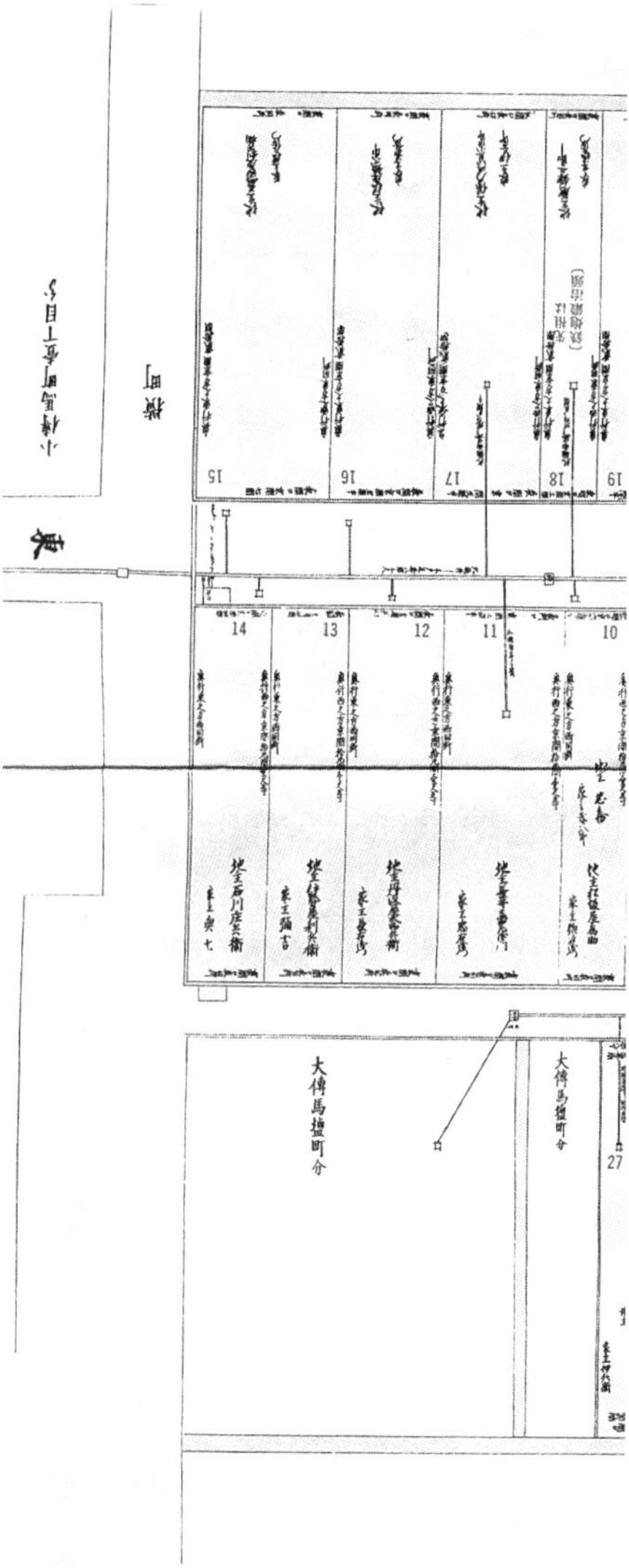

図7－15「寛保沽券図の内鉄炮町沽券

2　上水樋線図

図7―15は現在日本橋本町にあたる鉄砲町に残る「寛保沽券図の内鉄炮町沽券図」である。これは現在中央区京橋図書館に所蔵されているが、『中央区沿革図集』で手軽にみることができる。この沽券図には、先にみた「通一丁目沽券図」などとは違い土地の沽券金高や、坪数などは記載されていないが、これ等の沽券図ではみる事のできない上水路、上水枡、上水井戸の位置、下水路等が細かく書き込まれており、これ等がきれいに色分けされて描かれている。当時、上水がどのようなルートを通って町屋迄運ばれてきたかがよくわかる図面である。これをみると、ほぼ一町屋敷に一井戸の原則が守られていたことが分かる。上水井戸の引かれていない町屋敷はあっても、二井戸をもつ町屋敷はないという事もよくわかる。

しかし、この鉄炮町の場合とは全く違い、実際に、本来あってはならない井戸が描かれている図面がある。図7―16・17の国立国会図書館蔵旧幕府引継書『玉川上水留』一七冊天保一〇年から一一年（一八三九～一八四〇）の「玉川上水四谷御門外町方引取樋枡新規伏渡一件」には、本来ある筈のない井戸が記されている。天保一〇年六月一三日麹町一一丁目の家主徳兵衛が「玉川上水御組合分水請桝」が年来使っていたため「朽損候二付」「新規入替」をしたいと願い出た事に端を発したこの事件は、その後役人の検分で、この町屋敷内において届け出もされておらず、ましてや水銀も払わずに使用されていた井戸がみつかってしまったのである。このとき、家主徳兵衛が最初に願書と共に提出した絵図面が図7―16である。内法一尺八寸四方深サ六尺と記されている。筆者が矢印で示し、黒く塗り潰した部分の埋桝を入れ替えたいという願いであった。このためさらに、役所に新たな図面が提出された。届け出が出され許可された願済、届け出の出ていない無願井戸が記された問題の図面である。図7—17。麹町一一丁目、四谷伝馬町一丁目、筆者が便宜的に星印を付けた井戸が願済の井戸であり、それ以外の井戸が無願井戸である。北原糸子氏が、『四谷御門外橋詰・御堀端通・町屋跡〈考察編〉』で詳しくこの事件を紹介されている。両町合わせて九人の願済みの井戸に対して、約二倍以上の無願井戸があった。麹町一一丁目をみると、事件の発端となった家主徳兵衛は分水していなかったので問題外である。玉川上水から引いた水は、御組合樋筋を通り、麹町一一丁目、四谷伝馬町まで来ている。そこから家主徳兵衛、家主金蔵、家主岩吉、家主藤助、家主五兵衛、家主新三郎、家主平三郎が自分の敷地に引き込んでいる。このうち、全く分水をしていない家主徳兵衛と願済、無願の記載がないとされる家主岩吉、家主藤助、家主新三郎を除いた三人の家主が無願で、自らの家作内に水を引いていたのである。この三人の本来あるべき三つの井戸に対して、実際は何と一三人一五カ所の井戸が確認されたのである。不正使用の方が、正規のものより断然多かったのである。結局これは、最終的には翌天保一一年一〇月無願井戸一五カ所の内、九カ所を潰し水銀普請銀を通常に支払う事で決着した。

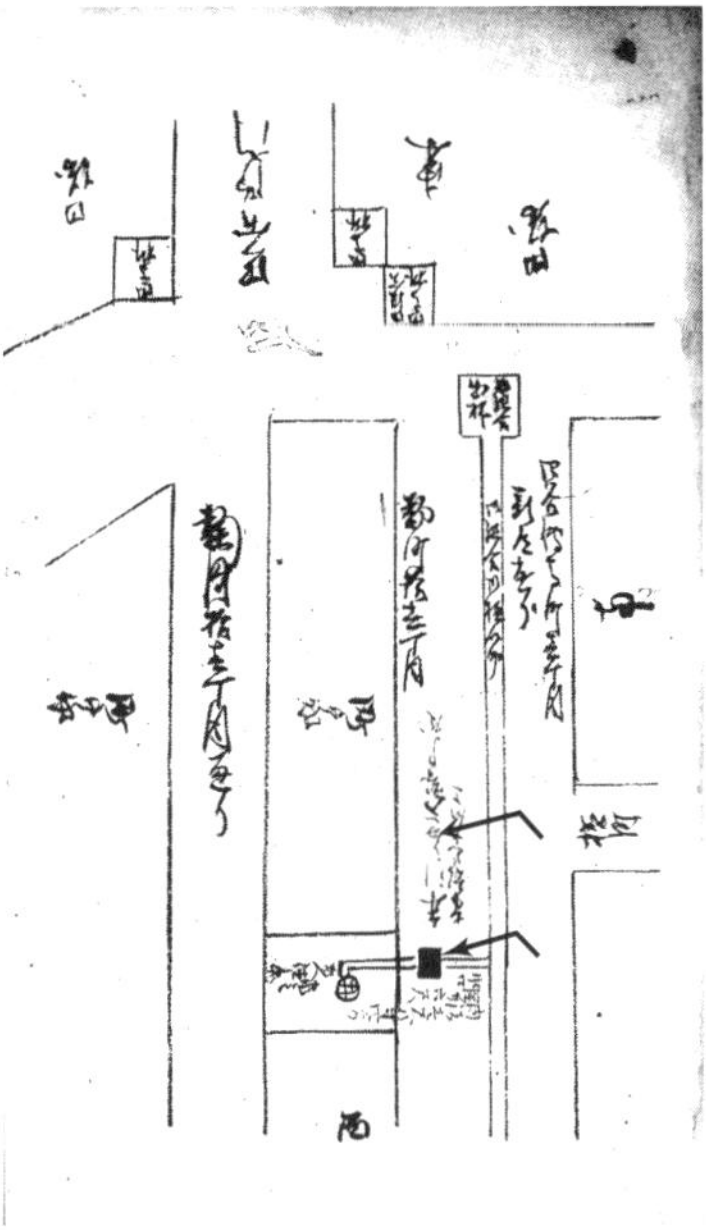

図7－16　『玉川上水留』17冊（国立国会図書館蔵　旧幕府引継書に加筆）

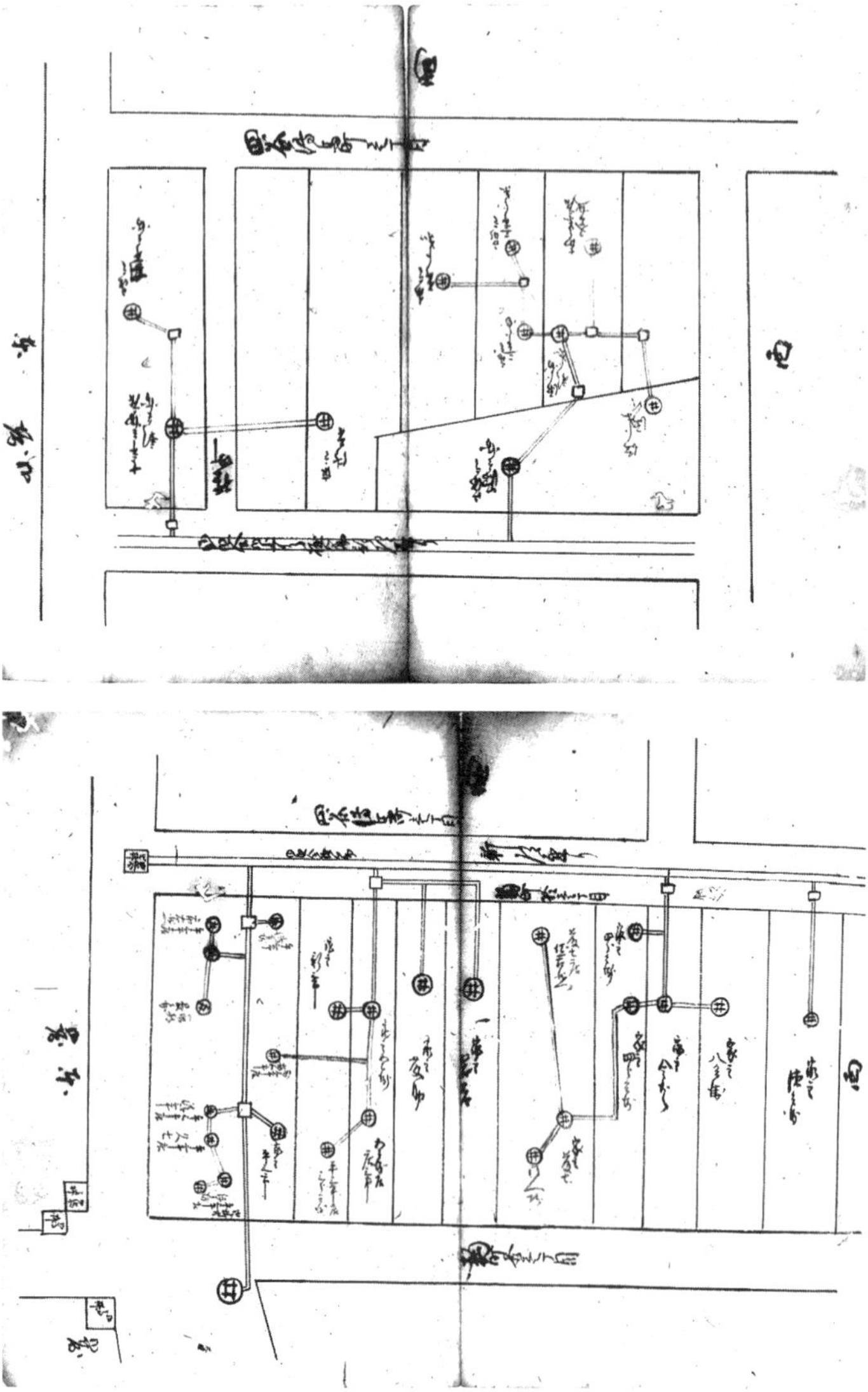

図7－17　『玉川上水留』17冊（国立国会図書館蔵　旧幕府引継書に加筆）

一連のこの事件からは、無願の井戸はみつかれば厳しく取り締まられるということが分かる。麹町一一丁目、四谷伝馬町一丁目の事例は、特殊な例ではなかったと思われる。敷地内での事、無断で井戸を作っても分かりにくかっただろうし、何より、井戸が自分の家の傍にあれば便利である。まして、料金さえ払わなくて済む、なんと好都合な事であるか現在でもありそうな事件であった。

しかし、実際には、江戸は慢性的な水不足の町であった。江戸町奉行所が編纂した『市中取締類集』天保一二年（一八四一）「神田・玉川上水請不町々ハ勿論、上水請候町々にても堀井無数場所ハ、上水樋筋普請之度々水切レ之節」と、神田、玉川上水請のない所は勿論、上水請がある所さえ掘井がない場所は上水樋が普請の度に水切れになり難儀し、「火災之砌ハ消防ニ差支候」火災のときは消防に差し支えるとある。上水を請けている町々ですら堀井のない場所では、上水樋筋が普請の度に水切れして困ったのである。江戸の町にとって水の必要性はいうまでもないだろう。

火事の多かった江戸の町は、その対策として、承応四年（一六五五）三月に「町中火之用心井戸之儀、此中申触候通ハ無用ニ仕、一町之内両かハニ火之用心井戸八ツほり可申候」一町の内両側に火之用心井戸を八つ掘る事、「一町之内六十間より長キ町ニハ、両かハニ井戸十ほり可申事」一町が六〇間以上の長さがあったなら、両側に井戸一〇掘る事。「上水道不参候町ハ、跡々　被仰付候水ため桶之外ニ、一町之内両かハニ水ため桶八ツほり入、一ヶ月ニ一度ツヽ水入替、不断水きれ不申候様ニ仕、往行なミに切ふた仕、為火之用心差置可申事」上水の来ていない町は、水溜め桶の他に、一町の内水溜め桶を八ツ掘り、一カ月に一度ずつ水を入れ替え、水切れのないようにし、往来並みに切り蓋をする事と命じている。（『御触書寛

図７－18　「駿河町三井呉服店」（『江戸名所図会』）

保集成』）また、寛文元年一〇月（一六六一）「町中ニ井戸無之町数多有之候間、自今以後ハ、一町井戸五ツ堀置可申事」（『御触書寛保集成』）と、町中に井戸がない町が多いが、これからは一町に井戸五ツ或いは六ツ掘る事と書かれている。江戸初期の史料からではあるが、井戸が人口に比して少ないと認識されており、その対策も考えられていた江戸の町であった。

図７―18は『江戸名所図会』「駿河町三井呉服店」の図であるが、店の周りだけでも、井戸らしきもの一カ所と蓋をして桶を備えた防火用水二個、左側の店の前には蓋もなく只水を満たした用水桶が書き込まれている。江戸の町を描いた絵図にはこのような防火用水が描かれているものが多い。特に明暦の大火後は、防火のための配慮が行われていたことが絵画史料からもよくわかる。

二　水を商売に

1　風呂屋

水を大量に使う商売のなかで、最近ではあまり目にすることがなくなってしまったが、つい最近まで、東京の町のあちらこちらにあった銭湯の江戸版をあげる。日本人は元来、温泉好き、風呂好きであるといわれている。この時代には風呂屋、湯屋とよばれる事が多かったが現代の銭湯の元祖である。江戸で最初の風呂屋は、徳川家康が江戸入国を果たした翌年、天正一九年（一五九一）、現在大手町付近にあった銭瓶橋の近くで、伊勢与一が始めた蒸気浴であるという。

『市中取締類集』嘉永二年（一八四九）六月の条には、市中湯屋五九二人のうち、高輪宝徳寺門前松五郎店井弥三郎外四名のものが見世（店）の二階で雇女を置いていたことが発覚、そのための吟味があったので、この五人を除いた五八七人を取り調べたところ、不埒の儀がなかったとある。江戸の町は一番から二一番迄、番外の吉原も含めて、二二番組に分けられていたのであるが、この調べは、町番組それぞれの湯屋について行われその記録を残した。ここには、一番組湯屋三〇人、「右湯屋共二階番ニ年若之女子抱差置候儀取調候処、右手体之儀無御座候」、一一番組湯屋四五人、「……」という様に、二二番組総べての湯屋の数と、雇女の有無が記されている。この結果、幕末の江戸の町には五九二店の湯屋があった事がわかる。

江戸の町では、初期の湯屋は開業するためには湯屋株が必要であった。当然株仲間を組織していたので、新規業者が参入することが不可能であった。概ね一町一戸というのが原則であったらしい。ところが、天保の改革（一八四一〜一八四三年）で、株仲間が解散となったため、湯屋が急増した。ここで問題にされている湯屋二階の雇女とは、草創期の湯屋には、湯女風呂という別名もあったという様に、女性従業員が男性客の身体を洗い遊女の様な性格をもつものがあった。このため、風俗が乱れた事実があり、幕府から何度も禁止令が出されていた。風呂自体、初期のころは男女混浴であったりして、風俗の乱れる要素が多分にあったのであるが、男女混浴が禁止されると、男性の体を洗う湯女を作り、さらに、この湯女も禁止されると、ここに、風呂場にではなく、風呂の二階で男性相手に接待をする女性を置いたのである。これが雇い女である。この史料にみるように、一部の店であったにしろ、湯屋が完全に風俗と切り離される事は幕末に至るまでなかった。

先にも触れたように、江戸の町は慢性的な水不足の状態にあった。そのため大量に湯、水を使う湯屋の形は、今のものとは相当な違いがある。

図7—19は、江戸時代の風俗をよく今に伝えている『守貞謾稿』に載る江戸の風呂屋の図である。守貞は、京都、大坂、江戸と風呂の比較を試みており、「江戸の浴戸は、『大小、広狭』あるが、大略この図の様であ」り、元来江戸は男槽、女槽を分けていて、先年は、男女混浴であったものを、松平越中老中職のときから、つまりは、寛政の改革（一七九三年）以降混浴が禁止となったと述べている。

風呂の営業時間は、だいたい朝六時頃から夜の八時頃まであったというが、蛍光灯があったわけでもなく、湯屋のなかは、現代の我々が想像するよりはるかに暗かったようである。男女混浴を描いた浮世絵などをみると、かなり際どい状況もあったものだと思われるが、案外暗くて、自分以外の場所は、よくわからなかったのかもしれない。湯船のなかに、死体があっても気付かなかったという話も残っているぐらいである。

『守貞謾稿』に話を戻そう。「江戸の浴槽は、京坂のものより狭く、奥行きも浅い。しかも周りに腰かけもない。又、石榴口と槽の間が狭く、垢すりの所を流しといって、板でできてる」。

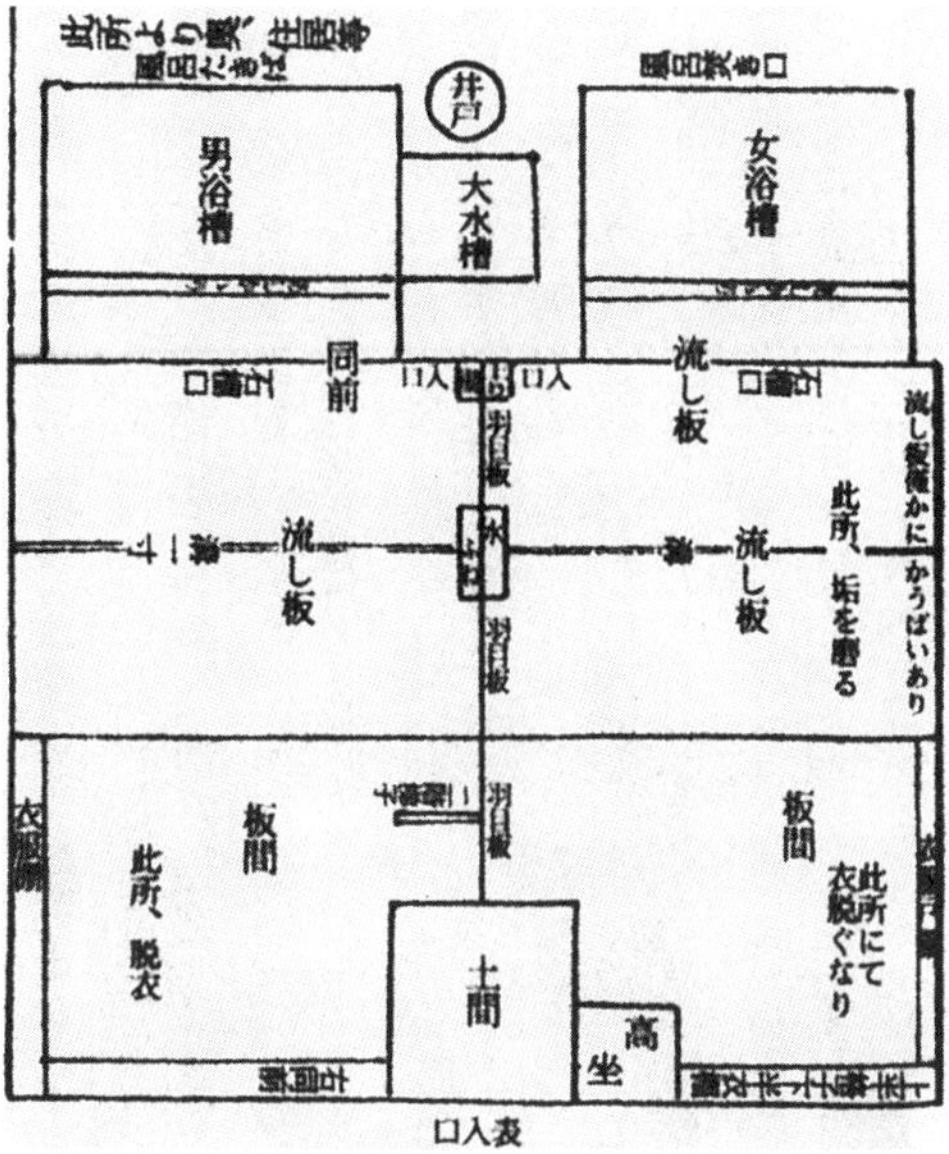

図７－19　『近世風俗誌』（『守貞謾稿』）

京坂の浴槽のなかには現代の銭湯などにみられるように、一段浅くなっていて、出入りがしやすいようになっていたのであろうか。江戸の浴槽は、関西のものよりは狭かったらしい。石榴口とは、男女各浴槽の手前側にある、図７—20がその形を示しているが、金箔などを施した派手なものになっているという。蒸気を逃がさず、お湯の温度を下げないためのものである。

図７—19を詳しく見てみよう。まず入口を入ると土間があり、右側が女湯で、左側が男湯に

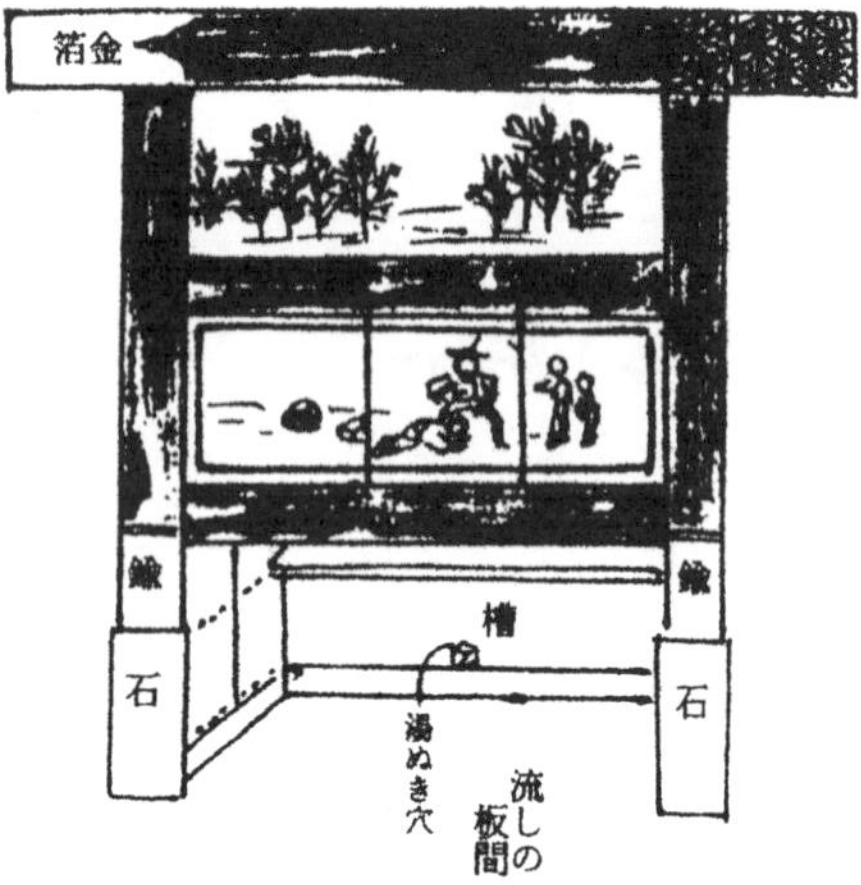

図7－20　『近世風俗誌』（『守貞謾稿』）

なっている。これは決まったものではなく、男湯と女湯が逆の場合もあるし、又、男湯、女湯が縦並びの場合もあった。多くは男女の風呂場は戸口から分かれている。高座とあるのが現在いうところの番台である。男湯女湯とも土間から脱衣するための板の間がある。「浴客、衣服を脱ぎてこれに収め、入湯するなり」とある。脱衣所の壁際には衣服棚がそえられている。この棚は「京坂と江戸と大同小異あり」とあり、京坂と江戸の衣服棚の違いの説明がされている。詳細は省略するが、微妙なところで、地域差があった事がわかる。ここを越えると流し板になっている。いよいよ裸になって、入浴である。しかしその前によくみると、男湯のみ二階に上がる梯子がある。二階は先にみた男性のみのサロンである。雇女がいたかどうかは別として、これは「京坂には更にこれなきことなり」であるという。どうもこれは江戸特有のものであったらしい。これを具体的に示しているのが図7―21『浮世風呂』の挿絵である。刀を指した侍が、階段を上っている。ここでは、庶民も武士もない。男のみの裸の付き合いのできる所であったのだろう。

脱衣部分と垢を磨る流し板との間には境はない。但し、「流し板僅かにこうばい」しており、真ん中辺りに一寸の溝ができている。これは排水のためであり、さらにそこを進むと男女共に、小さな「上がり湯」があり、その先が「石榴口」である。ここをさらに進むと男女共に浴槽がある。この男女の浴槽の真ん中に、「大水槽」と「井戸」がある。ここは客の立ち入る部分ではないだろう。井戸から汲み上げた水を大水槽に溜置いたものであろうか。

図7－21　『浮世風呂』

守貞は「江戸は常用を上水と名付けて、玉川及び井の頭より来る水を地中樋を堰きてこれを飲食の用とす。浴戸もこれを用ふれども、また樋普請等の時は水乏しく浴用に足らざる故に、多くは井も穿ち備ふ。これに因りてこの地水の井と上水の井と、専ら二井を備ふ物多し。今図には一井を描きてこれを略す。俗に地水の井を『ほりぬき』と云うなり」と井戸、江戸の水事情の説明をしている。これによる

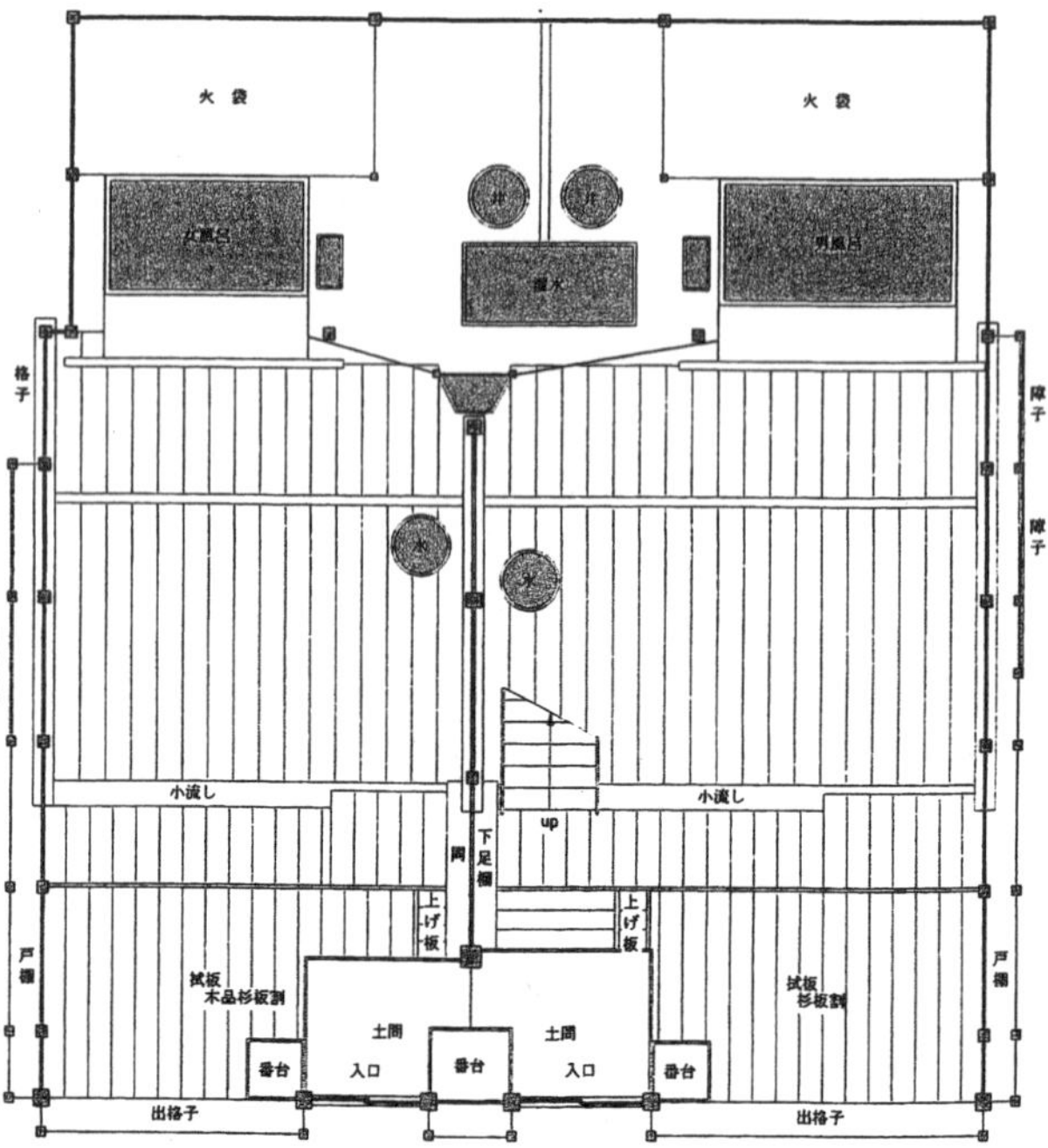

米山勇／作図

図７－22　「湯屋の図面」（『江戸開府四〇〇年・開館一〇周年記念大江戸八百八町展』）

と、江戸では、玉川、井の頭からの上水を飲用、風呂用として使うが、上水樋の普請のときは水が乏しくなってしまうので、掘抜井戸と両方使っている風呂が多かったというのである。

確かに、『守貞謾稿』の湯屋の図には、井戸が一つしか書かれていないが、図7―22（江戸東京博物館『江戸開府四〇〇年・開館一〇周年記念大江戸八百八町展』平成一五年）の湯屋の図面には井戸が二カ所描かれている。日本橋呉服町一丁目新町にあった湯屋の図である。ここには、明らかに男風呂女風呂、溜水の奥に井戸が二カ所ある。これが、守貞いうところの、地水の井戸即ち「ほりぬき」井戸と上水井戸の二つなのだろう。一度に大量の水を使う湯屋、風呂屋には、飲食に使える水でありながら、水不足となりがちな上水井戸と、あまり飲食には適さないかもしれないが、上水井戸的な水不足とはならなかったであろう「ほりぬき」井戸の両方が必要だった。水がなくなってしまった風呂屋などあり得ない。

暗く、水を入れ替えたばかりのとき以外は決して清潔とはいえない湯が入った浴槽。いくら水源の違う井戸二つを備えた所で、水を現在のようにふんだんに使えたわけでもなく、濾過装置があったわけでもなく、それでも、江戸っ子は風呂がすきだったのである。

先に紹介した麹町一一丁目、四谷伝馬町一丁目引取樋枡の一件では、決着に至るまでの水留で困窮した名主からの嘆願書のなかに湯屋、紺屋、肴屋などの水を大量に使う商売からのものがあったという。これ等、水を大量に使う商売をする人々にとって、水が使えないという事は、商売ができないという事を意味し、死活問題であった。

2　水　屋

多量に湯、水を使う湯屋、風呂屋ばかりでなく、町屋に居住する多くの町人たちも、江戸の水不足には悩まされていた。この水不足に対応するための商売の一つが、冒頭図7―5の『守貞謾稿』に描かれた水売りである。ここには、「冷水売り」「夏月、清冷の泉を汲み、白糖と寒晒粉の団とを加へ、一碗四文に売る。求めに応じて八文・一二文にも売るは、糖を多く加ふなり。売り詞、『ひやつこひく』といふ」と紹介されている。現代の飲料水の自動販売機に替わるようなものである。

実は、江戸時代には冷水売りばかりではなく、水屋と称される飲み水としての、水を売る商人と二通りの水屋がいた。

前者の冷水売りは夏の風物詩であったというが、後者の水売り、水屋は江戸町人の生活の一部を担う貴重な存在であった。本章では、これまで上水井戸、掘井戸、掘抜井戸について触れてきたが、実は、江戸の町には上水が通っていない地域や、また、井戸を掘っても塩分が多く、飲み水を得られない地域が存在した。これ等の不便さがどちらか一方ならまだよいのだが、この両者共に重なってしまった地域もあった。こうなるともう飲み水は、外の手立てで得るしか方法がないのである。

東京都発行「都史紀要三十一」『江戸の水売り』には、『享保撰要類集』の大岡越前守上申書が紹介されている。この「本所上水調査覚」には南は本所小名木川から亀沢町通迄、西は御船蔵辺りから、東は四之橋辺迄、丁度図7―6の東端部分に当たるが、この地域では船水を用いているとある。この船水とは船業者が船を利用して水を売り捌いたものをいうらしいが、水を船で運ぶという行為は、史料上かなり古くからみられるという。江戸では、神田上水、玉川上水の開通後、両上水から余って流れ出た大切な水を（上水吐樋）汲み取って、船に積み、それを先に紹介した本所辺りの上水も来ない、井戸を掘っても飲み水にならない様な所で売る。これも水売りの一つである。

これ等水船で商売をしている者たちは、仲間を作って独占的に商売をしていた『水売り』によると、享和二年の町触で「銭瓶橋南北川岸にある神田玉川上水の余水の汲取人の人数、使用する水船の数を調査し、その船数だけ鑑札を渡す」とあるという。

図7―23は『江戸開府四〇〇年・開館一〇周年記念大江戸八百八町展』の「江戸の様々な生業を描いた洋風画帖」にある、「水売り商人」「水売り人足」の図である。「水売り商人」の図の水売りは、図7―5の冷や水売りのように、ジュース感覚で飲む水を売っていた商売であろう。それに対して「水売り人足」の図の方は、水を得られない、または得にくい地域への水供給者なのであろう。

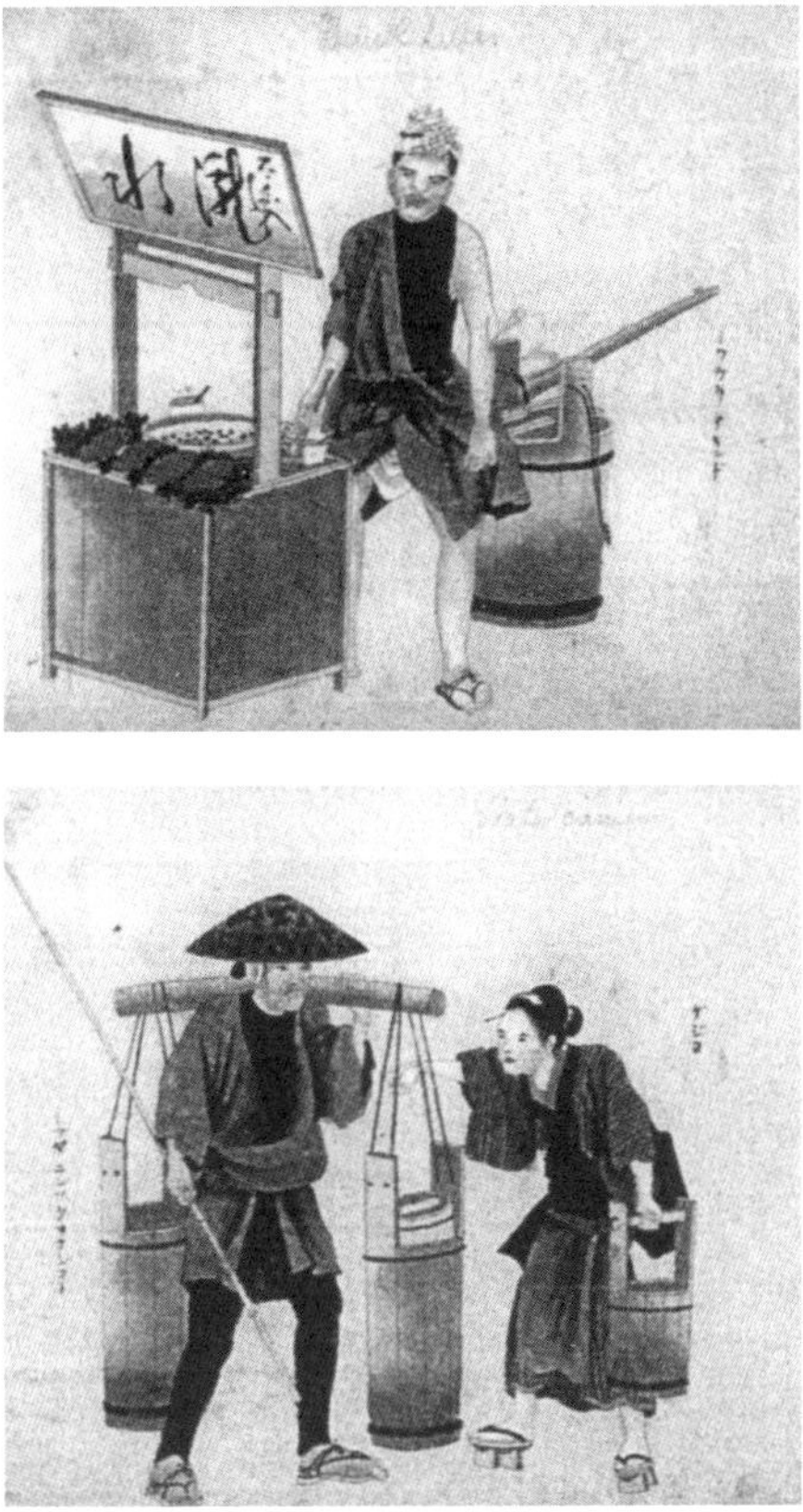

図7―23　「水売り商人の図」（上）
「水売り人足の図」（下）
（江戸開府四〇〇年・開館一〇周年記念大江戸八百八町展）

この様な水を商売にしていたものたちは、どちらも、先の水船同様上水の余りを汲み取った水や、個人の屋敷の上水井戸から汲み取った水、さらには、図7—1、図7—2の様などこかの湧き出る名水井戸から汲み取った水などで商売をしているのであった。これ等の水をめぐりその井戸の持ち主と井戸の水汲み人との間で争う事もあった。今も、その争いの史料が残されている。

3　洗濯屋

次に水を使った仕事として、図7—3にみるような洗濯に関する商売をあげたい。この錦絵は、女性がお茶の水を流れる川で洗濯をしている姿を描いたものである。桶に入れて洗濯ものを川岸にもってきて流水で曝しているのである。

洗濯は、もともと家事としても商売としても、多くは女性の担う仕事であった。図7—3の女性が商売として洗濯をしていたのか、または自分や家族のものを洗濯していたかは不明であるが、享和以前の女性の風俗を描いたといわれている、図7—24『絵本時世粧』享和二年（一八〇二）刊には、「かこひもの」「うば」「山出し下女」と共に、「せんだくや」の表記のある女性が描かれている。家の外にある井戸から、「山出し下女」が、天秤棒の両側に桶を下げ水を満たして家のなかに運ぼうとしている。重くて辛い仕事なのであろう。足には履物もなく、胸まではだけている。井戸端で洗濯をしている女性は、「せんだくや」と書かれていることから、商売として、民家を回って洗濯を請け負っていたであろうことが想像できる。

図7—25『人倫訓蒙図彙』には当時の職業を紹介したなかに「洗濁屋」の記載がある女性が描かれている。この女性は大きな盥に水を張ったなかで洗濯をしている。このように、図7—24、図7—25からも洗

図７－24　『絵本時世粧』２巻
（国立国会図書館蔵）

図７－25　「洗濯」（『人倫訓蒙図彙』国立国会図書館蔵）

図7－26　「福つくし」（国立国会図書館蔵）

濯専門の女性たちがいた事がわかる。そして、図7—3の「江戸名所百人美女」の美女も含めて、洗濯には掘井戸、掘抜井戸、上水井戸等の井戸、または、川の水が使われていたことが、これ等の資料からみてとることができる。

図7—26は明治期の錦絵であるが、ここに描かれている「福つくし」と題された絵画に登場する女性も釜を川の水で洗っている。洗濯だけではなく、炊事も流水で行われる事もあったのである。

『市中取締類集』二四、弘化三年（一八四六）「本所陸尺屋敷家主惣代等」願書には、新吉原が火災にあったことにより自分たちの町で仮託の遊女屋渡世していた者達が、引払ってしまったために自然に空き家ができてしまい、地元民一同が悲嘆していたところ、高瀬、旅船船頭・水主等の泊宿を町内で始めさせてもらえば、それなりの渡世になるし、これ等の船が着岸の上は洗濯物も嵩み、町内の女子共の手仕事の営みにもなるので、是非、彼らの泊宿を願いたいとある。洗濯が、女子の手仕事と認識されていた事がわかる。そのためには、水の確保が大きな問題であった。

湯屋（風呂屋）、水屋、洗濯屋という水を大量に使う職業について若干の考察を行ってきた。江戸町屋からは少しはずれるが、上水の自然水を使った商売を最後にみてみたい。幕末における現在の新宿副都心での話である。

4　水　車

『市中取締類集』三　嘉永六年（一八五三）一一月の「水車渡世九兵衛請書」によると、柏木淀橋町家持水車渡世九兵衛の所へ、二之丸留守居下曽根金三郎からよび出しがあった。九兵衛の水車で西洋炮火薬の製造をするようにとの命令である。このとき、九兵衛の水車は、東の方は、自分で使っているので問題はないが、西の方の水車は、武州多摩郡の百姓に貸し出しているので、仕事を引き受けるのは難しい旨を報告している。しかし、結局九兵衛はこれを引き受けた。当時の幕府の状況を考えると、早急に必要な近代兵器確保のためには、素人の九兵衛の所でも火薬を作らせなければならなかったのであろう。幕府の役人から九兵衛へのゴリ押しがあったのかもしれない。九兵衛の水車を使って、当時の国内外の脅威から軍備を拡張するために、西洋砲術の「合薬之儀且御急用之儀ニ付、格別出精入念可相勤」であるという。

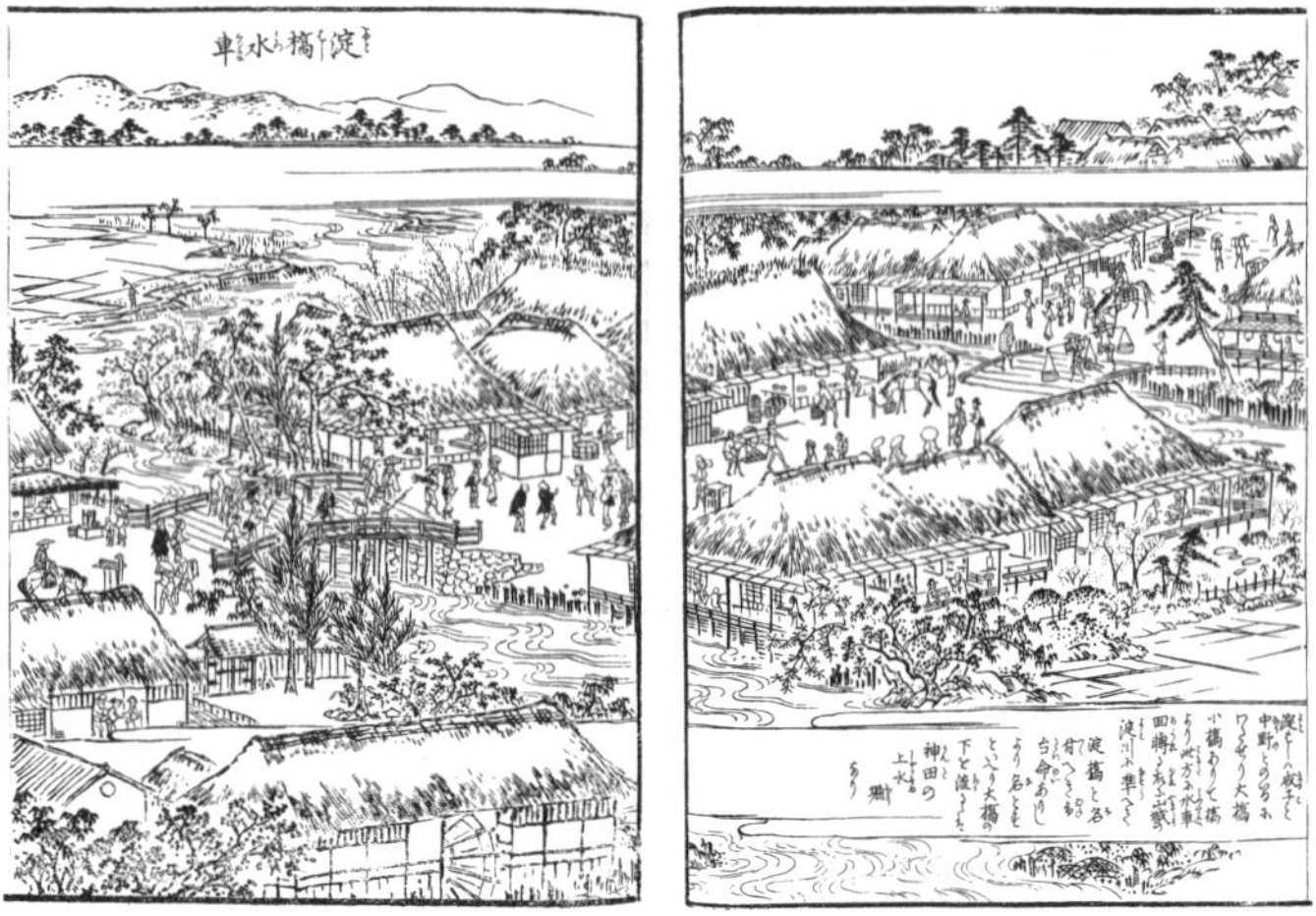

図7－27　「淀橋水車」(『江戸名所図会』)

元々この辺りは、麦やそばを栽培しており、それらを引くための水車が回っていた。図7―27は『江戸名所図会』にみる「淀橋水車」の図である。詞書きに「淀はしハ成子と中野との間にわたせり大橋小橋ありて橋より此方に水車回転る……大橋の下を流るるは神田の上水堀なり」と神田上水を使った水車である事がわかる。

このように、なかば無理強いのようなかたちになった九兵衛の水車による火薬製造であったが『新宿区史』によると結局この九兵衛の水車を利用した火薬製造は開始されたものの、翌嘉永七年(一八五四)六月一一日、大音響と共に大爆発が起き、この爆風により、成子町、角筈、柏木、中野、本郷村まで被害が及んでしまったとある。

水を扱う商売で、爆発が起きるなどとは、そば粉や麦粉だけを挽いてさえいればと、九兵衛や周りの人々は思ったであろう。しかし、その後、このために損害を受けた角筈村の農民達に幕府から、三五両が下げ渡されという。

九兵衛の水車も再建されたが二度と火薬製造に従事する事はなかった。水を使った火薬製作という、ちょっと変わったこの時代特有の使い方をみた。

以上、江戸時代、江戸の町屋における水事情についての考察を行った。約三〇〇年近く続いた江戸という時代を単に「江戸」という大雑把なくくりでしかその関係を辿ることができなかった。また、江戸という土地を考えればその範囲は年代により多少の異動があり、更には、その土地の多くを占めていた、大名家を始めとする武家地や寺社地の事も考えなければならないだろう。それらには全く触れることができなかった。

今回あきらかにすることができたのは、そのほとんどが、今の生活からは考えられないような不便なものであったという事である。しかし、江戸の町は人口過剰のなか、慢性的な水不足に悩まされながらも、この水不足を補う必要性が上水の発達を促し、水屋を頼ったり、上水の余りを使う方法を生み出させた。上水、掘井戸、掘抜井戸、川の水を状況に合わせて使いこなすなどと、工夫のこらされた生活を人々にもたらした。飲み水を手に入れるためには、遠くの井戸まで汲みに行かなければならない場合もあったし、お金を使って買わなければならない事もあった。しかし、それはまた一方でそのおかげを被り、商売が成り立つ事でもあった。江戸の町民にとって水は、我々が考える以上に身近であり、重要であったが、又得ることが困難なものでもあった。

第八章　江戸城御殿を中心とする下水路

1　記録に残る初期の下水に関する町触

都市のインフラ整備において、上水とともに下水は不可欠な課題となる。

江戸町触は、江戸幕府が開かれた慶長八年二月より慶応四年七月に至るまでの二百六十有余年にわたり発令されたであろうが、今日、明らかにされているのは正保五年（一六四八）の『正宝事録』以降のものである。

このうち、初期の下水に関する町触をあげると、同事二号が最も古く、

　　御請負申事

一町中海道悪敷所江浅草砂ニ海砂ませ、壱町之内高ひき《高下（キ）高ひく（ケ）》なき様ニ中高ニ築可申事、并こみ又とろにて海道つき申間敷事

一下水并表えみぞ滞なき様ニ所々ニ而こみをさらへ上ケ可申候、下水江こみあくた少も入申間敷候、

　若こみあくた入候ハヽ可為曲事

右之趣相心得申候間、少も違背申間敷候、為後日如件

正保五年子二月廿一日　月行事判形御奉行所

とある。まずは、下水や溝へのゴミ捨て禁止である。同年二月十五日には慶安と改元するが間もなく下水の塵浚いに関する町触が発令される。それが『正宝事録』九号である。

覚

一度々被仰付候表浦《鋪(ケ)裏(ト)》之下水、当月廿五日を切、水滞なく浚《さらへ(ウ)》可申候、但壱《其(セ)》町之下角下水ニくい打、ちりためいたし《溜致し(ケ)》、壱ケ月ニ十日廿日晦日三度宛、片側《かたがわ(ワ)》之町中之者人足を出し、角のちりためさらへ可申候、角屋之者も右之日限町中江人を廻しさらへ可申候、たかいに致油断、さらへ不申候ハヽ可被申来候、廿五日より両御奉行所ゟ御同心衆御出し候間、油断有《到(ケ)》間敷候事

子三月十九日

江戸の町が拡大していくなかで、下水路の管理は重要となる。北・南の両奉行者の監視のもとで、町中の表と裏の下水を清掃する初めての町触である。「町之下角下水ニくい打」とあるのは、路地角の下水桝を示唆するもので時間軸が下るが屋敷絵図や江戸名所図会等々にも描かれている。この下水桝には塵介が溜まりやすいので人足を出して毎月、一〇日・二〇日・晦日の三回、定期的に清掃し、下水の流れをよくしようとしたものである。本史料は、『正宝事録』（日本学術刊行会刊）を底本とし、注記の（ケ）は慶応本、（ト）は東照宮本町触、（ウ）は国会甲本、（セ）は撰要永久録によるものである。

この史料には登場しないが下水見廻りを行う下水奉行の職責もみることができる。

覚

一近日下水奉行衆御廻り被成候間、其町之表裏之下水、前々之《（ママ）》より御定之ことくニ仕、下水無滞流候様ニ可仕候、石垣、ばた板なとそこね候は、品々拵なをし可被申候、并下水之上ニ小屋、せつちん、もかり、何ニても一切置申間敷候、少も油断在間敷候

八月廿七日　　町年寄三人

『江戸町触集成』三五七号の寛文二年（一六六二）に発令された下水を管理する下水奉行の職名がはじめてみることのできる史料である。下水が閉塞する要因として、石垣や端枝の損う箇所の修繕、下水の上に小屋・雪隠（便所）・虎落などを置くことを固く禁じている。下水奉行の職名を明記した同様の町触は、寛文五年七月廿五日に発令した四五三号と同年一一月廿八日に発令された四九四号にみることができる。下水奉行の設置は短かったようで、翌年には廃止される。神田・玉川上水の両奉行に関することも合わせて五一二号の町触には記されている。

覚

一従当年下水奉行衆ハ御付不被成候間、左様相心得可申候、若下水埋り候所有之候ハヽ御訴訟可申上候、其節当座之奉行被仰付、為御払可被成事

一神田上水本所上水両所之《御（ト）》奉行　　速水与次右衛門殿

芦原十兵衛殿

右上水ニ用之儀候ハヽ、両人江可参候事

一玉川上水之奉行　　奥《興（ウ）》津孫助殿

右同断
永尾喜太夫殿
午正月
右は午正月晦日御触

記録のなかでの下水御奉行の最後は、同年八月九日の五六九号の御触で、大雨で下水が滞ったことから一二日より見廻る旨、その前に下水無滞なき様にと発令されている。余談ではあるが、下水奉行の名こそ除去されているが三五七号文書と同一文面の町触は、その後、寛文八年五月廿八日の六八七号、寛文一一年六月廿七日の八九〇号にみられる。文面は異なるが、町触に反して町中の下水は滞流したようで、その後も掃除の御触は続く。

2　御堀・下水浚いの費用

第四章で上水樋桝普請の武家町組合を円滑に進めるために、享保一九年に年番制を導入することを述べた。下水を維持・管理するためには、下水浚いは不可欠となる。堀浚いを含めたものが『撰要類集』第三にあるので紹介することにする。

先頃被仰聞候所々御堀常浚場所、何も相談仕、只今迄有之役
地金高を以割合仕、左ニ書付入御覧申候
惣役地壱ケ年分納り金高

一　金四百四拾四両弐分
　右之内訳
日比谷御堀并御用屋敷前打廻シ下水、其外屋敷之前下水、溜枡共、壱ケ年二両度浚候積り御入用
　一　金五拾六両弐分程
　　但、浚土坪弐百六拾坪程（略）
　同所下水大溜メ并下水浚、壱ケ年二両度浚候積御入用
　一　金四拾三両壱分余
　　但、浚土坪弐百坪程（略）
　金

享保二〇年（一七三五）の史料である。日比谷堀、赤坂溜池脇の大下水溜、御用屋敷前等々、堀・下水を年二度浚いし、費用支弁していることがうかがえる。

一　絵図に描かれた下水

1　『上水記』・『玉川上水留』に描かれた下水

石野廣通が編纂した『上水記』のなかには、上水路の他に下水が数カ所描かれている。そのなかから代表的なものを二つ紹介することにする。

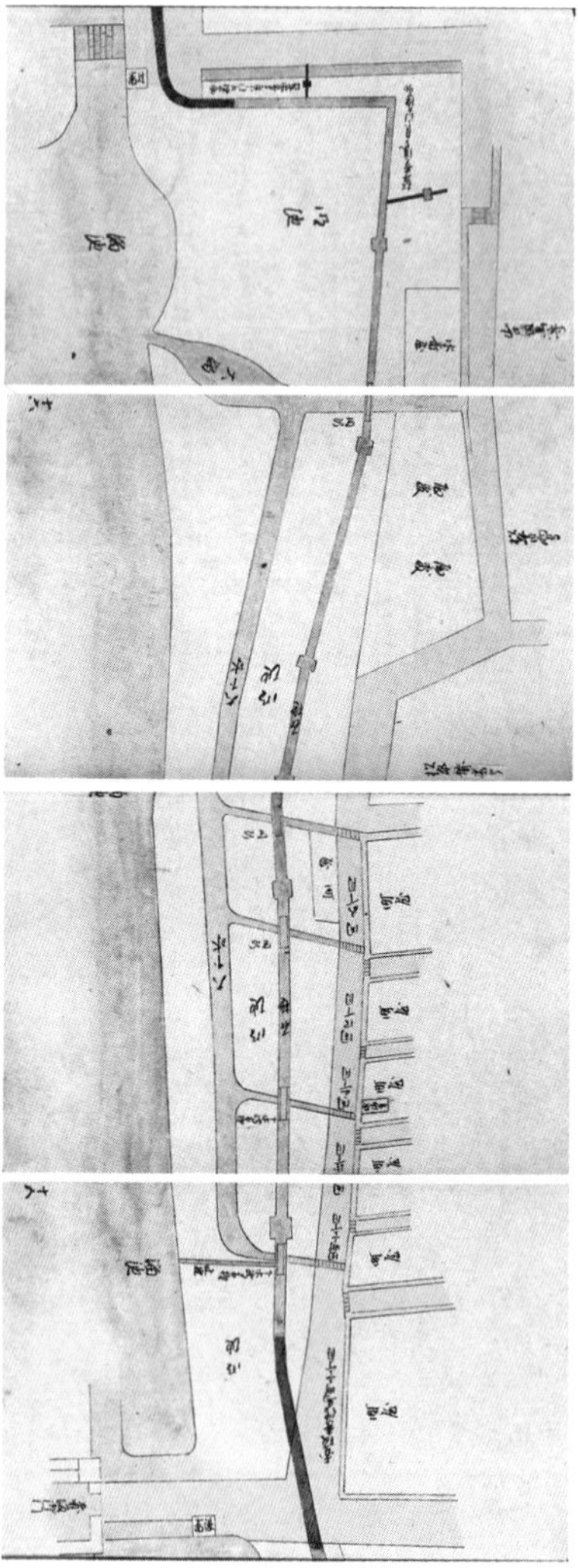

図8－1　赤坂溜池と石下水『上水記』部分（東京都水道歴史館所蔵）

図8―1は、赤坂御門から溜池水番屋周辺の図である。図の下位に十五・十六の記入があり連続するものであることがわかる。溜池は図の下位に描かれており、赤坂御門前から虎之門に向かう上水路は石樋である。十五には、町屋の敷地溝となる下水、さらに上水石樋と交差するためにこの下水は「下水跨《またぎ》木樋」で大下水に通ずる。大下水は、しばらく溜池に沿って走り、次の十六で山口但馬守・松平日向守・松平備前守の屋敷廻りの下水と合流し、溜池で注いでいる。「大溜」の記入があることから、ここが土砂や塵介を浚う芥溜であることがわかる。この溜池に注ぐ大下水について、『御府内備考』巻之六十七の「赤坂之

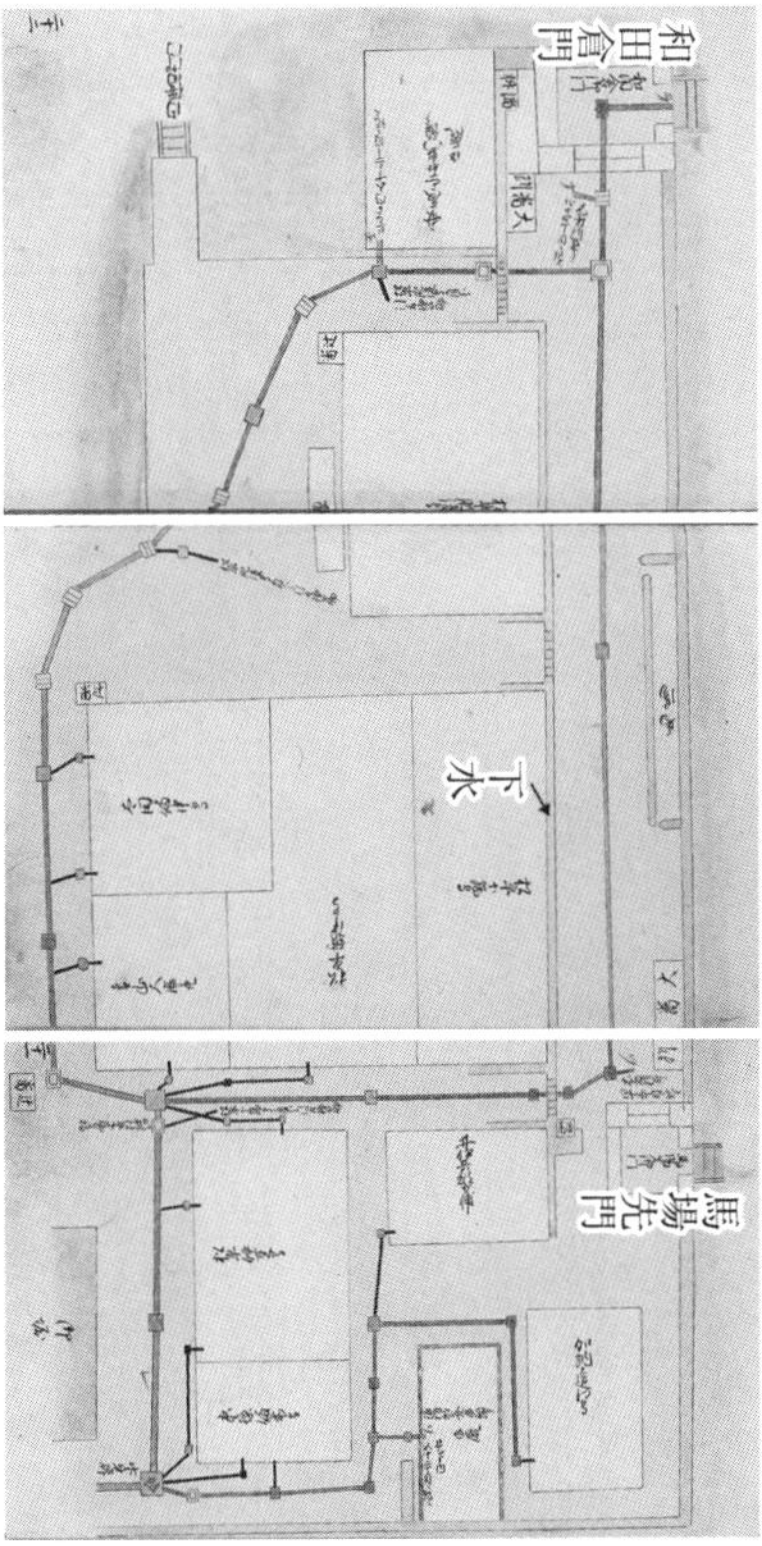

図8－2　西丸下屋敷の石下水『上水記』部分（東京都水道歴史館所蔵）

一」に、

　　大下水

紀伊殿御屋敷より流れ来り、元赤坂町表伝馬町一丁目を通し、田町一丁目より明地上水堀の西を流れ、葵坂邊に至て溜池に合す、溜池落口の處は少しく幅廣まりて、その形瓢に似たり、よりてひょうたん堀といへり江戸砂子に、赤坂川は鮫河橋の方より来りて、流末櫻川に落ると書しは、此大下水の事なり、榎坂の邊より分派して、土中を掘通し、靈南坂の脇より櫻川の方へ達せり。

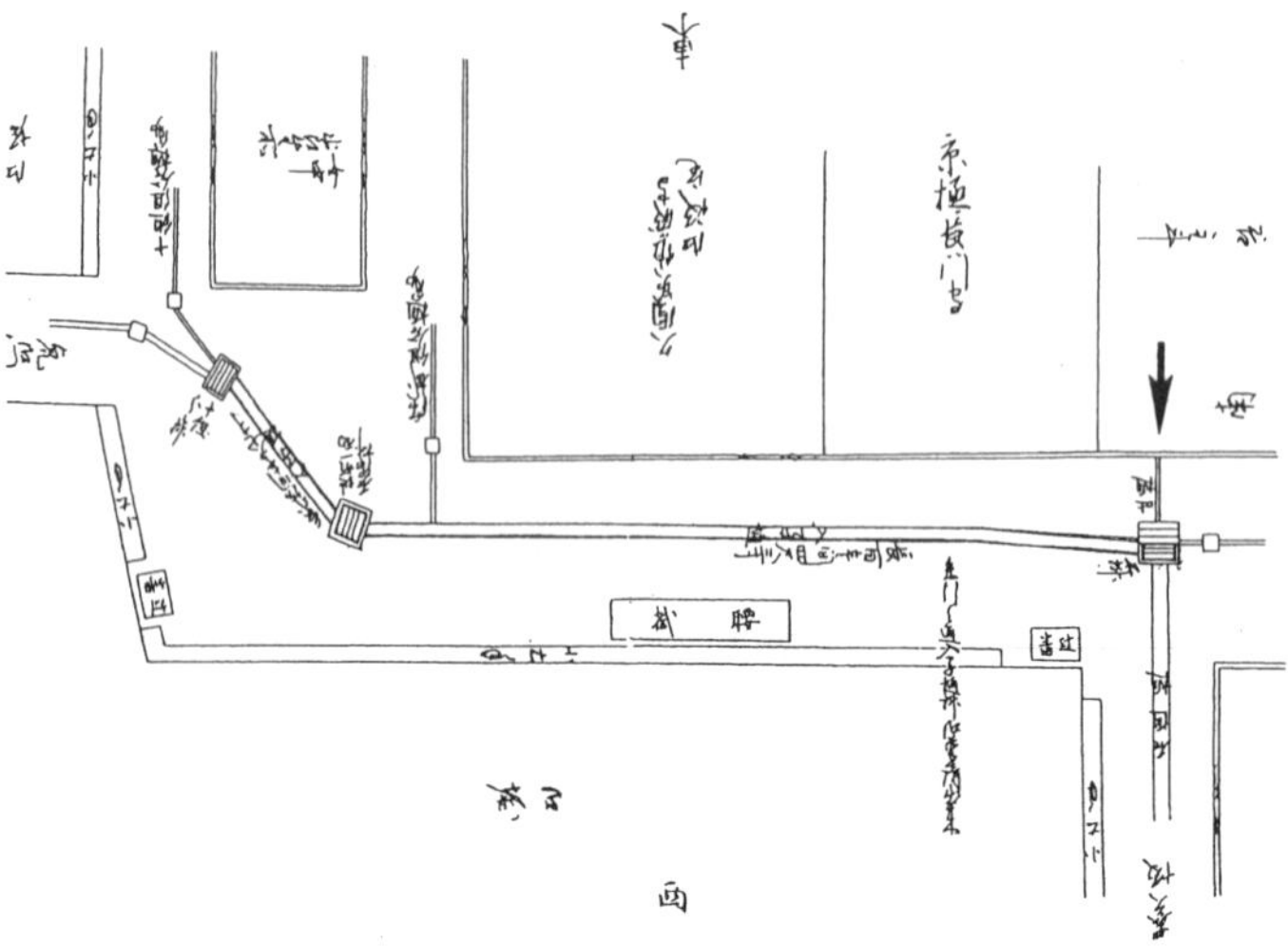

図8－3　葵坂下の下水への注水『玉川上水留』（国立国会図書館蔵）

と記されている。溜池は、一七世紀前半においては上水としての役割を担っていたといわれている。近年の発掘調査によって、赤坂川を塞ぎ止め、大規模な開削で拡張されたことも明らかにされている。

しかし、承応三月（一六五四）、玉川上水が江府内の日本橋より南に上水道として敷設され、さらに明暦大火（一六五七）などを契機として溜池の上水池としての役割は終わる。『御府内備考』に記された紀伊殿御屋敷は、赤坂の紀伊家上屋敷を指し、明暦大火を契機として吹上内の屋敷を召し上げられ移転したものである。史料はこの屋敷から溜池に下水が流れていることを伝えている。溜池北岸域の発掘では、一七世紀末頃には溜池の一部を埋め立て山王神官屋敷や大名屋敷が築かれており、このときに多量の生活ゴミが投棄されている。池の水の悪化が進み、絵図に描かれた大下水は納得するところである。

図8―2は、西丸下の役屋敷における上水樋筋図で

ある。二十一・二十二にまたがるが、下水についてみることにする。下水は、上水筋と彩色を変え、灰色で表現されている。図8—1と同様、全てが描かれているわけではない。具体的には、馬場先門の裏手、井伊兵部少輔宅の屋敷廻りの下水が松平下総守、松平肥後守、和田倉門大番所裏手の斎藤三右衛門預り御厩へと延び「溜桝」に連絡している。この溜桝もまた芥溜であり、その後、堀に注いでいる。

和田倉門の裏手、和田倉遺跡の調査では、一八世紀後半以降の上水跡が発掘されている。敷地南側を西から東へと流れ、この間は、上水井戸と木樋が繋がれているが、やがて堀に注ぐ。他方下水は、試掘調査時に関連遺構も検出されたが、明治一〇年代以降の改修によって江戸時代の下水路は残念ながら不明であった。

国立国会図書館所蔵の『玉川上水留』には、上水と吐桝、吐樋、屋敷廻りの下水との関係が詳述されている部分がある。榮森康治郎・神吉和夫・比留間博の三氏は、『江戸の上水の技術と経理』のなかで「下水への注水」として二例をあげている。図8—3は、そのうちの一例である。赤坂門外から虎之門にかけて溜池沿いに敷設された上水樋筋図である。葵坂下に延びる石樋は、京極長門守屋敷前の石桝で分岐し、一筋は入子樋で虎之門方面に延びている。この分岐する石桝は、一方では、南側の武家屋敷廻りの下水に注水している。「吐樋」の記述で理解することができる。図8—1・2では、屋敷廻りの下水が溜池や堀に注がれていることを指摘したが、図8—3では、上水を下水に注水することで水勢によって下水そのものの流れを良くし浄化にも繋っている。

ちなみに、石桝・吐樋について史料には、

図８－４　「三崎稲荷社」前の横断する下水（『江戸名所図会』部分）

図８－５　「竹女故事」台所下から屋外への下水（『江戸名所図会』部分）

葵坂下

一　石桝　上蓋　大サ　長八尺
　　　　　　　　　　幅四尺

右仕様木品桧厚五寸並蓋にして渋黒漆

但、吐樋木品同断、長弐間弐尺七寸内法大サ五寸に壱尺、木厚弐寸五分貝折釘ハ寸間槙皮巻打埋立

と記されている。絵図から石樋・入子樋と吐樋の樋口の大きさを比較すると、当然のように後者の方が小さい。とはいえ、吐口が内法で約一五×三〇センチあることから、かなりの水量で下水に注水していることになる。

2　『江戸名所図会』に描かれた下水

町中の下水のしくみに関する絵画資料には、「屋敷絵図」や「沽券絵図控」などが知られているが、『江戸名所図会』にも背景の一端として描かれているものがある。本書は、七巻二〇冊の板行で、前半の三巻一〇冊が天保五年（一八三四）、後半の二巻一〇冊が天保七年、斎藤幸雄（松涛軒長秋）、幸孝（県麻呂・莞斎）、幸成（月岑）の三代にわたり刊行されたものである。下水が挿図の主人公ではないので、代表的なもの四点を紹介することにする。

図8―4は、「三崎稲荷社」である。JR水道橋駅東口の南側に現存する神社鳥居の脇には神田上水から引かれた上水井戸があり、下水はその脇に道を横切るように描かれている。社記には、上古からあり、

図８－６　「霞ヶ関」大名屋敷沿いの下水（『江戸名所図会』部分）

近くは北條氏綱が天文七年（一五三八）に造営したと伝わる。三崎村の代表的な神社で「三崎いなり」とも呼称されている。

図8—5は、「竹女故事」である。上水井戸の周囲には板敷の濡椽をなし、画面左手、台所から流れる下水は外の下水と合流し、屋敷の外へと流れるものと思われる。下水には、蓋がされている。「竹女故事」とは、増上寺の別院「心光院」の門の天井に掛けてあった「竹女水盤」に描かれた縁起からきている。大伝馬町佐久間勘解由の召仕の下女である竹は慈悲深く、朝夕の食事の折、自分の飯米は乞丐人（物乞）に施し、自分は水盤の隅の網に入った洗流の飯を食べたという故事によるものである。図8—4・5は巻一に所収されている。

図8—6は、「霞ケ關」である。画面左手は松平美濃守（黒田家）の上屋敷、左手は松平安芸守（浅野家）の上屋敷で、今日では黒田家が外務省、浅野家が国土交通省にあたる。黒田家の石垣下位には、屋敷内からの下水

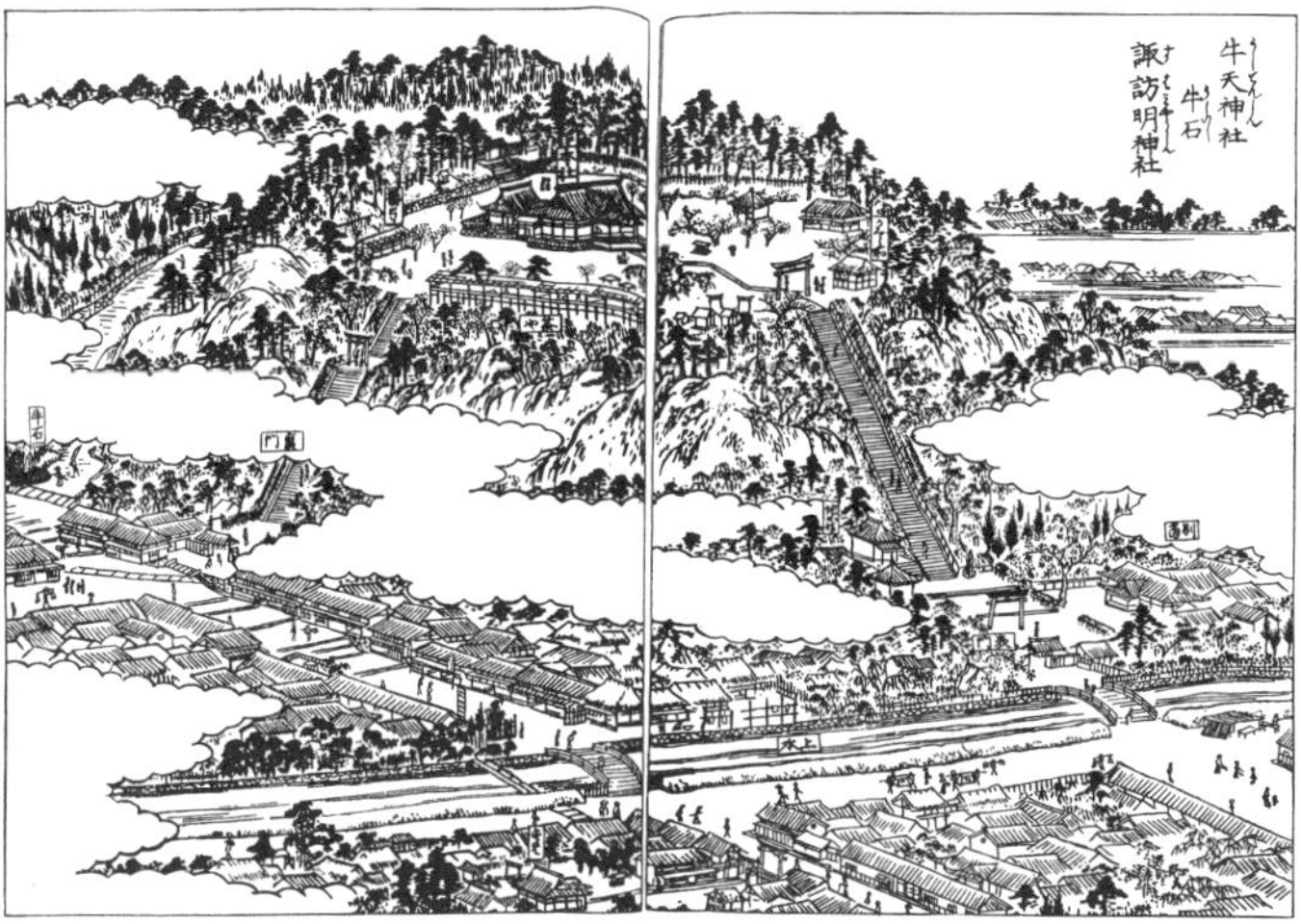

図8－7　「牛天神社／牛石／諏訪明神社」箱樋の下水（『江戸名所図会』部分）

が排水口を通して屋敷廻りの下水路に流れ込むようになっている。また、画面左下、黒田家の屋敷廻りの下水が合流する道の中央寄り角には、蓋がしてある下水桝が描かれている。浅野家石垣角の様子から、両家の屋敷廻りの石組下水には、蓋がされていないようである。

　図8―7は、「牛天神社／牛石／諏訪明神社」である。牛天神社は、金杉神社ともいわれ、小石川上水端にある。画面下位に「上水」の文字があるが神田上水を指している。画面の左手下位には、太鼓橋、その横を神田上水の上を箱樋による下水路が掛けている様子が描かれている。

　図8―6は巻四、図8―7は巻五に収められているもので、このほかにも下水の様子を知りうる場面が存在する。本絵図は、各地の名所を紹介することが目的であり、下水は決して主役ではない。しかし、何気ない背景に描かれていることで、日常化された

一端として知ることができるのである。

二　本丸の下水

1　弘化度本城下水絵図

第五章で述べたように、江戸城御殿空間での水事情は、これまで小天守井戸跡を除くとほとんど触れられることはなかった。下水に関しては、部分的な発掘調査によって報告された事例を除くと皆無といわざるをえなかった。

一般的に「下水」というと、文献・絵画・考古資料等々から、①生活排水の処理、②雨水処理、③敷地区分などが考えられる。このうち、御殿空間に限っては①と②が該当する。本丸でみると、唯一、都立中央図書館特別文庫室に、江戸時代後期・弘化度の下水絵図が存在する。

図8―8は、彩色・裏打ちが施され、内・外題とも裏打ち紙に記されたものである。そこには、両題とも「江戸城御本丸／御城内并御殿向下水絵図」とある。外題には、その下に「」の甲良氏の黒印が押されている。本紙左下には「天保十五甲辰年／御本丸御普請絵図」の黒印、「大棟梁／甲良若狭扣」の署名、「官大棟梁／建仁寺流／正統甲良／棟全之印」の朱角印が押されている。本紙左下の黒印は、天保一五年（一八四四）五月一〇日の火災で本丸御殿が全焼し、弘化二年（一八四五）二月二八日に竣工するが、そのときに作成したものであることを意味する。裏打ち前の外題下には「辻内扣」とあることから、本図は、

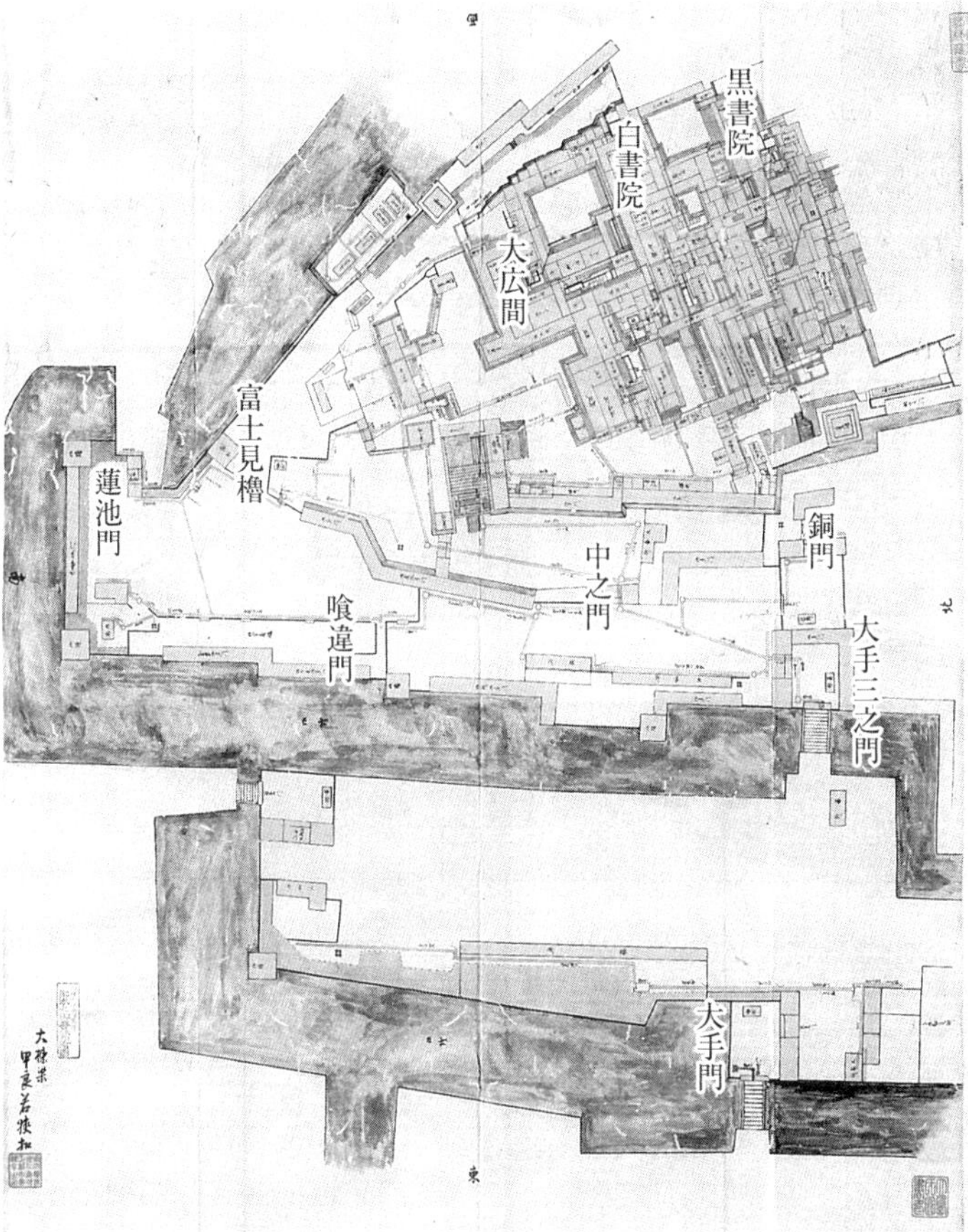

図８－８　『江戸城御本丸／御城内并御殿向下水絵図』（都立中央図書館特別文庫室所蔵）

作事方の大棟梁である甲良《こうら》・平内《へいのうち》・辻内《つじのうち》・石丸の四家のうち、当初、辻内家が所有していたものであることがわかる。ちなみに、弘化度の表中奥の造営においては、平内大隅と辻内近江が担当している。

本図を詳細にみることにする。法量は、縦一〇四・〇センチ、横九一・〇センチを測る。画面には、各辺中程に方位を示し、本丸御殿表向《おもてむき》の指図《さしず》の他、多門・櫓、さらに二の丸の大手三之門・銅門から蓮池門、三の丸の大手門から内桜田門までのおよそ本城の南半分が描かれている。彩色は、御殿・櫓・多門・番所などの建物にあたる部分を黄色、堀を青色、土塁を緑色に区別し、その上で石下水の流路を二条の朱引線、石下水を連結し芥溜を兼ねた下水桝を四角の朱で施している。

ここで、石下水の配置について、御殿とそれ以外の二つの空間に分けてみることにする。

御殿空間の西半は、将軍の活動するところにあたる。表向では公式の場となり、南側から大広間、白書院、黒書院と続き、松之廊下と竹之廊下で繋いでいる。本図では区別されていないが、屋根をみると、将軍が関連する建物は銅葺、他は本瓦葺と異なる。下水をみることにする。ここでの下水は、まずは軒先の雨水処理を目的としている。一つ軽視することができないこととして、大広間の西側から松之廊下に続く建物の西端、さらには中御門に延びている下水路である。本図は、表向の指図であることから、将軍の執務室がある中奥は描かれていない。第五章で述べたように、万治度の造営を基本とし、元禄大地震後に加筆された『江戸城御本丸御表御中奥大奥総絵図』(図5―18)や、吉宗が八代将軍についた折、御休息所を改造するための下図『御本丸御表方惣絵図』(図5―19)には、中奥西側に泉水が描かれている。泉水の存在こそが、注水と排水を要するのである。つまり、中御門の下水路は、中奥の泉水の排水口まで繋が

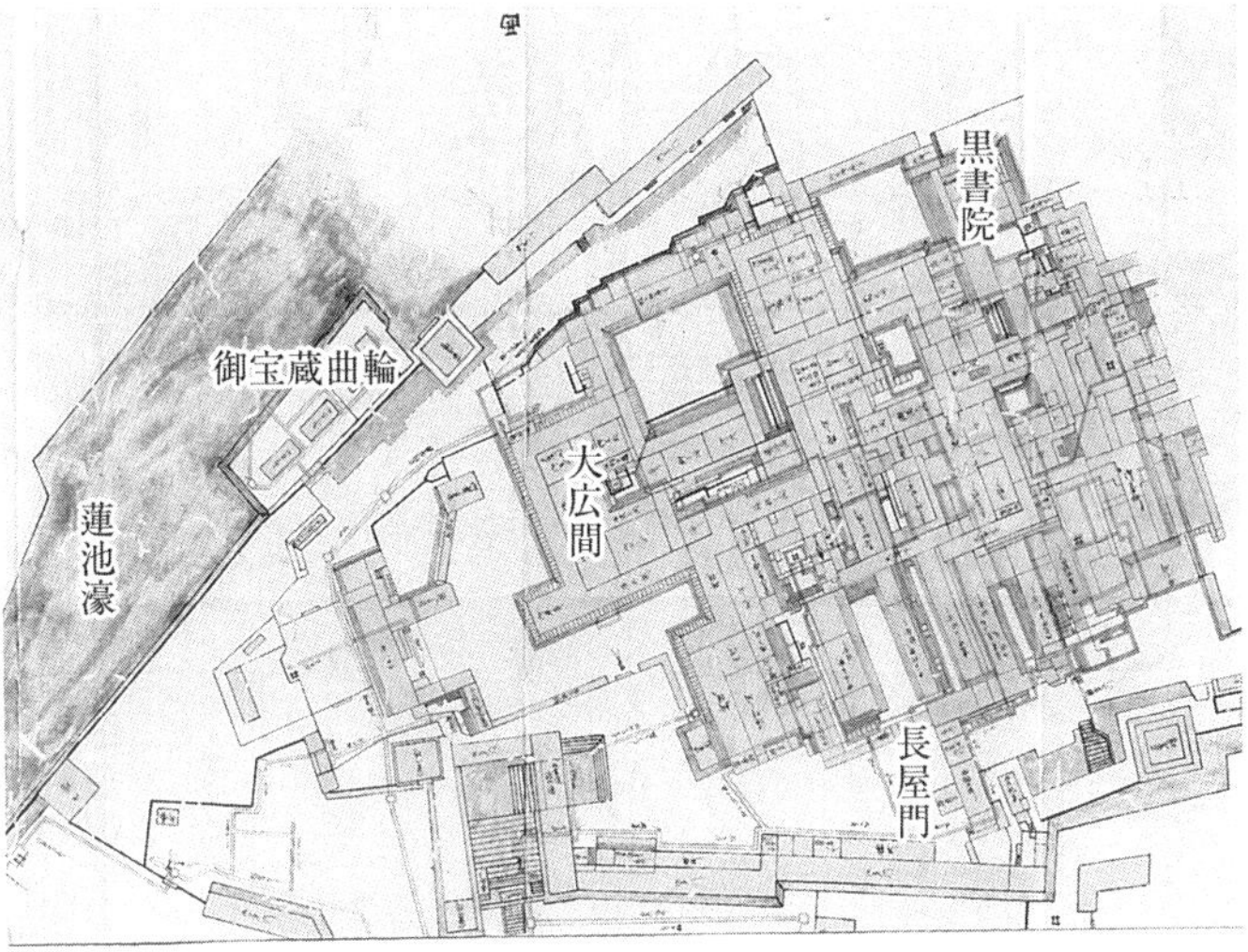

図8－9　弘化度 本丸表間の下水路（図8－8部分）

ると考えられるのである。泉水から延びる下水路は、大広間南西隅辺で分岐する。分岐点に下水桝の表示がないので、交差しているのかもしれない。分岐後は、一路は御殿南側の雨落沿いに東進し、一路は南下し、能舞台の西側、楽屋の南側を東進し、書院二重櫓脇を経る。やがて二路は中之門脇の下水桝で合流する。後者のルートは、前者のルートと比較すると下水桝（溜桝）が多い。泉水からの排水であるならば、水量が多く、それと関係するものであろうか。前者のルートは、大広間南側から遠侍の板椽に沿って巡り、玄関の西側の溜桝から中雀門の渡櫓門石垣下を経て冠木門、中之門裏手へと流れている。

御殿内の下水路をもう少し拡大したのが図8－9である。前述した大広間・白書院・黒書院の中庭からは、雨落沿の排水を泉水からの下木路に繋げるものとは別に、御殿内を東進する下水路が描かれている。本図では判然としないが、弘化度の御殿内の配置を詳細に描いた『江戸城御本丸御表御中奥御殿向御櫓御多門共総絵図』や『弘化度御普請絵図面』（共に都立中央図書館特別文庫室所蔵）と照合すると小庭や濡椽等々を経由していることがわかる。そこには、掘井戸や茶所、湯呑などが存在している。一例をあげると、大広間内の小庭からは蘇鉄之間西側の小庭・濡椽、檜の間を東進し、御目附御用所隣りの湯呑を巡り、南下して御坊主部屋裏手の濡椽（掘井戸が有）と茶所、ここから東進して遠侍と勘定部屋間の小庭（図8—9には掘井戸があるが、前述した二点の指図にはない）、さらには長屋門南側を東進後、腰掛脇沿に南下している。

黒書院の東、奥祐筆方部屋の前の小庭（掘井戸が有）からの下水路も特徴的である。途中で分岐するが、一路は御膳所前の掘井戸を伴う濡椽、御台所、掘井戸を伴う奥台所の濡椽等々を経由しながら御殿の東端沿いに南下し、長屋門裏手を通り、前述の腰掛前で合流する。つまり、このルートが水廻りや炊事等々の生活排水を目的とした下水路であることがわかる。

本図では、表向の下水路のため中奥の様相は判然としない。しかし、幾筋かの下水路が中奥側に延びていることから、少なくともそこまでは同じ系列のものが繋がっていると理解することができる。

図8—8に戻り、御殿空間外で特質すべきことを三点指摘することにする。一点は、御舞台の西側に突出する御宝蔵曲輪は、御殿空間とは土塁を挟んで西側に位置する。そのため、独立して下水路が築かれている。図には、四棟の御宝蔵をまわり、二カ所から蓮池濠に吐水している。これは、雨水処理を目的としたものである。一点は、御書院番溜部屋から御書院二重櫓脇を経て南下する下水路があることである。この流路は、上埋門、下埋門を経て富士見櫓下の大溜桝へと続き、図では判然としないが蓮池濠に吐水して

いる。一点は、流路ではないが、本図と中之門発掘調査で得られた下水路と下水桝とが一致することで、改めて図の信憑性が高まったことである。詳細は、後述する。

つぎに、二の丸と三の丸の下水路についてみることにする。二の丸は、本図では大手三之門・銅門から蓮池門の範囲が該当する。特徴的なこととして、喰違門を境として流路を変えていることである。喰違門の南側では、御金蔵構沿と厩屋や番所際の下水が合流して富士見櫓下の大溜桝に繋がり、蓮池濠に吐水している。一方、喰違門の北側では、二筋の下水路があり、大手三之門の渡櫓門西側で合流する。一筋は、南・東・北の三方から延びるもので、南は喰違門の北側から屏風多門を経て中之門東側の下水桝で本丸筋と合流。東は、腰掛南端の下水桝から屏風多門北側の下水桝で合流。北は、二の丸御殿方面からの下水路が銅門の渡櫓門・冠木門を通過し、中之門の北側の多門際の下水桝に入り、中之門からの下水路に合流。一筋は、腰掛の北側から百人番所前を北進するもの。二筋が合流した大手三之門枡形内では、南西隅の下水桝に入り、その後、冠木門下から蛤濠に吐水している。枡形内の下水桝は現存し、一見すると掘井戸と間違う。安山岩製の切石を用いて四角に囲み、蓋ができる構造となっている。御殿空間内では判然としなかったが、下水路を示す二条の朱引線の脇には、文字が記されている。一例をあげると、大手三之門内の渡櫓門から下水桝の流路には、一方に「埋下水」、他方に「十間」とある。つまり、下水路が地下に埋設されたものであり、かつ距離を示しているのである。

三の丸内では、桔梗濠に沿う東側のみに敷設されている。一路は、桜田二重櫓北側、土塁に沿って北進し、途中腰掛の裏手から「三間、壱間半」の大溜桝から桔梗濠に吐水している。大溜桝には、大手門の北側、下勘定所から南下し入る流路もある。本図には、このほか大手門枡形内から冠木門と大手門大番所から桔梗濠に吐水する様子が描かれている。

本図では、下水が最終的に濠に吐水することを共通としている。下水は、雨水はともかく、賄所や台所からの生活排水が含まれている。しかし、今日とは異なり化学洗剤が使われるわけではなく、油を流すことがほとんどない当時にあっては、下水はさほど汚れてはいなかったのである。その点、下水桝や大溜桝は、濠の水質を保つために重要であったのである。

2　発掘された中之門脇の石下水

弘化度本丸御城内并御殿向絵図の信憑性を裏付ける考古資料がある。中之門石垣が孕んで皇居東御苑を訪れる来園者の危険性が生じたことから、宮内庁管理部では、石垣修復工事を兼ねた発掘調査が平成一七年（二〇〇五）から二年間実施されている。その成果は、『特別史跡　江戸城跡　皇居東御苑内本丸中之門石垣修復工事報告書』に収められている。

この調査では、明暦大火（一六五七）以前の古中之門の石垣礎石の検出、明暦大火を契機として修築を命じられた細川越中守綱利が築いた石垣、同様に元禄大地震（一七〇三）で修築を命じられた松平（池田）右衛門督吉泰が築いた石垣と三期に及ぶ痕跡が発掘され、興味が尽きない。下水に関する貴重な資料が含まれている。

図8―10は、中之門周辺の全体図である。下水路については、二つに大別することができる。一つは、

中之門北側の門前排水溝。一つは、中之門の裏手、下水桝（報文では「集合桝」と記載）を伴う南北に走る石組下水路である。

前者は、渡櫓台正面、北側の南東隅から北側に約四メートルの範囲で検出されている。この施設は、図8―11のように中之門階段石の下約五〇センチで確認され、溶結凝灰岩の切石で底石と側石を構成している。幅三五センチ、深さ二〇センチを測る。切石は、隅から五個残存するが、近代の排水路も発見されていることから、残りの部分はその時点で破壊されたものであろう。これは、中之門渡櫓との位置関係や規模・構造から雨水処理施設と考えて間違いない。前述した弘化度下水絵図には描かれていないが、構築時期は漠然とするが明暦大火後、近代までの間といえる。参考までに、機能を紹介すると、『観古図説』をはじめとする古写真や幕末に編纂された『江戸城三十六見附絵図集成』には、中之門はもとより、中雀門・清水門・日比谷門等々では、渡櫓門の大屋根軒先から門の左右石垣にかけて雨樋が垂下している様相をうかがうことができる。この雨樋からの地上排水処理施設ということになる。

後者は、渡櫓台の裏手、南北方向に敷設された石組下水路である。報告書では、北側を石組排水路1、南側を同2と呼称している。

石組排水路1（以下、石組下水路1と用いる）は、渡櫓台とはおよそ二メートルの距離にある。北側の岩岐（雁木）下から下水桝（集合桝）に向かって十一メートル程延びており、凝灰岩製の切石で蓋が施されている。この石組下水路は、現状保存としたために発掘することはできず、すでにはずされていた蓋石数枚部分から内部の様子とこれを受ける下水桝の断面観察からつぎのように報告されている。内部の規模

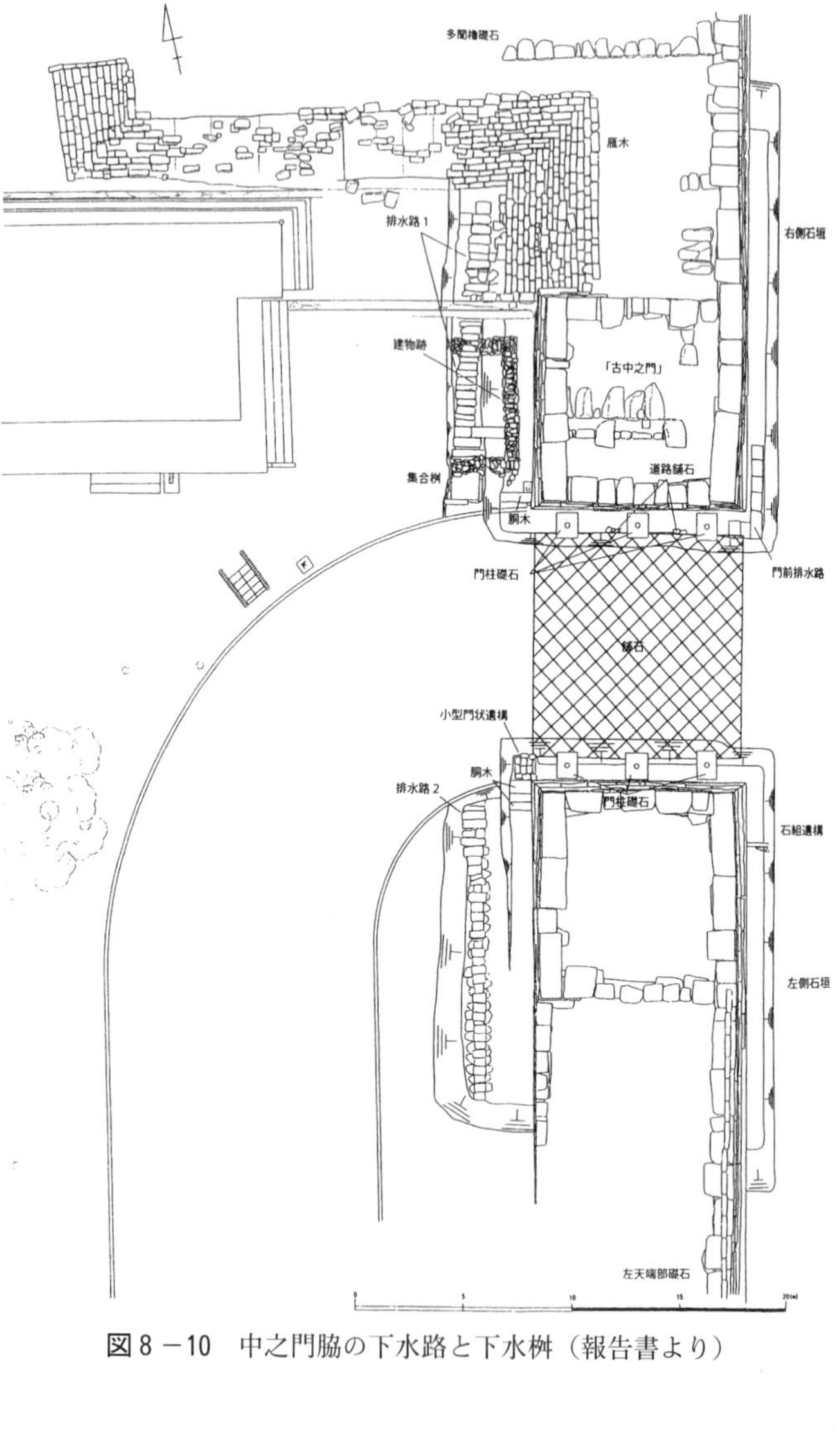

図８－10　中之門脇の下水路と下水桝（報告書より）

は、幅五五センチ、深さ六〇センチを測る。側壁は、溶結凝灰岩製の切石を五〜六段、傾斜部では市松状に積み、段差となる部分に蓋石を載せる工夫をしているという。この下水路は、側壁に間知石ではなく、切石を用いていることで強度に難点があるものの、その長さと岩岐周辺の雨水処理による水量ならば保持できるということであろうか。

一方、石組下水路2は、「新御門」側の南側から北側に向かって渡櫓台と併走するもので、発掘調査によって確認された長さは一六メートルという。渡櫓台の石垣とは約三メートル、その掘り込みとは約一・五メートル離れていることから、中之門に関係する施設ではない。石組下水路1と同様、現状保存としたことから不明な点が多いが、側壁に間知石を用いていることは大きな相違点である。一般的に、側壁に石を用いる場合、切石構造よりも間知石構造の方が古く、隙間に難点があるが頑強と考えられている。構造的にみて二つの石組下水路には時間差が

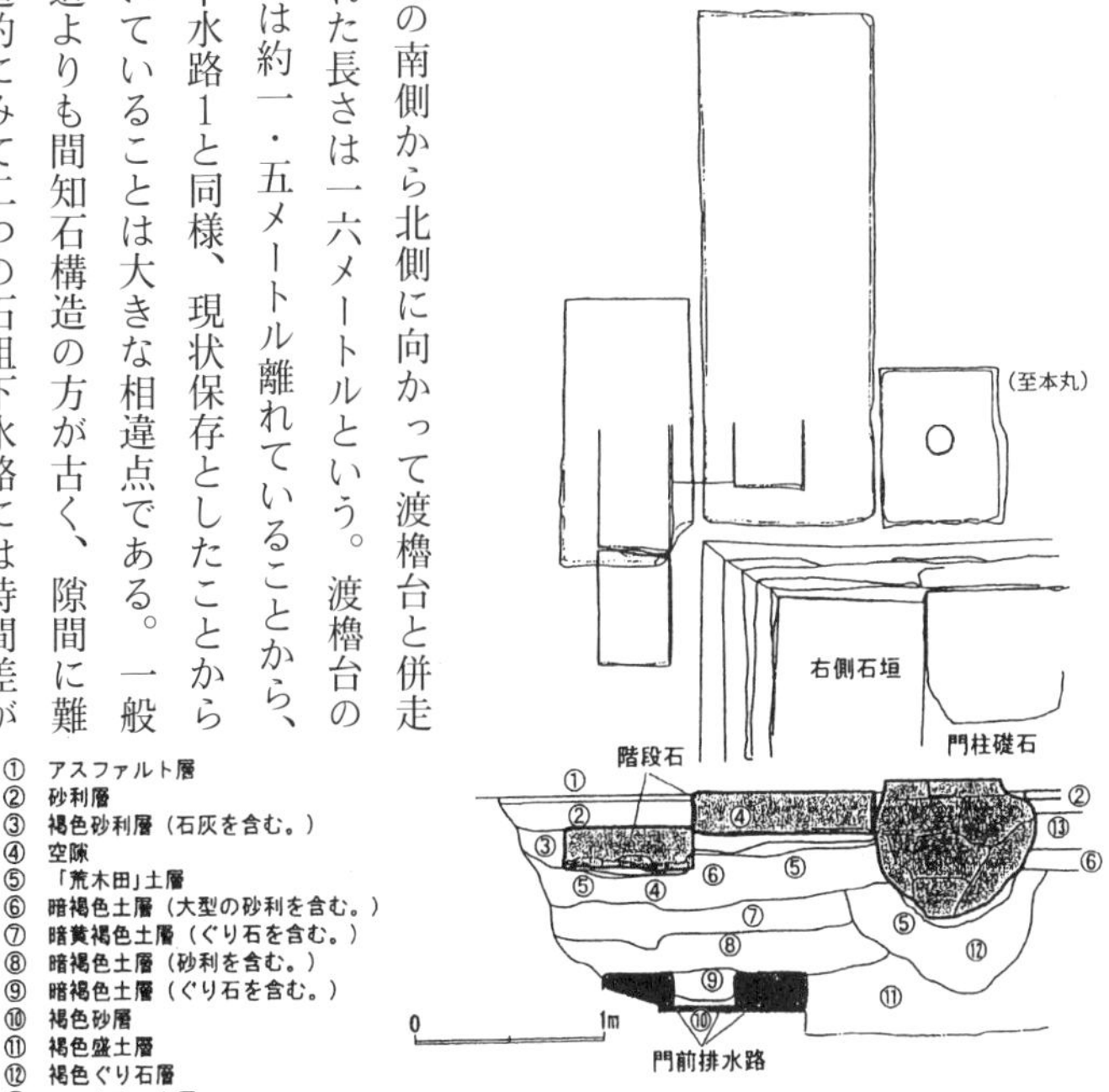

図８－11　中之門櫓台石垣北側沿いの石下水（報告書より）

生じているようである。

石組下水路の吐口となる南側には、下水桝が連結する。この施設も看過することができない。報文によると、この桝は平面形が長方形を呈しており、長さ一・七メートル、幅一・四メートル、深さ一・六メートルを測るとある。桝内は、かなりの容量となる。写真と報文では、底の様子をうかがうことはできないが、後述する坂下門の下水桝を参照すると石敷底と考えられる。側石は、写真からみると切石を六〜七段、布積みしている。特徴的なこととして、北・南・西の三方に下水の入水口となる石樋がみられることである。南壁の入水口となる石樋は、石組下水路から延びるもので、幅四五センチ、深さ四五センチとある。樋口が切石で構築されており、石組下水路2の側壁が間知石で築かれているのと比較すると、構造が明らかに異なる。これは、下水桝の改修に伴って、一部を改造したものと考えられる。坂下門の下水桝を好例として、間知石で側壁を積み上げた方が古いことに起因する。

ところで、これら石組下水路と下水桝を理解するためには、前述した弘化度下水絵図が不可欠となる。図8―12は、図8―8のうち中之門周辺部を拡大したものである。発掘調査で得られた成果と絵図とがものの見事、一致する。絵図上では、三方から集まる下水が一つとなって桝内から東側に流路をとっても不思議ではない。しかし、絵図では下水桝よりは南側に少しずれた位置から東流しているのである。実際には、下水桝内から東流することは渡櫓台の根石にすぐに突き当り不可能となる。これは、三方の下水路の傾斜と水量を十分考慮した上で、一旦、下水桝に集め、逆流する形状をとるが少々、石組下水路2に戻り、そこから東に流されることで効果的としたものである。

このように、中之門の発掘調査によって、改めて弘化度石下水絵図の正確さを実証することとなったのである。

3　本丸表向の下水路の敷設時期

弘化度下水絵図と中之門の発掘調査によって、弘化度の御殿造営にあたっては、絵図に描かれた下水路の存在がおおむね裏付けられた。

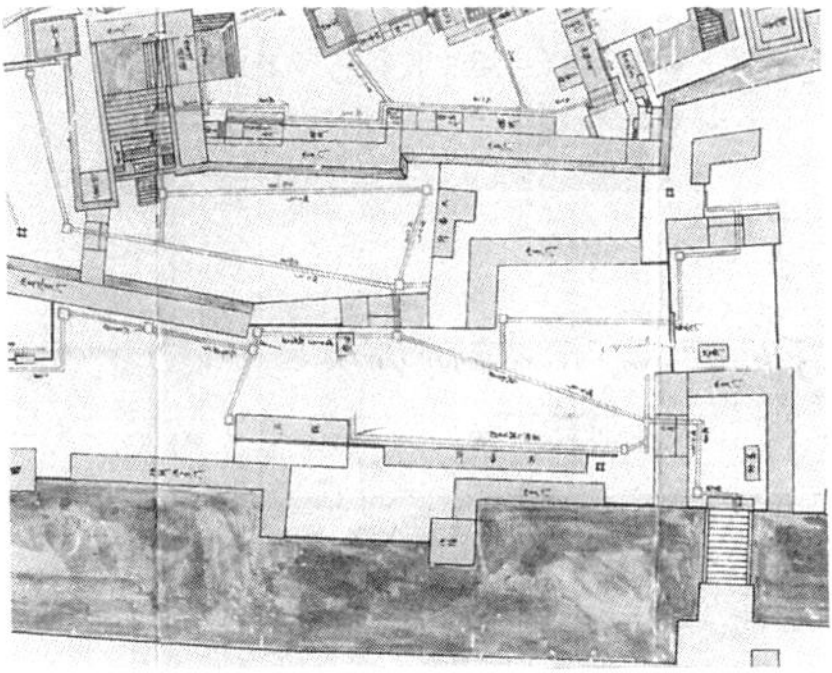

図8－12　弘化度 中之門周辺の下水路（図8－8部分）

つぎに、この配置による下水路がどの時点までさかのぼるかという課題が残る。それには二つのヒントがある。一つは、弘化度の下水絵図であり、一つは、御殿表向中奥の指図からみた時間軸による変化である。

前者の絵図には、御殿内の下水路の一筋として、前述したように玄関脇を通過するものと長屋門方面から南下するものとが中雀門渡櫓門北側で一つとなり、南側の渡櫓台石垣下を通過し、同枡形内へと下っている。今日、中雀門枡形内は車両通行を可能にするために階段はなく、盛土によって緩やかなスロープとして舗装されている。渡櫓台の石垣には、現状では下水路の石樋はみることができない。おそらく、櫓台の下位、枡形内の高さにあわせて

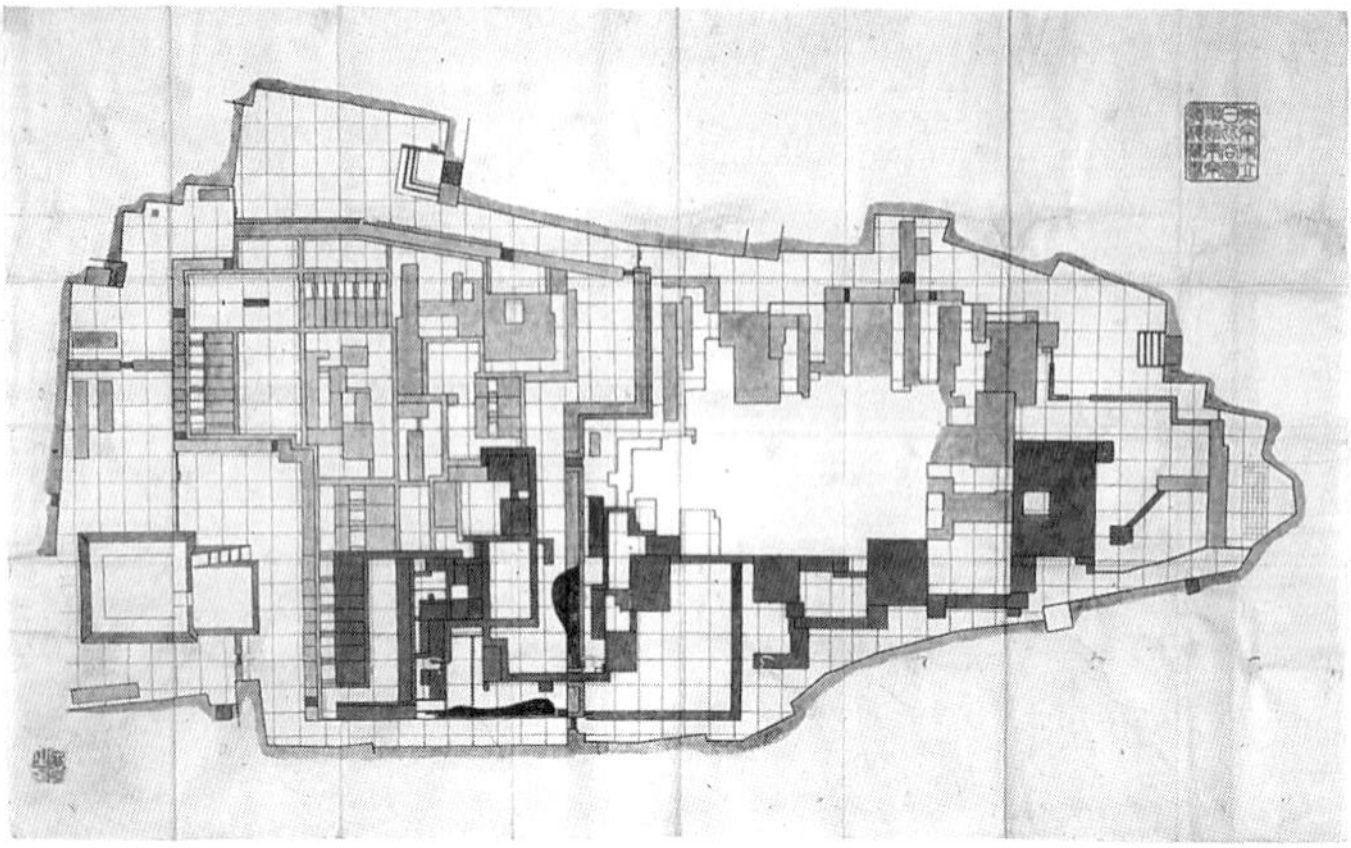

図8－13 『御本丸総御絵図』（都立中央図書館特別文庫室所蔵）

あるものと考えられる。中雀門は、慶長一二年（一六〇七）に天守台の改造と天守の造営とともに構築されたとある。その後、明暦大火や元禄大地震による修復が行われている。とりわけ、明暦大火後の修復では丹羽左京大夫光重が担当し、天守台で用いていた安山岩を枡形内に移設するなどして大規模な修理が施されたと記されている。元禄大地震の修復は、それほどのものではない。また、天保一五年の御殿炎上でも中雀門櫓台の改修は記されていない。すなわち、絵図に記入されている下水路は、明暦大火後の修復までさかのぼる可能性が高いのである。

後者は、表向中奥の中核的な配置と御膳所・賄所や濡椽内の掘井戸、湯呑・茶所等々の位置と変遷が問題となる。筆者は、拙稿「江戸城、寛永・万治度本丸殿舎造営に関する一考察」のなかで、寛永度の造営にあたり、表中奥と大奥の御殿地割線の絵図が存在し、それをもとにした『御本丸寛永度絵図』と『寛永度大奥絵図』が存在することを指摘した。この御殿地割線の絵図には、表中奥でみると、大広間・白書院・

黒書院の公式部屋、御座之間・御休息所の将軍の執務室、遠侍、中之口に面する奏者番・大目付・目付・三奉行の部屋、納戸口に面する老中・若年寄下部屋、御膳所・台所といった主要な部屋がレイアウトされているのである。この主要な部屋割は、第五章でも述べたように、寛永度はもとより享保度、弘化度、万延度の御殿指図にそのまま継承されていくことになる。したがって上水をはじめとする水廻りの位置がほぼ同じであることは、下水路もまた同様と考えることができるのである。

本丸の御殿空間内の発掘調査は、現状では不可能のために確証をすることはできない。しかし、二つの条件を検討すると、表中奥御殿内に敷設された下水路は、図8—8と同様の配置のものが少なくとも明暦大火後の万治度までさかのぼってもも不思議ではないのである。

ただし、大奥に関しては、時間の経過とともに棟・部屋とも著しく増加しており、この限りではない。その上で御殿内の下水路が一路に集約されているのか、あるいは表中奥と大奥との二路に分れているかということも不明といわざるをえない。後述する宮内庁書陵部貴重図書庫の発掘成果を参照すると二路のように思えるのであるが。

4　大奥北東端、宮内庁書陵部貴重図書庫の発掘調査

御殿大奥の北東端、上梅林門に近接して、書陵部貴重図書庫建設に伴う事前の発掘調査が実施されている。下水路に関連する遺構として、二条の石組遺構と一条の暗渠が発掘されている。石組遺構と暗渠の相異は、蓋石の有無によるものである。石組溝1と暗渠は、約九・五メートルの間隔を保ち、南北方向に延

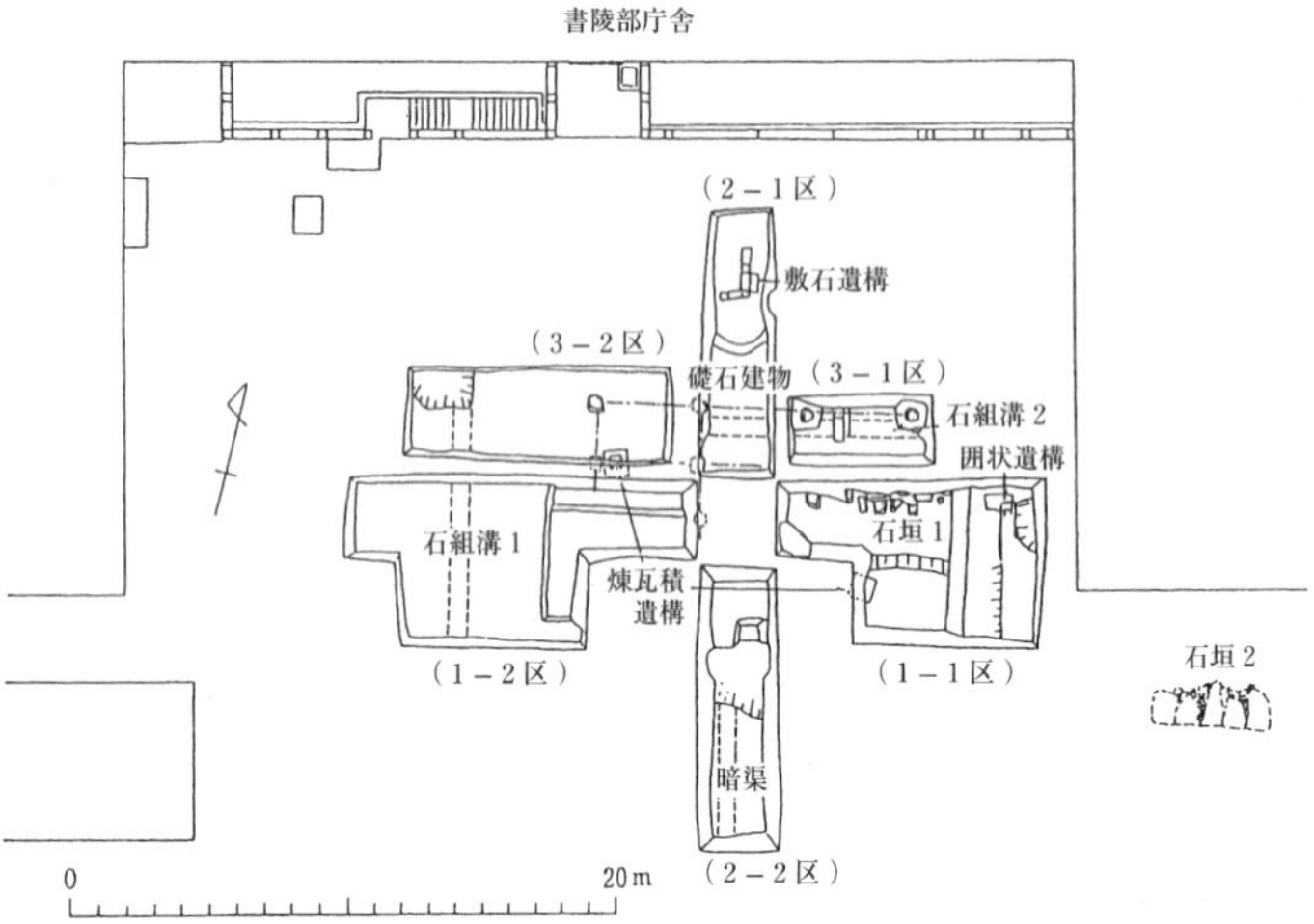

図8－14　宮内庁書陵部で発掘された大奥北東隅の石下水（報告書より）

びている。御殿の長軸方向が南北をとることから、二条の下水路はそれに並走する形状をとる。一方、石組溝2は、側石や裏込石が抜かれているところが多く遺存状態が良好ではないが、東西方向に延びている。石組溝1・2の底石レベルはほぼ同じであるが、流路を同一とするものではない。それは、底面標高が緩やかではあるが石組溝1が北から南へ、石組溝2が西から東へ傾斜していることにある。ちなみに、暗渠は二条の石組溝より約八〇センチ程低く、層位的にも古いものである。

　構造的な特徴をみることにする。石組溝1・2は、底石として矩形の石を平滑したものを六〇センチの幅で二列に並べ、側石には二段約五〇センチの高さに積んでいる。そして、大量の裏込石が用いられている。図でみる限り、側石には中之門裏手の石組下水路1・2で用いられている切石や間知石は用いられていない。暗渠は、完掘されておらず、上位のみの確認となっている。確認幅約六〇センチ、側壁には控えの長さが八〇センチ前後の間知石が最低でも一段積まれている。深さも石組溝よりもありそうである。

つぎに、これら下水路の構築時期が問題となる。報文では、遺構を三期に分け、石垣の根石（石垣1・2）と暗渠をⅠ期、石組溝1・2をⅡ期、煉瓦積遺構をⅢ期とした上で、Ⅱ期を伴出遺物から一八世紀後半以降としている。一方、千田嘉弘氏は、「集大成としての江戸城」のなかで、石垣根石間が約八メートルの間隔にあることを指摘した上で、この石垣が『江戸図屏風』の大天守台脇から東に延びた塁線の内枡形部分にあたるとして寛永期の所産であると述べている。『江戸図屏風』では、デフォルメされた部分が多く、内枡形とした箇所も切手門なのか上梅林門なのか判然とはしない。とはいえ、寛永度指図として知られる大熊家所蔵『御本丸惣絵図』や前述の『寛永度大奥絵図』では、切手門から東に塁線が延びていることは間違いない。元禄大地震の石垣被害箇所と普請担当大名を明記した『御城内向絵図』では、北桔橋門枡形から切手門、さらには上梅林門へと塁線が延びているので、石垣根石を寛永期に限定することは慎重を要する。一方、石垣根石と暗渠の関係は、確認面は同じであるが、両者が交差することはない。暗渠は、大奥長局向の東側を南北に沿うであろうし、石垣による塁線の手前を左折し、御殿側に延びることが予想されるのである。先に石組溝と暗渠の確認面の相異を述べたが、これは、暗渠が築かれた後、ある時点で盛土が施されたことを示唆している。しかも、大量の土をである。本丸内での盛土は、『東京市史稿』皇城篇を参照すると、御殿が炎上後に焼土を除去し、その上で新たな土を入れたことを示唆している。ちなみに、本丸御殿の炎上は、①寛永一六年（一六三九）、②明暦三年（一六五七）、③天保一五年（一八四四)、④安政六年(一八五九)、⑤文久三年(一八六三)の五回ある。石組溝が伴出遺物から一八世紀後半以降であること、御殿長局向沿に敷設されていることから、盛土の時期は、①・②に限られてくる。②の場合、汐見坂と梅林坂間を高石垣に変更することで、大奥東側の空間を著しく拡大している。最も可能性が高いのである。

三　西の丸御殿の下水

西の丸御殿表中奥の下水を描いた絵図が、元治度仮御殿の指図に唯一、存在する。これについては後述するが、表中奥の指図をみると、元禄度以降、嘉永度までは本丸同様、主要な部屋の配置はおおむね同じである。掘井戸、御膳所、賄所等々の水廻りが同じであることは、本丸の事例を引用するまでもなく、下水路も同じであるとみて大過なかろう。

嘉永度の図8―13をみると、黒書院こそ築かれていないが、大広間・白書院・御座之間・御休息之間・御小座敷・遠侍から御膳所・賄所間の部屋の配置は同じである。第五章で御殿内の掘井戸について述べたが、大広間・白書院の西側に二カ所の掘井戸があるのを除くと本丸の様相に類似している。すなわち、絵図には下水路が描かれていないものの、図8―8に近似することが推察できるのである。

1　元治度、御殿表中奥の木樋・鋳樋と石下水

元治度仮御殿は、嘉永度御殿と比較すると大きく異なる。御殿内には雨落の範囲が著しく増加し、部屋割や中・小庭の配置、大奥との境界が銅塀から七棟の土蔵が一列に並ぶなどの変化がある。

図5―17をみると、吹上掛から引いた上水を木樋・鋳樋を用いて中庭内の溜桝に注水することで御殿内に万遍なく行き渡る工夫がなされている。第五章で詳細に述べたが、天保年間以降、西の丸・本丸御殿の火災が相次ぎ、元治度仮御殿を造営するにあたり、幕府財政の圧迫は著しく御殿の縮小と簡素化、防火対策としてこのような配慮がなされたものである。したがって溜桝に貯えられた上水は、飲水を目的としたものではない。この樋筋で看過することができないのは、「御座之間」西側の泉水に一旦、注水していることである。

つぎに、下水についてみることにする。前述した溜桝のうち、上水桝と下水桝を兼務する石桝が二つ存在する。一つは、図中右上、七棟の土蔵のうち最も西側に位置する土蔵の脇のもの（下水桝1）。一つは、図中下端中程、長屋門脇のもの（下水桝2）。このほかに下水専用の石桝が、図中右下（下水桝3）をはじめとして、御殿の東端沿に数個みられる。

下水の流路をみると、大奥との境界に設置された七棟の土蔵に沿って下水桝1→下水桝3、御殿の東端を下水桝3→下水桝2、そして玄関前門側から桜田濠へ吐水しているものと考えられる。

本図では、判然としないことが二つ存在する。一つは、「御座之間」西側の泉水からの樋筋が大奥に延びていることは確実であるが、大奥側からの下水路が図中右下の下水桝3に繋がっているか否かというこ

とである。一つは、大幅な御殿の改造に伴って、従来の下水路が活用されているか否かということである。後者の場合、図中には前述した二筋の下水路しか描かれていない。そこでは、図5―16の掘井戸の位置が参考となる。掘井戸は六カ所描かれているが、長屋門筋の一カ所を除くといずれも嘉永度と同じ位置にある。御膳所・賄所が集中する図中左下では、濡椽から中庭への変更も認められるが注目された。上水筋の中庭に設置された溜桝には、そこで途絶えるものがある。その水を処理するためには、溜桝から下水路に流す必要がある。その点が描かれていない。同様に、御膳所・賄所周辺の下水に関する水廻りも本図には描かれていないのである。

四　御殿中枢部に近接する諸門で発掘された石下水

弘化度本丸下水絵図と元治度西の丸仮御殿絵図では、御殿内の雨水や生活排水等々の広義の下水は、最終的に堀に吐水していることを述べた。また、中之門と書陵部図書庫の発掘調査では、数条の下水路が発見され、それらは構造的に時間的に差異が生じていることを指摘した。

そこで、御殿との位置関係でみると、濠への吐水口に近い山里門・坂下門・清水門の三門で発掘された下水路について紹介し、あわせて構造的特徴を述べることにする。

1　山里門の石下水

西の丸御殿の南西、的場曲輪からは露地大道を経て正面の冠木門（高麗門）を左折する枡形形式をとるのが山里門である。

発掘調査では、二条の下水路（報文では排水路の名称が用いられている。以下、下水路と呼称する）が発掘されている。

下水路1は、渡櫓門の左側石垣の裏面から道灌濠鉢巻石垣の背面石積の北側、内枡形に沿う形状で発見された。開渠形式をとり、底石に一石、側石に各一石、凝灰岩製切石を用いている。幅約二五センチ、深さ約一八センチを測る。側石の一部には、間知石が二次的に利用されている。報文では、大正期の修築としている。

下水路2は、渡櫓門左側の石垣沿いに北から南側に延び、冠木門の裏手で東折する。図8—16を参照し、断片的な調査成果を交えると、この下水路は、冠木門下→露地大道→的場曲輪北端へと続くものと考えられる。また、図8—15にはないが、別図を参照すると、渡櫓門下の石畳下には、右側側石沿いに同様の施設が報告されている。つまり、この下水路は、内枡形方面に延びているものと理解することができる。下水路2は、底石と蓋石を持つ暗渠の形態をとり、側石は間知石を三段積んでいる。底石は、平端に調整した石を一枚敷くことを基本とし、部分的に二枚のところもみられる。その規模は、内法で幅約四五～五〇センチ、深さ約五〇センチを測る。この下水路は、近代まで使用しており、暗渠内にはヒューム管や陶管が敷設されている。外観をそのまま利用し、蓋石のみを移動し、くり返し使用されていた可能性が高いの

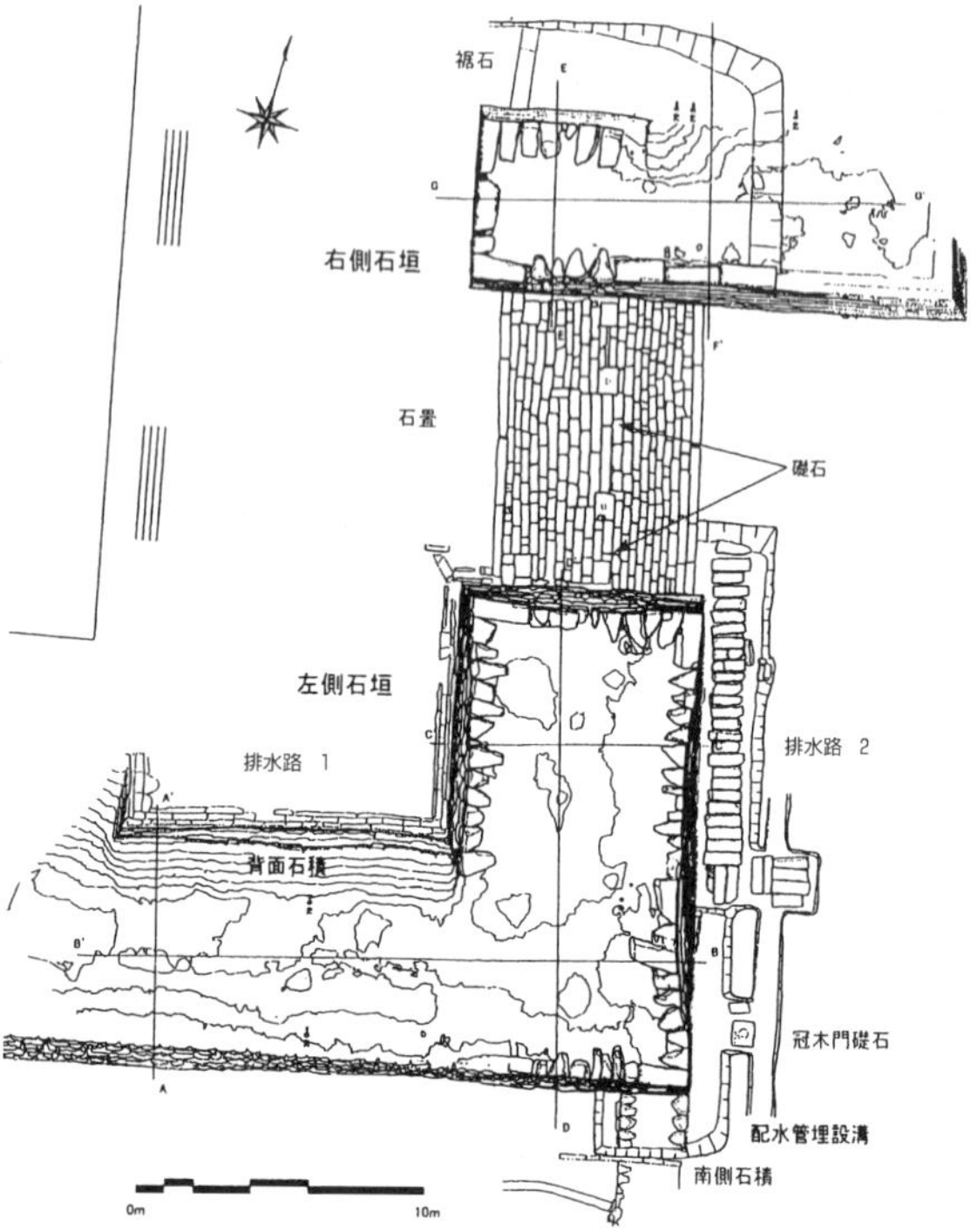

図8－15　山里門の石下水（報告書より）

である。

山里門の修築は、寛永六年（一六二九）に松平《（池田）》宮内少輔忠雄が山里庭苑とともに命じられたと記録されている。石垣根石の刻印には、それを裏付ける資料もある。下水路2の修築時期を検討すると、時間軸を特定することは困難であるが、初現は寛永期までさかのぼる可能性が十分あるといえよう。

2　坂下門の石下水

今日の坂下門は、南北に渡櫓門が配置されている。これは、明治六年（一八七三）、当時の政府が土橋から真直に車馬を入れるために変更されたものである。本来は、橋詰に冠木門がある左折形式をとる枡形であった。

発掘調査で石組下水路（一号遺構）と石組桝が発掘されている。狭小な範囲のため不明な点が多いが、

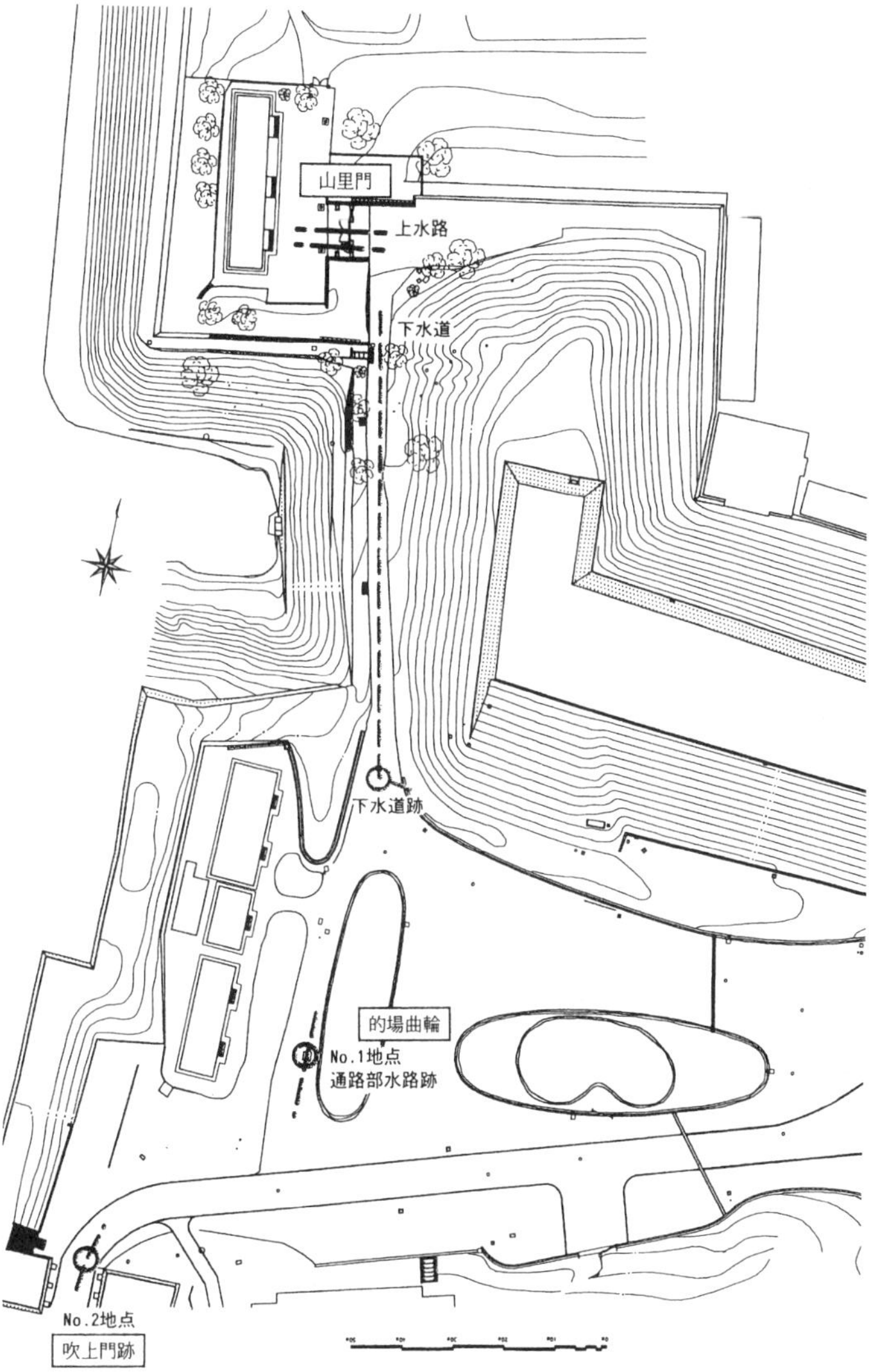

図８－16　山里門石下水と的場曲輪（報告書より）

これら遺構は土橋を渡り旧冠木門の北東にあたる。

石組下水路は、南西部から北側に湾曲を描きながら流路をとり、そのまま蛤濠に吐水している。湾曲部では、石組桝を破壊している。したがって、遺構の重複関係から石組桝の方が古く、石組下水路の方が新しい。しかし、石組桝内には東・北壁の二面に入水・出口孔があり、新たな孔が見当たらないことから石組下水路もこの入出孔を利用しているのである。それは、石組桝北壁中央から蛤濠に向かって南西側とは異なる石組下水路が直進しており、北半では旧来の流路がそのまま利用されているのである。

石組下水路の特徴をみることにする。石組桝の北側では、平端に調整した底石を二列に敷き、側石は間知石を用いて三段、布積みしている。一方、石組桝を破壊して改修された西側では、間知石を基本としながら切石も多用し、布積みもやや雑であるという。さらに、石組桝と接する北側では、蓋石に唯一、扁平な石を直立させることで門状の役割をも果している。このように、側壁の構造にみるわずかな相異が時間差と理解することができる。石組下水路の規模は、北側で内法の幅約六〇センチ、深さ約七〇～八〇センチを測る。

石組桝は、石組下水路のうち改修された西半が現状保存となったことから、それによる破壊が及んでいるために南東側半分の調査となっている。その規模は、東西一八五センチ、南北一九五センチ、深さ約九〇センチを測る。底面の標高は、北側の石組下水路の底より約二〇センチ程低い。これは、石組桝内で砂泥や塵介の除去を行うための工夫である。その構造は、底石に規格化された切石を東西方向に並べ（一部は南北方向）、側石は間知石を用いて二段積まれている。蓋石は存在しない。当時は木蓋が被せされてい

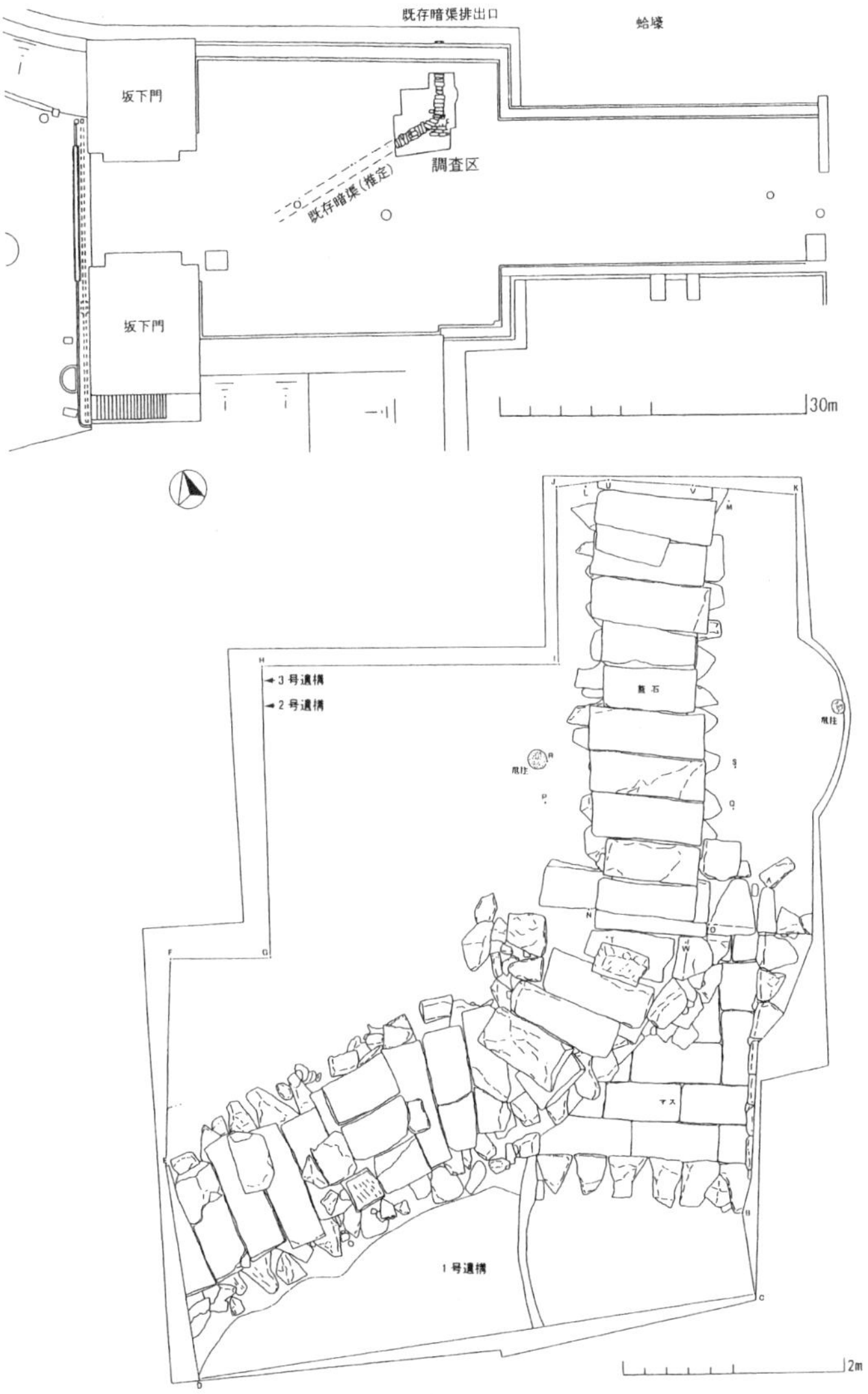

図８－17　坂下門の石下水と下水桝（『江戸城の考古学Ⅱ』より）

たものと考えられる。

ここで問題となるのは、二点ある。一点は、当初の石組下水路と石組桝の構築時期である。一点は、改修された石組下水路の目的とその時期である。両者とも、記録に残されているわけではない。後者の場合、遺構そのものが現状保存となったために内部の様子や掘り方は不明と言わざるをえない。調査所見によると、調査区域内は、自然堆積層は認められず、近代以降を含む盛土層で形成されているという。改修された石組下水路の上位、裏込めにあたる位置から、一八世紀後半以降、特に一八四〇〜一八五〇年代の遺物が多いことが指摘されている。予想されるものとして安政江戸地震（一八五五）がある。荒川河口を震源地とする直下型の地震で、下町周辺では大きな被害を受けている。しかし、坂下門での被害は報告されていない。これを除くと西の丸御殿の炎上であろうか。①天保九年（一八三八）、②嘉永五年（一八五二）の二者が該当するが、伴出遺物からは②となる。この場合条件があり、御殿大奥の雨水・生活排水による下水が当該施設に流路をとることではじめて成立する。前者の旧石組下水路の場合、積極的な資料に欠けるが寛永期までさかのぼる可能性は十分あるものと考える。

3　清水門の石下水

北の丸門の北東部に位置する清水門は、昭和三六年（一九六一）、建造物の重要文化財指定に伴う修理工事で、明治以降、内枡形内に新たな石垣を積むなどの変貌が著しいことから、旧状に復元する作業が行われた。そのときの発掘調査で、大番所礎石、井戸跡とともに数条の下水路が発見された。下水路には名称がないために、ここでは図8―18の断面図の位置を遺構の名称とする。

主要な下水路は、①内枡形内の南西端を石垣沿に走る開渠の下水路D、②井戸跡の北側内桝形内の西端石垣沿から右折し大番所沿に走る下水路B、③下水路D（下水桝存在か）から右折し、内桝形内中央を北走する下水路E、④下水路Eと合流し、渡櫓門間を東走する下水路F、⑤渡櫓台西側の雨落が集合する下水路Hからなる。ここでは、①〜④について述べることにする。

①は、側石の一方を石垣、片側を間知石と切石を混用して築いており、底石を有する。後述する田安・清水邸から内桝形に延びる下水路を描いた絵図には、この下水路は描かれていない。幅約一二〇センチ、深さ約九〇センチを測る。②は、底石と側石一段のみの確認である。幅六六センチ、深さ二五センチを測る。③は、下水路Dの北端から右折する形状で枡形内中央を北走するもので、側石一段と底石が残存する。側石には間知石、底石には割石が乱敷されている。幅約五五センチ、深さ約五〇センチを測る。後述する田安邸より延びる下水絵図には、本下水路が描かれている。④は、内枡形内の下水・雨落が全て集まり一条となって渡櫓門間を東走するもので、外枡形から清水濠に吐水する石樋へと繋がるものである。内枡形内の調査は、発掘が目的ではないことから、詳細な敷設状況は判然としない。側石は、間知石と切石を用いて三〜四段積上げ、蓋石を被せている。幅約一三〇センチ、深さ九五センチを測る。底石の記述はないが、清水濠に吐水する石樋の形状から存在するものと考えられる。ちなみに、この石樋の構造は、整然とした切石をもって組み合せ、底石と側石の一部が清水濠にせり出すように加工している。底石二枚、側石片側二段、蓋石は一枚用いられている。

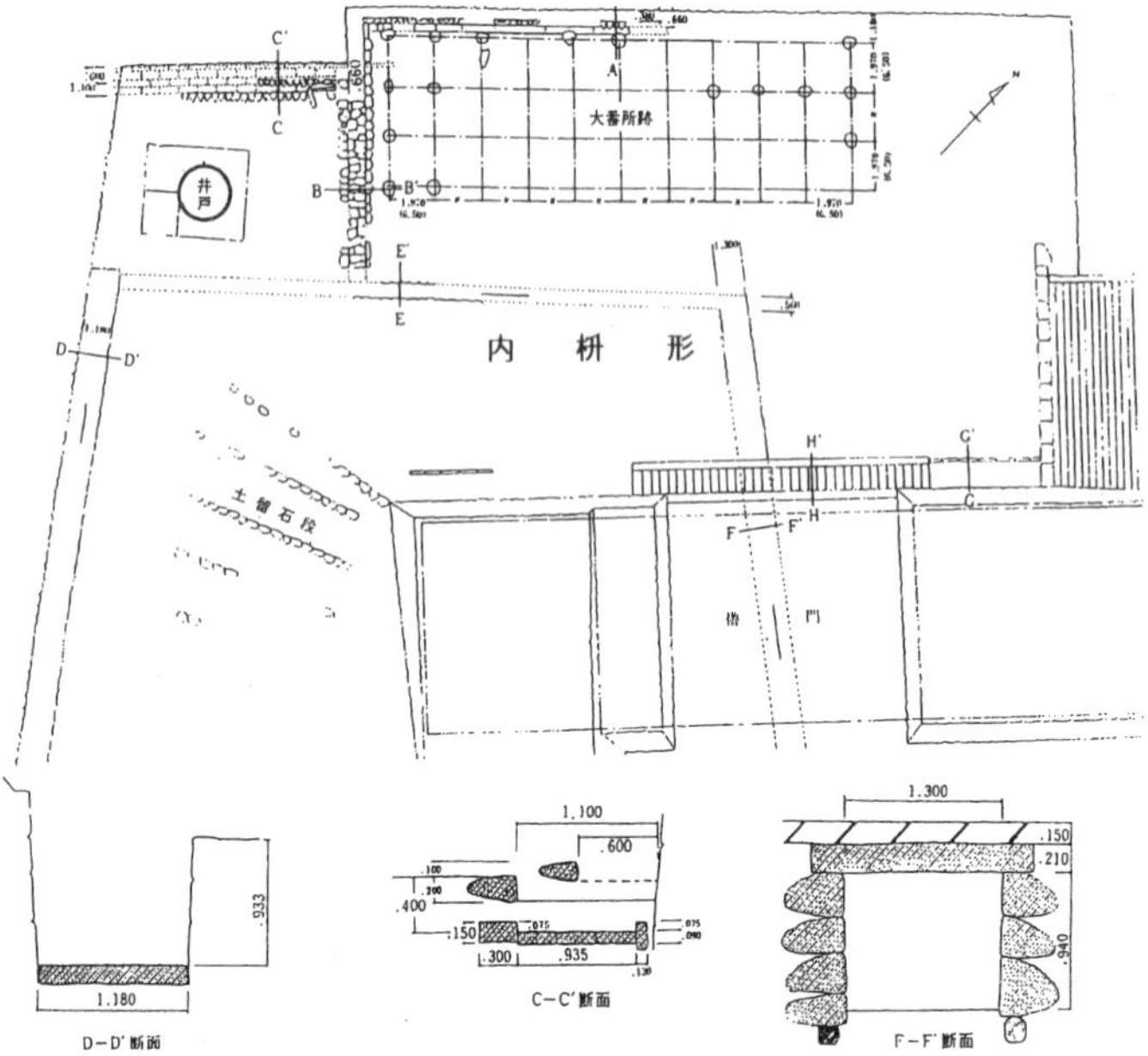

図8－18　清水門の石下水（報告書より）

内枡形内の下水路を理解する上で、台地上、北の丸内の屋敷内からの下水路を軽視することができない。都立中央図書館誌料文庫所蔵『田安清水御門上水樋絵図』（東京誌料七六〇―二五）が参考となる。縦五〇・〇センチ、横六九・七センチを測り、左下には「甲良之印」の角朱印が押されている。絵図は、田安門から北の丸台地を二分するように道が走り、屋敷はその右手、西側に描かれている。屋敷の位置から田安邸であることがわかる。この田安邸から下水路が東走し、前述の下水路Dに繋がる。田安邸からの下水路には「百四拾三間」、下水路Dには「有来下水」の書き込みがある。本図では、下水路Eと下水路Fの合流点に下水桝が描かれている。つぎに、絵図の時期が問題となる。その手掛りは、北の丸台地上の屋敷にある。本図には、道を挟んだ東側には清水邸が描かれていない。両屋敷の造営は、田安邸が享保一六年（一七三一）、清水邸が宝暦八年（一七五八）である。つまり、この絵図はその間にあることがわかる。また、絵図を参考にすると、下水路Ｅ・Ｆの構築時期は、田安邸造営以前とみて大過なかろう。

4　下水路の構造からみた時間的変遷

江戸城中枢部周辺で発掘された五カ所の下水に紹介してきた。範囲を拡大し、町屋まで延ばすと板下水の事例が急増する。場所によって下水の構造も大部、異なるのである。

表8―1に、紹介した下水路をまとめてみた。いずれも発掘されたものであることから、下水路内に堆積した土砂や確認された周辺から遺物を伴出するが、構築時期の決め手となるものではない。それは、石材で構築されていることから何より丈夫であり、山里門の事例をみるまでもなく、石下水のなかにヒューム管を入れることで最近まで使用していたことからも理解することができる。また、理由は定かではないが、坂下門のように一部を改修することで利便をはかる事例なども存在する。

これらの事例から、(A)蓋石の有無、(B)側壁に用いられている石の種類の二点が問題となりそうである。

(A)の場合、清水門の下水路Ｄは、明らかに蓋石が存在しないものもある。これは、地形を考慮し、石垣間から滲み出た雨水を排水するためのものであり例外的な事例である。他は、下水が詰まらないためにも蓋は必要となる。この蓋には、石蓋と木蓋がある。大半は石蓋であるが、宮内庁書陵部貴重図書庫に伴う調査で発掘された石組溝１・２は、調査所見として蓋石がなく、木蓋の可能性が指摘されている。同所で

戸城中枢部および周辺の発掘された下水施設一覧

構　　造			備　　考
側　　石	蓋石	底石	
切石２段	無	有、２列	
切石（１段残存）	無	有、２列	側石の抜取多
間知石２段以上	有	不明	石組溝１・２底より約70cm低
整然とした切石５～６段	有	—	下水桝に連結、保存
間知石使用	有	不明	確認のみで保存
間知石と切石併用	有	不明	下水桝を破壊（新)、保存
間知石４段	有	有、２列	下水桝に連結（旧）
間知石３段	有	有	施設内にヒューム管、二次利用
間知石、１段のみ残存	（無）	有	北西、石垣分
間知石・切石を３～４段	無	有	南西、石垣沿の開渠
間知石、１段のみ残存	不明	有、割石	
間知石・切石を３～４段	有	不明	

を引用
門は遺構名がないために断面の位置を仮称とした

は、その下から蓋石のある暗渠が発掘されていることから、相対的に蓋石を用いる事例が古いと考えられる。

(B)の側壁石は、①石垣用材としての間知石のみが用いられているもの、②間知石に切石が併用されているもの、③整然とした長方体の切石が用いられているものの三者に分けることができる。③は、中之門裏の排水路１のみでやや特異な事例である。構造的に後出的要素が高いものと考えられる。①・②については、坂下門の事例が参考となる。坂下門の下水路は、下水桝を境として改修が行われている。それは、①が古く、②の方が新しい。すなわち、側石の構造でみると、①→②→（③）という図式になる。

なお、底石はあることを基本としており、清水門の下水路Ｅが割石を用いているのを除くと平滑な石を二列に並べているものが多い。

表８－１　江

遺構名＼項目		規模（cm）	
		幅	梁
書陵部下	石組溝１	75	45
	石組溝２	75	50
	暗渠	60	40＋α
中之門裏	排水路１	55	60
	排水路２	45	45
坂下門	１号遺構（A）	不明	不明
	１号遺構（B）	60	80
山里	排水路２	50	50
清水門	下水路Ｂ	66	25
	下水路Ｄ	120	95
	下水路Ｅ	55	50
	下水路Ｆ	130	95

※雨落は除く、遺構名は報告書のもの
坂下門の（A）・（B）は新旧、清水

今後、類例が増加することで、さらに詳細な検討が可能となるであろう。

第九章　上水施設を自然科学分析で解析する

近年の遺跡発掘調査の時代対象は、江戸遺跡ひいては明治、大正時代、先の戦争遺跡にまで広がってきている。それまで、考古学調査研究法を基礎とした文化財の保護を担う文化財行政主体の遺跡発掘調査は、調査対象とする時代の範疇に希薄であった。しかし、約二十数年前頃から都心部の開発が多くなるにつれ、調査対象の範疇とみていた古代以前の遺跡を調査するためには、その上部に厚く存在する現代から中世までの文化財を包含する堆積物、所謂、近世の包含層を調査対象にせざるを得なくなってきた。都心部の発掘調査の多くは、これらの堆積物を撹乱土として一括廃棄処理をしていたが、その撹乱土とされた堆積物には、近世の遺物や遺構が多量存在していることから、考古学調査研究法に沿って調査し記録することが求められるようになったのである。

都心部は江戸の中心範囲と重なることから、近世遺跡の存在しない場所はないほど濃厚な包含状態を示すことが調査を継続することにより理解され、その成果は多くの調査報告書に反映され記録保存されている。これらの調査報告書を概観すると特に台地部での近世遺跡は、土取りや切り土、谷や低地部では埋め土や盛土の大規模な土木事業の実体がある（表9―1、図9―1）。これらの人為堆積物内には、陶磁器

分析対象遺構名	分析項目	文献
上水道	鉱、D、P、石、W、土	パリノ・サーヴェイ株式会社，1991a
上水道、上水道竹管	T、D、土	パリノ・サーヴェイ株式会社，1991b
木樋	W	パリノ・サーヴェイ株式会社，1994
池、溝状石組、上水井戸、上水木樋、埋桶、上水桝、堀、溝(胴木)	D、石、W	パリノ・サーヴェイ株式会社，1996a
木樋、継手、竹樋継手、井戸桶、桝	W	株式会社パレオ・ラボ，1997
木樋、継手、上水桝、上水桶、埋桶、木組桝、胴木、土留杭	W	株式会社パレオ・ラボ，2000
木樋	W	パリノ・サーヴェイ株式会社，2003
木樋	W	パリノ・サーヴェイ株式会社，2006a
木樋、桝	W	パリノ・サーヴェイ株式会社，2001
木樋	鉱、D、P、石、W、S	パリノ・サーヴェイ株式会社，1996b
胴木、しがらみ、石垣	石、W	パリノ・サーヴェイ株式会社，2006b
井戸	P、PO、W	パリノ・サーヴェイ株式会社，2011a
井戸	D、P、PO、S	パリノ・サーヴェイ株式会社，2011b

石＝石材鑑定、W＝樹種同定、S＝種実同定、土＝土壌理化学分析、鉱＝鉱物分析

類、人骨、瓦、木製品、金属製品、土製品などの遺物の他、動物骨、貝類、炭化材などの生活残滓、礫、砂、粘土、黒ボク土、ロームブロック土や廃土、焼土などがある。さらには、遺構構築面においては硬化面や土壌化面を認識できることもある。これは当時の生活面の構築であって古代以前の包含層内ではみられない事象である。これらを対象とした発掘調査では、単に遺物や遺構の記録や回収だけではなく、当時の生活環境や自然環境、物流や商業などの経済圏、政治社会的背景、文化や歴史などの復元に役立つ情報を有しているのである。自然科学分野ではこれらの開発の実体や遺物、遺構を対象とした事実に迫るための各種分析調査を実施している。堆積物そのものをすべて対象とし遺構、遺物のみならず微細な遺物や生活残滓をも対象とし、種

表９－１　江戸の上水関連自然科学分析対象遺跡表

No.	遺　跡　名	市　区 町村名	所　在　地
1	神田上水石垣遺構	文京区	東京都文京区本郷一丁目
2	真砂遺跡第２地点	文京区	東京都文京区本郷四丁目
3	丸の内三丁目遺跡	千代田区	東京都千代田区丸の内三丁目
4	汐留遺跡	港区	東京都港区東新橋一丁目
	汐留遺跡Ⅰ －旧汐留貨物駅跡地内の調査－	港区	東京都港区東新橋一丁目
	汐留遺跡Ⅱ －旧汐留貨物駅跡地内の調査－	港区	東京都港区東新橋一丁目
	汐留遺跡Ⅲ －旧汐留貨物駅跡地内の調査－	港区	東京都港区東新橋一丁目
	汐留遺跡Ⅳ －旧汐留貨物駅跡地内の調査－	港区	東京都港区東新橋一丁目
5	尾張藩上屋敷跡遺跡Ⅵ	新宿区	東京都新宿区市谷本村町５-１
6	江戸城外堀跡　四谷御門外町屋跡	新宿区	東京都新宿区市谷田町１・２丁目
7	春日町(小石川後楽園)遺跡　第９地点	文京区	東京都文京区春日一丁目
	春日町(小石川後楽園)遺跡　第11地点	文京区	東京都文京区春日一丁目
8	本郷台遺跡群第２地点	文京区	東京都文京区本郷七丁目

凡例
鉱＝鉱物分析、T＝テフラ分析、D＝珪藻分析、P＝花粉分析、PO＝植物珪酸体分析、

類、材質、組成を明らかにし当時の生活環境や社会背景を復元していくための資料を提供しているのである。

本章では、本題が上水施設という遺構を対象にすることから、これに関する近世遺跡発掘調査性から分析調査事例を紹介し解析する。とくに、上水施設を、「造る」「使う」「埋める」といった流れを通してみてみようと思う。

一　上水施設を「造る」

江戸時代には、代表する上水として六つの上水がある。水源を別にすると井の頭池、善福寺池、妙生寺池を同じ水源とする神田上水と多摩川の水を取水する羽村堰を水源とする玉川上水に大別され、玉川上水は、さらに青山上水、三田上水、千川上水に分水され、他

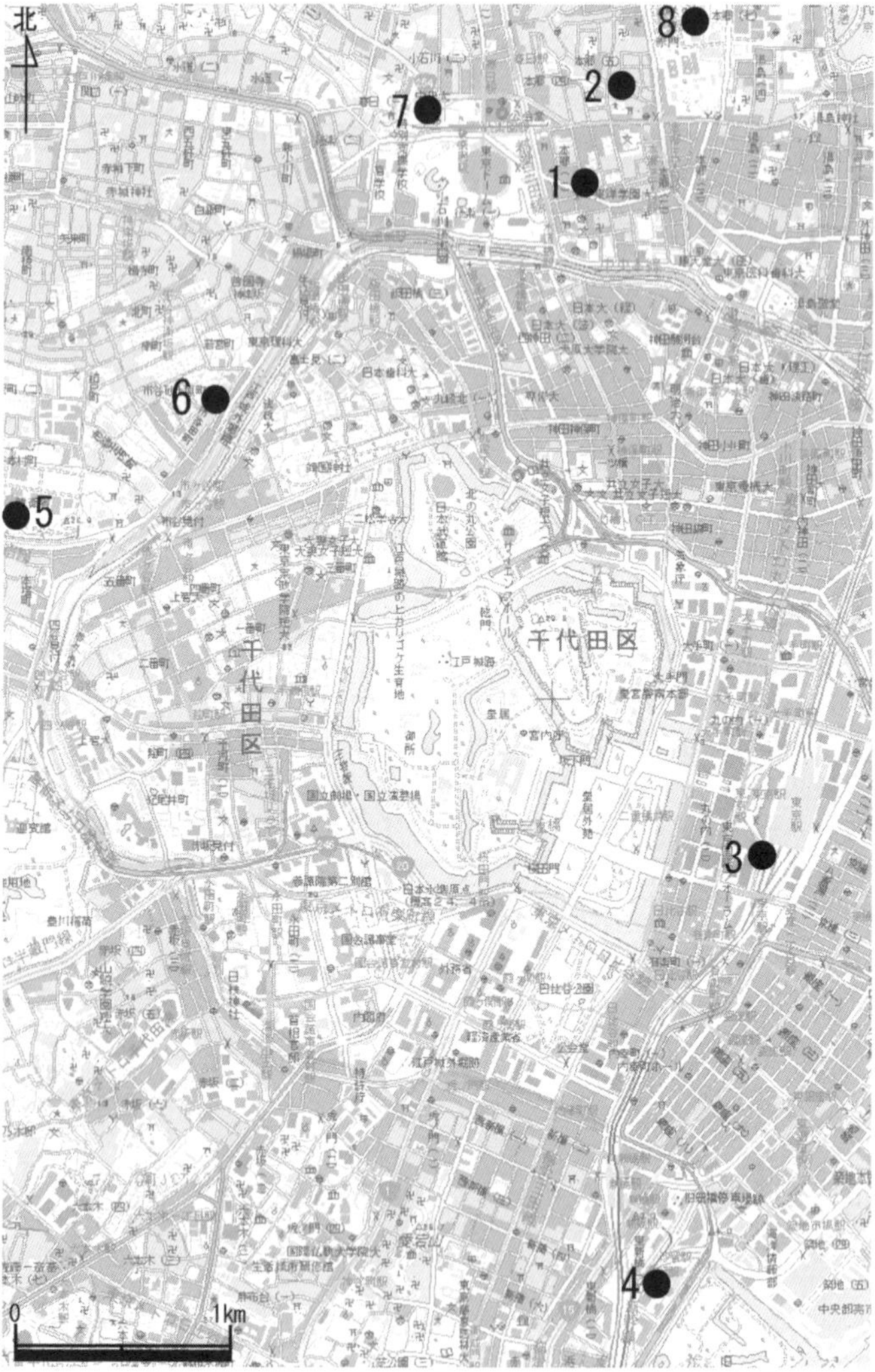

図９－１　江戸の上水関連自然科学分析対象遺跡位置図

に瓦曽根・溜井を水源とする本所上水がある。構築年代や廃止年代は、それぞれであるが要因は江戸の人口増加や水害の影響によるものと思われる（鈴木編著 二〇〇三）。上水施設には上水井戸や枡、さらには主線から分水する様々な上水施設を経て人の生活水となる。これらに関する上水施設は遺跡発掘の際に検出され調査対象とされてきた。

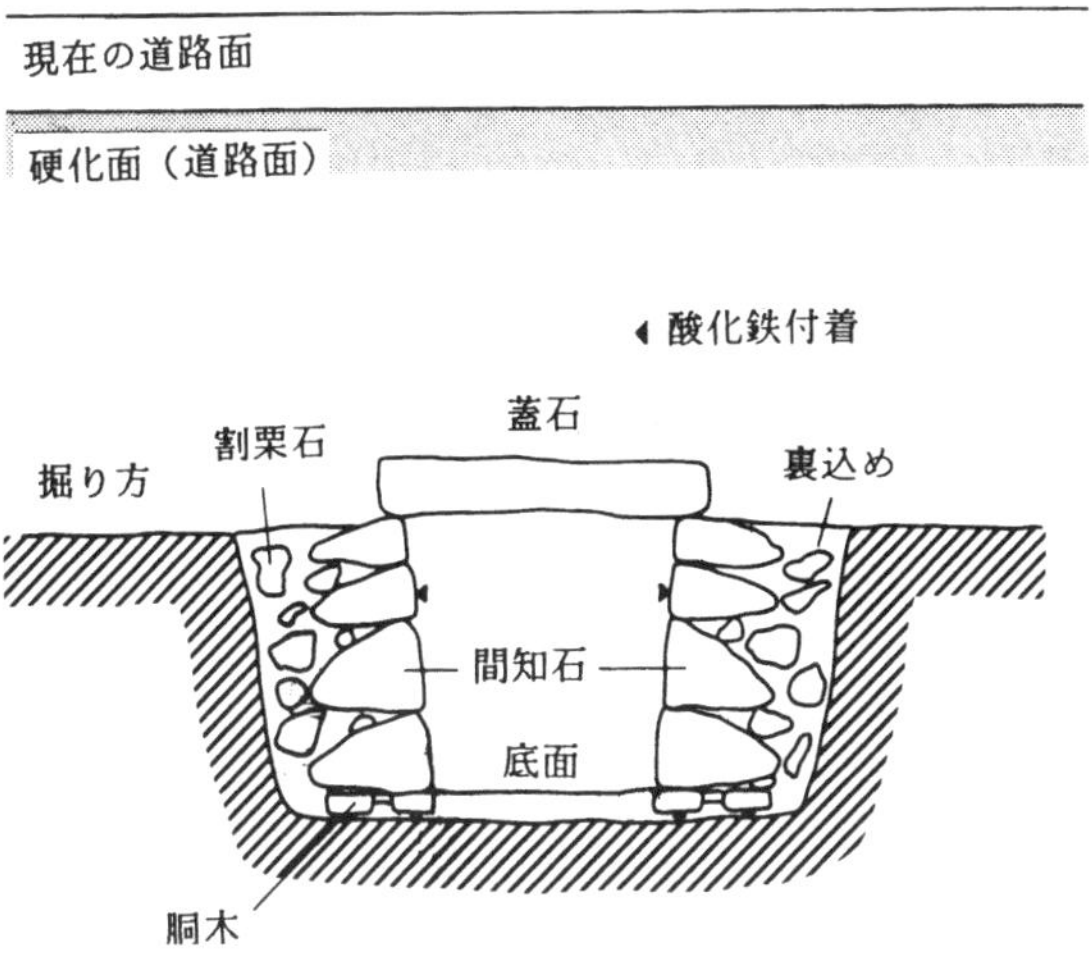

図９－２　神田上水石垣遺構　石樋構造模式図（文京区神田上水遺跡調査団編、1991）

　上水施設を造るといった視点でみると、まず地理・地形的環境と河川や池などの水域環境が前提となる。地形や河川環境については、第一章に詳しいのでここでは触れないが、広域の距離を水位の落差を利用した開鑿事業は緻密な測量と地形把握が必然であったことは間違いない。玉川上水はその意味で偉業といえる。さて、江戸手中つまり現代の都心部での発掘調査によると上水施設は多くの遺跡で調査事例がある。ここでは代表的な遺跡を選択し図9—1と表9—1に一覧した。

　これらの遺跡調査では、上水施設とされる遺構の構築場所、構築材料、を取り上げ「造る」という状況に迫りたい。まず、地形的特徴と土地条件によってどこに造るかは、河川付近であり台地斜面下（崖線下）が選地されている。そして土地利用条件や生活環境によって分水や筋替えが行われている。

文京区水道橋駅の東には武蔵野台地の本郷台に上る斜面があり神田上水石垣遺構（文京区神田上水遺跡調査会 一九九一）はこの台地を深く掘削し造っている。本郷台を構成する堆積物層序は、基底の武蔵野礫層や赤羽砂層の上位に武蔵野ローム層、立川ローム層、完新世に形成された黒ボク土層であり、江戸期も存在していた。層厚は平坦面で約八メートルはあったと思われるが、神田上水の石垣とされる位置の層準はさらにこの下位に相当する東京層に達していることがわかった。小石川の谷から本郷台へは斜面なので上位の層厚は平坦面ほどなかったにせよ平川放水路に架かる神田上水の掛樋付近での水位を保つための掘削深度の獲得は、容易な土木事業ではなかったと思われる。ここでの分析成果は、鉱物分析と珪藻分析によるところが大きく、東京層を掘削して上水石垣を設置したことが判明した。

鉱物分析の効果は、東京層や武蔵野ローム層、立川ローム層、黒ボク土層を形成する構成要因がこれまでの調査研究から調べられており、堆積物中の鉱物組成や変化、さらには年代の指標となる火山灰層準などから、遺跡層序の時代や年代、さらには欠如した層準の判定をも推定できる分解能をもっている。珪藻とは単細胞植物であり、河川や池沼、海域や海岸、河口や干潟などの水域環境に応じて棲息する性質を有していることから、過去の堆積物中にある珪藻化石の種類や組成を分析することによって当時の水の環境を推定することが可能な分析手法であり、低湿地遺跡や海岸低地遺跡などではよく用いられている。さらには河川の水流の消長や水質の汚染状態も検討できる特質をもっている。ここでの珪藻分析では東京層の成因が既存資料で理解されていることでそれと比較し東京層に矛盾しないことがわかったのである。

神田上水のこの調査域での上水施設を造るための掘削の次は、間知石を配すための礫や胴木を設置し、間知石の裏込め石を用意し間知石を積み上げ蓋石することになるが、これらの石材や木材をどこからもち込まれたのか、何を選択したのか岩石鑑定や材同定により明らかにされている。神田上水の構造は図9―2に模式図を示したように掘削幅約三メートル、両側の間知石の基礎に胴木を二本並列に並べつなぎ合わせ、その上に間知石を四段積み最上位はやや小さな間知石となっている。両側の間知石の間は約一メートル強、蓋石の上面までは約二メートル強といったところである。

江戸は地形的には、武蔵野台地と東京低地からなるが、この地域には巨石を産する原産地がない。利根川、荒川、多摩川の大河川下には河床の礫が存在するが上流にあっても間知石を造る大きさのものは少なく石材産地にはなり得ない。一方、木材も広大な森林がなければ供給地にはなり得ず遠方からの搬入ということになる。当時の武蔵野台地にはこれまでの遺跡発掘調査により落葉広葉樹の林が部分的に成立していただけで針葉樹などの森林はなかったことがわかっている。江戸期になり松や杉の森林は、関東山地域に植林が行われるようになり増加したことも、花粉分析や、遺跡の出土木材の同定から解析されている。つまり江戸初期での石材や木材の産地条件は江戸および周辺にはなかったのである。江戸はこのような環境のなかで大量の石材と木材を必要とした都市づくりから始まったのである。

江戸城や江戸城の壕には膨大な量の間知石が使われている。これらは文献や遺跡調査によって石材や石材原産地（石切り場）の調査も行われており、多くは伊豆地域の安山岩がよく用いられていることが周知

表9－2　神田上水石垣遺構　間知石・蓋石・裏込め石の岩石薄片鑑定結果（パリノ・サーヴェイ株式会社、1991a）

試料番号	試料名および用途	岩石名
1-1	裏込め石①	斜方輝石単斜輝石安山岩
1-2	裏込め石②	斜方輝石単斜輝石安山岩
1-3	裏込め石③	安山岩質凝灰岩
1-4	裏込め石④	含化石粗粒砂岩
1-5	裏込め石⑤	斜方輝石単斜輝石安山岩
1-6	裏込め石⑥	斜方輝石単斜輝石安山岩
1-7	裏込め石⑦	斜方輝石単斜輝石安山岩
1-8	裏込め石⑧	斜方輝石単斜輝石安山岩
1-9	間知石402	斜方輝石単斜輝石安山岩
1-10	間知石418	斜方輝石単斜輝石安山岩
2-1	ⅣB103間知石	斜方輝石単斜輝石安山岩
2-2	裏込め石(2)	斜方輝石単斜輝石安山岩
2-3	裏込め石(2)	斜方輝石単斜輝石安山岩
2-4	ⅠB213間知石	斜方輝石単斜輝石安山岩
2-5	ⅢB231間知石	斜方輝石単斜輝石安山岩
2-6	ⅢB230間知石	斜方輝石単斜輝石安山岩
2-7	ⅠB228間知石	斜方輝石単斜輝石安山岩
2-8	ⅠB239間知石	斜方輝石単斜輝石安山岩
2-9	ⅢA205間知石	斜方輝石単斜輝石安山岩
2-10	ⅣB107間知石	斜方輝石単斜輝石安山岩
2-11	ⅢB101間知石	斜方輝石単斜輝石安山岩
2-12	旧上水間知石	斜方輝石単斜輝石安山岩
2-13	ⅠB216間知石	斜方輝石単斜輝石安山岩
2-14	ⅠB215間知石	斜方輝石単斜輝石安山岩
2-15	ⅡB420間知石	安山岩
2-16	ⅣB212間知石	斜方輝石単斜輝石安山岩
2-17	蓋石17	単斜輝石安山岩
2-18	蓋石39	斜方輝石単斜輝石安山岩
2-19	蓋石106	斜方輝石単斜輝石安山岩
2-20	裏込め石(加工石)	細礫岩
2-21	蓋石15	斜方輝石単斜輝石安山岩
2-22	岩海岸(新小松石系)	斜方輝石単斜輝石安山岩
2-23	岩海岸(新小松石系)	斜方輝石単斜輝石安山岩
2-24	岩海岸(新小松石系)	斜方輝石単斜輝石安山岩
2-25	真鶴半島南岸道夢海岸採石場(新小松石系)	斜方輝石単斜輝石安山岩
2-26	真鶴半島南岸道夢海岸採石場(新小松石系)	斜方輝石単斜輝石安山岩
2-27	真鶴駅西北方山中採石場(本小松石系)	玄武岩
2-28	真鶴駅西北方山中採石場(本小松石系)	斜方輝石単斜輝石安山岩
2-29	湯河原町福浦(真鶴半島南側の付け根)	斜方輝石単斜輝石安山岩
2-30	東伊豆町大川谷戸山地区	斜方輝石単斜輝石安山岩
2-31	東伊豆町大川谷戸山地区	斜方輝石単斜輝石安山岩
2-32	東伊豆町大川細久保地区	斜方輝石単斜輝石安山岩
2-33	東伊豆町大川細久保地区	含石英・斜方輝石 単斜輝石安山岩

されている。神田上水の石垣に用いられた間知石や裏込めの石材もまた同様でありほとんどが安山岩である。上水施設にも大量の石材が使われており多くはやはり安山岩である。これら石材を岩石学の手法によりその種類を特定し、石材原産地との比較から、上水施設に使用された石材の産地を推定した例がある。

文京区神田上水遺跡調査団（一九九一）は、文京区神田上水遺跡の発掘調査で検出された石樋を構成する間知石とその裏込め石、さらに蓋石のそれぞれに使用された岩石の種類を明らかにしている。岩石の観察には、試料の一部を切断してガラス板に貼り付け、それを研磨することにより、光が透過する程度の厚さ（約〇・〇三ミリ）まで薄くしたもの（岩石薄片とよぶ）にした上で、偏光顕微鏡という岩石や鉱物あるいは結晶性の人工材料などの観察に用いられる顕微鏡を用いた。この方法により、岩石の特徴が詳細に捉えられており、岩石学的にも精度の高い分析結果となっている。

観察した試料は、間知石一六点、裏込め石一一点、蓋石四点程度であるが、同定された岩石の種類は、斜方輝石単斜輝石安山岩が圧倒的に多く、間知石および蓋石の全点が、この岩石に同定された。一方、裏込め石は、一一点のうち八点までが、同じく斜方輝石単斜輝石安山岩であったが、残る三点は安山岩質凝灰岩、含化石粗粒砂岩、細礫岩にそれぞれ同定されている（表9―2）。間知石と蓋石に使用された石材である安山岩という岩石は、江戸城の石垣に使用された石材の主体を占める岩石の一つであり（野中編二〇〇七）、その主な原産地は伊豆半島とされている。実際に伊豆半島には石丁場の跡が多数確認されており、原産地における石材の岩石学的な特徴も詳細に調べられている（野中編二〇〇七）。それらの調査結果によれば、江戸城の石垣に使用された安山岩の場合は、真鶴系安山岩、宇佐見・多賀系安山岩、東伊

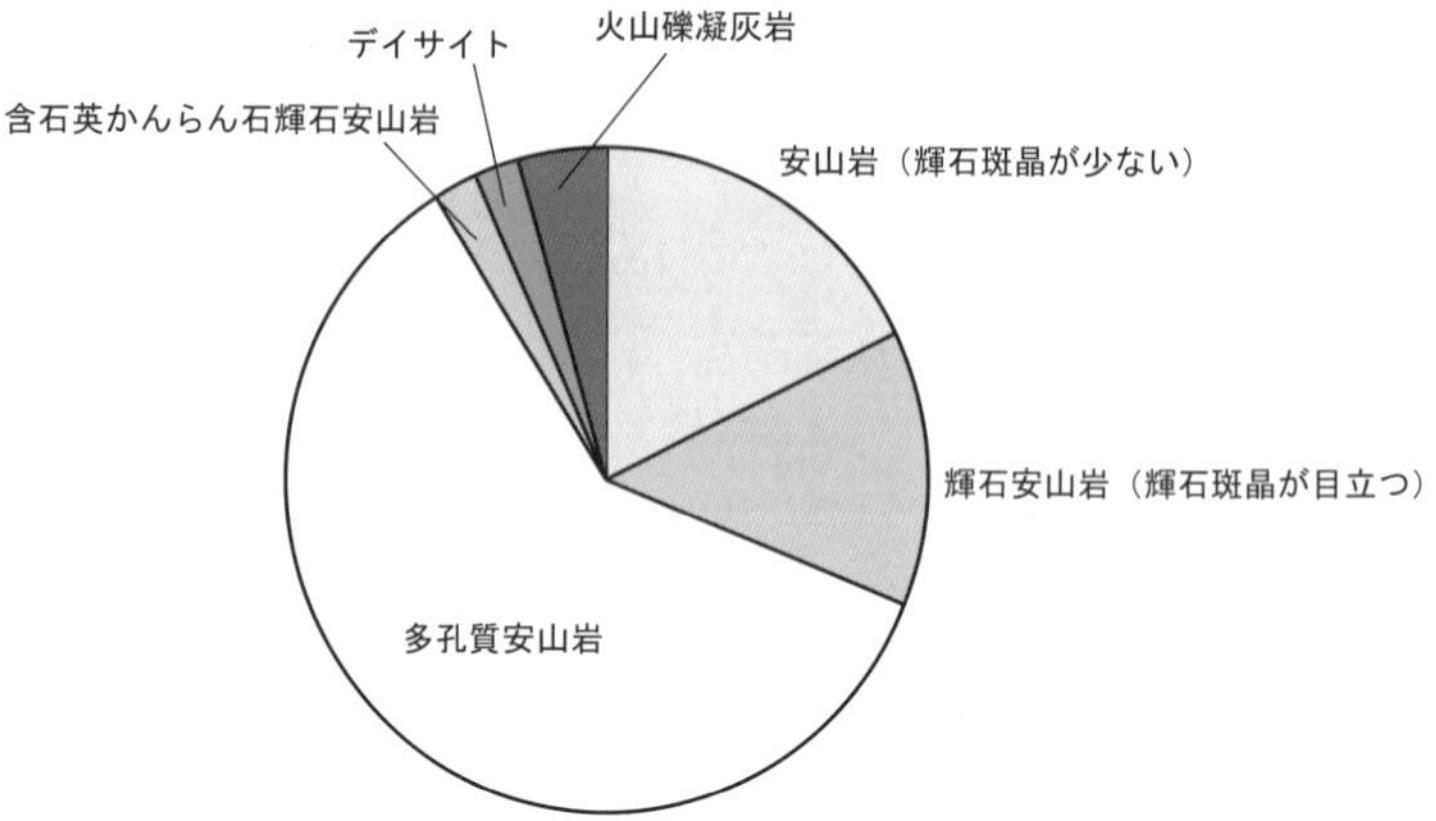

図9－3　春日町（小石川後楽園）遺跡第9地点　出土築石の石材組成（パリノ・サーヴェイ株式会社、2006 b）

豆系安山岩の三種に分けられており、真鶴系安山岩は箱根火山、宇佐見・多賀系安山岩は宇佐見火山や多賀火山、東伊豆系安山岩は天城火山のそれぞれの溶岩に由来する。神田上水の石材調査においても、安山岩とされた石材は、その外観から原産地は真鶴系あるいは東伊豆系のいずれかであると考えられ、両地域の原産地試料も同時に偏光顕微鏡観察を行った。その結果、岩石中に含まれる斜方輝石の結晶に認められる特徴や楔形鱗珪石という鉱物の含有などから、間知石に使用された安山岩は、東伊豆系ではなく、全て真鶴系の安山岩であることが判定された。

一方、文京区春日町遺跡における神田上水の石樋に使用された間知石の調査事例では、岩石の外観を肉眼とルーペで観察することにより岩石の種類を識別している（鹿島建設・共和開発 二〇〇六）。観察個数は四五点であり、そのうち二七点が多孔質安山岩、八点が輝石斑晶の少ない安山岩、六点が輝石斑晶の目立つ輝石安山岩、一点は含石英カンラン石輝石安山岩に分類された。さらに、安山岩には分

表9－3　春日町（小石川後楽園）遺跡第9地点　築石の石材組成（パリノ・サーヴェイ株式会社、2006b）

産地	岩石名	略号	個数	%
真鶴	安山岩（輝石斑晶が少ない）	An	8	91.1
	輝石安山岩（輝石斑晶が目立つ）	AnP	6	
	多孔質安山岩	AnV	27	
東伊豆	含石英かんらん石輝石安山岩	AnH	1	2.2
江之浦	デイサイト	Da	1	2.2
伊豆半島（湯ヶ島層）	火山礫凝灰岩	Lt	2	4.4
計			45	

類されない岩石も識別されており、デイサイトが一点、火山礫凝灰岩が二点それぞれ分類されている（図9―3）。各岩石の原産地については、多孔質安山岩、輝石斑晶の少ない安山岩、輝石安山岩の三者は真鶴系と判定されたが、含石英カンラン石輝石安山岩は東伊豆系であると考えられた。前述した神田上水遺跡の結果と合わせてみると、神田上水の石樋に使用された間知石の石材は、真鶴系が主体であると考えることができるが、一〇〇％真鶴系ではなく、東伊豆系の安山岩もごく少数ではあるが使用されていることがわかる。さらには、色調などその外観や、堅さや脆さなどその物理的性質も安山岩とは異なる岩石も間知石に使用されていることにも注目される。春日町遺跡で識別されたデイサイトについては、白色を呈する色調や比較的粗粒の角閃石斑晶が認められたことなどから、伊豆半島北部西海岸の沼津市内浦地区の石丁場に産するデイサイトであることが推定され、火山礫凝灰岩については、採石の跡が確認されている下田市西方地区のグリーンタフに由来することが推定された（表9―3）。

前述した野中編（二〇〇七）によれば、江戸城の石垣を構成する石材においても、真鶴系の安山岩を主体とする傾向が認められ、さらに真鶴系以外の伊豆半島の安山岩も含めれば安山岩がほとんどを占めるが、安山岩以外の岩石も数％程度混在している。神田上水の石樋の間知石も、ここで取り上げた二例を合わせれば、そ

表９－４　四谷御門外町屋跡　第18号遺構出土材の樹種（パリノ・サーヴェイ株式会社、1996b）

地区・試料番号	用途	樹種名
西側蓋（日）（木樋材の転用）	蓋	ヒノキ属
西側蓋（月）（木樋材の転用）	蓋	スギ
西側蓋（火）（木樋材の転用）	蓋	スギ
西側蓋（水）（木樋材の転用）	蓋	ヒノキ属
西側蓋（木）（木樋材の転用）	蓋	ヒノキ属
木樋材No. 1	木樋構造材	ヒノキ属
木樋材No. 2	木樋構造材	ヒノキ属
木樋材No. 3	木樋構造材	ヒノキ属
木樋材No. 4	木樋構造材	ヒノキ属
木樋材No. 5	木樋構造材	ヒノキ属
木樋材No. 6	木樋構造材	ヒノキ属
木樋材No. 7	木樋構造材	ヒノキ属
木樋材No. 8	木樋構造材	ヒノキ属
木樋材No. 9	木樋構造材	ヒノキ属
木樋材No.10	木樋構造材	コウヤマキ
木樋材No.11	木樋構造材	ヒノキ属
木樋材No.12	木樋構造材	ヒノキ属
木樋材No.13	木樋構造材	ツガ属
木樋材No.14	木樋構造材	ツガ属
木樋材No.15	木樋構造材	ツガ属
木樋材No.16	木樋構造材	ツガ属
木樋材No.17	木樋構造材	ツガ属
木樋材No.18	木樋構造材	ツガ属
木樋材No.19	木樋構造材	ツガ属
木樋材No.20	木樋構造材	ツガ属
木樋材No.21	木樋構造材	ヒノキ属
木樋材No.22	木樋構造材	ヒノキ属
木樋材No.23	木樋構造材	ヒノキ属
木樋材No.24	木樋構造材	ヒノキ属
木樋材No.25	木樋構造材	ヒノキ属
木樋材No.26	木樋構造材	ヒノキ属
木樋材No.27	木樋構造材	ヒノキ属
木樋材No.28	木樋構造材	ヒノキ属
木樋材No.29	木樋構造材	ヒノキ属
木樋材No.30	木樋構造材	ヒノキ属
木樋材No.31	木樋構造材	ヒノキ属
木樋材No.32	木樋構造材	コウヤマキ
木樋材No.33	木樋構造材	ツガ属
木樋材No.34	木樋構造材	ツガ属
木樋材No.35	木樋構造材	ツガ属
木樋材No.36	木樋構造材	ツガ属
木樋材No.37	木樋構造材	ツガ属
木樋材No.38	木樋構造材	ツガ属
木樋材No.39	木樋構造材	ツガ属
木樋材No.40	木樋構造材	ツガ属

の石材組成の傾向は江戸城の石垣とほぼ同様であると言うことができる。なお、安山岩が一〇〇%でない理由、特にみた目も安山岩とは異なり、産地も真鶴や東伊豆の近くにあるというわけではないデイサイトや凝灰岩が使用されていることについては、野中編 二〇〇七でも不明とされている。当時の石材調達に関わる何らかの過程によるものと考えられ、今後の文献調査等の成果が待たれる課題である。

上水施設に用いられた木材は、図9―1、表9―1に示した各遺跡で材同定が行われている。上水施設に使用する材は、胴木、側板、蓋板などであるが真砂遺跡では分水の末端付近で竹管を用いた竹樋も確認されている（文京区遺跡調査会 一九九一）。多くは木材であるが、遺跡によってはその樹種構成に違いがあるようにみえる（表9―4、表9―5）。これらの遺跡で同定された上水施設木材の樹種は、マツ属複維管束亜属、ヒノキ、カラマツ、クリ、スギ、コウヤマキ、モミ属、ツガ属、サワラ、アスナロ、ケヤキ、カツラ、トガサワラ、タケ亜科、などである。当時江戸周辺に林として生育していたコナラやクヌギは用いられておらず、福島以南から西日本に分布するヒノキや紀伊半島に分布するコウヤマキ、四国南部に分布するトガサワラなどが注目される。上水施設の部材と遺跡によって樹種の構成が異なるが、主に多用されるのはヒノキであり、胴木や底板に多く用いられ、いずれの遺跡でも江戸期全般を通し変わらない。次に多用されるマツ属複維管束亜属にはアカマツ、クロマツ、リュウキュウマツがあるが、この場合リュウキュウマツは地理的に除外して考え、アカマツかクロマツである。遺跡によっても異なるが傾向としては江戸時代の後半になると部材に限らず増えるようである。またヒノキとアカマツなど以外の樹種は、先にあげた種類があげられるが、部材との関係は雑多である。

遺跡別にみて特徴的な傾向があるのは、汐留遺跡である。汐留遺跡には会津藩保科家と仙台藩伊達家で木材の選択傾向に差がある。保科家ではヒノキとクロマツなどが多いが、伊達家ではヒノキとアスナロが多いのである。伊達家でのアカマツなどの利用はほとんどみられない（汐留遺跡Ⅳ 二〇〇六）。アスナロは仙台藩伊達家にのみ検出されているといってもいいほど濃密である。現在の仙台周辺地域にはアスナロの

表９－５　汐留遺跡Ⅳ　仙台藩伊達家出土木材の用途別種類構成（パリノ・サーヴェイ株式会社、2006a）

樹種 遺構種類・用途・部位		カラマツ	アカマツ	複維管束亜属	モミ属	ツガ属	スギ	ヒノキ	サワラ	アスナロ	ヒノキ科	アカガシ亜属	クリ	スダジイ	エノキ属	ケヤキ	カツラ	シキミ	サカキ	モッコク	サクラ属	アワブキ属	タケ亜科	合計
木　樋	蓋		12			8		16	2	36														74
木　樋	身		9	3		7		13		38	1													71
木　樋	その他	1				1		2		6														10
上水桶	側板									3														3
上水桶	竹釘？																						18	18
上水桶	蓋							1																1
上水桶	身							1																1
上水桝	側板							1																1
排水用木樋	蓋							1	1															2
排水用木樋	身							2																2
井戸枠	横木															1	4							5
船入場	橋脚杭		3	1																				4
船入場	横木			1																				1
橋　脚	橋脚												4											4
石　垣	胴木							54	5	10														69
土　坑	底																						1	1
池　跡	切り株		2		1							2			1		1			1	1			9
池　跡	杭						5						1											6
池　跡	橋脚杭							2		2														4
杭列・土留め板	杭				1																			1
土留め板柵	板				5			1		3														9
土留め板柵	杭				8																			8
土留め柵	杭				1									2			1		2					6
土留め竹柵・板柵	杭					1							5					1				1		8
ピット								1																1
根	根		1																					1
合　計		1	27	5	16	17	5	95	8	98	1	2	10	2	1	1	6	1	2	1	1	1	19	320

変種であるヒノキアスナロが分布していることから、領地内の植生の反映と考えられている。
これらの傾向の要因は、断定はできないが石材にしても木材にしても、何らかの形で江戸に搬入されていることは間違いなく、流通や物流の商業の仕組みや経済圏の視点が重要と思われる。

二　上水施設を「使う」

これまでの遺跡発掘調査で上水施設とされる遺構に残された機能や使用の痕跡は、その後の埋め土や廃棄行為によって失われていることが多い。唯一得られた痕跡は、上水道の底に僅かに残った堆積物である。神田上水遺跡や真砂遺跡（文京区遺跡調査会 一九九一）、四谷御門外町屋跡（地下鉄7号線溜池・駒込間遺跡調査会 一九九六）では、上水施設とされる底部に使用時と思われる堆積物が確認され、珪藻分析が行われている。ここでは、珪藻分析により上水が使用されていた状況、つまりの流れや水質を検討した事例を紹介する。

神田上水石垣遺構とされる上水道には、底面の堆積物が確認され珪藻分析が行われている。結果は淡水生種の好流水生種と流水不定生種が多く検出され流れがあったことがわかった。また珪藻は光合成植物であり暗渠内での生育はできないことから、水源地の井の頭池や善福寺池などの水質を反映しているか、開渠になっているところも多いのではないかということも想定された。さらに、水質の判定からどの程度の水を飲料水としていたのかも検討している。産出した珪藻種からDAIpo値を計算し、五〇〜五四の値が

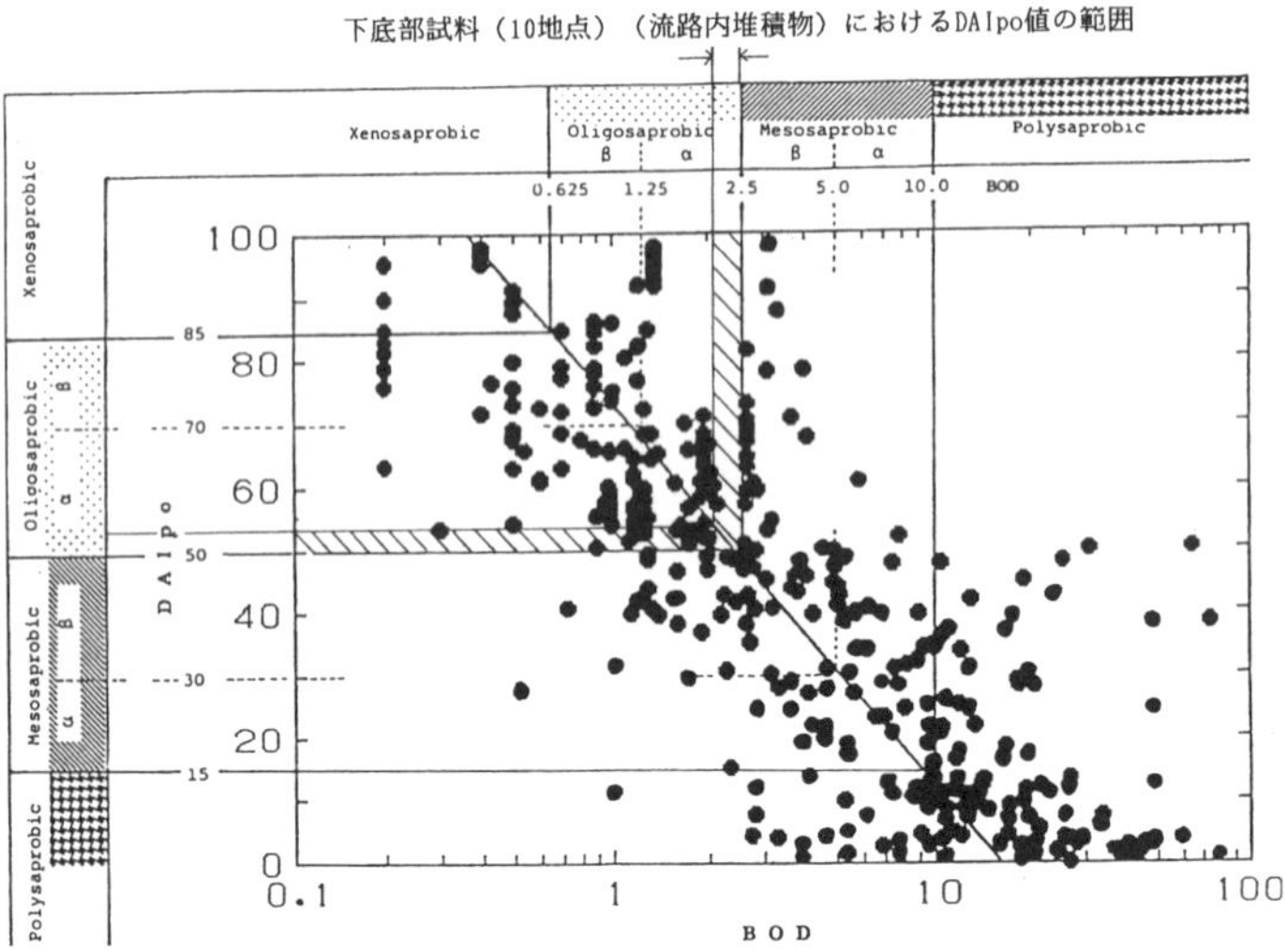

図9－4　神田上水石垣遺構　流路内堆積物におけるDAIpo値とBOD及び水質汚濁階級との比較（パリノ・サーヴェイ株式会社、1991a）

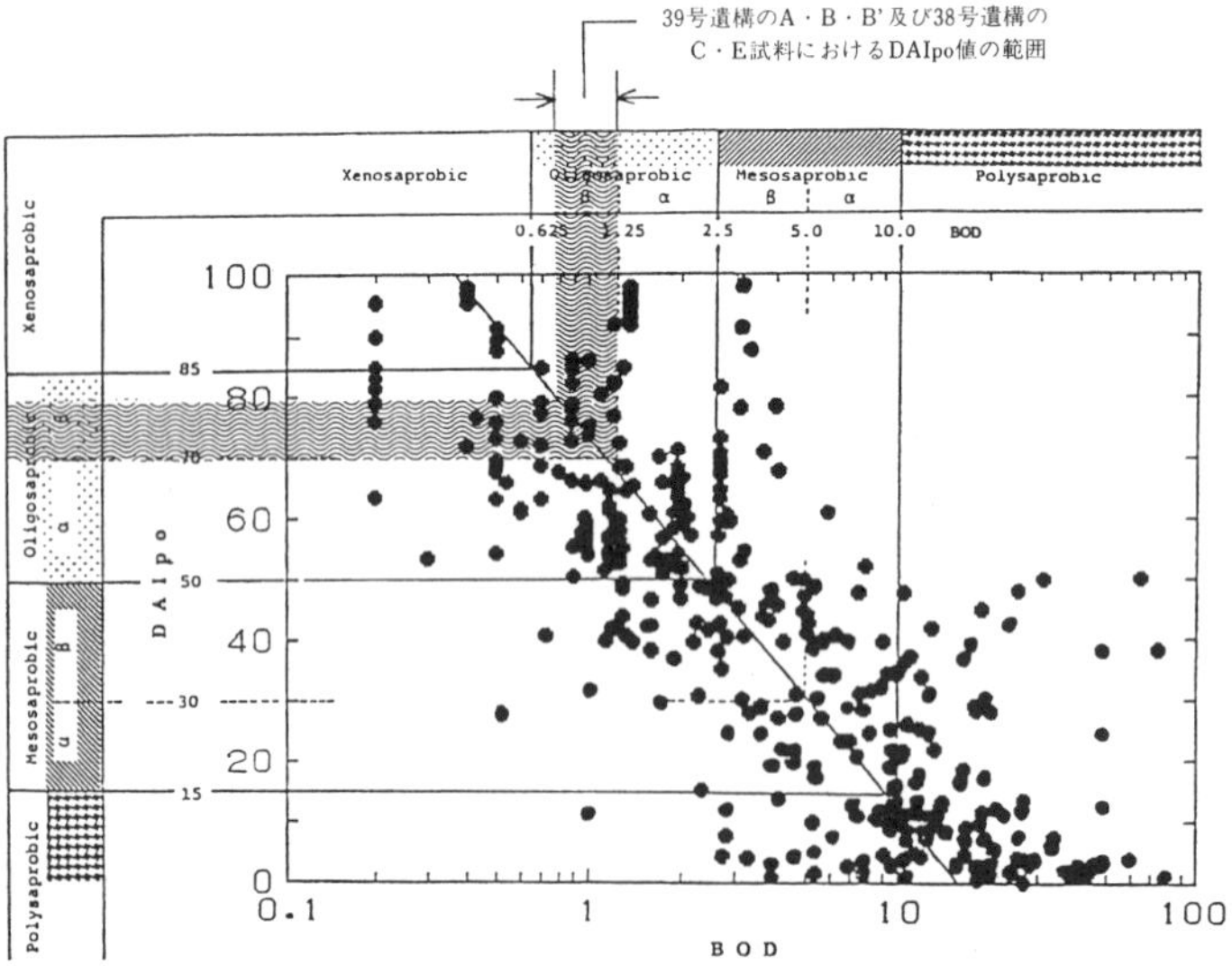

図9－5　真砂遺跡第2地点　39・38号遺構におけるDAIpo値とBOD及び水質汚濁階級との比較（パリノ・サーヴェイ株式会社、1991b）

得られており水質は比較的きれいであったことが推定されている（図9―4）。DAIpo値とは産出する珪藻種の組成から有機汚濁指数を算出する方法であり一〇〇に近いほど清水である。

真砂遺跡では、竹樋で造られた三九号上水道があり内部の堆積物で珪藻分析を行った結果、好流水生種が多産し流水不定性種も検出された。DAIpo値は七〇～八〇が得られ、神田上水よりも清水であったことがわかった（図9―5）。これは、神田上水と千川上水は水源が異なること、竹樋と石垣樋の密閉度の違い、管理状態などの違いの結果を反映している可能性がある。

また特異的な事例として、文京区春日町（小石川後楽園）遺跡の井戸跡（三六号遺構）から出土した釣瓶桶が出土している。使用状況を示す具体的な事例である。樹種はヒノキと同定され前述の多用される樹種と同様であった。

三　上水施設を「埋める」

上水施設は改修、修復を何度か重ねている。神田上水石垣遺構や、四谷御門外な町屋跡では顕著である。また、本章であげている遺跡ほとんどにそのような状況がみられる。数度に亘る杭列や間知石の付け替え、遺構構築面の更新など特に斜面地や低湿地においてはそのような状況になるようである。その背景には、低地には水とともに土壌やゴミなどが集積しやすい環境にあることや、地盤が軟弱なことから、詰まる、歪む、ずれるなどの事態が生じやすいと思われるのである。上水施設は毎日の生活水の確保であるからそ

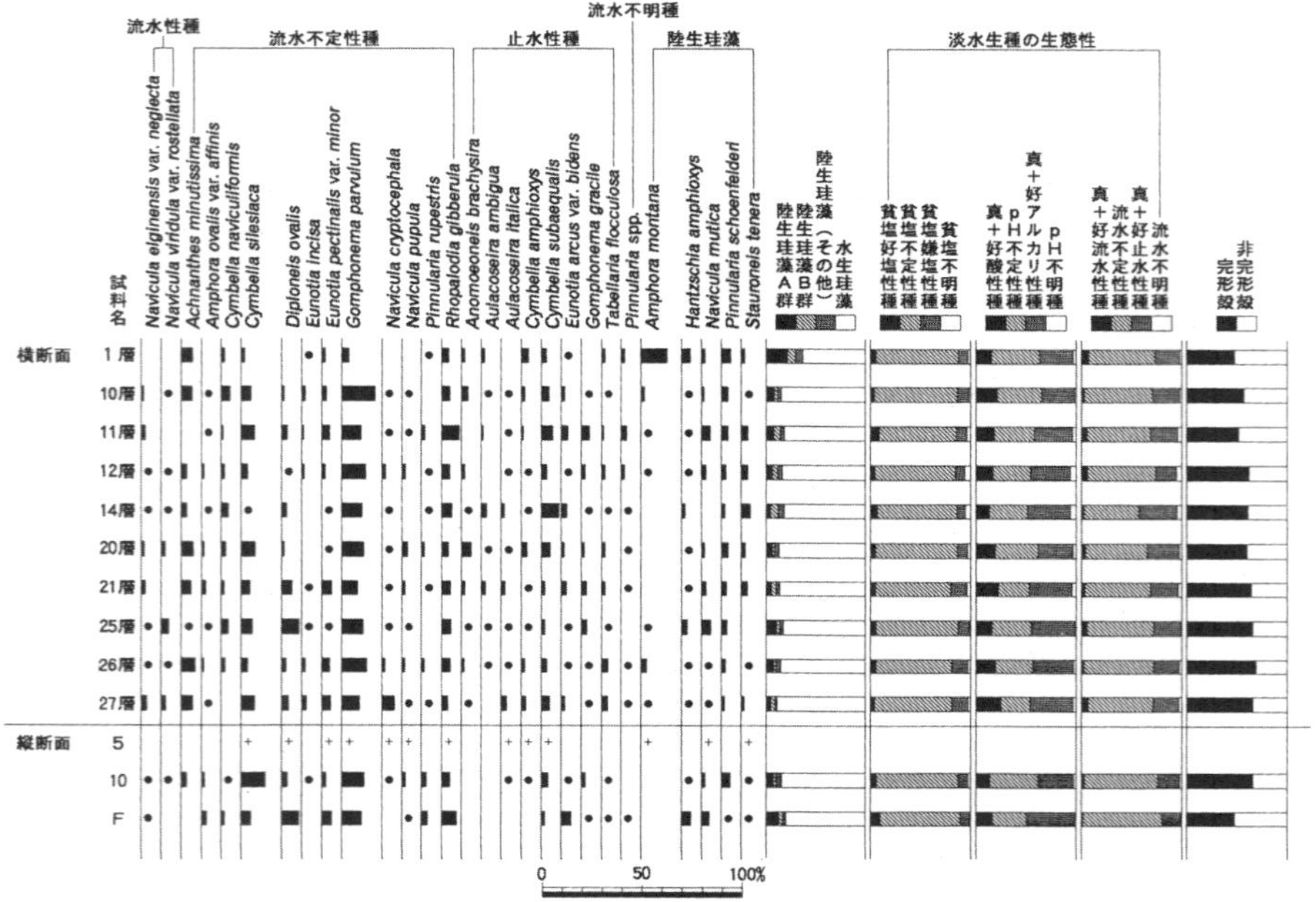

各種産出率・完形殻産出率は全体基数、淡水生種の生態性の比率は淡水生種の合計を基数として百分率で算出した。いずれも100個体以上検出された試料について示す。
なお、●は1%未満、+は100個体未満の試料について検出した種類を示す。

図9－6　四谷御門外町屋跡　第18号遺構の主要珪藻化石組成（パリノ・サーヴェイ株式会社、1996 b）

の都度、掃除、泥あげ、深刻であれば改修・修復を試みられてきたのではないかと推察する。結局、これらの要因も含めた何らかの判断で最終的には上水廃止という状態に至るのであるが、遺跡現地でみると上水樋内に充填される堆積物が大量にあり上水機能を保持したまま検出される例は少ない。上水樋内堆積物は砂泥であり木屑や葉、生活残滓なども含まれる。この場合、上水内に流れ運ばれたものが蓄積し詰まってしまったのか、廃棄を決定した時点で人為的に埋め戻してしまったのかは定かではない。しかしこれらの充填堆積物を対象に、鉱物分析、珪藻分析、花粉分析、種実同定、貝類同定などを行うことは、当時の自然環境や生活環境を復元する資料が得られる利点がある。短期間で形成された閉鎖系の湿生堆積物は当時のタイムカプセルともいえるのである。

四谷御門外町屋跡の一八号遺構は玉川上水に関連する木樋として完全な形状を保持し検出されている。木樋内には約六〇%の堆積物で充填されており、上水が機能していたときに堆積したものではないと判断されている。廃絶後に充填した堆積物であれば当時の前後の水成堆積物である可能性が考えられることから、先に示した分析を行った。堆積層は一層から二七層の薄層に分層がなされており、分析試料採取はこれら層別に行われている。

流入した堆積物の由来を知るために行った鉱物分析では、木樋外の堆積物との同分析の比較が行われており、当時の整地盛土の由来も知ることとなった。結果は、整地盛土での鉱物組成と同様な層位も確認されている、由来は立川ローム層中部のロームが考えられた。珪藻分析では、前述した上水遺構の底部で確認された好流水生種はみられず陸生珪藻（湿った環境での地表などに生育する珪藻）や好止水生性で池沼

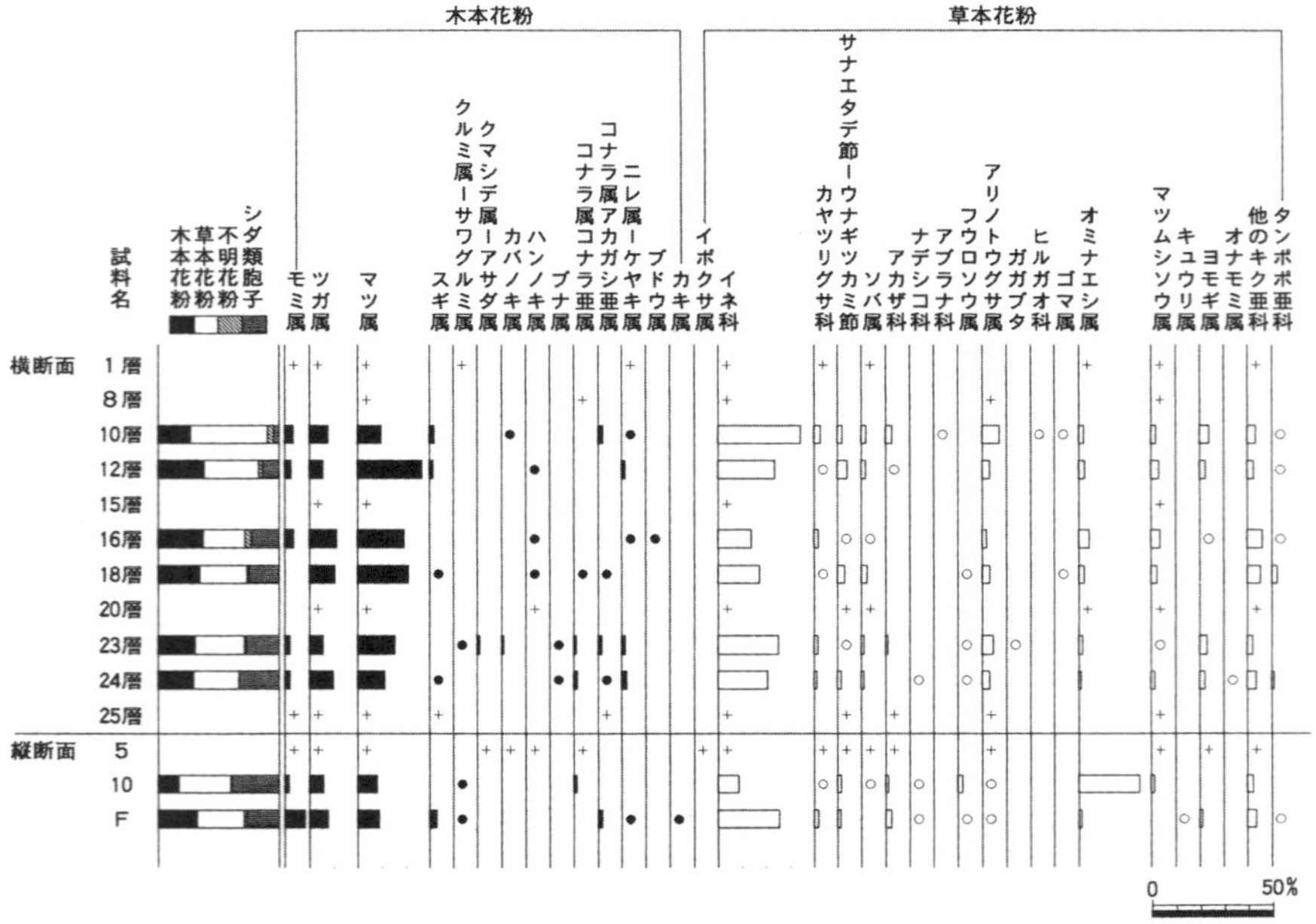

出現率は、木本花粉・草本花粉・シダ類胞子とも、総花粉・胞子数から不明花粉を除いたものを基数とした百分率で算出した。
なお●○は1%未満、+は100個体未満の試料について検出した種類を示す。

図9－7　四谷御門外町屋跡　第18号遺構の花粉組成（パリノ・サーヴェイ株式会社、1996 b）

湿地を想定される珪藻などが多く検出された。このような環境からの土壌の搬入が四谷御門外町屋跡には考えられる。最も近い環境としては外堀内の堆積物が考えられる、逆をいえば外堀内の水域環境が理解されるということにもなる（図9―6）。花粉分析では、マツ属、ツガ属が多く、栽培種のイネ属、ソバ属、ゴマ属、キュウリ属も検出された（図9―7）。これらの由来も木樋外の整地盛土の搬入元に求められ、当時の栽培植物の実体と食生活環境が概観できる。種実分析ではモモ、オオムギ、ナス、メロン類、トウガン、ヒョウタン類などの渡来した栽培植物がみられ、特にメロン類の残滓が多く近傍での食用、廃棄が考えられた。他にオニグルミ、サンショウ、ブドウ属は栽培植物ではないが食されていたと考えられる。

汐留遺跡の仙台藩伊達家では、上水施設内の出土ではないが四谷御門外町屋跡とは異なり可食植物の多い組成となっている。木本ではカヤ、アカマツなど、クリ、サンショウ、草本類ではイネの穎がまとまって大量に出土した遺構もある。他にエノコログサ属、まとまって特定の層位から出土したソバ、ナス、シソ属、トウガン、メロン類などが特徴的であった。これらは当時の食生活環境を反映しており、まとまった検出事例は貯蔵などが想定される。また可食植物だけでなく、他の種実類からみると当時周辺の草本植生が復元され開けた草地であったことも理解されている（表9―6）。さらに同様の試料から貝類の分析も行われており、食されていた貝類（メガイアワビ、クロアワビ、サザエ、アカニシ、アカガイ、ミルクイ、マガキ、バイ、ハマグリ、シオフキ、サルボウ、アサリ、ヤマトシジミ、オキシジミ）などの組成も明らかにされている。

本章では、上水施設を「造る」「使う」「埋める」といった視点から江戸当時の状況を概観した。上水施

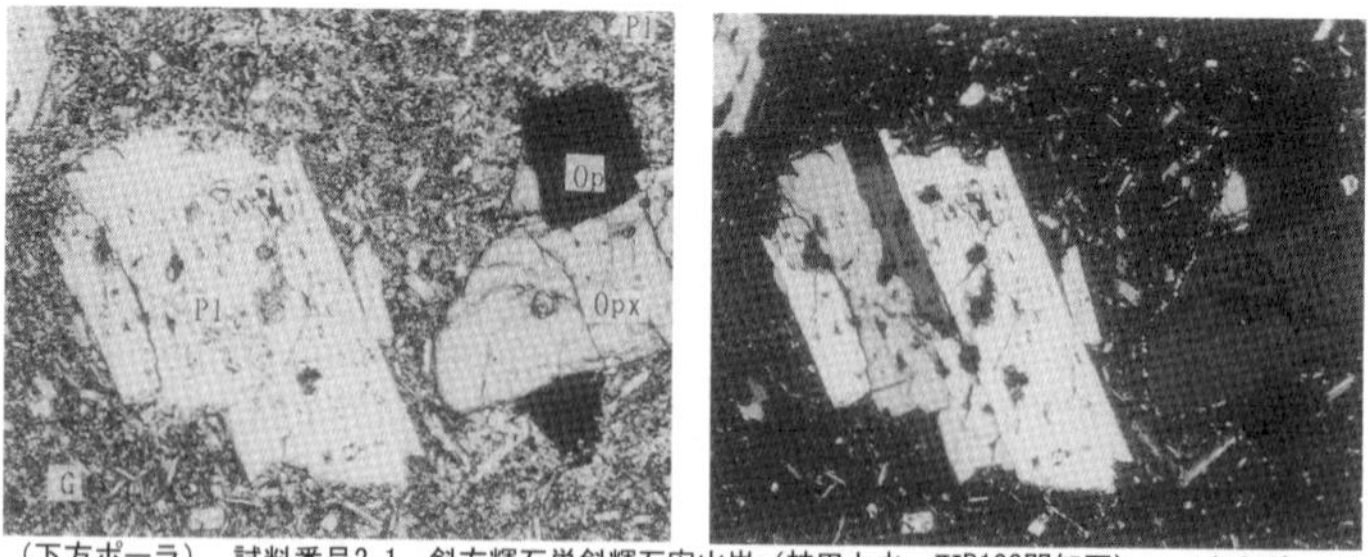

（下方ポーラ）　試料番号2-1　斜方輝石単斜輝石安山岩（神田上水　ⅣB103間知石）　（直交ポーラ）
神田上水石垣遺構　構築材薄片顕微鏡写真（パリノ・サーヴェイ株式会社, 1991a）

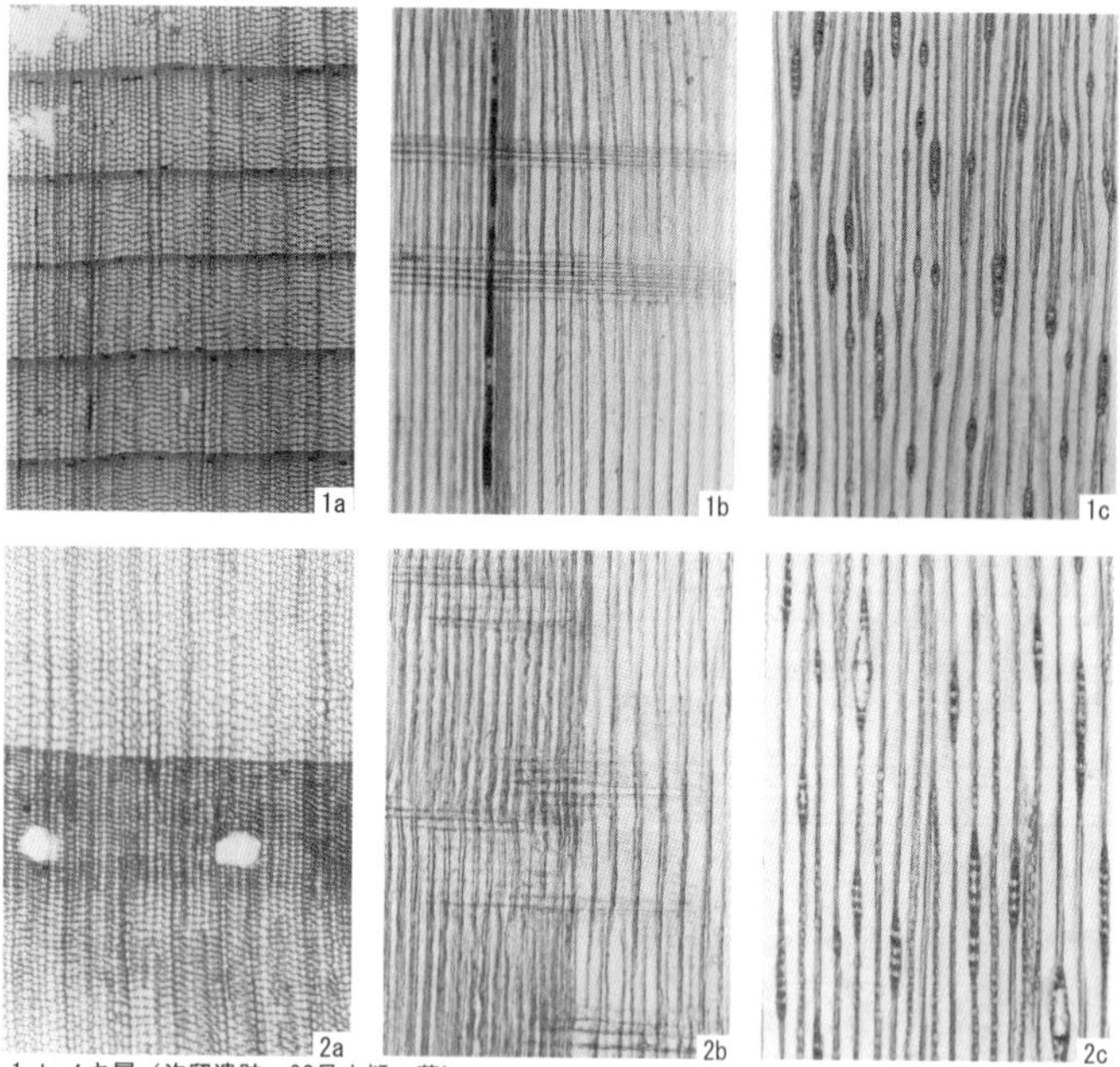

1. ヒノキ属（汐留遺跡　92号木樋・蓋）
2. マツ属複維管束亜属（汐留遺跡　155号木樋・本体）
a：木口、b：柾目、c：板目

図９－８　汐留遺跡　構築材の顕微鏡写真（パリノ・サーヴェイ株式会社、1996 a）

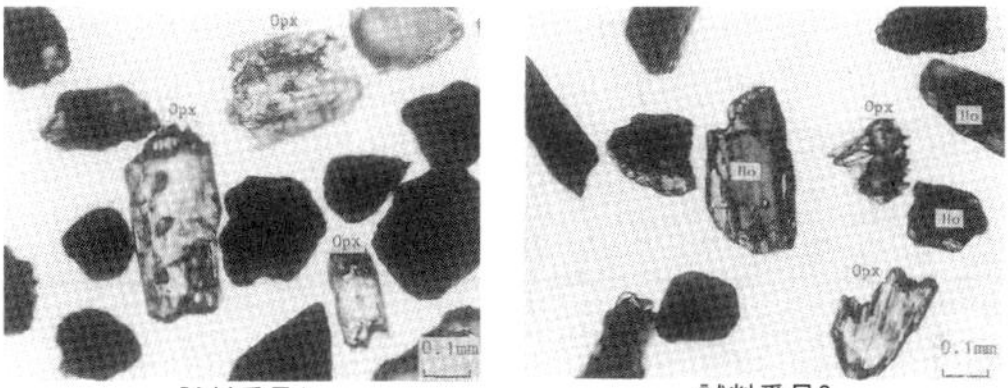

試料番号1　試料番号2

Opx:斜方輝石,　Cpx:単斜輝石,　Ho:角閃石

神田上水石垣遺構　鉱物顕微鏡写真（パリノ・サーヴェイ株式会社, 1991a）

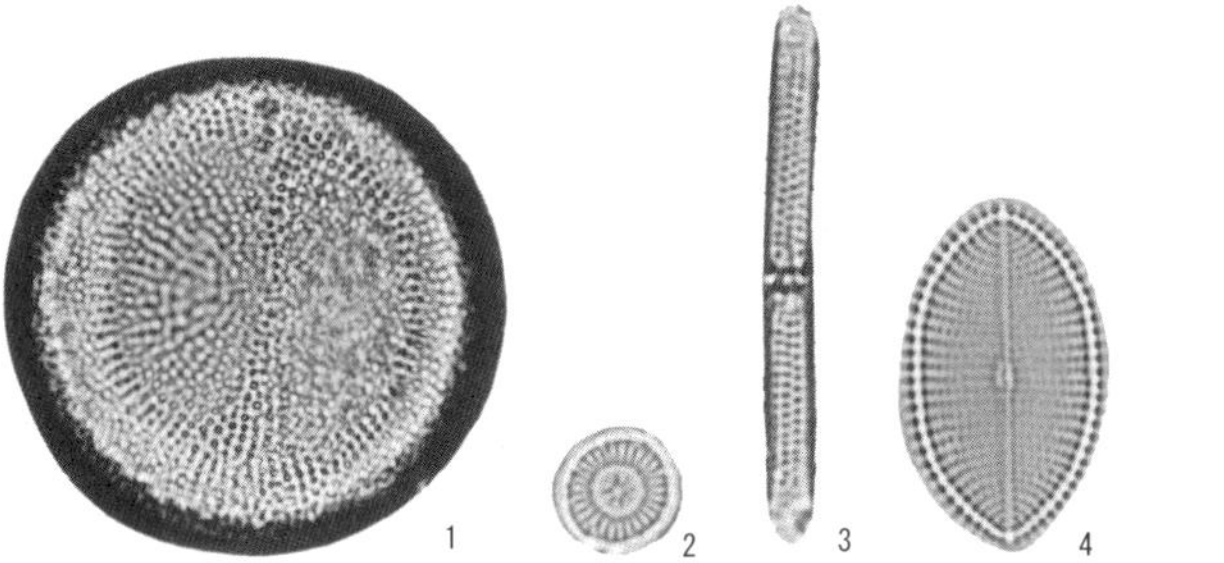

1. *Thalassiosira lacustris*（Grun.）Hasle　2. *Cyclotella pseudostelligera* Hustedt
3. *Aulacoseira granulata*（Ehr.）Simonsen　4. *Cocconeis scutellum* Ehrenberg

四谷御門外町屋跡　珪藻化石顕微鏡写真（パリノ・サーヴェイ株式会社, 1996b）

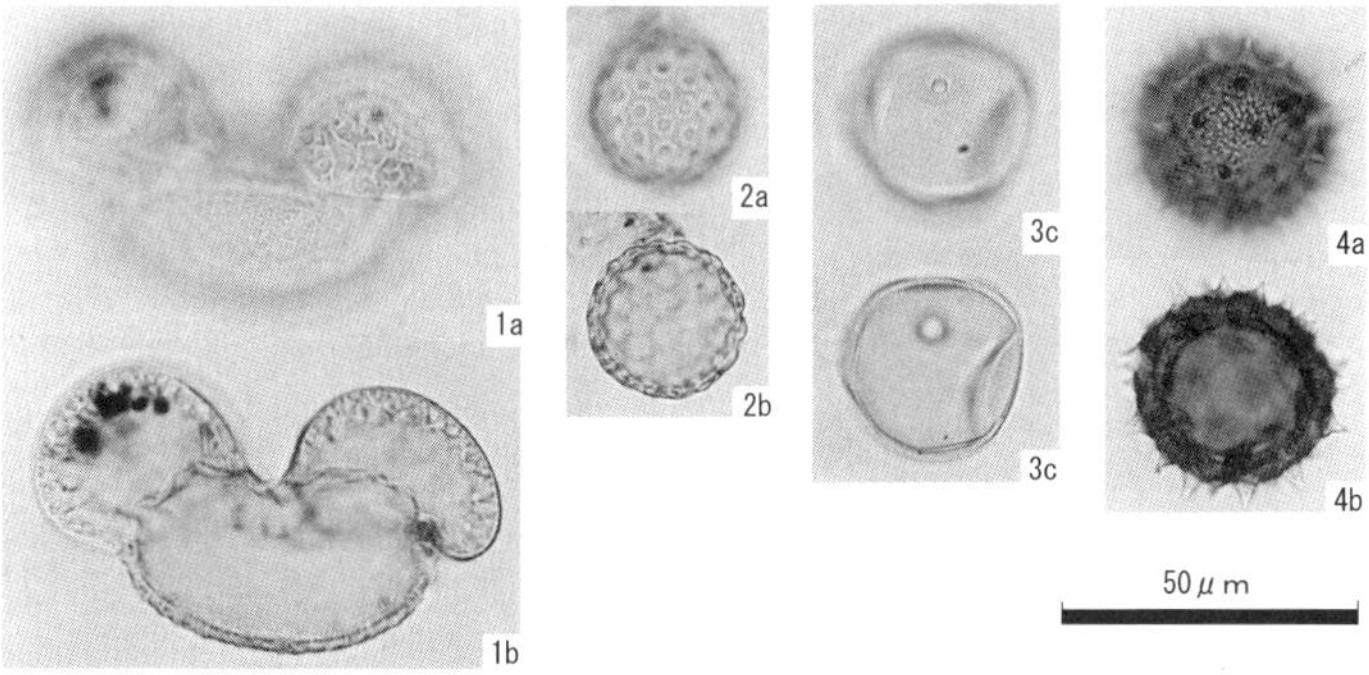

1. マツ属　2. アカザ科　3. イネ科　4. キク亜科

図9－9　四谷御門外町屋跡　花粉化石顕微鏡写真（パリノ・サーヴェイ株式会社、1996 b）

遺体同定結果（パリノ・サーヴェイ株式会社、1996a）

仙台藩					江　川			備　考	
10号 穴蔵		4号 木組		35号 土坑	19地点				
1層	1層	1層	1層	1層	4層	5層	6層		
1	2	1	2	1	9～16	17～22	23～34	種実の用途	生育環境等
2					5			胚乳を食用	
							3		二次林要素
			1				36	子葉を食用	二次林要素
							27	香味・薬用	
							1		
							1		
					1				
1					1		1		
		多数	多数	2			6	胚乳を食用	渡来種（弥生時代？）
			1		1			食用可	アワを含む
		1	1		30	28	3		
							1		湿地等
					1		1		
							133	胚乳を食用	渡来種（縄文時代？）
1	2		1		1	50	10		
					3	126	8		
	1						1		開けた草地
					1				開けた草地
							1		湿地等
	1	4				1	7		開けた草地
							29	果実を食用	渡来種（古代）
	2				1				
					1		1	果実を食用	渡来種？
						1			
1				10	1		94	果実を食用	渡来種（弥生時代？）
1	5	2					88	果実を食用	渡来種（弥生時代？）
					2	83	2		湿地等
					1				
			1						
					1		2		
6	11	多数	多数	12	51	289	456		

表9－6　汐留遺跡　種実

種類、部位		藩 地点 層名	27号穴蔵 3層 3
木本類	カ　ヤ	種子	
	マツ属複維管束亜属	葉	
	ク　リ	果実	
	サンショウ	種子	
	カラスザンショウ属	種子	
	ヒサカキ	種子	
	タラノキ	種子	
	ニワトコ	種子	
草本類	イ　ネ	穎	
	エノコログサ属	穎	
	カヤツリグサ科	果実	
	サナエタデ近似種	果実	
	タデ属	果実	
	ソ　バ	果実	
	アカザ科—ヒユ科	種子	
	ナデシコ科	種子	
	タケニグサ	種子	
	エノキグサ近似種	種子	
	タガラシ	種子	
	カタバミ属	種子	
	ナス近似種	種子	
	ナス科	種子	
	シソ属	果実	
	イヌコウジュ属	果実	
	トウガン	種子	
	メロン類	種子	
	タカサブロウ	果実	
	メナモミ属	果実	
	キク科	果実	
不　明			
合　計			0

設置場所の地形的特異性、石材や木材の選択的利用状況、使用環境の水質状態、廃絶時前後の植生環境や食性状況などがある程度理解された。江戸遺跡の発掘調査により直接目にする遺物や遺構の存在に加え、土壌中に含まれる目にみえない岩石を構成する鉱物、花粉化石や珪藻化石、材（図9—8、図9—9）、微細な種実遺体、貝類・骨類などの微細片分析を行い種類と組成を知ることは、当時の地形環境、植生環境、水域環境を復元し、そこにつくられた江戸大都市が起こす自然環境への改変事業の実体、そこに生活する人々の食性環境や生業などの復元が可能なのである。今後も江戸遺跡の発掘調査を通し、同様の視点をもち資料の蓄積とともに関連する文献史学、民俗事例、などにも接触しさらなる成果を期待したい。

主要参考文献

秋田裕毅　二〇一〇『ものと人間の文化史　一五〇　井戸』法政大学出版局
蘆田伊人編集校訂『御府内備考』第三巻　雄山閣
伊藤好一　一九八八「江戸町入用の構成」（西山松之助先生古希記念会　吉川弘文館）
同　二〇一一『江戸の上水道の歴史』吉川弘文館
上杉　陽・米澤　宏・千葉達朗・宮地直道・森　慎一　一九八三『テフラからみた関東平野』アーバンクボタ
宇野隆夫　一九八二「井戸考」『史林』第六五巻第五号
榮森康治郎・神吉和夫・肥留間博　二〇〇〇『江戸上水の技術と経理―玉川上水留・抄翻刻と解析―』クオリ
同　二〇〇〇『玉川上水の維持管理技術と美観形成に関する研究』とうきゅう環境浄化財団
江戸遺跡研究会　二〇〇六『江戸遺跡研究会第一九回大会　江戸の上水・下水』
江戸遺跡研究会編　二〇一一『江戸の上水道と下水道』吉川弘文館
江戸叢書刊行会　一九一六「慶長見聞集」『江戸叢書　巻の二』
大嶋陽一　二〇〇六「宝暦・天明期の千川上水再興運動」『千川上水・用水と江戸・武蔵野』名著出版
貝塚爽平　一九七九『東京の自然史―増補第二版―』紀伊國屋書店
同　一九九〇『富士山はなぜそこにあるのか』丸善
貝塚爽平・小池一之・遠藤邦彦・山崎晴雄・鈴木毅彦編　二〇〇〇『日本の地形4　関東・伊豆小笠原』東京大学出版会
片倉比佐子　二〇〇四『江戸の土地問題』同成社
香取祐一　二〇〇四「研究編　加賀藩本郷邸表長屋の変遷」『東京大学構内遺跡調査研究年報四』東京大学埋蔵文化財調査室

鐘方正樹　二〇〇三『井戸の考古学』同成社
金子　智　二〇〇三「上水施設の構造と変遷」『東京都千代田区東京駅八重洲北口遺跡』
株式会社四門　二〇一一『神田淡路町二丁目遺跡』
神吉和夫　一九八九「『水道』について」『江戸遺跡研究会第二回大会　江戸の住空間』
宮内庁管理部　二〇〇七『特別史跡　江戸城跡　皇居東御苑内　本丸中之門石垣修復工事報告書』
同　二〇〇九『江戸城跡　皇居山里門石垣修復工事報告書』
久保純子　一九八八「相模野台地・武蔵野台地を刻む谷の地形―風成テフラを供給された名残川の谷地形―」『地理学評論』六一
同　一九八八b「早稲田大学周辺の地形―武蔵野台地と神田川の非対称谷に関して―」『早稲田大学教育学部学術研究―地理学・歴史学・社会科学編―』三七
小島正裕　二〇〇〇「脇坂家屋敷の上水施設について」『汐留遺跡Ⅱ』東京都埋蔵文化財センター
後藤宏樹　二〇一一「江戸の上下水道と堀」『江戸の上水道と下水道』吉川弘文館
小林　裕　一九九一「第五章　まとめ」『神田上水石垣遺構発掘調査報告書』文京区神田上水遺跡調査会
今野信雄　一九八九『江戸の風呂』新潮社
斎藤　進　一九九七「汐留遺跡における上水施設について」『汐留遺跡Ⅰ』東京都埋蔵文化財センター
同　二〇〇〇「上水施設の系統について」『汐留遺跡Ⅱ』東京都埋蔵文化財センター
同　二〇一一「江戸遺跡における上水道の構造と目的について」『江戸の上水道と下水道』吉川弘文館
坂詰智美　一九九九『城下町における水支配』専修大学出版局
鈴木裕子　二〇一一「第七章　第四節　上水・湧水関係の遺構について」『神田淡路町二丁目遺跡』
鈴木理生編著　二〇〇三『江戸・東京の川と水辺の事典』柏書房
芹沢廣衛　一九八五「〔附編一〕千代田区・外務省構内遺跡調査概要」『都心部の遺跡』東京都教育委員会
千駄ヶ谷五丁目遺跡調査会　一九九七『千駄ヶ谷五丁目遺跡』

千田嘉博　一九九三「集大成としての江戸城」『国立歴史民俗博物館研究報告』第五〇集
台東区教育委員会　二〇〇三『東京都台東区上車坂町遺跡　東上野四丁目八番地地点』
地下鉄七号線溜池・駒込間遺跡調査会　一九九六『江戸城外堀跡四谷御門外橋詰・御堀端通・町屋跡』
　同　一九九七『江戸城外堀跡四谷御門外橋詰・御堀端通・町屋跡〈考察編〉』
千代田区飯田町遺跡調査会　二〇〇一『東京都千代田区飯田町遺跡』
千代田区教育委員会　二〇一一『江戸城の考古学Ⅱ』
千代田区東京駅八重洲北口遺跡調査会　二〇〇三『東京都千代田区東京駅八重洲北口遺跡』
東京市役所　一九一一・一九一二『東京市史稿』皇城篇第1・2・3
　同　一九一九『東京市史稿』上水篇第1
東京大学遺跡調査室　一九八九『理学部七号館地点』
東京大学埋蔵文化財調査室　一九九〇『山上会館・御殿下記念館地点』
東京都　一九九〇「江戸の住宅事情」（『都市紀要』三四）
東京都江戸東京博物館　一九九九『東京都江戸東京博物館報告第4号』
東京都水道歴史館　二〇〇六『上水記』
東京都埋蔵文化財センター　二〇〇〇『汐留遺跡Ⅱ』
栩木　真　二〇一一「四谷～牛込地域の上水遺構」『江戸の上水道と下水道』吉川弘文館
仲光克顕　二〇〇一「日本橋二丁目における土地利用の変遷」『東京都中央区日本橋二丁目遺跡』
　同　二〇一一「江戸の町屋の上下水」『江戸の上水道と下水道』吉川弘文館
成瀬晃司　一九九九「医学部附属病院病棟建設地点発掘調査略報」『東京大学構内遺跡調査研究年報二』東京大学埋蔵
　文化財調査室
蜷川親正編　二〇〇三『〔新訂〕観古図説　城郭之部』中央公論美術出版
日本橋二丁目遺跡調査会　二〇〇一『東京都中央区日本橋二丁目遺跡』

根崎光男編　二〇〇六『日本近世環境史料演習』同成社
野中和夫　二〇〇七「江戸城天守台と小天守井戸跡」『千葉経済大学学芸員課程紀要』第一二号
同　二〇〇九「江戸城、寛永・万治度本丸御殿造営に関する一考察―絵図の検討を中心として―」『千葉経済大学学芸員課程紀要』第一四号
同　二〇一一「江戸城、西の丸御殿と吹上曲輪の上水・給水に関する一考察―絵図と古写真の検討から―」『想古』第四号　日本大学通信教育部学芸員コース
同　二〇一二「江戸城の下水に関する一考察―本丸・西の丸の中枢部を中心として―」『城郭史研究』第三一号
野中和夫編　二〇〇七『石垣が語る江戸城』同成社
同　二〇一〇『江戸の自然災害』同成社
波多野純　一九九七「四谷御門外橋詰・御堀端通・町屋跡の遺跡にみる上水の変遷」『江戸城外堀跡四谷御門外橋詰・御堀端通・町屋跡〈考察編〉』
同　二〇一一「ネットワークとしての江戸の上水」『江戸の上水道と下水道』吉川弘文館
土生田純之・福尾正彦　一九八九「江戸城本丸発掘調査報告」『書陵部紀要』第四〇号
原島陽一ほか　一九九四・一九九六『江戸町触集成』第一・五巻　塙書房
原田幹校訂　一九六七『江戸名所図会』人物往来社
パリノ・サーヴェイ株式会社　一九九一ａ「第4章　自然科学分析」『神田上水石垣遺構発掘調査報告書』神田川お茶の水分水路工事に伴う神田上水石垣遺構の調査、文京区神田上水遺跡調査団
同　一九九一ｂ「第3節　自然科学分析の結果・真砂遺跡第2地点」文京区遺跡調査会
同　一九九四「4．丸の内三丁目遺跡から出土した木製品の樹種・東京都千代田区丸の内三丁目遺跡」『附篇、東京都埋蔵文化財センター調査報告第一七集』東京都埋蔵文化財センター
同　一九九六ａ「第6章　自然科学分析・汐留遺跡」『汐留遺跡埋蔵文化財発掘調査報告書　第3分冊』汐留地区遺跡調査会

同　一九九六b「第4章　江戸城外堀四谷御門外町屋跡地点における自然科学分析調査報告」『江戸城外堀跡　四谷御門外町屋跡』帝都高速道交通営団・地下鉄7号線溜池・駒込間遺跡調査会
同　二〇〇一「第Ⅳ章　自然科学分析の成果・尾張藩上屋敷跡遺跡Ⅵ」『東京都埋蔵文化財センター調査報告　第八七集』東京都埋蔵文化財センター
同　二〇〇三「科学分析・汐留遺跡Ⅲ─旧汐留貨物駅跡地内の調査─第2分冊」『東京都埋蔵文化財センター調査報告　第一二五集』東京都埋蔵文化財センター
同　二〇〇六a「7．汐留遺跡から出土した遺構構築材と樹根の樹種・汐留遺跡Ⅳ─旧汐留貨物駅跡地内の調査─第7分冊」『東京都埋蔵文化財センター調査報告　第一八九集』東京都埋蔵文化財センター
同　二〇〇六b「第2章　自然科学分析」『春日町（小石川後楽園）遺跡　第9地点』鹿島建設株式会社・共和開発株式会社
同　二〇一一a「第5章　春日町（小石川後楽園）遺跡第11地点に関する自然科学分析」『春日町（小石川後楽園）遺跡第11地点』文京区教育委員会
同　二〇一一b「Ⅱ．自然科学分析」『本郷台遺跡群第2地点』文京区教育委員会・パスコ
パレオ・ラボ　一九九七「汐留遺跡出土の木材資料樹種同定・汐留遺跡Ⅰ─旧汐留貨物駅跡地内の調査─第5分冊」『東京都埋蔵文化財センター調査報告』第三七集、東京都埋蔵文化財センター
同　二〇〇〇「Ⅷ　科学分析・汐留遺跡Ⅱ─旧汐留貨物駅跡地内の調査─第1分冊」『東京都埋蔵文化財センター調査報告　第七九集』東京都埋蔵文化財センター
肥留間博　一九九一『玉川上水』たましん地域文化財団
同　二〇一一「江戸上水の御普請について─『玉川上水留』を読む─」『江戸の上水道と下水道』吉川弘文館
古谷香絵　二〇〇六「千川上水と江戸の町」『千川上水・用水と江戸・武蔵野』名著出版
文化財保護委員会　一九六七『重要文化財　旧江戸城田安門　同清水門修理工事報告書』
文京区神田上水遺跡調査会　一九九一『神田上水石垣遺構発掘調査報告書』

細川　義　一九九〇「第二節 加賀藩本郷邸の全体図について」『山上会館・御殿下記念館地点 第三分冊』東京大学埋蔵文化財調査室
堀越正雄　一九八二『井戸と水道の話』論創社
前田育徳会　一九三一『加賀藩史料 第四編』清文堂出版
町田　洋・新井房夫　二〇〇三『新編　火山灰アトラス』東京大学出版会
町田　洋・松田時彦・海津正倫・小泉武栄(編)　二〇〇六『日本の地形5　中部』東京大学出版会
村井益男　一九九七「古水溜桝をめぐる若干の問題─上水以前の水利用に関連して─」『江戸城外堀跡四谷御門外橋詰・御堀端通・町屋跡〈考察編〉』
E・S・モース　二〇〇〇『日本人の住まい』八坂書房
山端　穂　二〇〇六「元禄期における将軍御成と白山御殿」『千川上水・用水と江戸・武蔵野』名著出版
米倉伸之・貝塚爽平・野上道男・鎮西清高　二〇〇一『日本の地形1　総説』東京大学出版会

あとがき

「水」は、二十一世紀を代表する資源の一つといわれている。日本列島は、総じて水が豊富なことから、日頃の生活に不便を感じることはほとんどない。そこには、国や各自治体の努力があるのであるが。江戸には、名水と呼ばれている井戸が十数箇所ある。しかし、都市の急激な発展のもとでは、名水だけで江戸の人々の喉を潤すには到底及ぶものではなかった。幕府は、神田上水や玉川上水などの上水道を敷設・整備することでこれに対処したのであった。

私がこのテーマに関心をもったのは、前書『石垣が語る江戸城』の資料を蒐集する中で、東京都水道歴史館に移設された神田上水の石樋を実見したことに始まる。この施設が武家屋敷や町屋の人々に安定的に水質の良い水を供給していることが不思議で感動的なものであった。さらに、同館で所蔵する『上水記』は、江戸時代の水理技術はもとより、沿革、管理・経営など幅広い内容が記録されていることを知り、その重要性、城下町経営におけるインフラ整備ということが強く記憶に残るものであった。

本書を執筆していく中で、資史料から印象深いことをあげてみたい。

上水経営において、十八世紀は大きな転機となる。その要因として、新田開発に伴う上水道からの分水、水銀での普請・修理料の限界、水元役請負制度の問題、水質汚染などがある。享保期、武蔵野の新田開発が奨励されると、各村々はこぞって玉川上水から分水が行われる。その目的は、田畑の用水であり、飲料水としても利用する。江戸市中での安定的な水量を供給するためには、取水口の大きさを調整する必要が生じる。これら上水道の経営・管理にあたったのが水元役である。玉川上水を例にとると、取水口から四ツ谷大木戸までは開渠、江戸市中は暗渠となる。武蔵野の水路沿いの樹木や下草の伐採は、田畑の用水として分水した村々が場所を決め定期的に行うことが義務づけられる。各村々は、飲料水として用いれば分水口一ケ所につき一両を、用水には水料米が課せられるが、いわば水道利用税の一端を夫役で賄っているのである。後者の江戸市中では、本来、利用者から水銀を取り、それを普請や修理料に充てるはずであった。そもそも玉川上水を開鑿の功労によって玉川兄弟が水元役に就き、水銀を徴収し、管理・運営するはずであった。しかし、水銀の位置づけが曖昧であり、普請・修理料が尨大な額に達するために、利用者は別途、費用を分担する必要があった。つまり、水銀が上水を利用する基本料金のような体裁をなしていたのである。

上水道の管理・経営体制も強化される。上水網が拡充する中で、その体制は一極化する。本線筋を公儀、そこから分岐する支線筋を組合が負担することとなる。本線筋の場合、公儀はもとよりその筋を利用する全ての人々が知行や長屋の間口に応じて負担しているのである。すなわち、大名・武家屋敷、町屋では、水銀に加えて本線筋と支線筋の双方の普請・修理料が課せられていたのである。

上水整備は、江戸や近郊の人々にとって求められるものであった。しかし、管理・経営体制が公儀ではなく水元役が中心であることから脆弱であり、利用者の数や構成から廃止を余儀無くされるものがあった。三田・青山・本所・千川上水などである。改めて、管理・経営のむずかしさを感じるところである。

ところで、水元役請負制度も注目されるところである。元来、玉川庄右衛門と清右衛門の功績を称えるべく名誉職のはずであったものが、時間の経過とともに強大な権力を掌ることになる。幕府は、上水を管轄し、水元役を監督する所管を替えることで対応しようとしたが、権力のもとでは時遅しであった。やがて、玉川二家は水元役を罷免され、水元役請負制度は廃止されることとなる。しかし、水元役の職責は重要であったようで、権力を弱め構成メンバーを一新することでこの制度は復活する。政治のむずかしさを垣間見るところである。

都市の拡大は、水の需要を増大させる。そこでは、安定的な水量の確保と水質が重要となる。十八世紀中葉以降、水質汚染が度々問題となる。風水害などの気象条件にも起因するが、それだけではない。上水路に死人が浮いていたという記録もある。人為的要因が加わっているのである。幕府は、一方では井戸を奨励する。これは、上水井戸を含む防火対策によるものであるが、果たせるかな十八世紀以降、大名や武家屋敷での掘井戸の設置が目立つようになる。

近年、都内では「江戸考古学」の成果が目覚しい。本書に関連する上水跡、下水跡、井戸跡では実に多くの新知見がもたらされている。そこには、文献資料や絵図と符合するものもあれば、難題となるものも少なくない。しかし、資料を蒐集し、類型化、時間軸を設定することで発掘資料を通しての上水・下水事情の外観を提示できる意義は大きい。今後資料の増加によって、不透明な箇所の解明を含めてさらに進展することは間違いない。

本書は、執筆者による数回の編集会議を経てのぞんだ。取扱う項目、章立は共通認識に立つが、各自の視点を尊重したために、体裁が必ずしも統一されているわけではない。本書が、江戸の上水・下水史を研究する上で一助となれば幸である。

本書を上梓するにあたり、資史料の掲載をご快諾いただいた諸氏、諸機関、多くの方々からご教示をいただいた。さらに、同成社会長の山脇洋亮氏には大変お世話になり、編集では山田隆氏には親身なご協力をいただいた。心より深く御礼を申し上げたい。

二〇一二年四月一三日

野中和夫

執筆者紹介（50音順）

安藤眞弓（あんどう・まゆみ）

1956年、生まれ。

現在、日本大学通信教育部インストラクター。

〔主要著作論文〕「貧民窟の様相」『史料が語る大正の東京百話』（つくばね舎、2002年）。『石垣が語る江戸城』（［共著］同成社、2007年）。『江戸の自然災害』（［共著］同成社、2010年）。

小野英樹（おの・ひでき）

1967年、生まれ。

現在、河津町役場。

〔主要著作論文〕『石垣が語る江戸城』（［共著］同成社、2007年）。「伊豆に見られる石丁場—東海岸部稲取地区を中心として—」（『怒濤の考古学』2005年）。『江戸の自然災害』（［共著］同成社、2010年）。

橋本真紀夫（はしもと・まきお）

1954年、生まれ。

現在、パリノ・サーヴェイ株式会社　調査研究部長。

〔主要著作論文〕『人、黄泉の世界』（［共編著］橘文化財研究所、2002年）。『石垣が語る江戸城』（［共著］同成社、2007年）。『江戸の自然災害』（［共著］同成社、2010年）。

堀内秀樹（ほりうち・ひでき）

1961年、生まれ。

現在、東京大学埋蔵文化財調査室　准教授。

〔主要著作論文〕「オランダ消費遺跡出土の東洋陶磁器 十七から十九世紀における東洋陶磁器貿易と国内市場」『東洋陶磁』36号（東洋陶磁学会、2007年）。「購入・廃棄の判断、行為と情報」『季刊 東北学』22号（柏書房、2010年）。「都市江戸の成立と出土遺物の江戸的様相」『中世はどう変わったか』（高志書院、2010年）。

矢作健二（やはぎ・けんじ）

1961年、生まれ。

パリノ・サーヴェイ株式会社　調査研究部　分析センター長。

〔主要著作論文〕「江戸城の地理的環境と造成」『石垣が語る江戸城』（［共著］同成社、2007年）。「古代朝鮮半島産瓦の胎土分析」『徳永重元博士献呈論集』（パリノ・サーヴェイ株式会社、2007年）。『江戸の自然災害』（［共著］同成社、2010年）。

江戸《えど》の水道《すいどう》

編者略歴

野中　和夫（のなか・かずお）

1953年生。

1997年　日本大学文理学部史学科卒業。

1983年　日本大学大学院文学研究科日本史専攻博士後期課程満期退学。

現在　日本大学講師・拓殖大学講師・千葉経済大学講師。

主要著作論文

『石垣が語る江戸城』（〔編著〕同成社、2007年）。『江戸の自然災害』（〔編著〕同成社、2010年）。「江戸城外郭諸門の屋根瓦に関する一考察―筋違橋門・浅草橋門を中心として―」（『城郭史研究』第28号、2009年）。「江戸城の下水に関する一考察―本丸・西の丸の中枢部を中心として―」（『城郭史研究』第31号、2012年）。

2012年6月4日発行

編者　野中和夫

発行者　山脇洋亮

印刷　㈱熊谷印刷

製本　協栄製本㈱

発行所　㈱同成社

東京都千代田区飯田橋4-4-8

（〒102-0072）東京中央ビル内

TEL 03-3239-1467　振替 00140-0-20618

ISBN 978-4-88621-600-7　C3321